# 土壤肥料的
# 科学理论与技术研究

**TURANG FEILIAO DE**
**KEXUE LILUN YU JISHU YANJIU**

● 姜 华/著

中国水利水电出版社
www.waterpub.com.cn

## 内 容 提 要

　　本书把土壤、肥料及施用技术等相关内容有机结合在一起。全书主要内容包括绪论,土壤的固相组成,土壤的孔性、结构性与耕性分析,土壤的胶体、吸收性与酸碱性分析,植物营养与施肥原理探析,化学肥料的作用机理及施用,有机肥料的作用机理及施用,复合、生物、新型肥料及施肥新技术,土壤的污染与修复等。

## 图书在版编目(CIP)数据

　　土壤肥料的科学理论与技术研究/姜华著. --北京:
中国水利水电出版社,2014.8（2022.9重印）
　　ISBN 978-7-5170-2351-7

　　Ⅰ.①土… Ⅱ.①姜… Ⅲ.①土壤肥力－研究　Ⅳ.
①S158

　　中国版本图书馆 CIP 数据核字(2014)第 188561 号

策划编辑:杨庆川　　责任编辑:周益丹　　封面设计:马静静

| 书　　名 | 土壤肥料的科学理论与技术研究 |
|---|---|
| 作　　者 | 姜 华 著 |
| 出版发行 | 中国水利水电出版社 |
| | (北京市海淀区玉渊潭南路 1 号 D 座 100038) |
| | 网址:www. waterpub. com. cn |
| | E-mail:mchannel@263. net(万水) |
| | 　　　　sales@ mwr. gov. cn |
| | 电话:(010)68545888(营销中心) 、82562819（万水） |
| 经　　售 | 北京科水图书销售有限公司 |
| | 电话:(010)63202643、68545874 |
| | 全国各地新华书店和相关出版物销售网点 |
| 排　　版 | 北京鑫海胜蓝数码科技有限公司 |
| 印　　刷 | 天津光之彩印刷有限公司 |
| 规　　格 | 170mm×240mm　16 开本　21.5 印张　385 千字 |
| 版　　次 | 2015年1月第1版　2022年9月第2次印刷 |
| 印　　数 | 3001-4001册 |
| 定　　价 | 56.00 元 |

# 前　言

　　土壤是人类赖以生存的生产条件和再生产条件,是地球生态、农业生态的主要组成部分。土壤自身也是一个非常复杂的生态系统,是作物生长的基质。土壤的耕作与管理是农业生产的重要环节,并与其他农业生产要素有着广泛而深刻的联系。肥料是作物生产中主要的营养来源,也是重要的农业资源。施肥则是营养作物、培育土壤的主要途径。通过施肥来提高作物产量和品质,增加经济收益,同时尽可能地减少对水土环境的污染,维护生态健全,这是科学施肥的根本要求。可见,在以作物为中心的农田生态系统中,土壤与肥料是相互关联的两个重要环境因子。基于以上思考,经过认真研讨,把土壤、肥料及施用技术等相关内容有机结合在一起,撰写出这本《土壤肥料的科学理论与技术研究》。

　　本书共八章,内容包括绪论,土壤的固相组成,土壤的孔性、结构性与耕性分析,土壤的胶体、吸收性、酸碱性、氧化还原性分析,植物营养与施肥原理探析,化学肥料的作用机理及施用,有机肥料的作用机理及施用,复合、生物、新型肥料及施肥新技术,土壤的污染与修复。可以使读者更好地理解和掌握作物生产中土壤肥料的基础理论和科学施肥的基本技术。

　　本书的特色主要体现在注重基本知识、基本理论,突出专项技术,挖掘新技术,拓展新领域,基本上反映了本学科的前沿动向,具有较强的时代特征。本书第七章加入了目前正在推广或即将推广的新型肥料及施肥新技术,主要有测土配方施肥技术、精确施肥技术、轮作施肥技术、环境保全型施肥技术、养分资源综合管理技术,对进一步理解土壤肥料相关技术有着重要意义。

　　本书可供农林院校师生及对土壤肥料感兴趣的读者阅读,也可供从事土壤肥料科研、生产、技术推广的人员参考,还可作为广大农户施肥方面的参考手册。

　　本书参阅了国内外专家、学者大量的有关论文、著作、专业技术报道等文献资料,在此对有关作者表示深切的谢意。

　　本书的出版获得了齐鲁工业大学政策上的大力支持,得到了很多老师直接或间接对本书的帮助和有益指导,出版社的工作人员也为本书稿的整理做了许多工作,在此表示衷心的感谢。

由于土壤肥料涉及内容非常广泛,科学发展日新月异,同时技术性又很强,限于作者水平,加之时间仓促,本书的疏漏之处与不足在所难免,作者真心希望得到同行专家的批评指正,以便于本书的修正与完善。

作者于齐鲁工业大学

2014 年 1 月

# 目　　录

# 绪　　论

土壤肥料的科学理论和技术的出发点是为了更好地认识土壤、使用土壤和改良土壤的性能,合理施用肥料,在提高经济效益的同时保护好生态环境。

## 一、土壤肥料在农业生产及生态系统中的地位和作用

### (一)土壤肥料是农业生产及生态系统的基础

自远古以来,我国农业科学技术就是建立在土壤科学基础之上的。在长期生产实践中,古代劳动人民取得了重要经验,即为了搞好农业生产,以土为基础,实行"精耕细作"。"万物土中生,有土斯有粮。"这可以说是我国劳动人民几千年来对土壤的重要性最为确切和形象的概括。随着技术的不断发展,"无土栽培"正日益兴起,不得不考虑的是,其对资源的利用情况如何? 产出与成本比较优势怎么样? 它能否全面替代土壤进行农业生产?

"无土栽培"技术经过这么多年的发展,能够替代土壤进行农业生产尚无一个时间计划表。为了满足人们对食品的需要,就必须在现有土壤的基础上获得。在光、热、水、肥、气和扎根立足条件。在植物生长发育所需的六大生活条件中,除了光能以外,其余因素都是在土壤的基础上完成的。热固然主要靠阳光提供,但土壤具有一定热、水、肥、气的代谢和调节能力以及对植物的支撑能力。在土壤方面,人类生产活动就是帮助其调节可控或可以部分控制的因素。土壤作为自然资源可以被人类利用,是农业的生产资料,然而它又不是可以无限使用的资源。可见,土壤是农业生产的基础,也是人类劳动对象和宝贵的基本生产资料。

在我国,由于利用不当及自然灾害的综合作用,造成土壤退化的现象非常严重,土壤退化主要体现在沙漠化、水土流失、土壤污染等。我国现有耕地中,中低产田还有 $6.7 \times 10^7 \, hm^2$,占所有耕地 $60\%$ 以上。六大农业区(黄淮海平原、北方旱区、黄土高原、南方黄红壤丘陵区、三江—松嫩平原、南方喀斯特地区)中低产区域总面积 $3.3 \times 10^8 \, hm^2$ 以上,耕地 $7.3 \times 10^7 \, hm^2$。鉴

于土壤的重要性，就不得不重视土壤的改良利用。要通过调查，分类改造，分类改造可通过采用工程措施、生物措施及农业技术措施实现。具体措施有：改造地表形状、改造土层厚度、改变土壤组成、改善土壤性状、合理施肥、扩种绿肥等。

### (二)土壤肥料是制定农业生产技术措施的依据

在植物栽培技术上"土、肥、水、种、密、保、工、管"这八个基本要素是要考虑的，它们分别代表土壤和耕作管理、施肥、农地水分管理、品种选择及种子的种植密度、植物保护、田间工机具的使用及日常田间栽培管理等。

在这八个基本要素中，各有其重要性。它们相互联系，相互制约，彼此不能替代，缺一不可。但土壤和肥料是这些基本要素中的基础。因为在采用各项技术措施时，因土制宜的原则问题都是无法避免的。例如，为了最大限度地发挥土壤资源的生产潜力，首先就应该在土壤普查的基础上，根据地区自然条件和土壤类型特征，注意保护或建立一个地区的合理的生态平衡，在以用地养地的基础上，对一个区域的土壤做出因地制宜、合理利用的规划，实施因土耕作和种植。另外，在施肥过程中，对肥料的种类、用量、施肥时期和施肥方法的选择，不仅要根据作物的要求和季节气候的变化，土壤的性质和肥力水平也不得不考虑。酸性土与碱性土，砂土与黏土，肥土与瘦土，旱地与水田，它们的施肥制度和施肥技术有一定的差异性，要因土而异。在水利方面，从开辟水源、整理田块、配制沟渠水系、改造农田环境、进行农田基本建设开始，一直到田间灌排的调节和地下水位的控制，也要根据土壤的情况具体考虑。

在植物栽培中，作物种类和品种的选择，密植程度的制定，农业机械和工具的运用，植物保护措施的实施以及栽培管理的改进，以及其他各项技术措施的采用，也要根据土壤的情况来具体情况具体对待。

总之，土壤与农业生产的各项措施均有直接关系。脱离土壤条件来谈农林业生产的技术措施，即使有了良种良法，想要达到高产效果几乎是不可能的，在总结和推广群众经验以及研究高产栽培技术时，必须有这种因土制宜的观点。

### (三)土壤是陆地生态系统的核心组成部分，是一种非常重要的自然资源

土壤资源是指具有农林牧生产性能的土壤类型的总称，其中包括森林土壤、草原土壤、农业土壤等的分布面积和质量状况，是地球上陆地生态系统的关键组成部分，是一种供人类生活、生产和开发利用而不断创造物质财富的自然资源。

　　再生性、可变性、多宜性和最宜性是土壤资源多种属性中重要属性。再生性又称可更性,即土壤中的养分和水分被植物不断吸收,同化为植物有机体,其残体再归还到土壤中,这样不断循环,从而使得土壤保持永续生产的活力。可变性是指土壤经过人们的利用管理,能够向更好的方向转变;但如果利用管理不当,就会造成土壤退化的现象,成为一种可变的自然资源。多宜性是指某些土壤的适应能力较强,多种利用方式和适宜种植多种作物都能够有效适用。最宜性是按土壤属性的特点,最适宜于某一种利用方式或种植某些作物。

　　土壤资源在历史上促成了农业社会的出现(农业的基本自然资源就是气候与土壤),有了土壤资源人类文明的发展才成为可能,而且现在仍然是人类生存所依赖的基本自然资源。古人云:"民之所生,衣与食也;衣食所生,水与土也",鉴于此,土壤资源的保护就显得更加重要,要因地制宜地进行合理的农林牧布局与结构,注意生态平衡。建国以来,我国农业虽有较大发展,但由于人口增长太快,人均占有的各种农产品数量还是非常有限的。近年来,中国经济快速增长和人民生活水平大幅度提高消耗了大量的资源并造成了极大的环境负担。按照目前的人口基数和增长速度来计算,2030年人口将达到14.5亿,粮食需求达到6.4亿吨。然而,我国的耕地面积却在不断地减少。因此,"十分珍惜每寸土地,合理利用每寸土地"是我国的国策。[①]

**(四)土壤肥料是农业增产的物质基础**

　　从"有收无收在于水,收多收少在于肥"农谚中可以看出,肥料在农业生产中起着重要作用,也很好地体现了肥料在粮食生产中的地位。几千年来,我国主要依靠有机肥料维护地力,使得农业生产持久不衰,为世界各国所称颂;目前,我国用占世界7%的耕地,养活了占世界22%的人口,这是与合理施用肥料,有机肥与无机肥配合使用有着直接关系。合理施用有机肥料和无机肥料,不仅可为作物提供养分,而且在改善土壤理化、生物性状,提高土壤肥力方面非常有帮助,增加单位面积产量,补偿耕地面积不足,增加有机物数量。肥料也是发展经济作物,林草业的物质基础。着眼于全世界,各国农业生产的提高与增施肥料以及扩大施肥面积是密切相关的。相关报告也指出,全世界平均40%的增产是来自于增施肥料。由此可见,肥料用量的增加和施肥技术的改进,对于提高农业生产至关重要。

---

　　①　赵义涛,姜佰文,梁运江.土壤肥料学.北京:化学工业出版社,2009

## 二、土壤与肥料的核心概念

### (一)土壤学核心概念

#### 1. 土壤的定义

土壤是地球表层系统的重要组成部分,是人类生产和生活中不可或缺的一种重要的自然资源。土壤可以泛指具有特殊形态、结构、性质和功能的自然体。

特殊形态:地球陆地表面;

特殊结构:疏松多孔;

特殊性质:具有肥力特征;

特殊功能:能生长绿色植物。

新定义:土壤是在地球表面生物、气候、母质、地形、时间等因素综合作用下所形成的,能够生长植物,具有生态环境调控功能,处于永恒变化中的疏松矿物质与有机质的混合物。简单地说,土壤就是地球陆地表面能够生长植物的疏松表层。

#### 2. 土壤组成

土壤是由矿物质、有机质、土壤生物(固相)、土壤水分(液相)及土壤空气(气相)等共同组成的多相多孔分散体系。

#### 3. 土壤肥力

土壤之所以能够生长绿色植物,主要是由于土壤具有肥力。土壤肥力是土壤最本质的特性和最基本属性。

(1)土壤肥力的定义

狭义来讲,土壤肥力是指土壤供应给植物生长所必需的养分的能力。

威廉斯认为,土壤肥力是土壤在植物生长的全部活动过程中,同时不断地供给植物以最大限度的有效养分和水分的能力。

截止到目前,通常认为"土壤肥力就是土壤在植物生长发育过程中,同时不断地供应和协调植物需要的水分、养分、空气、热量及其他生活条件的能力(扎根条件和无毒害物质的能力)",一般情况下,把水、肥、气、热称为四大肥力要素。

(2)土壤肥力分类

a. 按形成原因分类

自然肥力:在自然成土因素综合作用下,土壤发展起来的肥力,是自然成土过程中的产物,其发展历程是非常漫长的。

人工肥力:人类在自然土壤的基础上通过耕种、熟化过程而发展起来的肥力,是人类劳动的产物,在人类对土壤认识的不断深化及科学技术水平的不断提高的基础上得以迅速发展。

可以看出,自然土壤具有自然肥力,农业土壤在具有自然肥力的同时也具有人工肥力。

b. 按对植物的有效性分类

有效肥力:对当季作物有效的肥力。

潜在肥力:受外界环境条件影响当季基本上没有效果,经改良后可转化为有效的那部分肥力。

两种肥力不是一成不变的,是可以相互转化的,在人类利用土壤资源过程中要科学管理,从而使得潜在肥力转化为有效肥力。

(3)土壤肥力与土壤生产力

土壤生产力是土壤产出农产品的能力。土壤生产力是由土壤肥力和发挥肥力作用的外部条件共同决定。

一般情况下,土壤肥力高,土壤生产力不一定高;土壤生产力高,土壤肥力也高。

### (二)肥料学核心概念

肥料是指能够直接或间接供给植物生长发育必需的营养元素的物料,有"植物的粮食"之称。肥料种类繁多,从不同的角度可以进行不同的分类,表 0-1 即为对肥料的分类。

表 0-1 不同肥类的分类情况[①]

| 分类依据 | 类型 | 含义 | 示例 |
|---|---|---|---|
| 来源与组分 | 无机肥料 | 又称化学肥料,是指在工厂里经过化学工业合成或采用天然矿物生产的含有高营养元素的无机化合物 | 尿素、硫酸钾、过磷酸钙等 |
| | 有机肥料 | 是指来源于植物和(或)动物,施于土壤以提供植物养分为主要功效的一种自然肥料 | 人粪尿、厩肥、绿肥等 |

① 宋志伟.土壤肥料.北京:高等教育出版社,2009

续表

| 分类依据 | 类型 | 含义 | 示例 |
|---|---|---|---|
| 来源与组分 | 生物肥料 | 又称微生物肥料,是指依赖含活性微生物的特定制品,应用于农业生产中,能够获得特定的肥料效应 | 根瘤菌肥料、磷细菌肥料等 |
| | 有机无机肥料 | 是指标明养分的有机和无机物质的产品,由有机和无机肥料混合或化合制成 | 有机无机复混肥 |
| 有效养分数量 | 单质肥料 | 氮、磷、钾三种养分或微量元素养分中,只具有一种养分标明量的化学肥料 | 碳酸氢铵、氯化钾、硼砂等 |
| | 复混肥料 | 同时含有氮、磷、钾中两种或两种以上营养元素的化学肥料 | 磷酸二氢钾、花生专用肥等 |
| 肥效的作用方式 | 速效肥料 | 养分易为植物吸收、利用,肥效快的肥料 | 碳酸氢铵、硝酸铵等 |
| | 缓效肥料 | 养分呈集合状态,能在一定时间内缓慢释放,供植物持续吸收利用的肥料 | 尿素甲醛、硫衣尿素等 |
| 肥料的化学性质 | 碱性肥料 | 化学性质呈碱性的肥料 | 碳酸氢铵等 |
| | 酸性肥料 | 化学性质呈酸性的肥料 | 过磷酸钙等 |
| | 中性肥料 | 化学性质呈中性或接近中性的肥料 | 尿素等 |
| 反应性质 | 生理碱性肥料 | 养分经植物吸收利用后,残留部分导致土壤酸度降低的肥料 | 硝酸钠等 |
| | 生理酸性肥料 | 养分经植物吸收利用后,残留部分导致土壤酸度提高的肥料 | 硫酸钾、硫酸铵、氯化铵等 |
| | 生理中性肥料 | 养分经植物吸收利用后,无残留部分或残留部分对土壤的酸碱度不会造成影响的肥料 | 硝酸铵等 |

## 三、土壤肥料科学面临的主要任务

土壤肥料科学面临的主要任务:

（1）进行土壤普查和土壤普查成果应用

要做好因土施肥、因土改良、因土种植等相关工作，逐步建立、完善田间档案。开展土壤肥力定位观测。更科学地指导生产。

（2）实施"沃土工程"，重点搞好中、低产田的利用改良

据统计，我国中、低产田面积约各占总耕地面积的1/3。把改造中、低产田作为重点。加强肥力建设作为一项基础措施来抓，使低产变中产，中产变高产，为我国农业持续发展打下基础。

（3）测土配方，合理施肥

测土配方施肥是由联合国开发计划署推广的以提高植物产量和改善农产品品质，减少肥料浪费，防治环境污染为目的的最新科学施肥技术。根据植物营养特性、土壤肥力水平和土壤供肥能力、肥料的性质和成分，结合当地的气候和耕作栽培条件，有效确定肥料的种类、肥料的用量和肥料的科学施用方法，从而达到培肥土壤、提高农作物产量、改善农产品品质、取得相当经济效益的目的。

（4）防止土壤侵蚀，保持生态平衡

在自然环境和人为因素影响下，我国是世界上土壤侵蚀严重的国家之一。全国水土流失面枳由解放初期的 1160000km² 发展到现在的 1500000km²，砂化土壤现有面积约 170000km²。鉴于此，土壤侵蚀必须得到有效控制，保持生态平衡。

（5）增辟肥源，调整氮磷钾比例

增辟肥源相关事宜要加大强度，做到有机肥和无机肥施用量都能相适应地逐年有所增长，有机肥与无机肥相结合，以无机促有机，实行无机有机农业，逐步调整三要素比例，推行合理施肥与配方施肥，用地养地结合，使得土壤的肥力得到持续有效的提高。

（6）采取有力措施坚决制止滥占耕地，确保我国粮食安全

我国人口不断增加，耕地不断减少，人增地减的矛盾越来越明显。耕地一旦被侵占，生产资料将不能或很难失而复得，如果人增地减的这一趋势再继续下去。后果将不堪设想。因此应采取有效措施，坚决制止滥占滥用耕地，从而保证我国粮食安全。

总之，土壤肥料在未来整个国民经济的可持续发展中都占有重要的地位，并起着重要的作用，随着农林业生产以及整个国民经济的发展，土壤肥料所扮演的角色将越来越突出。

# 第一章　土壤的固相组成

土壤的固相物质主要是矿物质,还有有机物质和土壤生物,固体物质之间的空隙被水和空气充满。矿物质的组成、成分、性质以及它们存在的状态,都会对土壤产生不可忽视的影响。有机质和土壤生物一般附着在土壤颗粒上,它们虽然只占土壤很少一部分,但对土壤肥力的发挥起着决定性的作用。

## 第一节　土壤矿物质

土壤矿物质是土壤主要的组成部分,构成了"土壤骨骼",起机械支持作用。它的组成、结构和性质对于土壤的物理性质、化学性质、生物及生物化学性质等诸多方面有着直接关系。土壤矿物质全部来自于岩石矿物的风化,除了极少部分是溶于水中的简单无机盐外,大多数是由矿物和岩石两大类物质所组成。

### 一、土壤的成土矿物

矿物是一类具有一定的化学组成、物理性质和内部构造而天然存在于地壳中的化合物或单质。一般是由两种以上元素组成的化合物,如石英($SiO_2$),由一种元素组成的比较少见,如金刚石(C)。土壤矿物质是岩石风化、迁移和成土过程中形成的大小不等、形状各异的矿物颗粒,也称土壤矿物质土粒。土壤中的矿物质,是来自岩石的风化物,而岩石又是构成地壳的基本物质。

#### (一)土壤矿物质的类型

根据矿物起源的不同,矿物可分为原生矿物和次生矿物两大类。不难理解,土壤原生矿物是指地球内部的岩浆冷凝时,在高温高压条件下,通过凝结和结晶过程所形成的矿物,其原来的化学组成和结晶构造没有发放生生任何变化,存在于岩浆岩(火成岩)中,如石英、长石、云母等。而次生矿物是指原生矿物在各种风化因素的影响下,在常温常压条件下,逐渐改变了形态、性质和化学成分而形成的新矿物,其化学组成和构造都发生过一定程度的变化,这一点区别于原来的原生矿物。目前已经发现的矿物在 3300 种以上,但与土壤形成有关的非常少,不过数十种,称为成土矿物。

### 1. 原生矿物

整体来看,原生矿物粒径较大的土壤砂粒和粉砂粒部分存在的比较多。一般来讲,抗风化能力较强的原生矿物在土壤砂粒和粉砂粒中的含量较高,否则的话就比较低。土壤中常见在原生矿物抗风化能力的顺序一般是:石英＞白云母＞长石＞黑云母＞角闪石＞辉石。原生矿物不仅是土壤颗粒的组成部分,而且是同分养分的重要来源。常见的原生矿物类型如下。

①硅酸盐类。主要有长石类(包括钾长石、钠长石和钙长石等);云母类(包括白云母、黑云母等);角闪石和辉石类。由于它们容易受到外界环境的影响容易风化,所以除钾长石、白云母等矿物外,其余的硅酸盐原生矿物在土壤中很少见。

②氧化物类。主要有石英类,其次是铁矿类(赤铁矿、磁铁矿)。

③硫化物类。主要有黄铁矿($FeS_2$),在土壤中出现的不多,该类矿物能对作物提供硫营养,但其氧化后形成硫酸,土壤 pH 值可低于 2,因此质量分数过多时会对土壤和作物造成酸化。

④磷化物类。主要包括氟磷灰石与氯磷灰石,它们在岩浆岩中作副矿物存在,含磷灰石的土壤,能够为作物提供充分的磷素营养。

大多数情况下,原生矿物是硅酸盐,它的基本结构单元是硅氧四面体,部分矿物中还含有铝氧八面体,如图 1-1 所示。多个硅氧四面体或铝氧八面体通过共用氧连接可形成链状、片状等不同结构,这样的话就会分别形成硅氧片和铝氧片的片状结构,由硅氧片和铝氧片可产生种类繁多的矿物。由于化学作用,在部分矿物中,一些半径与硅相似的离子可代替硅而进入四面体结构中,如 $Al^{3+}$ 替代 $Si^{4+}$ 后可导致四面体结构的电荷不平衡,这样就会使得硅氧四面体产生一个负电荷。这种由一种离子替换另一种离子而使晶格结构不变,并产生剩余电荷的现象就是所谓的同晶置换。同晶置换在次生矿物中比较常见,是矿物和土壤胶体电荷的主要来源。

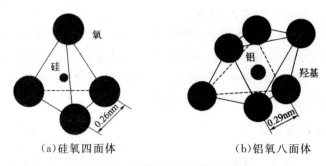

　　(a)硅氧四面体　　　　　　　　　　(b)铝氧八面体

**图 1-1　原生矿物的基本结构**

2. 次生矿物

　　原生矿物在风化和成土作用下,新形成的矿物成为次生矿物。常见的次生矿物有层状次生铝硅酸盐矿物、氧化物类及简单盐类等三大类。这类矿物风化粒径小于 0.25mm,大部分颗粒粒径小于 0.001mm。

　　①次生铝硅酸盐矿物。又称黏土矿物,是土壤中黏粒的主要成分,从外形上看,都是一些极细微的结晶物质,主要有高岭石组、蒙脱石组和水云母组等类型。

　　次生矿物可硅氧片和铝氧片的排列进行分类的话,主要包括 1∶1 型和 2∶1 型两种。1∶1 型矿物的结构是由一层硅氧片与一层铝氧片通过共用氧原子联结在一起,组成 1∶1 型黏土矿物的基本结构,高岭石就是一种 1∶1 型矿物,如图 1-2 所示。

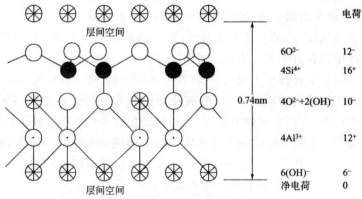

**图 1-2　高岭石中 1∶1 型结构的基本单元**

　　2∶1 型矿物是由两层硅氧片中间夹一层铝氧片而形成为 2∶1 型矿物的基本结构单元。在这种结构的矿物中,通过共用氧原子将两层硅氧四面体和一层铝氧八面体的片状结构联结在一起,由许多这样的基本单元互相堆叠形成 2∶1 型次生层状硅酸盐矿物,蒙脱石就是这样的结构,如图 1-3 所示。

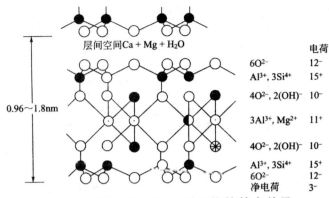

**图 1-3 蒙脱石中 2∶1 型结构的基本单元**

在 2∶1 单位晶层的基础上又出现了 2∶1∶1 型矿物,它是比着 2∶1 矿物结构多了 1 个八面体片水镁片或水铝片,这样 2∶1∶1 型单位晶层由两个硅片、1 个铝片和 1 个镁片(或铝片)构成。如绿泥石是富含镁、铁及少量铬的 2∶1∶1 型硅酸盐黏土矿物。

②氧化物类矿物。包括有结晶态和非结晶态两种类型,结晶态的有针铁矿($Fe_2O_3 \cdot H_2O$)、褐铁矿($2Fe_2O_3 \cdot 3H_2O$)、三水铝石($Al_2O_3 \cdot 3H_2O$)、水铝石($Al_2O_3 \cdot H_2O$)等。非结晶态的矿物呈胶膜状包被于黏粒表面,其中包括含水氧化铁、氧化铝凝胶、胶状二氧化硅($SiO_2 \cdot yH_2O$)、凝胶态的水铝英石($xAl_2O_3 \cdot ySiO_2 \cdot 2H_2O$)等。

③简单盐类矿物。土壤中比较普遍的简单盐类矿物包括碳酸盐类矿物(如方解石、白云石)和硫酸盐类矿物(如硬石膏、石膏)。

**(二)主要成土矿物的成分和性质**

土壤矿物质部分的元素组成异常复杂,元素周期表中几乎所有的元素都能从土壤中发现,其中,常见的主要有 20 多种,如氧、硅、铝、铁、钙、镁、钛、钾、钠、磷、硫以及一些微量元素,如锰、锌、铜、钼等。通过表 1-1 可以看出地壳和土壤的平均化学组成,从此表可得出以下结论:①氧和硅是地壳中含量最多的两种元素,分别占了 47% 和 29%,两者合计占地壳质量的 76%;铁、铝次之,这四种元素(O、Si、Fe 和 Al)加起来共占地壳质量的 88.7%。可以看出,其余 90 多种元素合在一起,也不过占地壳质量的 11.3%。所以,含氧化合物是组成地壳的主要化合物,其中以硅酸盐为主。②在地壳中,植物生长必需的营养元素含量不是很高,其中如磷、硫均不到 0.1%,氮只有 0.01%,而且分布很不平衡。由此可见,地壳所含的营养元素对于植物和微生物营养的需求还是无法充分满足的。③土壤矿物的化学组成,一方面继承了地壳化学中组成的遗传特点;另一方面有的化学元素是在成土过程中增加了如氧、硅、碳、氮等,还有下降的元素,如钙、镁、钾、钠。这反映了成土过程中元素的分散、富集特性和生物积聚作用。

表 1-1　地壳和土壤平均化学组成(质量分数)[①]

单位:%

| 元素 | 地壳中 | 土壤中 | 元素 | 地壳中 | 土壤中 |
|------|--------|--------|------|--------|--------|
| O | 47.0 | 49.0 | Mn | 0.10 | 0.085 |
| Si | 29.0 | 33.0 | P | 0.093 | 0.08 |
| Al | 8.05 | 7.13 | S | 0.09 | 0.085 |
| Fe | 4.65 | 3.80 | C | 0.023 | 2.0 |
| Ca | 2.96 | 1.37 | N | 0.01 | 0.1 |
| Na | 2.50 | 1.67 | Cu | 0.01 | 0.002 |
| K | 2.50 | 1.36 | Zn | 0.005 | 0.005 |
| Mg | 1.37 | 0.60 | Co | 0.003 | 0.0008 |
| Ti | 0.45 | 0.40 | B | 0.003 | 0.001 |
| H | 0.15 | ? | Mo | 0.003 | 0.0003 |

不同成土矿物的化学成分、物理性质不同,因而其风化特点及风化产物也会存在一定的差异,具体如表 1-2 所示。

表 1-2　主要成土矿物的性质

| 矿物名称 | | 化学成分 | 物理性质 | 风化特点与风化产物 |
|------|------|--------|--------|--------|
| 石英 | | $SiO_2$ | 乳白色或灰色,硬度大 | 不易风化,质地较粗,砂粒的主要来源 |
| 长石 | 正长石 | $K(AlSi_3O_8)$ | 正长石呈肉红色,斜长石多为灰色,硬度次于石英 | 为中性岩,风化较易,砂粒小,是土壤中钾素和黏粒的主要来源 |
| | 斜长石 | $nNa(AlSi_3O_8) \cdot mCaAl_2Si_2O_8$ | | |
| 云母 | 白云母 | $KAl[AlSi_3O_{10}](OH)_2$ | 白云母无色或浅黄色,黑云母呈黑色或黑褐色 | 易发生物理风化,土壤中钾素和黏粒的主要来源 |
| | 黑云母 | $K(Mg,Fe)_3[AlSi_3O_{10}](OH,F)_2$ | | |

　①　赵义涛,姜佰文,梁运江. 土壤肥料学. 北京:化学工业出版社,2009

续表

| 矿物名称 | 化学成分 | 物理性质 | 风化特点与风化产物 |
|---|---|---|---|
| 角闪石 | $Ca_2 Na(Mg, Fe)(Al, Fe)$ $[(SiAl)_2 O_{22}](OH)_2$ | 为深色矿物，呈黑色、墨绿色或棕色，硬度次于长石 | 易风化成黏土，并释放出盐基养分 |
| 辉石 | $Ca(Mg, Fe, Al)[(Si, Al)_2 O_6]$ | | |
| 方解石 | $CaCO_3$ | 白色或米黄色 | 易风化，是土壤中碳酸盐和钙、镁元素的主要来源 |
| 白云石 | $CaMg(CO_3)_2$ | 灰白，有时稍带黄褐色 | |
| 磷灰石 | $Ca_5(PO_4)_3(F, Cl, OH)$ | 颜色多样，灰白、黄绿等 | 风化后，是土壤中磷素的主要来源 |
| 磁铁矿 | $Fe_3 O_4$ 或 $FeO \cdot Fe_2 O_3$ | 铁黑色 | 磁铁矿难以风化，但也可氧化成赤铁矿和褐铁矿。赤铁矿易风化，是土壤中红色的来源，黄铁矿分解是硫的主要来源 |
| 赤铁矿 | $Fe_2 O_3$ | 红色或黑色 | |
| 褐铁矿 | $2Fe_2 O_3 \cdot nH_2 O$ | 褐色、黄色或棕色 | |
| 高岭石 | $Al_4[Si_4 O_{10}](OH)_8$ | 均为细小的片状结构，易粉碎，有时粉状滑腻，易吸水呈糊状 | 是长石、云母风化后形成的次生矿物是土壤中黏粒的主要来源 |
| 蒙脱石 | $Al_4[Si_8 O_{20}](OH)_4 \cdot nH_2 O$ | | |
| 水云母 | $K_y(Si_{8-2y} K_y^+ I_{2y})Al_4 O_{20}(OH)_4$ | | |

## 二、土粒的分级

土壤中的土粒大小和形状各异，其化学组成与性质差异很大。按照土粒的大小，分为若干组，称为土壤粒级。同一粒级土粒在成分和性质上基本一致，不同粒级土粒之间则有较明显的差别。

土粒分级一般是将土粒分为石砾、砂粒、粉砂粒和黏粒4级，每级大小的具体标准各国不尽相同，然而其差别却不是很大。新中国成立前多采用国际制，新中国成立后，国际制和前苏联制并用，而以后者为主。另外还提出了我国的土粒分级。现将3种标准分述如下。

1. 国际制

表 1-3 的国际制土粒分级标准是由瑞典土壤学家爱特伯在 1930 年第

二届国际土壤学会提出的,将土粒分为石砾、砂粒、粉砂粒和黏粒四种,其特点是十进位制,分级少而便于记忆,但人为性太强,因为粒级特性的变化不一定刚好在这个界限内。

表 1-3　国际制土粒分级标准

| 粒级名称 | | 粒径/mm |
|---|---|---|
| 石砾 | | >2 |
| 砂粒 | 细砂粒 | 2.0~0.2 |
| | 粗砂粒 | 0.20~0.02 |
| 粉砂粒 | | 0.020~0.002 |
| 黏粒 | | <0.002 |

2. 卡钦斯基制

卡钦斯基制是由前苏联土壤科学家卡钦斯基修订而成,具体如表 1-4 所示,它是以粒径 1mm 为土粒的上限,然后以粒径小于 0.001mm 为土粒的下限。然后再把细土部分以 0.01 mm 为界分为"物理性砂粒"与"物理性黏粒"两大组。前者不显塑性、胀缩性,而且吸湿性、黏结性极弱,后者则有明显的塑性、胀缩性、吸湿性、黏结性。这种划分法与我国农民所称的"砂"和"泥"的概念颇相近,因而被应用广泛。

表 1-4　卡钦斯基土粒分级标准

| 粒级名称 | | | 粒径/mm |
|---|---|---|---|
| 石块 | | | >3 |
| 石砾 | | | 3~1 |
| 物理性砂粒 | 砂粒 | 粗砂粒 | 1~0.5 |
| | | 中砂粒 | 0.5~0.25 |
| | | 细砂粒 | 0.25~0.05 |
| | 粉粒 | 粗粉粒 | 0.05~0.01 |
| | | 中粉粒 | 0.01~0.005 |
| | | 细粉粒 | 0.005~0.001 |
| 物理性黏粒 | 黏粒 | 粗黏粒 | 0.001~0.0005 |
| | | 细黏粒 | 0.0005~0.0001 |
| | | 胶粒 | <0.0001 |

3. 中国制

中国制是在卡钦斯基粒级制的基础上修订而来,在《中国土壤》正式公布如表 1-5 所示。它把黏粒的上限移至公认的 0.002 mm,而把黏粒级分为粗(0.002~0.001 mm)和细(<0.001 mm)两个粒级。

表 1-5　中国制土粒分级标准

| 粒级名称 | | | 粒径/mm |
|---|---|---|---|
| 石块 | | | >3 |
| 石砾 | | | 3~1 |
| 砂粒 | 粗砂粒 | 物理性砂粒 | 1~0.5 |
| | 中砂粒 | | 0.5~0.25 |
| | 细砂粒 | | 0.25~0.05 |
| 粉粒 | 粗粉粒 | | 0.05~0.01 |
| | 中粉粒 | | 0.01~0.005 |
| | 细粉粒 | | 0.005~0.001 |
| 黏粒 | 粗黏粒 | 物理性黏粒 | 0.001~0.0005 |
| | 细黏粒 | | 0.0005~0.0001 |
| | 胶粒 | | <0.0001 |

## 三、各级土粒的化学组成

从表 1-6 可见,随着土粒大小的不断变化,土粒的化学成分也随之发生变化。

表 1-6　不同土壤粒级化学组成的平均数[1]

| 土壤 | 粒级名称 | 粒径大小(mm) | $SiO_2$ | $R_2O_3$ | CaO | MgO | $P_2O_5$ | $K_2O+Na_2O$ | CO |
|---|---|---|---|---|---|---|---|---|---|
| 非石灰性土壤 | 粗中砂砾 | 1.0~0.2 | 93.3 | 2.8 | 0.4 | 0.5 | 0.05 | 0.8 | 0 |
| | 细砂粒 | 0.2~0.04 | 94.0 | 3.2 | 0.5 | 0.1 | 0.1 | 1.5 | 0 |
| | 粗粉粒 | 0.04~0.01 | 89.4 | 6.6 | 0.8 | 0.3 | 0.1 | 2.3 | 0 |
| | 细粉粒 | 0.01~0.002 | 74.2 | 18.3 | 1.6 | 0.3 | 0.2 | 4.2 | 0 |
| | 黏粒 | <0.002 | 43.2 | 34.7 | 1.6 | 1.0 | 0.4 | 4.9 | 0 |

[1]　谢德体. 土壤肥料学. 北京:中国农业大学出版社,2003

| 土壤 | 粒级名称 | 粒径大小（mm） | $SiO_2$ | $R_2O_3$ | CaO | MgO | $P_2O_5$ | $K_2O+Na_2O$ | CO |
|---|---|---|---|---|---|---|---|---|---|
| 石灰性土壤 | 细砂粒 | 0.25～0.05 | 84.3 | 8.3 | 3.2 | 0.6 | 未测 | 未测 | 2.5 |
| | 粗粉粒 | 0.05～0.01 | 79.7 | 10.3 | 3.3 | 0.6 | 未测 | 未测 | 2.1 |
| | 中粉粒 | 0.01～0.005 | 62.6 | 17.3 | 7.6 | 2.0 | 0.2 | 5.0 | 5.3 |
| | 细粉粒 | 0.005～0.001 | 42.7 | 24.6 | 12.7 | 3.1 | 未测 | 未测 | 9.5 |
| | 黏粒 | <0.001 | 39.0 | 29.9 | 14.1 | 5.1 | 3.0 | 6.0 | 10.1 |

在以上表中 $R_2O_3$ 代表 $Fe_2O_3+Al_2O_3$。

土粒中所含养分，即表1-6中 CaO、MgO、$P_2O_5$、$K_2O$ 随土粒由大到小，含量增加，也就是说粗大土粒含养分少而细小土粒含养分多。

土粒的骨干成分 $SiO_2$ 随粒径由大到小，其含量由多到少，这与土粒的矿物成分有直接关系，粗大的土粒以石英为主，必然 $SiO_2$ 含量多。$R_2O_3$（即 $Fe_2O_3$ 与 $Al_2O_3$ 的总称）与 $SiO_2$ 相反，随粒径由大到小，$R_2O_3$ 含量由少到多。

土粒的骨干成分 $SiO_2$ 和 $Fe_2O_3$、$Al_2O_3$，一般均占土壤总量的 75% 以上，因而对土壤性质有直接影响。在土壤学中，将黏粒部分的 $SiO_2$ 和 $Fe_2O_3$、$Al_2O_3$ 含量的摩尔比称作硅铝铁率；$SiO_2$ 和 $Al_2O_3$ 的摩尔比称作硅铝率；$SiO_2$ 和 $Fe_2O_3$ 的摩尔比称作硅铁率。

硅铝铁率可以说是土壤母质的化学风化程度的风向标。化学风化程度愈深，硅铝铁率愈小；化学风化程度愈浅，则硅铝铁率大。如四川紫色土，属于风化程度不深的幼年土壤，其硅铝铁率在 2.5～3.5，而黄壤、红壤则是发育较深的土壤，其硅铝铁率一般在 2.5 以下。

硅铝铁率在能够反映母质的化学风化程度的同时还可以反映土壤的成土过程。如果说土壤进行了酸性淋溶过程，造成铁、铝流失，则硅铝铁率大；如果说渍水土壤进行了还原作用的话，造成铁的流失（还原离铁作用）但铝则不会流失。与酸性淋溶相比则土壤硅铁率增大而硅铝率变化小。若淋失的铁在下层淀积下来，则上层硅铁率大，下层小，硅铝率的变化也是有限的。

硅铝铁率还可以很大程度上反映出土壤的保肥能力。硅铝铁率大，保肥力强；硅铝铁率小，保肥能力也就相对要弱一些。这是因为 $SiO_2$ 反映带负电的胶体，而 $R_2O_3$ 在土壤中所带负电少，甚至是带正电的胶体。带负电多可以吸收带正电的离子，如 $NH_4^+$、$Ca^{2+}$、$Mg^{2+}$、$K^+$ 等，这些都是植物生长所必须的营养素。重庆市荣昌县一种紫色岩石发育的油砂土，$SiO_2/R_2O_3=3.75$，阳离子交换量为 23.06cmol（＋）/kg，而另一种紫色岩发育的黄泥土，因发育较深,$SiO_2/R_2O_3$ 为 2.76,阳离子吸收量则为 17.64cmol(+)/kg。

## 四、土壤质地

### (一)土壤质地分类

不同的土壤,其固体部分颗粒组成的比例差异很大,而且很少是由单一的某一粒级土壤颗粒组成的。而且很少以由一种单一的某一粒级土壤颗粒组成的,即使是组粗的砂土或最细的黏土,也不只是由纯砂粒或纯黏粒所组成的,而是砂粒、黏粒都有,只是各粒级所占的比例不同,我们把土壤中各粒级土粒含量(质量)百分率的组合叫作土壤质地。又称为土壤颗粒组成或土壤机械组成。

根据土壤中各粒级含量的百分率进行的土壤分类,叫作土壤质地分类。

1. 国际制土壤质地分类

其分类是一种三级分类法,也就是按照砂粒、粉粒和黏粒三种粒级所占百分数划分为四大类 12 种,具体如表 1-7 所示。

表 1-7　国际制土壤质地分类

| 质地分类 | | 颗粒组成(w)/% | | |
|---|---|---|---|---|
| 类别 | 质地名称 | 黏粒<0.002mm | 粉粒0.02～0.002mm | 砂粒2～0.02mm |
| 砂土 | 砂土和壤砂土 | 0～15 | 0～15 | 85～100 |
| 壤土 | 砂壤土 | 0～15 | 0～45 | 55～85 |
| | 壤土 | 0～15 | 30～45 | 40～55 |
| | 粉砂壤土 | 0～15 | 45～100 | 0～55 |
| 黏壤土 | 砂黏壤土 | 15～25 | 0～30 | 55～85 |
| | 黏壤土 | 15～25 | 20～45 | 30～55 |
| | 粉砂黏壤土 | 15～25 | 45～85 | 0～40 |
| 黏土 | 砂黏土 | 25～45 | 0～20 | 55～75 |
| | 粉砂黏土 | 25～45 | 45～75 | 0～30 |
| | 壤黏土 | 25～45 | 0～45 | 10～55 |
| | 黏土 | 45～65 | 0～55 | 0～55 |
| | 重黏土 | 65～100 | 0～35 | 0～35 |

国际制土壤质地分类的主要标准包括以下三点：①以黏粒含量 15% 作为砂土类、壤土类同黏壤土类的划分界限，其中又以黏粒含量 25% 为黏壤土类同黏土类的划分界限。②以粉砂含量比 45% 要高的话，则在质地名称前加上"粉砂质"。③以砂粒含量达 85% 以上为划分砂土类的界限；砂粒含量在 55%～85% 之间的话，则在质地名称前冠以"砂质"前缀。

2. 卡庆斯基土壤质地分类

卡庆斯基提出的质地分类是根据物理性黏粒和物理性砂粒的含量将土壤质地分成三类 9 种。想要进一步细分的话可以根据各粒级含量的变化来进行。且根据不同土壤类型，划分标准稍有差异，对于大部分农业土壤，一般选用草原土、红黄壤类的分类级别。对于含有砾石或石块的土壤，应先剔除砂石，测量其所占的比例。余下的土粒按百分数含量比进行计算，进而得出初步的质地名称。再根据石砾含量分级，并将此分级作为前缀在原先的质地名称前，通过以上分析就得到了质地名称的全称。

这种分类的特点是简单方便，土壤类型的差距也考虑在内，主要是考虑到交换性阳离子（$H^+$、$Ca^{2+}$、$Na^+$ 等）对土壤物理性质造成的影响，因而对不同类型的土壤划分质地时，所采用的物理性黏粒的含量水平不同具体如表 1-8、1-9 所示。

### 表 1-8 卡庆斯基土壤质地分类标准

| 质地分类 | | 物理性黏粒（<0.01mm）含量/% | | | 物理性砂粒（>0.01mm）含量/% | | |
|---|---|---|---|---|---|---|---|
| 类别 | 名称 | 灰化土类 | 草原土及红黄壤类 | 碱化及强碱化土类 | 灰化土类 | 草原土及红黄壤类 | 碱化及强碱化土类 |
| 砂土 | 松砂土 | 0～5 | 0～5 | 0～5 | 100～95 | 100～95 | 100～95 |
| | 紧砂土 | 5～10 | 5～10 | 5～10 | 95～90 | 95～90 | 95～90 |
| 壤土 | 砂壤土 | 10～20 | 10～20 | 10～15 | 90～80 | 90～80 | 90～85 |
| | 轻壤土 | 20～30 | 20～30 | 15～20 | 80～70 | 80～70 | 85～80 |
| | 中壤土 | 30～40 | 30～45 | 20～30 | 70～60 | 70～55 | 80～70 |
| | 重壤土 | 40～50 | 45～60 | 30～40 | 60～50 | 55～40 | 70～60 |
| 黏土 | 轻黏土 | 50～65 | 60～75 | 40～50 | 50～35 | 40～25 | 60～50 |
| | 中黏土 | 65～80 | 75～85 | 50～65 | 35～20 | 25～15 | 50～35 |
| | 重黏土 | >80 | >85 | >65 | <20 | <15 | <35 |

针对表 1-8 需要注意的是，在分析结果中，不包括大于 1mm 的石砾，这

一部分含量需要单独计算,然后按表 1-8 标准,定其石质程度,冠于质地名称之前。在盐基不饱和土壤中,应把 $0.05mol \cdot L^{-1}$ HCl 处理的流失量并入物理性黏粒总量中;而对于盐基饱和土壤,则应当把它并入物理性砂粒总量中。

表 1-9　土壤中所含石块成分多少的分类

| >1mm 的石砾含量/% | 石质程度 | 石质性类型 |
|---|---|---|
| <0.5 | 非石质土 | 根据粗粒部分的特征确定为:漂砾性的、石砾性的或碎石性的石质土三类 |
| 0.5~5 | 轻石质土 | |
| 5~10 | 中石质地 | |
| >10 | 重石质土 | |

3. 我国制土壤质地分类

经过多年的研究分析,中国科学院南京土壤研究所等单位综合国内研究结果,将土壤分为三大组 12 种质地名称,具体如表 1-10 所示。

表 1-10　我国土壤质地分类标准

| 质地分类 | | 颗粒组成(w)/% | | |
|---|---|---|---|---|
| 组别 | 名称 | 砂粒(1~0.05mm) | 粗粉粒(0.05~0.01mm) | 细黏粒(<0.001mm) |
| 砂土 | 粗砂土 | >70 | — | |
| | 细砂土 | >60~<70 | — | |
| | 面砂土 | >50~<60 | — | |
| 壤土 | 砂粉土 | >20 | >40 | <30 |
| | 粉土 | <20 | | |
| | 砂壤土 | >20 | <40 | |
| | 壤土 | <20 | | |
| | 砂黏土 | >50 | — | >30 |
| 黏土 | 粉黏土 | — | >30~<35 | |
| | 壤黏土 | — | >35~<40 | |
| | 黏土 | — | >40~<60 | |
| | 重黏土 | — | >60 | |

我国幅员辽阔,南北土壤砂粒、粉粒含量也存在一定的差异。我国北方寒冷少雨,风化不是特别强,土壤中的砂粒、粉粒含量较多,细黏粒含量较少。南方气候温暖,雨量充沛,风化作用较强,故土壤中的细黏粒含量较多。也就是说,砂土的质地分类中的砂粒含量等级主要以北方土壤的研究结果为参考依据。而黏土质地分类中的细黏粒含量的等级则主要以南方土壤的研究结果为参考依据。对于南北方过渡的中等风化程度的土壤,想要以砂粒和细黏粒含量来区分是比较有难度的,因此,以其含量最多的粗粉粒作为划分壤土的主要标准,再参照砂粒和细黏粒的含量来具体区分。

由于我国山地和丘陵比较多,砾质土壤分布范围非常广,将土壤的石砾含量分为三级如表 1-11 所示。

表 1-11　土壤沙砾含量分级

| 3～1mm 石砾含量/% | 分级 | 3～1mm 石砾含量/% | 分级 |
|---|---|---|---|
| <1 | 无砾质<br>(质地名称前不冠) | >10 | 多砾质 |
| 0～10 | 砾质 | | |

## (二)不同质地的土壤肥力

土壤质地是土壤通气、透水、保水、保肥、供肥、保温、导温和耕性等决定性因素,我国农民自古以来都非常重视土壤质地问题,因为它和土壤肥力、作物生长的关系有直接关系。现将不同质地的土壤的肥力综述如下。

### 1. 砂质土壤

这类土壤泛指与砂土性状相近的一类土壤,主要性状表现在:①砂粒含量高,颗粒粗。比表面积小,粒间大孔隙大且数量多,故土壤通气透水性好,排水通畅,不易产生托水、内涝和上层滞水;②保水、持水、保肥性差,容易造成水肥流失。因此在施肥时,要少施勤施,防止漏失;③土壤中原生矿物以石英、长石为主,潜在养料含量少,有机物质分解快,土壤有机质含量低,所含矿物质少;④土壤升温和降温都很快,所以早晚温差比较大,为热性土,对喜温作物,如花生、棉花、瓜类、块茎、块根作物生长有利,但晚秋也容易造成霜冻,冬季冻土层深厚;⑤耕性好,砂土松散,耕作顺利,宜耕期长,耕后土壤松散、平整,无坷垃或土垡,耕作阻力小,耕后质量好;⑥土壤中毒害物质少,不易积聚还原性有害物质;⑦发小苗,不发老苗,出苗快、齐、全。但因养分贫乏,作物生长的中后期养分供应不足,易造成早熟、早衰。

这类土壤主要分布于我国西北部地区,如新疆、甘肃、宁夏、内蒙、青海的山前平原以及各地河流两岸、滨海平原一带。

### 2. 黏质土壤

黏质土壤与砂质土壤相反,这类土壤中物理性黏粒的质量分数大于45%,包括黏土以及类似黏土性质的重壤土和部分中壤土。黏质土壤的主要性状如下:①粒间孔隙很小,通气透水不良,排水不畅,容易造成地表积水、滞水和内涝,要采取相应的排水措施;②吸附能力强,吸水、持水、保水、保肥性能好,但对植物的有效水分含量并不多;③以次生矿物为主,不仅本身养分含量高,而且吸附大量外来的养分离子,养分储量丰富,特别是 K、Ca、Mg 含量较多;④有机物质分解慢,土壤有机质含量高;⑤土壤温度变化慢,早春气温低,土温不易回升,常常造成小麦返青晚,不利发苗,故常把黏质土称为冷性土;⑥耕性差,由于土粒比表面积大,土粒黏性强,可缩性大,干时坚硬,湿时黏犁,耕作阻力大,耕作质量差,易起土坷垃或土垡,宜耕期也短;⑦往往播种后出苗不全,出苗晚,长势弱,缺苗断垄现象严重,而到作物后期,由于土温升高,养分释放多,易出现徒长、贪青晚熟,俗称发老苗,不发小苗;⑧由于大孔隙数量少,通透性差,还原性物质产生的机会较多,容易积累一些有毒物质,危害作物的根系。小麦等禾谷类作物要求质地偏黏的土壤。

### 3. 壤质土壤

在性质上兼有砂土类和黏土类的优点,其砂粒与黏粒的比例一般为6∶4左右,比较适中,大小孔隙比例分配较合理,故它兼有砂质土和黏质土的优点,二者的缺点得以有效弥补,保水保肥,耕性好,土壤水、肥、气、热以及扎根条件协调,发小苗,又发老苗,适合种植各种农作物,是农业上较为理想的土壤质地。

一般情况下,这类土壤主要分布于黄土高原、华北平原、松辽平原、长江中下游平原、珠江三角洲、河间平原以及河流两岸间冲积平原上。

### (三)不同质地土壤的利用

各种植物因其生物学特性上的差异,加之对耕作和栽培措施的要求也有一定的差别,所以它们所需要的最适宜的土壤条件就可能不同,土壤质地是重要的土宜条件之一。主要作物的适宜土壤质地范围如表 1-12 所示。通常情况下,生长期短的作物宜于在砂质土上生长,后期就不会有脱肥的现象,一些耐旱耐瘠的作物(如芝麻、高粱等),以及实施早熟栽培的作物(如蔬菜等），也是砂壤质土壤最为理想。针对需肥较多的或生长期较长的谷类作物来说，则一般宜在黏质壤土和黏土中生长。双季稻因早发速长，以争季节，最好安排在灌排方便的壤质和黏壤质土壤中生长。

表 1-12　主要作物的适宜土壤质地范围

| 作物种类 | 土壤质地 | 作物种类 | 土壤质地 |
|---|---|---|---|
| 水稻 | 黏土、黏壤土 | 梨 | 壤土、黏壤土 |
| 小麦 | 黏壤土、壤土 | 桃 | 砂壤土—黏壤土 |
| 大麦 | 壤土、黏壤土 | 葡萄 | 砂壤土、砂质壤土 |
| 粟 | 砂壤土 | 豌豆、蚕豆 | 黏土、黏壤土 |
| 玉米 | 黏壤土 | 白菜 | 黏壤土、壤土 |
| 甘薯 | 砂壤土、壤土 | 甘蓝 | 砂壤土—黏壤土 |
| 棉花 | 砂壤土、壤土 | 萝卜 | 砂壤土 |
| 烟草 | 砂质砂壤土 | 茄子 | 砂壤土—壤土 |
| 花生 | 砂壤土 | 马铃薯 | 砂壤土、壤土 |
| 油菜 | 黏壤土 | 西瓜 | 砂土、砂壤土 |
| 大豆 | 黏壤土 | 茶 | 砂质黏壤土、壤土 |
| 苹果 | 壤土、黏壤土 | 桑 | 壤土、黏壤土 |

　　根茎类作物（如马铃薯，甘薯等）在砂质土生长才是丰产的基础，花生、烟草和棉花也要求砂壤。果树一般要求土层深厚，排水良好的砂壤到中壤质的土壤。蔬菜作物要求排水良好、土质疏松，以砂壤、壤土最为理想。茶树以排水良好的壤土至黏壤土最为适宜；而较黏的土壤，如含有小的石砾，对于土壤内部的排水也非常有利，这就会对茶树生长非常有帮助。需要注意的是：大部分作物对土壤质地的适应范围都相当广泛。不过，某些植物生长在过黏和过砂的土壤中，会出现衰退现象，这是由于水、肥、气、热等肥力因素失调所引起的，然而这不是无法克服的问题，可以通过灌排、施肥、松土、覆盖、镇压以及其他一些土壤管理和栽培措施达到防治的效果。

### （四）土壤质地的层次性

　　由于成土母质本身的层次性和成土过程中物质的淋溶和淀积，以及人为因素的影响，不仅表层（或耕层）土壤的质地有较大差别，在同一土壤上下层之间，土壤质地的粗细和厚度的差别也非常大，即土壤质地在土壤剖面呈现有规律的变化，称为土壤质地剖面的层次性。

　　成土母质为冲积物的土壤，质地剖面层次非常复杂，有通体砂土型、通体黏土型、通体壤土型、上粗下细型（蒙金土）、上细下粗型、中间夹砂型以及中间夹黏等类型,土壤质地剖面层具体如图1-4所示。在土壤形成过程中,表层土壤中的黏粒或细土粒随水向下移动,或因下层土壤化学风化作用的不断影响使得黏粒增多,致使土体下部在一定深度黏粒增多,形成黏化层,导致上砂下黏的土壤质地剖面层次。经常反复不断的耕、耙、耱、中耕及农具的重压,也使土壤在耕层底下形成紧实的犁底层。

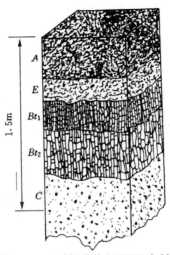

**图1-4　土壤质地剖面层次性**

不同的土层排列状况对土壤水分运动、养分保存或供给、根系下扎、耕性的好坏有很大关系。一般以耕层为砂壤—轻壤,下层为中壤—重壤的土壤质地剖面层次构造较好(俗称为蒙金土),此种层次排列具有托水托肥的特点,土壤通气透水,水、肥、气、热及扎根条件的调节能力强,耕作性状好,从而为作物丰产打了坚实基础。综上所述,在评价土壤质地好坏时,除了重视表层质地以外,还应注意表层以下心土层和底土层的质地状况,有无障碍层次(如砾石层、砂姜层、黏土层、铁磐层、石膏层等)以及它们出现的深度和厚度。

**（五）土壤质地的改良**

改良土壤质地是农田基本建设的一项基本内容。实践证明,只要发挥人的积极因素,任何不好的土壤质地都是可以得到改善的。通常采用下列几种方法达到改良土壤质地的目的。

1. 增施有机肥料

增施有机肥是培肥土壤的重要措施之一,增施有机肥本身对于土壤肥力的增加没有效果,但却能提高土壤的有机质,提高土壤有机质含量,既可改良砂土,也可改良黏土,这是改良土壤质地最有效和最简便的方法。因为有机质的黏结力和黏着力比砂粒强，比黏粒弱，这样一来就可以有效克服砂土过砂和黏土过黏的缺点。有机质还可以使土壤形成团粒结构，使土体疏松，从而达到增加砂土的保肥性的目的。鉴于此，各地农民群众历来有砂土地施土粪和炕土肥，黏土地施炉灰渣和砂土粪等经验。在南方某些地区，大量施用草塘泥、压绿肥等这些不失为改良土壤质地非常有效的方法。中国科学院南京土壤研究所在江苏铜山县孟庄村的砂土上，采用秸秆还田（稻草还田），翻压绿肥，施用麦糠或麦糠和绿肥混施等措施，能起到改善土壤板结，使其迅速发暄变软的作用。之所谓采用秸秆还田，是因为稻草、大麦草等禾本科植物含难分解的纤维素较多，在土壤中可残留较多的有机质，而豆科绿肥（如苕子）含氮素较多，而且植株较嫩，分解起来相对容易些，残留在土壤中的有机质较少，因此，从改良质地的角度来看，禾本科植物比豆科更能达到理想效果。

### 2. 客土调节法

土壤质地过砂或过黏均对作物生长不利，这就需要考虑采用客土调节法了。各地改良低产土壤的经验表明，客土，即通过砂掺黏或黏掺砂，是一个有效的措施。掺砂掺黏可通过遍掺、条掺和点掺三种方法来实现。遍掺即将砂土或黏土普遍均匀地在地表盖一层后翻耕，这样效果好，见效快，美中不足的是一次用量大，费劳力；条掺和点掺是将砂土或黏土掺在作物播种行或穴中，用量较少，费工不多，相比遍掺效果不是特别明显，需要持续几年方可使土壤质地得到全面改良。有的地区砂土下面有淤黏土，或黏土下面有砂土，这样可以采取表土"大揭盖"翻到一边，然后使底土"大翻身"，把下层的砂土或黏淤土翻到表层来使砂黏混合，使得土地的砂黏适中。

在面积大、有条件放淤或漫沙的地区，洪水中的泥沙不失为一种很好的改良砂土和黏土的方法。质地改良一般是就地取材，因地制宜，不可一蹴而就要逐年进行。如我国南方的红土丘陵上，酸性的黏质红壤与石灰质的紫砂土往往相间分布，就近添加紫砂土来改良红壤，也在一定程度上起到改良质地、调节土壤酸碱度及提供钙质养分等。

### 3. 根据不同质地采用不同的耕作管理措施

如砂土整地时畦可低一些，垄可放宽一些，播种宜深一些，播种后要镇压接墒，施肥要少量勤施。黏土整地时要深沟、高畦、窄垄，方便排水、通气、增温；要注意掌握适宜含水量及时耕作，提高耕作质量，要精耕、细耙、勤锄。黏土水田要尽可能地做到冬耕晒田，植稻期间注意放水烤田，插秧深度不宜太深，这样才有利于出苗、发苗。施肥要求基肥足，前期注意施用适量种肥和追肥,促进幼苗生长,后期注意控制追肥,防止贪青徒长。

土壤质地的改良不是一蹴而就,需要循序渐进,以最大程度地发挥增产潜能。

# 第二节 土壤有机质

土壤有机质是土壤的重要组成部分,它包括土壤中各种动物、植物残体,微生物体及其分解和合成后,形成的一类特殊的、复杂的、性质比较稳定的多种高分子有机化学物,即由生命体和非生命体两大部分有机物质组成的。土壤有机质虽然含量很少,但对土壤的形成过程及土壤的物理、化学、生物学等性质有着直接关系,它又是植物和微生物生命活动所需养分和能量的源泉。有机质质量分数在不同的土壤中的差别非常大,高的可达 $200g \cdot kg^{-1}$ 或 $300g \cdot kg^{-1}$ 以上,低的不足 $5g \cdot kg^{-1}$,一般均小于 $50g \cdot kg^{-1}$。在土壤学中,一般把耕层含有机质 $200g \cdot kg^{-1}$ 以上的土壤,称为有机质土壤,含 $200g \cdot kg^{-1}$ 以下的称为矿质土壤。

## 一、土壤有机质的来源和组成

### (一)土壤有机质的来源

微生物是土壤母质中最早的有机物来源,动、植物的残体和施入的有机肥料是土壤有机质的主要来源。土壤有机质包括组成动植物残体的各种新鲜有机化合物以及经微生物作用处于不同分解阶段的多种有机产物,尤其是分解再合成产物——腐殖质。

### (二)土壤有机质的组成

一般情况下,土壤有机质的可归纳起来可分为两大类:第一类为非腐殖质。主要为新鲜的动植物残体和经微生物分解后,破坏了最初结构而变成的分散状暗黑色小块的半分解有机残体,想要把它们从土壤中完全分离出来可以通过机械方法来实现,其总量占土壤有机质的 $10\% \sim 15\%$。它们是土壤有机质的基本组成部分,同时也是作物养分的重要来源,也是形成土壤腐殖质的原料。第二类为腐殖质。它是有机物质经微生物分解再合成的一类褐色或暗褐色的特殊的高分子含氮有机化合物。它与非腐殖质的不同点主要体现在,与矿物质土粒结合成土壤有机—无机复合体,不能用机械方法分离出来。土壤腐殖质约占土壤有机质的 80%，是土壤有机质的主体。

通常情况下，土壤有机质的含量跟水热、植被有直接关系，从地区看，我国东北黑土地区含量最高，可达 2.5%～7.5%，华北、西北地区的土壤大部分在 1% 左右，华中、华南一带水田含量中等，约为 1.5%～3.5%；一般水田比旱田地高，表层比下层高。

据科学研究证明，在其他条件相同的情况下，在一定范围内，土壤肥力水平与土壤有机质含量有直接关系。例如，东北黑土地区的资料表明，当有机质的含量在 2%～9% 的范围内时，作物产量随有机质含量的增加而增加。超过 9% 时，二者的关系就没有之前那么明显。说明在一定的生物条件、矿物组成和性质以及耕作制度下，各土壤分别存在着一定的适宜土壤有机质含量，可作为培肥的指标之一。

## 二、土壤有机质的转化过程及影响因素

### （一）土壤有机质的转化过程

土壤有机质在微生物的作用下，可进行矿质化和腐殖质化两个过程，两个过程之间没有截然的界限，同时进行。矿质化过程的中间产物是形成腐殖质的基本材料，没有矿质化过程的话腐殖质化过程就无从谈起。同时，腐殖质化过程的产物腐殖质并不是一成不变的，它也可以再经矿化而分解，土壤有机质分解和合成如图 1-5 所示。

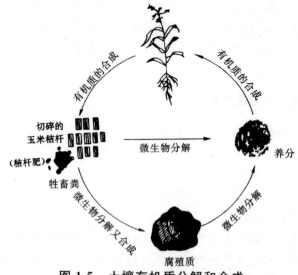

图 1-5 土壤有机质分解和合成

1. 矿质化过程

进入土壤的有机物质,在土壤微生物和动物的作用下,分解为简单的化合物,这一过程称为土壤有机物质的矿质化过程,这种高分子有机物转化为小分子的化合物的作用称为土壤有机物质的矿质化作用。通过矿质化使有机质中所含养分得以释放并进行循环。在一定条件下,单位时间内(一般为一年)分解有机物质的数量,称为土壤矿质化系数。

(1)不含氮的碳水化合物的矿质化过程

不含氮的碳水化合物包括单糖、多糖、脂肪类和腊质等,通气良好的条件下进行好气性分解,通气不良时进行嫌气性分解。两种分解过程的微生物种类不同,分解的速度和分解的产物差异也比较明显。前者分解迅速彻底,中间产物停留时间短,终产物为 $CO_2$ 和 $H_2O$;后者分解不彻底,中间产物停留时间长,最终的产物是 $H_2$,$CH_4$,$CO$ 等一些还原性物质,并可能积累一些有机酸。有机酸的累积,可使作物根系受到危害,使根系萎缩软弱,根尖枯死,形成腐根,新根少,叶黄。

单糖,如葡萄糖,极易分解,而多糖类分解起来比较困难,尤其是与黏粒结合的多糖,往往抗分解能力很强。淀粉、半纤维素、纤维素这些多糖类物质之所以分解缓慢,是因为首先被微生物分泌的各种水解酶要水解成单糖,然后再进一步分解。

脂肪类化合物和多糖一样也比较难分解,首先被微生物水解成甘油和脂肪酸。

腊质由于分子量大,结构复杂,分解更缓慢。

(2)含氮有机物质的矿质化过程

土壤中的含氮有机物质主要有蛋白质、腐殖质、生物碱类、缩氨酸等,含氮有机化合物的矿质化通过水解、氨化和硝化三个过程来实现。水解过程是指在微生物的作用下,逐步降解为简单的氨基酸的过程;接下来,氨基酸在微生物作用下,脱去氨基,即为氨化过程;所产生的氨,在好气条件下,由专性细菌——亚硝酸细菌转化为亚硝酸,亚硝酸再经专性的硝酸细菌转化为硝酸,这就是所谓的硝化过程。含硫、磷的含氮有机物质,其具体的分解过程多种多样,但最终可以分解成简单的硫酸盐、磷酸盐、硝酸盐等,被植物吸收利用。

2. 腐殖质化过程

进入土壤中的有机质转化成腐殖质的过程,称之为腐殖化过程。腐殖质化过程极其复杂,腐殖质较一般有机物质复杂,因此腐殖化过程不单纯是有机物质的分解过程,而且还有合成作用。腐殖化过程一般包括两个阶段:

第一阶段是产生构成腐殖质基本组成的"原料",这些"原料"主要是芳香族的化合物和氨基酸、多肽,芳香族的化合物主要有多元酚、苯多羧酸,氨基酸、多肽为蛋白质的降解产物。第二阶段是合成阶段,芳香族的化合物与含氮有机化合物缩合为腐殖质分子。上述反应主要是微生物的酶促反应,但也可由纯化学作用引起。

不同的有机物经过微生物的作用后,所形成的腐殖质的数量也有一定的差异。在一定的环境条件下,单位有机物质经过一年后形成的腐殖物质数量,称为该有机物质的腐殖质化系数。旱地土壤的腐殖质化系数较低,多为 0.2～0.3,相对来说,水稻田土壤的腐殖质化系数较高,约为 0.25～0.4之间。可见,进入土壤的有机物,大部分都被矿化分解掉。

**（二）影响土壤有机质的转化过程的因素**

影响土壤有机质的转化过程的因素非常多,这些因素可影响到有机质转化方向、强度和速率。

1. 碳氮比（C/N）

是指有机物中碳素总量和氮素总量之比,碳氮比对其分解速度影响很大。微生物在分解有机质时,需要同化 1 份氮和 5 份碳构成身体的组成分,同时还要分解 20 份碳为能量来源,也就是说微生物在生命活动过程中,需要有机质的碳氮比约为 25∶1。故有机物质的碳氮比为 25∶1～30∶1 时,对于微生物的生长才比较有利,有机物质分解比较快。如果碳氮比大于 30∶1 的话,微生物就缺乏氮素营养,使微生物的生长繁殖受到限制,有机质分解慢,微生物不仅把分解释放出的无机氮全部用完,还要从土壤中吸取无机氮,用来营养自身,这就出现了微生物与植物争夺氮素养分,使作物处于暂时缺氮的状态。所以有机残体的碳氮比对它的分解速度和土壤有效氮的供应有着直接关系。不同植物的碳氮比有一定的差异,禾本科的根茬和茎秆的碳氮比约为（50～80）∶1,故残体的分解较慢,土壤硝化作用受阻的时间也较长,而豆科植物的碳氮比约为（20～30）∶1,故分解速度快,并且能够释放出更多的氮素,供作物的生长吸收。此外,成熟残体比幼嫩多汁的残体碳氮比要高。总之,在土壤中施用植物残体时,碳氮比是不得不考虑的因素之一。

2. 土壤的通气状况

土壤通气良好时,好气性微生物不仅数量高而且活性高,有利于有机质的好气分解,其特点是速度快,分解较完全,矿化率高,中间产物累积少,所释放的矿质养料多呈氧化状态,有利于植物的吸收利用,对于有机质的积累不是很有利。反之,在土壤通气不良时,嫌气性微生物活动旺盛,有机质在嫌气条件下分解的特点是速度慢,分解不完全,矿化率低,中间产物容易积累,甚至会产生沼气(CH₄)和氢气等还原气体,同时释放出的养料元素是还原态,这对于有机质的积累和保存比较有利。

由上可知,土壤通气性过盛或过差,都对土壤肥力造成不好的影响。必须使土壤中好气性分解和嫌气性分解能够伴随配合进行,这样才能保持适当的有机质,又能使作物吸收利用有效养料。在农业生产技术上,调节土壤通气状况,不失为一种非常有效的提高土壤肥力的方法。

3. 土壤的水分和温度状况

每一种微生物都有其适宜的生活湿度和温度。

当土壤在风干状态时,微生物因缺水而活动能力就会有一定程度的降低,从而导致分解很缓慢;当土壤湿润时,微生物活动旺盛,分解作用加强。但若水分太多,使土壤通气性变坏就会很大程度上降低微生物的分解速度。

有机质的分解速度也与温度有直接关系,一般在一定范围内有机质的分解随温度升高而加快。但土壤中有机质的积累多少和消失,也要看温度及其他条件。在高温干燥条件下,植物生长差,有机质产量低,而微生物在好气条件下分解迅速,因而土壤中有机质积累就会相应的比较少;在低温高湿的条件下,有机质因为嫌气分解,故一般容易累积;在温度更低、有机质来源少时,微生物活性低,这也对于土壤中有机质的积累非常有利。

4. 酸碱度

不同的酸碱度,有不同的微生物来分解土壤有机质,影响着有机质转化的方向和强度。例如真菌适宜于酸性环境(pH3~6),细菌适宜于中性反应,放线菌适合于微碱性。真菌在分解有机质过程中产生酸性很强的腐殖酸,会使土壤酸度增高,就会反过来影响分解能力,使得分解能力降低。细菌则能产生提高土壤肥力的腐殖酸,同时细菌中的固氮细菌,它能固定空气中的游离氮素,这是提高土壤肥力的非常关键的一点。在通气良好的微碱性条件下,硝化细菌容易活动,因而土壤中的硝化作用旺盛。通过前面的阐述可以看出,土壤反应以中性为宜。

## 三、土壤腐殖质

### (一)土壤腐殖质的分离提取

腐殖质是一系列特殊类型高分子有机化合物的总称,其主体是各种腐殖酸及其与金属离子结合的盐类,它与土壤矿物质部分密切结合形成有机—无机复合体。要对其进行研究的话,首先要将它们分离出来。目前所用的提取方法是,先把土壤中未分解或半分解的动植物残体通过用水浮选、手挑和静电吸附法分离掉,然后利用不同的酸碱溶液浸提过滤,从而把腐殖质的组分分离提取出来。腐殖质分离的方法步骤如图1-6所示。

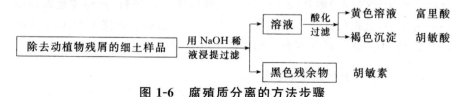

**图 1-6 腐殖质分离的方法步骤**

从图1-6可以看出,酸碱溶液浸提土壤之后把腐殖质分为三个组分:富里酸、胡敏酸与胡敏素。其中胡敏素是胡敏酸的同素异构体,它在腐殖质中所占的比例不大,它的相对分子质量较小,并因其与矿质部分紧密结合,以致失去水溶性和碱溶性。土壤腐殖质的主要组成是胡敏酸和富里酸,通常占腐殖酸总量的60%左右。

土壤中腐殖质的存在形态主要包括有四种:

①离状态的腐殖质,在一般土壤中所占比例非常小。

②与矿物成分中的盐基化合成稳定的盐类,主要为腐殖酸钙和腐殖酸镁。

③与黏粒结合成有机无机复合体。

④与含水三氧化物如 $Al_2O_3 \cdot xH_2O$,$Fe_2O_3 \cdot yH_2O$ 化合成复杂的凝胶体。

在以上腐殖质的存在形态中,以第三种最为重要,因为它在土壤腐殖质中所占的百分比最大。关于土壤腐殖质与黏粒结合的问题,截止到目前可以认为有两种可能,一是由 $Ca^{2+}$ 结合的。这样的结合在农业中是不可忽视的一部分,因为它和水稳性团粒形成有直接关系。我国北方的中性和石灰性土壤主要以 $Ca^{2+}$ 结合的腐殖质为主。二是由 Fe、Al(特别是 Fe)离子而结合的。这种结合有高度的坚韧性,有时甚至可以把腐殖质和砂粒结合起来,然而其不一定具备水稳性。我国南方酸性土壤中主要是 Fe、Al 离子结合的腐殖质。

**(二)腐殖质的性质**

1. 腐殖质的元素组成

腐殖质主要由 C,H,O,N,S 等元素组成,除此之外还含少量的 Ca,

Mg,Fe,Si 等灰分元素。各种土壤中腐殖质的元素含量比例不完全相同。一般腐殖质含 C 为 55%～60%,平均为 58%。含 N 量在 3%～6%之间,平均为 5.6%,其 C/N 为(10～12)∶1。其中,胡敏酸的 C,N,S 含量高于富里酸,而 H,O 含量低于富里酸。

### 2. 腐殖酸分子中的功能团

就化学层次上来讲,腐殖酸的分子结构非常复杂,属于大分子聚合物。分子中含有各种功能团,如芳香族和脂肪族化合物上的羧基(—COOH)和酚羟基(—酚—OH),除此之外,还涉及一些中性和碱性功能团,中性功能团主要有醇羟基(—CH$_2$OH)、醚基(—CH$_2$—O—CH$_2$—)、酮基[—C=O(—R)]、醛基[—C=O(—H)]和酯基[—C=O(—OR)],碱性功能团主要有胺基(—CH$_2$—NH$_2$)和酰胺基[—C=O(—NH—R)],在以上功能团中,其中羧基是最重要。

通常情况下,胡敏酸含的酚羟基较富里酸多,而富里酸的羧基含量比胡敏酸多,羧基和酚羟基的总量称为腐殖酸总酸度。富里酸的总酸度比胡敏酸大。活性和总酸度成正比关系。

### 3. 腐殖酸的分子结构与相对分子质量

腐殖酸单体分子主要由芳环结构化合物和含氮化合物组成,但单体分子的相互缩合的规律很难掌握且几乎没有,腐殖酸缩合程度低则相对分子质量小,结构也就相对比较简单;腐殖酸缩合程度高则相对分子质量大,结构就相对比较复杂。电子显微镜下扫描观察结果认为,腐殖酸整个分子表现出非晶体特征,分子结构非常松散,大致呈无规则线团状。胡敏酸分子的复杂程度难以用结构式、分子式来表示。

一般情况下,胡敏酸的相对分子质量大于富里酸。胡敏酸平均相对分子质量为 5000～100000 之间,富里酸为 3000～6000 之间。

### 4. 腐殖酸的电性和交换量

由于腐殖酸的组分中有很多含氧功能团的存在,故腐殖酸表现出多种活性,如离子交换、对金属离子的络合能力以及氧化-还原性等。腐殖质的电性来源主要是分子表面的羧基和酚羟基的解离以及胺基的质子化,使腐殖质分子具有两性胶体的特性,在通常的土壤酸碱度条件下,腐殖质分子带负电荷,能够吸附土壤中的盐基离子。腐殖质具有较高的阳离子交换量,在 200～500cmol(+)/kg 之间,大多数为 350cmol(+)/kg,一般灰化土中胡敏酸的阳离子交换量为 300～350cmol(+)/kg,黑土和黑钙土中胡敏酸的交换量可达 400～500cmol（＋）/kg。

### 5. 腐殖酸的溶解度和凝聚性

胡敏酸不溶于水，能够与 $K^+$，$Na^+$，$NH_4^+$ 等形成一价盐类可溶于水，而与 $Ca$，$Mg$，$Fe$，$Al$ 等高价盐基离子形成的盐类，其溶解度就有很大程度的降低。富里酸有相当大的水溶性，其溶液的酸性较强，它与一价及二价金属离子所形成的盐类都溶于水。

大多数情况下，腐殖质是带负电荷的有机胶体，按照电荷同性相斥的相关原理，新形成的腐殖质胶粒在水中呈分散的溶胶状态，但增加电解质浓度或高价离子，则电性中和而相互凝聚，这样的话就会形成凝胶。腐殖质在凝聚过程中可使土粒胶结在一起，形成结构体。腐殖质还可以通过干燥或冰冻脱水变性，形成凝胶。腐殖质这种变性是不可逆的，所以能形成水稳性团粒结构。

土壤中的腐殖质具有变异性。不同的土壤，不仅其腐殖质的含量不同，而且其组分比例、各组分的复杂程度等都存在一定的差异。有的土壤以胡敏酸为主，有的土壤则以富里酸为主。即使同是胡敏酸，在不同的土壤中腐殖质组分的相对分子质量和分子结构也有一定的差异。如果时间和条件允许的话，胡敏酸和富里酸还可以相互转化。土壤腐殖质的 HA/FA（胡敏酸/富里酸）比值，直接体现了其形成条件和相对分子质量的复杂程度。HA/FA 比值越大，说明胡敏酸的含量越高，且腐殖酸的结构越复杂；反之，富里酸则越高，结构越简单。

我国不同土壤类型中腐殖质的组成也存在一定的差异。在我国，由东向西，从草甸草原、干旱草原、半荒漠草原、荒漠草原过渡，土壤腐殖质的含量逐渐减少，胡敏酸相对含量、相对分子质量和芳化度逐渐降低，HA/FA 比值也会相应地降低。我国北方大多数土壤，腐殖酸以胡敏酸为主，HA/FA＞1；而我国南方土壤，其腐殖酸一般以富里酸占优势，HA/FA＜1。从北到南，其土壤类型变化为：由黑土带向暗棕壤（棕壤（黄棕壤（红壤（砖红壤过渡，腐殖酸中胡敏酸相对含量、芳化度及相对分子质量等逐渐降低，而富里酸相对含量会有一定程度的提高。腐殖酸的组分还随熟化度的高低而不同，一般熟化度提高，HA 有上升的趋势，且功能团的数量和交换量也相应增加。

## 四、土壤有机质的作用

### 1. 提供作物需要的各种养分

土壤有机质中含有大量的植物必需营养元素，在矿质化过程中，这些营养元素释放出来供作物吸收利用。大量资料表明,我国主要土壤表土中大约80%的氮、20%～76%的磷以有机态存在,在大多数非石灰性土壤中,有机态硫占全硫的75%～95%。有机磷一般占土壤全磷的10%～50%,随着有机质的分解又释放出来变成速效磷,比起固态磷的无机磷,有机磷对作物的有效性更高。随着有机质的矿质化,这些养分都成为矿质盐类(如铵盐、硫酸盐、磷酸盐等),以一定的速率不断地释放出来,供作物和微生物利用。

有机质分解产生$CO_2$的是作物碳素营养的重要来源。据估计土壤有机质的分解以及微生物和根系呼吸作用所产生的$CO_2$,每年可达$1.35 \times 10^{11}$t,大致相当于陆地植物的需要量,可见土壤有机质的矿化分解是大气中$CO_2$的重要来源。

经过微生物的分解,有机质还可产生多种有机酸(包括腐殖酸本身),这对土壤矿质部分有一定溶解能力,促进风化,有利于某些养分的有效化,还能络合一些多价金属离子,使之在土壤溶液中不致沉淀而保证了有效性。

2. 增强土壤的保水保肥能力和缓冲性

土壤腐殖质带有大量的负电荷,可以吸附土壤溶液中的阳离子,避免水流失。腐殖质疏松多孔,又是亲水胶体,能吸持大量水分,故能大大提高土壤的保水能力。此外,腐殖质改善了土壤渗透性,能够有效减少水分的蒸发等,为作物提供更多的有效水。

腐殖质因带有正负两种电荷,能够有效吸附阴、阳离子;又因其所带电性以负电荷为主,所以它具有较强的吸附阳离子的能力,其中作为养料的$K^+$,$NH_4^+$,$Ca^{2+}$,$Mg^{2+}$等一旦被吸附后,形成盐类,就可避免随水流失,而且能随时被根系附近的其他阳离子交换出来,供作物吸收,仍不失其有效性。

腐殖质相对于保存阳离子养分的能力,要比矿质胶体强大很多。一般腐殖质的阳离子吸收量为150～400cmol(+)/kg。因此,保肥力很弱的砂土中增施有机肥料后,不仅增加了土壤中养分质量分数,使得砂土的物理性质得以改善,还使得其保肥能力得以有效提高。

腐殖质是一种含有多酸性功能团的弱酸,其盐类具有两性胶体的作用,因此有很强的缓冲酸碱变化的能力。所以提高土壤腐殖质质量分数,能够有效提高土壤缓冲酸碱变化的性能。

3. 改善土壤的物理性质

腐殖质在土壤中主要以胶膜形式包被在矿质土粒的外表。由于它是一种胶体,黏结力和黏着力相对于砂粒有很大程度的提高,施于砂土后能增加砂土的黏性,可促进团粒结构的形成。由于它分子量大,吸附能力强,松软、絮状、多孔,黏结力又比黏粒小 11 倍,黏着力比黏粒小一半,所以黏粒被它包裹后,易形成散碎的团粒,使土壤变得比较松软。可以看出腐殖质能够使得砂土变紧,黏土变松,土壤的保水、透水性以及通气性都得以改善。同时使土壤耕性也得到改善,耕翻省力,适耕期长,耕作质量也相应地提高。

腐殖质除了对土壤的保水、透水性以及通气性有改良作用外,对土壤的热状况也有一定影响。主要由于腐殖质是一种暗褐色的物质,它的存在能明显地加深土壤颜色,从而提高了土壤的吸热性。同时腐殖质热容量比空气、矿物质大,相对于水来说又有一定程度的缩小,而导热性质居中。因此在同样日照条件下,腐殖质质量分数高的土壤土温相对较高,且变幅范围不是很大。利于保温和春播作物的早发速长。

4. 促进土壤微生物的活动

在一定浓度下,腐殖酸能够促进微生物和植物的生长。土壤微生物生物量是随着土壤有机质质量分数的增加而增加,两者之间的正相关影响非常明显。但因土壤有机质矿化率低,所以不像新鲜植物残体那样会对微生物产生迅猛的激发效应,而是持久稳定地向微生物提供能源。综上所述,含有机质多的土壤肥力平稳而持久,不易产生作物猛发或脱肥等现象。

5. 促进植物的生理活性

腐殖酸在一定浓度范围内能够有效促进植物的生理活性。

①腐殖酸盐的稀溶液能改变植物体内糖类代谢,促进还原糖的积累,提高细胞渗透压,从而增强了作物的抗旱能力。腐殖酸还是某些抗旱剂的主要成分。

②能提高过氧化氢酶的活性,加速种子发芽和养分吸收,进而达到提高作物生长速度的目的。

③能加强作物的呼吸作用,增加细胞膜的透性,促进其对养分吸收能力的增强,并加速细胞分裂,促进根系的发育。

6. 减轻农药和重金属的污染

腐殖质可以使得残留在土壤中的某些农药的溶解度增大,加速其淋出主体,减少对农作物的污染。腐殖酸还能和某些金属离子络合,由于络合物的水溶性,而使有毒的金属离子有可能随水排出土体,减少对作物的危害和对土壤的污染。

腐殖酸的生理活性及其在农业生产中的作用,仍然在不断的研究中。

## 五、提高土壤有机质的途径

土壤是农业生产不可替代的生产资料,只有提高土壤有机质增强土壤肥力,才能满足随人口增长而上升的粮食需求。要增加土壤有机质含量,就要增加土壤有机质的来源,合理安排耕作制度,实施绿肥轮作。提高土壤肥力的一个重要途径就是增加有机肥用量,提高土壤有机质含量。

### 1. 增施有机肥料

我国有施有机肥的习惯,且施用的种类和数量很多,例如粪肥、厩肥、堆肥、青草、幼嫩枝叶、饼肥、蚕砂、鱼肥、河沙等等,其中粪肥和厩肥是普遍使用的主要有机肥料。有机肥料的施用对土壤的作用主要表现在两个方面:一是改善土壤的物理、化学和生物学特性;二是扩大土壤养分库,尤其是土壤有效养分库,从而达到改善土壤养分状况和提高对植物所需养分供给力的目的。相关数据统计分析证明,施入土壤中腐熟的有机肥料,有 2/3～3/4 被矿化,其余则转化为腐殖质积累在土壤中。

有机肥的来源非常广泛,长期施用高质量的有机肥,能使土壤的熟化度得以有效提高。有一点需要注意的是,如果施入土壤的有机肥料 C/N 比值过高,应适当加入一些人粪尿或氮素化肥,以免造成土壤暂时缺氮现象,从而保证土壤微生物得以正常活动。

### 2. 种植绿肥

种植绿肥是培肥土壤、提高产量的有效措施。利用植物生长过程中所产生的全部或部分绿色植物体,直接耕翻到土壤中作肥料,这类绿色植物体就是所谓的绿肥。相关试验证明,连续 5 年翻压绿肥,土壤有机质均有明显提高,其增产量平均为 1～2g/kg。可种植的绿肥种类有紫云英、苕子、豌豆、蚕豆、绿豆、田菁、香豆子、金花菜、草木樨、柽麻等,它们多为豆科植物,分解速度非常快,形成腐殖质也较迅速。据估算,每公顷用作绿肥的紫云英有 27000kg(包括地下鲜重),可提高土壤腐殖质含量 0.4～0.8g/kg。但是土壤肥力不同,其积累有机质的效果的差异也比较大。在肥力高的土壤上,绿肥一般只能起维持土壤有机质水平的效果;而在肥力低的土壤上,绿肥可以有效提高土壤有机质含量。在翻压绿肥时翻压的深度、时间以及灌水及播种时间等都是不得不考虑的影响因素。在某些情况下,绿肥还可能引起激发效应。所谓激发效应是指由于加入了有机物质而使土壤有机质的矿化速率加快(正激发)或变慢(负激发)的效应。不难理解,正激发加速了土壤中原有有机质的消耗,不利于有机质的积累,为了达到积累腐殖质的目的,每次施入的绿肥要大量充足。

3. 秸秆还田

秸秆直接还田是增加土壤有机质和提高作物产量的一项有效措施。作物秸秆含有纤维素、木质素比较多,在腐解过程中,腐殖化作用比豆科植物进行的要相对慢一些,但能够形成较多的腐殖质。秸秆还田一般是将作物秸秆切碎,不经堆腐直接翻入土壤。秸秆对促进土壤结构的形成和保存氮素以及促使土壤难溶性养分的释放比施用腐熟的有机肥效果更加理想。在进行秸秆还田时,要根据还田秸秆的 C/N 比值和田间肥力情况,适当添加速效氮肥。尤其土壤较瘦且前期施用粪肥较少时,在施用时添加适量的速效氮肥就非常有必要,以避免秸秆在土壤中腐解引起微生物和植物竞争有效氮素,对植物的生长发育造成影响。禾本科的秸秆 C/N 比值高,想要直接还田的话需要加入含氮速效肥料沤制之后才可施入土壤;C/N 比值低的秸秆还田时,翻压在土壤中比覆盖在土壤表面腐解速度快,且以埋深 5cm 腐解速度最为理想。

我国不同地区耕地土壤中有机物质的腐殖化系数,由于水热条件和土壤性质不同而存在一定的差异,同类有机物质在不同地区的腐殖化系数依次为东北地区>华北地区、江南地区>华南地区;同一地区不同有机物质的腐殖化系数依次为作物根>厩肥>作物秸秆>绿肥。

4. 归还植物凋落物

归还植物凋落物对于提高土壤有机质也非常有帮助。自然土壤中的有机质含量增加主要靠自然植物地上和地下凋落物的归还,正因为如此,森林土壤可以"自肥",有机质含量较高,但对于农业土壤和城市园林土壤来说,有机质含量相对要较少一些,管理过程中清除的杂草和修剪枝叶等积累的有机物,应该有意识地将其就地填埋或集中堆沤,使之成为较理想的有机肥料,从而达到补充土壤有机质的目的。

另外,通过调节土壤中水、气、热状况,合理的耕作和轮作、改良土壤酸碱性等措施,也可以达到调节土壤有机质转化方向和转化速率的目的。只有在土壤温度、湿度适宜,并具有适当通气条件时,好气性与厌氧性分别交替进行或相伴进行,矿质化过程与腐殖质化过程才能够得以协调,既能供应当代植物足够的有效养分,又能累积一定数量的腐殖质,因此,因时制宜地采取不同措施,才能使土壤有机质的分解速率和合成速率达到平衡。通常情况下,可以通过增加土壤水分、覆盖塑料薄膜等措施可使土壤腐殖质化作用增强,矿质化作用减弱;在干旱地区应创造灌溉条件,降低土温,减弱矿质化作用,以促进腐殖质的形成,从而保证土壤上的植物既有一定数量的养分吸收,又稳定维持或适当提高土壤有机质的含量水平。

# 第三节　土壤生物和土壤酶

土壤生物是指生活在土壤中的巨大的生物类群,是土壤具有生命力的主要成分,在土壤形成、发育、土壤结构、肥力保持以及高等植物生长等方面均起着重要的作用;同时,土壤微生物对环境起天然的"过滤"和"净化"作用。土壤生物在自然生态系统中同时扮演着消费者和分解者的角色,对全球物质循环和能量流动起不可替代的作用。

## 一、土壤生物的多样性

土壤生物包括土壤动物、土壤植物和土壤微生物三大部分。土壤中存在的生物,不仅种类多,数量也大,土壤中常见的生物的数量如表 1-13 所示,通常情况下,土壤生物量可占土壤有机质总量的 $1\%\sim8\%$。某一特定的土壤生物的活性可用单位体积或单位面积土壤中这种生物的数目、生物量或代谢活性来表示。

表 1-13　土壤中常见的生物的数量[①]

| 生物种类 | 土壤表层中的数量 | | |
| --- | --- | --- | --- |
| | 每平方数量(个) | 每克数量(个) | 生物量(kg/hm²) |
| 细菌 | $10^{13}\sim10^{14}$ | $10^8\sim10^9$ | $450\sim4500$ |
| 放线菌 | $10^{12}\sim10^{13}$ | $10^7\sim10^8$ | $450\sim4500$ |
| 真菌 | $10^{10}\sim10^{11}$ | $10^5\sim10^6$ | $562.5\sim5625$ |
| 藻类 | $10^9\sim10^{10}$ | $10^4\sim10^5$ | $56.3\sim562.5$ |
| 原生动物 | $10^9\sim10^{10}$ | $10^4\sim10^5$ | $16.9\sim168.8$ |
| 线虫 | $10^6\sim10^7$ | $10\sim10^2$ | $11.3\sim112.5$ |
| 其他动物 | $10^3\sim10^5$ | — | $16.9\sim168.8$ |
| 蚯蚓 | $30\sim300$ | — | $112.5\sim1125$ |

---

① 吴礼树.土壤肥料学.2版.北京:中国农业大学出版社,2011

## 二、土壤动物

土壤动物是土壤中的一个重要的生活类群,每一公顷的土壤中约含有几百千克的各类动物,主要包括线虫、轮虫、蚯蚓、蠕虫、蚂蚁、螨、环节动物、蜘蛛等其他昆虫等。这些动物主要食用其他动物的排泄物、植物以及无生命的物质,在土壤中活动,对于土壤的通气、排水和土壤结构性状能够有效改善,与此同时,还将作物残茬和森林枝叶浸软嚼碎,并以一种较易为土壤微生物利用的形态排出体外。

土壤动物的生长发育对环境有一定的要求,需要有良好的通气条件、适宜的湿度和温度。施肥也对动物的发育具有良好的影响。

### 1. 线虫

线虫为长形,形体微小,一般长度小于1mm,想要看清楚的话需要借助显微镜的帮助,它们几乎在所有的土壤类型中都可以发现。线虫有三种营养类型:①腐食型,以动植物的残体和细菌等为食。②植食型,以绿藻和蓝藻为食。③肉食型,以捕食轮虫和其他线虫为食。线虫是土壤后生物中最多的种类,是一种严格的好气动物,一般生活在土壤团块或土粒间隙的水膜中,每平方可达几百万个,许多种寄生于高等植物和动物体上,常常会引起多种植物根部的线虫病。

### 2. 轮虫

轮虫是一种比较简的动物,其身体前端有一个头冠,头冠上有纤毛环,纤毛环摆动时,能够将细菌和有机颗粒等引入口中。轮虫形体微小,长度为4~4000m,多数为500m左右,显微镜下可以看清楚。轮虫对pH要求不是很严格,中性、偏酸偏碱性的环境都有轮虫的分布,在pH值为6.8左右的环境中分布较多。大多数轮虫主要食用细菌、霉菌、藻类、原生动物和有机颗粒。

### 3. 蚯蚓

蚯蚓是土壤中无脊椎动物的主要部分,是比较重要的土壤动物。进入蚯蚓体内的土壤,不但其中的有机质可作为蚯蚓的食物,而且其矿质成分也受到蚯蚓体内的机械研磨和各种消化酶类的生物化学作用而发生一定的变化。蚯蚓粪中含有的有机质、全氮和硝态氮,代换性钙和镁,有效态磷和钾以及盐基饱和度和阳离子代换量都明显高于土壤。

蚯蚓的活动在土壤中留下了大量的洞穴、孔道,这种结构具有疏松、绵软、孔隙多、水稳性强等特点。

蚯蚓对土壤和其他环境因素很敏感,因此,它在土壤中的分布与地区、土壤类型、季节变化、温湿度以及有机质数量有直接关系。蚯蚓喜好潮湿和通气良好的环境,需要丰富的有机质作为食料,所以在施加厩肥或植物残体的疏松土壤中生长良好。除了少数几种蚯蚓能够耐酸外,大多数适于中性和微碱性石灰性土壤。

4. 其他土壤动物

(1)螨类

栖息在土壤中的螨类,体型大小变化在 0.1~1mm 之间,在土壤中的数目十分庞大,通常以分解中的植物残体和真菌为食物,也吞食其他微小动物。它们在有机质分解中的作用是把大量的残落物加以软化,并以粪粒形态将这些残落物散布开来。

(2)蚂蚁

蚂蚁是营巢居生活的群居昆虫,它们在土壤中挖孔打洞的活动,对改善土壤通气性和促进排水流畅起着极显著的作用,并且可破碎并转移有机质进入深层土壤,其粪便可以促进作物生长方面与蚯蚓具有同样的效果。

(3)蜗牛

蜗牛大多在土壤表面觅食,出没于潮湿土壤中,是典型的腐生动物。蜗牛肠胃中含有非常多的纤维素分解酶,以植物残落物和真菌为食,能使一些老植物组织以浸软和部分消化状态排出体外。

(4)啮齿类动物

在土壤动物的啮齿类动物主要是鼠类,鼠类在森林土壤和湿草原土壤中具有相当的数量。由于挖穴筑巢,常将大量亚表土和心土搬到表层,而将富含有机质的表土填塞到下层的洞穴中,因此对表土层土壤的疏松起一定作用。

(5)其他昆虫

在土壤中还有很多昆虫,对疏松土壤有一定的作用,但大多是咬食植物根部的害虫,如金龟子的幼虫蛴螬、叩头虫、幼虫、金针虫、地老虎及蝼蛄等。对于这些需要加强防治。

## 三、土壤微生物

土壤微生物分布广、数量大、种类多,是土壤生物中最活跃的部分。据统计,每克土壤中微生物的数量可达 1 亿个以上,甚至能够多达几十亿个。土壤的生物活性主要依赖于土壤微生物,它在土壤有机质的分解、腐殖质的合成、养分的转化和土壤的发育与形成过程中起关键作用。

土壤微生物包括细菌、放线菌、真菌、藻类以及没有细胞结构的分子生物(如病毒)。其中,细菌数量最多,放线菌次之,藻类最少。

1. 细菌

细菌是土壤微生物中数量最多的一个类群,据相关数据统计显示生活在土壤中的细菌有近 50 属 250 种,占微生物总数量的 70%～90%。细菌是单细胞生物,个体很小,即使是较大的个体长度也很少超过 $5\mu m$。但它表面积与体积之比大,代谢强,繁殖快。据估计每克干土中细菌的总表面积达 $20cm^2$。

按照营养特性进行划分的话,细菌可分为自养型和异养型两类。自养型细菌从能够从氧化矿物成分如铵、硫磺等获得所需能源,从 $CO_2$ 中获得碳源,转化矿物成分的存在状态。这部分细菌包括硝酸细菌、亚硝酸细菌、硫化细菌和硫磺细菌等。

土壤中的细菌,大多数都是异养型的。异养型细菌按其对氧气的要求又可分为好气性、嫌气性和兼性 3 种。异养型细菌通过分解有机物质如动植物残体及其排泄物和分泌物来获得能量和营养物质,这对于矿物和有机物质的分解和养分的释放具有重要的作用。

土壤中的细菌以杆菌为主,其次是球菌。土壤细菌常见的主要菌属有节杆菌属、芽孢杆菌属、假单胞菌属、产碱杆菌属以及黄杆菌属。土壤的环境条件(如温度、湿度、有机物质和 pH 等)都能够影响到细菌的数量和活性。例如,有机质丰富的根际土壤细菌的数量明显高于非根际土壤。土壤细菌的最适温度为 20～40℃,最适 pH 为 6.0～8.0。

2. 放线菌

土壤中放线菌的数量也比较大,占土壤微生物总数的 5%～30%,是典型的好气性微生物。土壤放线菌大部分为链霉菌属(70%～90%),其次是诺卡氏菌属(10%～30%),小单孢菌属(1%～15%)。放线菌适宜在中性、偏碱性、通气良好的土壤中生长。放线菌能转化土壤的有机质,产生的抗生素对其他有害菌有能够有效抑制。放线菌多发育于耕层土壤中,寄生在植物上放线菌仅有几种而且比较有限,且通常都是寄生在植物根上,并随土壤深度增加而减少。

3. 真菌

土壤真菌有约 170 属 690 种,可以说是土壤微生物中的第三大类群。其广泛分布于耕作层中,真菌喜欢潮湿的环境,在潮湿、通气良好的土壤中生长旺盛;在干旱条件下生长受到抑制,仍然能够表现出一定程度的活力。真菌耐酸性较强,最适 pH 为 6.0～7.5。土壤酸性较强时,细菌和放线菌的生长受到抑制,这对真菌的生长不会造成任何影响,并能自始至终地分解有机物质,因此在森林土壤和酸性土壤中,真菌对有机物质的转化可以说是起决定性作用。

4. 藻类

土壤藻类是微小的含有叶绿素的生命体,其中比较常见的有硅藻、绿藻和黄藻。土壤藻类不仅存在于土壤表面及紧接表面之下阳光或散射光能透进的地方,在土壤表面之下几厘米阳光达不到的地方也能够生长。土壤表面和紧邻的亚表面的藻类具有和绿色植物同样的作用,能够有效转化空气中的二氧化碳,并从土壤中吸收硝酸盐或氨。光照和水分是影响藻类发育的关键因素,在温暖、水分充足的土壤表面大量繁殖,在肥沃的土壤中,藻类发育也极为广泛,而在轻质不肥沃的酸性土壤上藻类数量就相对要少一些。

## 四、土壤生物对土壤及其植物的影响

### (一)土壤生物对土壤和植物的有益作用

(1)有利于土壤结构的形成和土壤养分的循环

土壤生物在土壤生态环境中起着重要的作用具体如表 1-14 所示。土壤生物通过对植物残体的分解将固持在其中的碳、氮、磷、硫等营养元素,重新释放出来,成为土壤的有效养分,供植物生长所需。土壤微生物的分泌物和有机残体分解的中间产物可以促进土壤腐殖质的合成和土壤团聚体的形成。土壤动物的排泄物也可间接在一定程度上改变微生物的微环境,反过来又影响土壤的孔隙度和团聚体的大小。

(2)无机物的转化作用

土壤微生物对土壤中的无机物——硫、磷、铁、钾以及微量矿质元素各自的循环转化起着重要的作用。

①磷的微生物转化。土壤有机磷是土壤全磷关键组成部分,一般情况下,能够占全磷的 20%～50%。土壤微生物通过产生有机酸,溶解不溶态

的无机磷,通过分泌磷酸酶水解有机磷,土壤微生物在分解有机质过程中能够释放 $CO_2$,生成 $H_2CO_3$ 和 $HCO_3^-$ 对含磷矿石起风化作用,增加钙、镁磷盐的溶解性。

表 1-14  土壤生物区系在土壤生态系统过程中所起的作用 [①]

| 生物区系 | 养分循环 | 土壤结构 |
| --- | --- | --- |
| 微生物群落 | 分解有机质、矿化和固定养分 | 形成能黏合团聚体的有机化合物,菌丝能够有效将颗粒缩结形成团聚体 |
| 小型土壤动物 | 调节细菌和真菌种群,改变养分周转 | 通过与微生物群落的相互作用影响土壤团聚体 |
| 中型土壤动物 | 调节真菌和小型土壤动物种群,改变养分周转 | 产生粪便,创造生物孔隙 |
| 大型土壤动物 | 破碎植物凋落物,刺激微生物活动 | 混合有机和无机颗粒从而使得有机质和微生物重新分布,创造生物孔隙,提高腐殖化作用,产生粪粒 |

②硫的微生物转化。在土壤中,硫能够实现有机硫的矿质化、无机硫化物的氧化和硫酸盐的还原。在通气良好的条件下,土壤中的有机硫通过微生物的矿化作用最终生成 $SO_4^{2-}$,它是很多植物的有效态硫,能被植物吸收利用,从而促进植物的生长。

③铁的微生物转化。在通气良好的条件下,自养微生物能将亚铁氧化成为溶解度低的高价状态,这样就避免了高浓度条件下对植物产生毒害;有些细菌和真菌能产生酸性物质,如硝酸、碳酸、硫酸和有机酸而增加铁的溶解度能够使得铁进入溶液。或产生的有机酸与铁生成有机铁的络合物,能够被植物吸收利用。

④其他无机物的转化。微生物对土壤中的钾有活化作用,能够将低价锰进一步氧化成高价锰,避免在高浓度下对植物产生毒害;控制污染土壤中重金属被植物吸收等作用。

(3)生物固氮

所谓的生物固氮是指分子氮在生物体内由固氮酶催化还原为氨的过程。自然界中有一少部分微生物(如圆褐固氮菌、雀稗固氮菌、固氮红螺菌、根瘤菌)等能够有效将大气中的分子氮转化为氮素化合物,供植物吸收利

① 谢德体．土壤肥料学．北京:中国农业大学出版社,2003

用。据不完全统计,全球生物固氮的氮素每年约有 $1.22\times10^8$ t,大大超过化肥氮素量。所以生物固氮作用在自然界氮循环和农业生产上起着决定性作用。

(4)土壤微生物对土壤污染的净化作用

土壤微生物可以通过自身的各种代谢活动,对土壤中的污染物质,如重金属、有机农药(DDT、六六六、毒杀芬等)、放射性垃圾进行代谢、降解和转化,从而消除或降低污染物的毒害,能够对土壤污染有效地起到净化的作用。

### (二)土壤生物对土壤和植物的有害作用

土壤生物对土壤和植物不单有益处,有些土壤动物甚至能够对作物造成严重的危害,如老鼠、蜗牛、蛞蝓等,它们啃食作物的根、茎、叶。有些植物的根容易遭受线虫病。部分细菌通过土壤传播而引起植物病害,许多真菌能侵染植物的种子、根和幼苗,而引起植物枯萎病、黄萎病和根腐病等,从而影响植物的正常生长。

## 五、土壤微生物与土壤有机质的相互关系

### (一)土壤有机质为土壤微生物提供能量和营养物质

土壤微生物中主要包括细菌、放线菌、真菌和蓝藻以及没有细胞结构的分子生物。其中细菌数量最为庞大,放线菌次之,藻类最少。其中,细菌按照其营养特性可以可分为自养型和异养型两种,大多数细菌都是异养型的,这类细菌能量和营养物质的获得需要借助于有机物质(包括动植物残体及其排泄物和分泌物)。放线菌和真菌也能够转化有机质。在同等外部条件下,例如温度、酸碱度、通气性的条件下,在有机质含量丰富和在有机质缺乏的两种情况下,前者时微生物的生长更为旺盛。

### (二)土壤微生物对土壤有机质的转化起到关键作用

在原始土壤中,最早出现在母质中的有机体就是微生物。土壤有机质中的存在形态包括新鲜的有机物质、半分解的有机物质、腐殖质三种。所谓新鲜的有机物质就是那些刚进入土壤不久,仍然保持原来生物解剖学特征的动物残体,基本上没有受到微生物的分解作用。半分解的有机物质是指多少受到微生物分解,原形态结构遭到破坏,已经不具备解剖学特征的有机质,其多呈现的是分散的暗黑色碎屑和小块,如泥炭等等。腐殖质是土壤中有

机质最为主要的一种形态,占有机质总量的85%~90%,腐殖质是指经过微生物分解和再合成形成的一种褐色或暗褐色特殊的高分子有机化合物。

在微生物的作用下,土壤有机质向两个方向转化,即有机质矿质化和有机质腐殖化。前者是在有机质的作用下,将复杂的有机物质一部分分解为二氧化碳和水,并释放出矿质养分和热量的过程,这释放出的热量和营养物质又可以为微生物的生长提供营养和能量;后者是将分解过程中的中间产物合成更为复杂、稳定、胶状高分子聚合物的过程,它能够使得有机质和养分得以保存下来。

通过以上内容的介绍可以看出土壤微生物对土壤有机质的转化起到关键性的作用。

## 六、土壤酶

土壤中的一切生物化学反应几乎都需要酶的参与,土壤酶活性反映了土壤中进行的各种生物化学过程的强度和方向,可以说是土壤的本质属性之一。土壤酶学是土壤科学中新近发展起来的一个分支,主要从土壤酶的来源、类型、性质、在土壤中存在的部位及其在土壤形成和土壤肥力中的作用等相关方面进行研究。

### (一)土壤酶的来源

土壤酶主要是来自土壤微生物、动物和植物。其中,微小动物对土壤酶的贡献不是特别大。许多微生物能产生胞外酶,植物的根能分泌氧化酶、过氧化氢酶、蛋白酶和酯酶等多种酶。

### (二)土壤酶的种类和功能

截止到目前相关数据统计,存在于生物体内的近2000种酶类中有50~60种酶可累积在土壤中。其种类及其酶促反应如表1-15所示。

表1-15　土壤中常见的土壤酶及其功能

| 分类 | 土壤酶 | 功能 |
|---|---|---|
| 氧化还原酶类 | 脱氢酶 | 促进有机质脱氢,起传氢作用 |
| | 尿酸氧化酶 | 催化尿酸转化为尿酸囊 |
| | 抗坏血酸氧化酶 | 将抗坏血酸转化为脱氢抗坏血酸 |
| | 过氧化氢酶 | 促进氧化氢生成 $O_2$ 和 $H_2O$ |

续表

| 分类 | 土壤酶 | 功能 |
|---|---|---|
| 氧化还原酶类 | 过氧化物酶 | 催化 $H_2O_2$、氧化酚类、胺类转化为醛、醇、酚 |
| | 硫酸盐还原酶 | 促 $SO_4^{2-}$ 转化为 $SO_3^{2-}$，再转化为硫化物 |
| | 硝酸盐还原酶 | 催化 $NO_3^-$ 转化为 $NO_2^-$ |
| | 亚硝酸盐还原酶 | 催化 $NO_2^-$ 还原成 $NH_2(OH)$ |
| | 羟胺还原酶 | 促羟胺转化为胺 |
| 水解酶类 | 磷酸酯酶 | 水解磷酸酯，产磷酸及其他 |
| | 核酸酶 | 水解核酸，产无机磷及其他 |
| | 核苷酸酶 | 催化核苷酸脱磷酸 |
| | 植素酶 | 水解植素，生成磷酸和肌醇 |
| | 淀粉酶 | 包括淀粉酶、淀粉酶和葡萄糖苷酶，催化淀粉转化为葡萄糖 |
| | 纤维素酶 | 水解纤维素，生成纤维二糖 |
| | 木聚糖酶 | 水解木聚糖，生产木糖 |
| | 葡萄糖酶 | 水解葡萄糖，生成葡萄糖 |
| | 蔗糖酶或转化酶 | 水解蔗糖，生产葡萄糖和果糖 |
| | 果聚糖酶 | 水解果聚糖，生成果糖 |
| | 蛋白酶 | 水解蛋白质，生成肽和氨基酸 |
| | 肽酶 | 催化断肽链，生成氨基酸 |
| | 谷氨酰胺酶 | 水解谷氨酰胺，生成谷氨酸和氨 |
| | 脲酶 | 水解尿素，生成 $CO_2$ 和 $NH_3$ |
| | ATP 酶 | 水解 ATP，生成 ADP |
| 转移酶类 | 葡萄糖蔗糖酶 | 进行糖基转移 |
| | 氨基转移酶 | 进行氨基转移 |
| | 果聚糖蔗糖酶 | 进行糖基转移 |
| | 硫氰酸酶 | 转移硫氰酸根（$CNS^-$） |
| 裂解酶类 | 天冬氨基脱羧酶 | 裂解天冬氨酸为一丙氨酸和 $CO_2$ |
| | 谷氨酸脱羟酶 | 裂解谷氨酸为一氨基丙酸和 $CO_2$ |
| | 芳香族氨基酸脱羟酶 | 裂解芳香族氨基酸，如裂解色氨酸为色胺 |

### （三）土壤酶的存在状态和存在部位

土壤酶可分为胞内酶和胞外酶两种。土壤的胞外酶主要是指结合在细胞壁外表面上的酶、死亡细胞之中的酶、土壤溶液中的酶和暂时或长久地结合在土壤固体组分上的酶。不难理解，胞内酶则是存在于土壤生物活细胞之中的酶。土壤酶在土壤溶液中存在的比较少，主要是以物理结合或化学结合形式吸附在土壤有机颗粒和无机颗粒上，或者与腐殖质结合而形成酶腐殖质复合体，它们在土壤动植物的细胞和细胞碎片里呈吸附态或存在于悬液中。

土壤酶主要由脱离活体的酶、累积的酶、连续释放的胞外酶（与微生物细胞组成结合的酶、不与细胞组分结合的酶）、胞内酶；土壤中的酶主要来自微生物、微生物与土壤动物（裂解的死细胞的胞内酶；生活细胞的胞外酶）、植物根、增殖的微生物、植物根和土壤动物；土壤酶主要存在于非增殖的活细胞、完整的死细胞和细胞碎片中、土壤溶液中与土壤固体组分结合（吸附或化学组成）、有机体内等。

### （四）土壤酶的作用

#### 1. 有助于腐殖物质的形成

土壤有机质和有机残体转化为土壤腐殖质的过程，可以说和土壤酶有直接关系。土壤氧化酶类参与了木质素的降解，酚的氧化是酚氧化酶类（如过氧化物酶和漆酶）作用的结果。腐殖物质可看成芳香化合物、氨基酸和肽的多缩和多聚产物，在整个缩合和聚合过程中都需要土壤氧化酶的参与。

#### 2. 有助于碳、氮、磷等有机源元素生物地球化学循环

进入土壤和累积在土壤中的碳水化合物在土壤酶作用下能够有效参与碳素循环。土壤中葡萄糖的水解是在纤维素酶复合体中的不同酶作用下进行的。淀粉的水解是淀粉酶作用的结果。土壤中的铵氧化酶、氨基氧化酶、羧胺氧化酶、亚硝酸还原酶、硝酸还原酶、酰胺基水解酶、脱氢酶、脱氨基氧化还原酶等其他酶都积极第参与了土壤的氮循环。进入土壤或累积在土壤中的含磷化合物在土壤磷酸酶的作用下有效实现了磷素循环。相对来说比较简单的含磷有机化合物（如含糖磷酸酯、核苷和未被磷饱和的肌醇酸酯）是在非专性的磷酸单酯酶的参与下进行的脱磷酸作用的产物。核酸的水解和转化是由核酸解聚酶和核苷酸酶共同作用下进行的。

3. 有助于保持土壤的生物化学稳衡性

当土壤受到农药、重金属、工业废弃物、石油等情况的污染时,大部分的废弃物和农药等土壤污染物质能够被土壤酶有效分解。因此土壤酶在保持土壤生物化学稳衡性和消除污染方面起的作用非常明显。

**(五)影响土壤酶活性的因素**

土壤酶的活性跟土壤物理性质、化学性质和耕作措施等有直接关系。

1. 土壤物理性状对土壤酶活性的影响

土壤酶活性跟土壤质地、土壤结构组成和湿度等物理性状有直接关系。例如,土壤酶活性与土壤黏粒含量呈正比例关系,土壤的质地越黏重,其土壤酶的活性越强;土壤的微团聚体可以说是水解酶活性的决定性因素,土壤粒径越大,水解酶的活性越弱。土壤的热状况也会对土壤酶的热敏感性和酶催化反应的速率造成一定的影响,在一定的温度范围内,土壤酶的活性随着温度的升高而增强。

2. 土壤化学性状对土壤酶活性的影响

土壤 pH 和土壤养分对土壤酶活性造成的影响也是不可忽视的,不同酶类适宜的 pH 也有一定的差异。脲酶一般在中性土壤中活性最强,脱氢酶在碱性土壤中活性最强。土壤磷酸酶的活性与土壤中有机磷的含量成正比例关系,土壤中有机氮含量多则土壤蛋白酶的活性强,有机硫含量影响土壤硫酸酶的活性。土壤中腐殖质的含量和组成以及有机胶体的含量在一定程度上也会对土壤酶的稳定性造成一定的影响。

3. 土壤管理对土壤酶活性的影响

一般来说,矿质肥料的施用可以增强土壤酶的活性,但其影响效应随着土壤质地、土壤温度和肥料类型的不同而存在一定的差别。例如,硝酸铵的施用能降低土壤过氧化氢酶、天冬酰胺酶和脲酶的活性,而硝酸钾就会在一定程度上提高天冬酰胺酶和脲酶的活性。有机物料对土壤酶活性的影响也是不可忽视的。例如,麦秸、马粪和牛粪等的施用能够有效提高土壤蔗糖酶、脲酶、碱性磷酸酶、中性磷酸酶和过氧化氢酶等酶的活性,同时跟有机物料的种类和施用方式有直接关系。对蔗糖酶的活性的影响依次是麦秸>马粪>牛粪。有机物料深施对土壤脲酶、碱性磷酸酶和转化酶活性的提高有直接关系,其次是浅施、表施。有机物料与无机物料配合施用能够在一定程度上提高土壤酶活性。有机肥配施化肥,可以增加土壤中与碳、氮、磷转化有关的几种主要酶类活性。

合理的耕种制度对于土壤酶的活性非常有帮助,能够促进土壤养分的转化。水田免耕可以增强土壤酶的活性,其中,脲酶的活性增强最明显。实行轮作和连作对土壤酶的活性影响有一定的差异。通常轮作有利于土壤酶活性的增强,连作常引起土壤酶活性的减弱。但轮作和连作土壤酶活性还受到种植作物的生物学特征、土壤的物理化学性质和施肥制度等相关因素的影响。

随着工农业的迅速发展,在对环境造成污染的同时,土壤也不例外,土壤受到多种污染物(如农药、氟、重金属等)的复合污染。这些污染物对土壤酶活性甚至可以说是致命的。土壤酶活性能稳定、敏感地反映重金属的影响,因此,土壤酶活性对于判断土壤受到重金属污染的程度非常有帮助。一般来说,土壤重金属含量较高时会使酶失活,较低时在一定程度上有抑制作用,但微量时能够在一定程度上增强酶的活性。有研究表明,土壤脲酶和过氧化氢酶活性随着土壤铅和镉含量的增加降低的非常明显,土壤脲酶和过氧化氢酶活性与土壤铅和镉含量之间呈负相关。相关专家的大豆、小麦盆栽试验表明,铜、铅、砷和镉4种重金属含量在低浓度时,对于固氮酶和反硝化酶活性的提高比较有帮助,而高浓度对固氮酶和反硝化酶的活性的抑制作用非常明显,即低浓度的重金属有利于土壤微生物的生长发育及酶活性的提高,高浓度的重金属则明显抑制土壤微生物的生长发育,从而使得酶活性大幅度的降低。

# 第二章 土壤的孔性、结构性与耕性分析

土壤是一综合的自然体,它的定型状态的固体部分包含着无机物质、有机物质(腐殖质)以及半分解状态的有机残体。土壤中大小不同的各种矿物质及有机物质颗粒并不是单独存在的,一般通过多种途径相互结合,形成各种各样的团聚体。土壤颗粒之间不同的结合方式,决定了土壤孔隙的大小、数量及其相互间的比例,决定了土壤固、液、气三相的比例,从而不仅关系到土壤中许多物理、化学及生物学过程,对土壤的水、肥、气、热各种肥力因素影响很大,而且直接决定土壤的耕作性能。对土壤的基本性质的研究是土壤肥料科学的重要组成部分,土壤的基本性质包括物理性质和化学性质等,土壤的孔性、结构性以及耕性属于土壤的物理性质。本章,我们就来分析讨论土壤的孔性、结构性以及耕性以及这些性质对土壤肥力和植物生长的影响。

## 第一节 土壤的孔性

### 一、土壤的相对密度、容重和孔隙度

#### (一)土壤的相对密度

土壤相对密度是指单位体积(不包括孔隙体积)土壤固体颗粒的质量与同体积水的质量之比。由于水的相对密度为 $1g \cdot cm^{-3}$,所以,土壤相对密度在数值上等于单位体积土壤固体颗粒的质量。土壤相对密度决定于矿物组成与有机质的含量。土壤中常见的矿物相对密度平均为 2.6~2.7,腐殖质的相对密度为 1.4~1.8,具体的土壤矿物和腐殖质的相对密度如表 2-1 所示。我国土壤一般有机质含量不高,故一般土壤的相对密度常以 2.65 表示。

表 2-1　土壤矿物和腐殖质的相对密度

| 名称 | 相对密度 | 名称 | 相对密度 |
|---|---|---|---|
| 正长石 | 2.54~2.58 | 斜长石 | 2.62~2.76 |
| 石英 | 2.60~2.70 | 白云母 | 2.76~3.10 |
| 黑云母 | 2.80~3.20 | 角闪石与辉石 | 2.90~3.60 |
| 方解石 | 2.71~2.90 | 白云石 | 2.80~2.90 |
| 磷灰石 | 3.16~3.22 | 赤铁矿 | 4.90~5.30 |
| 褐铁矿 | 3.60~4.00 | 高岭石 | 2.60~2.65 |
| 蒙脱石 | 2.53~2.74 | 腐殖质 | 1.20~1.80 |

### （二）土壤容重

土壤容重是指单位容积原状土（包括粒间孔隙）的干重，单位为 $g \cdot cm^{-3}$ 或 $t \cdot m^{-3}$。土壤容重的数值为 1.00~1.80。

影响土壤容重的因素主要是土壤质地、土壤有机质含量、土壤结构状况和土壤耕作等，一般来讲，土质黏重、有机质含量低、无团粒结构和经常受到耕作挤压的土壤容重相对较大，反之较小。对于多数作物来讲，土壤容重在 1.0~1.3 之间较为适宜。在水田土壤处于完全浸水状态时，单位容积土壤干重称为浸水容重。水田土壤耕作层浸水容重一般变化在 0.5~0.6g $\cdot$ $cm^{-3}$ 之间。土壤容重是土壤重要的基本数据，其重要性表现在以下几个方面：

①根据土壤容重判断土壤的松紧状况，对相同质地的土壤来讲，疏松多孔的土壤容重小，紧实而缺少团粒结构的土壤容重大。

②根据容重可以计算一定面积，一定厚度的土壤质量。

③计算土壤中各种组分的数量，根据土壤质量可计算出土壤各组分的实际含量，如有机质含量、养分含量、盐分含量和土壤含水量等，作为灌排、施肥、改良土壤的依据。

### （三）土壤孔隙度

土壤孔隙度是指土壤孔隙的容积占土壤总容积的体积分数。它是说明土壤孔隙数量的。求孔隙度的公式为

$$孔隙度(\%) = \left(1 - \frac{土壤容重}{土壤相对密度}\right) \times 100\%$$

由上式可见，土壤孔隙度与容重呈反比关系。容重愈小，则孔隙度愈大，反之则小。一般土壤的孔隙度在 30%~60% 之间，其中以 50% 左右或稍大于

50％为好。土壤的孔隙度和松紧状况有关,具体关系如表 2-2 所示。

表 2-2 孔隙度和松紧状况的关系

| 土壤容重/g·cm⁻³ | <1.00 | 1.00～1.14 | 1.14～1.26 | 1.26～1.30 | >1.30 |
|---|---|---|---|---|---|
| 孔隙度/% | >60 | 56～60 | 52～56 | 50～52 | <52 |
| 松散程度 | 很松 | 松 | 适当 | 稍紧 | 紧 |

土壤孔隙容积的数量也可以用孔隙比来表示。孔隙比是指一定容积土壤中孔隙容积和土粒容积的比值,即

$$土壤孔隙比 = \frac{土壤孔隙度}{1 - 土壤孔隙度}$$

从表 2-2 可以看出,土壤孔隙的大小和数量影响土壤的松紧状况,而土壤松紧状况的变化又反过来影响土壤孔隙的大小和数量,二者密切相关。土壤紧实时,总孔隙度小,其中小孔隙多,大孔隙少,土壤容重增加,土壤疏松时,土壤孔隙度增大容重则下降。

## 二、土壤孔隙类型

土壤孔隙度只能说明某种土壤孔隙的数量,不能说明土壤孔隙的性质。因此,还要根据土壤孔隙的粗细分类。由于孔隙在土体中很复杂,要具体测量土壤孔隙的直径并不是容易的,一般按照吸出孔隙中的水所需要的吸力大小划分。所以,与一定土壤水吸力相当的孔径叫做当量孔径。根据当量孔径的大小,土壤孔隙分三类:

### 1. 非活性孔隙

非活性孔隙又叫做无效孔隙,它是土壤中最细的孔隙,当量孔径一般小于 0.002mm,土壤水吸力在 0.15MPa(1.5bar)以上。这种孔隙,通常总是充满土粒表面的吸附水。这种孔隙中所保持的水分是靠土粒表面吸附力的作用,而不是靠毛管力的作用,水分运动极其缓慢。这种孔隙在农业上利用是不良的,故也称为无效孔隙。在结构很差的黏质土壤中,非活性孔隙多。土质愈黏重,土粒的分散度愈高,排列愈紧密,则非活性孔愈多。这种以非活性孔隙占优势的土壤虽然能保持大量的水分,但不能为作物所利用,称为无效水。而且这种土壤的通气透水性极差,植物扎根困难,耕作阻力大,土壤的黏结性、黏着性和可塑性均很强,土壤耕作质量极差。

## 2. 毛管孔隙

毛管孔隙是指土壤中毛管水所占据的孔隙,当量孔径为 0.02mm 以下,0.002mm 以上时。毛管孔隙中的土壤水吸力为 15～150kPa。毛管孔隙当中的水分受毛管力的作用,能够运动,易被植物吸收。这种孔隙主要作用是保蓄有效水分。毛管孔隙的体积占土壤总体积的百分比称为毛管孔隙度。毛管孔隙的体积通过毛管含水量取得。

## 3. 通气孔隙

通气孔隙是指孔径大于毛管孔隙的孔隙,即孔径在 0.02mm 以上,土壤水吸力小于 15kPa。这类孔隙中的水分主要受重力支配而排出,因而使这部分孔隙成为空气的通道,故称之为通气孔隙。一般砂质土壤中通气孔隙较多。通气孔隙容积占土壤容积的百分数称为通气孔隙度,即

$$通气孔隙度 = \frac{通气孔隙容积}{土壤容积} \times 100\%$$

通气孔隙度与其他孔隙度的关系为

$$通气孔隙度 = 总孔隙度 - (毛管孔隙度 + 无效孔隙度)$$

多数植物要求土壤表层通气孔隙度保持在 10%,或者略微大于 10% 为好。如果土壤通气孔隙度在 10% 以下,不能保证通气良好;在 6% 以下时,许多植物便不能正常生长。

前面已经提到,土壤的孔隙是与土壤疏松程度密切相关的。土壤疏松时保水与透水能力强,在干旱季节,由于土壤疏松,则易透风跑墒,不利于水分保蓄,故群众多采用耙、耱与镇压等方法使土壤紧实,以保蓄土壤水分。紧实的土壤蓄水少,渗水慢,在多雨季节易产生地面积水与地表径流。松紧和孔隙状况由于影响水、气含量,也就影响养分的有效化和保肥供肥性能,还影响土壤的增温与稳温。各种作物对土壤松紧和孔隙状况的要求也是不同的;同一种作物在不同地区,由于自然条件的差异,对土壤的松紧和孔隙状况要求是不同的。过于紧实的黏重土壤,对种子发芽和幼苗出土均很不利,易造成缺苗断垄现象,因此紧实黏重的土壤播种量要适当加大。耕层坷垃较多,土壤孔隙过大的土壤,植物根系往往不能与土壤密接,吸收水肥均感困难,作物幼苗往往因下层土壤沉陷将根拉断出现"吊死"现象。有时由于土质过松,植物扎根不稳,容易倒伏,因此在干旱季节,在过松与孔隙过大的土壤上播种,往往采取深播浅盖镇压措施,保墒、提墒,以利作物苗齐苗壮。

### 三、影响土壤孔性的因素与土壤孔隙调节

#### (一)影响土壤孔性的因素

1. 土壤质地

质地黏重的土壤表现为孔隙数量多,土壤总孔隙度高,但孔隙细小,以无效孔隙和毛管孔隙占优势;土壤质地轻者,以空气孔隙为主,但数量少,土壤总孔隙度低;壤土的孔隙度居中,孔隙大小分配较为适当,水和气的关系比较协调。通常黏土孔隙度为$50\%\sim60\%$,壤土为$45\%\sim52\%$,中砂土和细砂土为$40\%\sim45\%$,粗砂土为$33\%\sim35\%$。

2. 土壤有机质含量

土壤有机质是团聚体的胶结剂,本身又是多孔体,因此,有机质含量多的土壤团粒结构多,总孔隙度高。一般表层土壤有机质含量高,土壤总孔隙度明显高于有机质含量低的心土层、底土层;森林凋落物层和泥炭层的总孔隙度高达$90\%$,而淀积层有机质含量低,总孔隙度为$40\%\sim45\%$。

3. 土粒的排列方式

土壤颗粒排列对土壤孔隙度有较大影响,设土粒为球体(理想土壤),将其排列为不同的方式,则其孔隙大小不同,孔隙度也不相同。最疏松的排列方式为正方体型,其孔隙度为$47.64\%$;最紧密的排列方式为三斜方体型,其孔隙度为$25.95\%$。若土壤相聚成团,团内为小孔隙,团间为大孔隙,总孔隙度明显增加。真实土壤中土粒排列和孔隙状况比较复杂,其中有大小不同的土粒,大土粒的孔隙中还镶嵌着小土粒,加之土团、根孔、虫孔及裂隙的存在,使土壤孔隙系统非常复杂,但其趋势与理想土壤一致。从土壤磨片的观察中可了解土团或土粒的排列松紧和孔隙分布状况。一般土壤的表层,土粒多为疏松排列,总孔隙度大多在$50\%$左右。

#### (二)土壤孔隙度调节的方法

1. 优化机械作业,防止土壤压实

土壤压实是指在播种、田间管理和收获等作业过程中,因农机具的碾压和人畜的践踏而造成的土壤结构破坏,使土壤由松变紧的现象,亦称为土壤

压实。压实的土壤孔隙缩小，降低透气性和蓄水保墒的能力导致减产。可以应用以下措施防止土壤压实：

①在宜耕的水分条件下进行田间作业，避免在土壤过湿或过干的情况下进行耕作。

②减少不必要的田间作业项目，尽量实行农机具的复式作业，将播种、施肥、病虫害防治、收获期间的收割、粉碎、秸秆还田等项目组成联合作业，一次完成，从而减少土壤压实，提高作业质量，降低作业成本，提高生产效率。

③根据条件试行最少耕作法，减少机具的压实，保持土壤疏松。

### 2. 合理轮作

实行合理轮作可以改善土壤结构状况，提高土壤通气透水性能。

### 3. 增施有机肥

施用有机肥可以增加有机质含量，改善土壤结构，降低土壤容重，增加土壤孔隙度。

据黑龙江省农科院试验，每亩施 $1.25 \times 10^4$ kg 泥炭土培肥黑土，与不施的对照，经两年后测定，对照容重 1.26g·cm$^{-3}$，施泥炭培肥的容重 1.11g·cm$^{-3}$，降低 0.15g·cm$^{-3}$，总孔隙度增加 4.6%，水稳性团粒比对照增加了 19.5%。

### 4. 合理耕作

土壤过紧或过松都不利于植物生长，对于过紧实的土壤，通常是采用适时地深耕结合施用大量有机肥料，再配合耙糖，达到耕深、耕透、糖细，创造一个上松下实的耕层构造；对于过松，及容重在 1g·cm$^{-3}$ 以下的耕层土壤，一般是先耙地，粉碎坷垃，沉实土壤，减少大孔隙，并视情况采用镇压措施，使之达到适宜的松紧范围，也就是容重在 1.10g·cm$^{-3}$ 到 1.30g·cm$^{-3}$ 之间，镇压要掌握在水分适宜时进行，过湿时镇压会使土壤板结。

### 5. 改良不良的质地

黏土以小孔隙为主，孔隙度一般为 40%～60%；砂土以大孔隙为主，中砂和细砂土孔隙度为 40%～45%，粗砂为 33%～35%；壤土的孔隙度一般为 45%～52%。大小比例适当（植物要求适宜的大小孔隙比为 1∶2～1∶3），有较多毛管孔隙，水汽协调。因此，掺砂掺黏改良土壤质地亦可调节土壤孔隙。

6. 采用工程措施

采用工程措施改造或改良铁盘、砂姜、漏沙、黏土等障碍土层,创造一个深厚疏松的根系发育土层,这对于果树等深耕植物尤其重要。

# 第二节　土壤的结构性

## 一、土壤结构的概念、类型与特点

自然界中土壤颗粒很少呈单粒存在。一般土粒团聚形成大小、形状不同的团聚体,称为土壤结构(或结构体)。土壤结构性是指土壤中结构体的形状、大小、排列和相应的孔隙状况等综合性状。土壤结构性影响土壤水、肥、气、热状况,影响土壤耕作和植物幼苗出土、扎根等。所以,土壤结构性是土壤的重要物理性质。

土壤结构的类型通常是根据结构体的大小、外形以及与土壤肥力的关系划分的,常见的土壤结构的类型如图 2-1 所示。

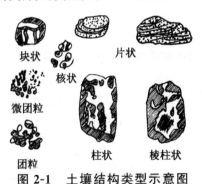

**图 2-1　土壤结构类型示意图**

接下来,我们来简单分析图 2-1 所示的土壤结构:

1. 块状结构

土块形状呈不规则的立方体,表面不平,界面与棱角不明显,其长、宽、高 3 轴大体近似,大的直径大于 10cm,小的直径也有 5cm,俗称"坷垃"。土质偏黏而又缺乏有机质的耕作层在耕作不当时最易形成块状结构。

2. 核状结构

核状结构体长、宽、高三轴大体近似,边、面、棱角明显,比块状结构体小,大的直径为 10～20mm 或稍大,小的直径为 5～10mm,通常称之为"蒜瓣土"。核状结构体一般多为石灰或铁质作为胶结剂,在结构面上有胶膜出现,故常具水稳性,这类结构体在质地黏重而缺乏有机质的表下层土壤中较多。

3. 柱状结构和棱柱状结构

纵轴大于横轴成直立型,边面棱角明显的叫棱柱状结构,棱角不明显的称之为柱状结构。这种结构多出现在黏重的心土层、底土层和碱土的碱化层中。这种结构坚硬紧实,外面常常包裹有铁锰胶膜,根系难伸入,通气不良,结构之间裂成大裂缝,漏水漏肥,可通过施用有机肥、加深耕层的方法来改良。

4. 片状结构

这类结构水平轴远大于垂直轴,呈扁平薄片状,通常称之为"卧土",在老耕地的犁底层中常见。团聚体较弯曲的,称为鳞片状结构。片状结构还包括在雨后或灌水后所形成的地表结皮和板结层。

5. 团粒结构

团粒结构体通常指土壤中近乎球状的小团聚体,其直径为 0.25～10mm,具有水稳定性,对土壤肥力等因素具有良好作用,农林业生产中最理想的团粒粒径为 2～3mm。团粒结构体一般存在于腐殖质较多、植物生长茂盛的表土层中。如图 2-2 所示,是团粒的结构示意图。

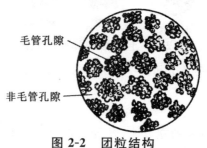

图 2-2 团粒结构

6. 微团粒结构

微团粒结构又称微团聚体或微结构,直径为 0.001～0.25mm,微团粒结构是团粒结构形成的基础,很多表土层都有这种结构。肥力高的水稻土浸水后,大的结构体能散成微团粒,造成"水土相融",这时微结构显著增多,尽管多次耕耙仍然存在,土壤疏松绵软,有利根系发展。微团粒外部为自由水,而内部可以闭蓄空气,这样就为渍水条件下水汽共存创造了条件,有利于根系呼吸和防止烂根。结构差的水稻土浸水后,结构体"化"不开,成为大的僵块,或者分散成单粒而造成淀浆板结或浮泥,使得通气性大大降低,不利于根系生长。因此,对水稻土来说,微团粒的多少,是衡量肥力高低的指标之一。[①]

## 二、土壤结构体的形成

土壤结构的形成过程大致可以分为如下两个阶段:

①土粒的黏结和团聚过程,即单个土粒聚集在一起形成复粒,复粒进一步聚合成为土块或土团或微团粒体;

②土壤结构的形成,即在外力的作用下土块、土团等成为相应的结构体。

接下来,我们来详细分析这两个过程。

### (一)土粒团聚过程

1. 胶体的凝聚作用

胶体的凝聚作用是指分散在土壤悬液中的胶体颗粒在电解质的作用下相互凝聚,形成粒径约为 0.05mm 的复粒。

2. 胶结作用

胶结作用是指土壤颗粒或团聚体由于其间的胶结物质的改变,使它们相互团聚在一起。土壤中的胶结物质主要由黏土矿物、含水氧化物胶体和有机胶体,它们在土粒团聚时起到黏结剂的作用。

3. 外力的作用

外力的作用是指如农机具的挤压、作物根系及真菌菌丝的缠绕、土壤动物的搅拌和混合等都将使土粒或微团粒聚集成更大的团聚体。

在这里,需要特别指出的是,关于土壤的胶体或胶结物质将在下一章中

---

① 郝玉华. 土壤肥料. 北京:高等教育出版社,2008

详细讨论。

### (二)土壤结构的形成

在土粒本身团聚或外力作用下聚集成的土壤团聚体经过外力的切割、挤压成形等产生相应类型的土壤结构体,主要有以下几方面的作用:

#### 1. 干湿交替

湿胀干缩是土壤胶体的通性。当湿土变干时,因胶体各部分的脱水程度和脱水速率不同,使土块的不同点、面上产生不均等的胶结力,在胶结力薄弱的点、面上发生破裂,并收缩成较小土团。当干土块遇水膨胀时,由于土块各部分的吸水程度及吸水速率不同而受力不均,土块从胶结力薄弱的地方崩裂。与此同时,水分迅速进入土壤毛管孔隙内,使封闭在毛管内的空气受到压缩,其反挤压力增大,当这种压力大于管壁土粒之间的黏结力时,空气就挤破毛管而逸出,使土块崩裂成小土团。土壤干湿交替的不断进行,土体就不断被分割,有利于团粒的形成。

干湿交替的效果,主要取决于土壤质地,有机质含量,阳离子组成等。如土壤质地较轻,有机质含量较高,阳离子以 $Ca^{2+}$、$Mg^{2+}$ 为主时效果较好。其次,干湿交替的效果往往还会与土壤的干湿程度有关。当土块越干时,蓄闭的空气越多,雨后或灌水后的碎土效果就越明显。因此,晒垡越透,降水或灌水越急,效果越明显。

#### 2. 冻融交替

土壤孔隙中的水分冻冰时,体积增大约 9%,对周围的土体产生压力而使土块崩解。于此同时,水结冰后引起胶体脱水,土壤溶液中电解质浓度增加,有利于胶体的凝聚作用。故而,秋冬翻起的土垡经过一个冬季的冻融交替后,土壤结构状况得到改善。

冻融交替作用的效果取决于土壤含水量和结冰速度。含水量少则效果较差,含水量多,温度骤然急降,土壤大小孔隙中的水分同时结冰,则会引起同时膨胀、脱水,使土块散碎厉害;若缓慢降温,较大孔隙中的水分先结冰,附近较小孔隙中的水分便向冰晶移动而脱水,这样,一来造成对冰晶四周的压力,崩解土壤;二来增进了土粒间的黏结力,促进土粒的团聚。

比较起来,冻融交替的作用比干湿交替更有效,因其挤压和收缩力更大,但是,经过冻融交替的土块必须脱水干燥后才能完成团粒形成的作用。北方农民常常采取秋耕、冬灌、冬耕冻垡、犁冬晒白等措施,通过干湿交替和冻融交替反复作用,来促进团粒结构的形成。但同时也要注意,频繁的干湿交替和冻融交替也不一定是好事,如果干湿交替和冻融交替过于频繁,也会破坏团粒结构。

3. 土壤耕作

合理及时地耕作,可促进团粒结构的形成。耕耙把大土块破碎成块状或粒状,中耕松土可把板结的土壤变成为细碎疏松的粒状、碎块状结构。同样需要指出的是,不合理的耕作反而会破坏土壤的结构。

4. 生物作用

生物作用包括植物根系、掘土动物以及微生物的作用,这是主要的成型动力。植物根系在生长过程中对土壤产生挤压和分割作用促进土块破碎,于此同时,根系的分泌物及其死亡分解后形成的腐殖质和多糖类物质又能团聚土粒,形成稳定的团粒。不同植物,因其分布特征、发育强弱和留在土壤中的腐殖质多少不同,对土壤团粒形成的影响也不同。

多年生牧草,有强大的根系,作用明显;一年生草本植物也能起到一定的改良结构作用,关键在于牧草是否生长发育良好,给土壤留下较多的有机质。掘土动物的活动也会增加土壤裂隙,对团粒结构的形成起作用,尤其蚯蚓作用更大,它以植物残体为食料,同时吞进大量泥土,通过肠道消化之后排出体外就是很好的团粒,蚯蚓、昆虫、蚁类等可以很大程度地改良土壤结构。有关研究发现,蚯蚓可以大大地促进土壤团里结构的形成,每天通过蚯蚓肠道加工的团聚体,相当于蚯蚓本身质量的 2～3 倍。含有有机质较多的农业土壤表层或表面有时可见有蚯蚓排泄的团粒。

总之,土壤中的团粒结构,主要是腐殖质与黏粒等胶结物质通 $Ca^{2+}$、$Mg^{2+}$、$Fe^{3+}$ 等连接,以及干湿交替、冻融交替,特别是在生物作用和人为的适宜耕作的作用之下形成的。

## 三、土壤结构性的评价与改良

土壤结构性主要通过土壤结构体的孔隙状况和土壤结构体的稳定性两方面来评价,其核心问题是土壤结构与土壤肥力的关系。

### (一)土壤结构体与土壤肥力的关系

1. 良好结构与土壤肥力

土壤的团粒结构是一种优良的土壤结构,其主要特点和肥力特征如下:

（1）具有良好的孔隙性

团粒结构的土壤，大小孔隙比例适当。在团粒内部，毛管孔隙发达，具有较强的蓄水性能，仅有较少的无效孔隙，总孔隙度较高。团粒结构之间，由于只是点面接触，形成了较多的通气孔隙，能够表现出较好的通气性。这样大大有利于协调土壤水、肥、气、热。

（2）具有良好的水、气协调能力

团粒结构土壤透水、透气性好，可大量接纳降水和灌水。而且当降水或灌水时，水沿团粒间大孔隙下渗，逐渐渗入到团粒内部的毛管孔隙中保蓄起来。所以，团粒好似"小小水库"，多余的水继续下渗，湿润下边的土层，从而减少土壤的地表径流和冲刷侵蚀。雨过天晴，地表很薄一层团粒迅速干燥收缩，切断了上下毛细管的联系，这样，水分沿毛细管上升而蒸发损失就很大程度地减少了。如表 2-3 所示，所列出的是土壤结构和水分状况。平时，团粒之间充满空气，团粒内部充满水分。故具有团粒结构的土壤，水、气供应协调。

表 2-3　土壤结构和水分状况（降雨 26.1mm 后）

| 时间 | 非团粒结构土壤的含水量/% | 团粒结构土壤的含水量/% |
|---|---|---|
| 降雨前 | 7.13 | 10.62 |
| 降雨后一昼夜 | 12.75 | 18.41 |
| 降雨后三昼夜 | 9.25 | 18.55 |

（3）具有较强保肥与供肥的协调能力

由于团粒之间的大孔隙内有空气的存在，好气微生物活跃，故团粒表面的有机质矿化作用强，而成为植物可以利用的有效养分。团粒内部则因为有水分充塞和外部好气分解作用消耗氧气而造成嫌气环境，适宜嫌气微生物活动，有利于腐殖质的积累，使养分得到保存。团粒结构的疏松土壤，对磷的固定作用小，且易释放，有利于磷的供应。由此可见，有团粒结构的土壤，能源源不断地供给植物所需要的养分，起着"小肥料库"的作用。

（4）土温稳定且耕性好

团粒内部的小孔隙中保持有较多水分，水的比热容较大，温度不易升降，故具有团粒结构的土壤土温较稳定。团粒结构的土壤疏松多孔，可以减少耕作阻力，提高耕作效率和耕作质量。

2. 不良结构对肥力的影响

土壤结构对土壤肥力的作用主要体现在对土壤孔隙和土壤紧实度的影

响。孔隙性质主要包括结构体内部和结构体之间的孔隙。不良结构共同的特点是：

①结构体内紧实，孔隙度低，无效孔隙度多，植物根系不易伸入，耕翻土壤时土块不易破碎，通透性很差；

②结构体之间以大孔隙为主，毛管孔隙度却很低，漏水漏肥，还会造成植物"吊根"现象，不利于植物生长。

实际上无结构的土壤也不是理想的农业土壤。由于该种土壤的土粒高度分散，加上土粒密度远大于水，遇水后易淀积形成一个通透性极差的土层。理想的土壤结构应是大小适中、紧实度适宜，大小孔隙比例适当，土壤松紧状况适合。

### (二)土壤结构的稳定性

土壤结构的稳定性包括力稳定性、水稳定性和生物稳定性。

1. 力稳定性

结构体的力稳定性也称机械稳定性，指的是土壤结构体抵抗机械压碎的能力。结构体的机械稳定性越大，在耕锄管理过程中被破坏就越少。力稳定性与结构体内部土粒间的黏结力有关。不少试验已经证明，施用人工合成的结构改良剂（如聚丙烯酰胺等），能够使轻质地土壤颗粒间的黏结力增强，提高结构体的力稳定性。

2. 水稳定性

水稳定性是指结构体浸水后不易分散的性能。水稳定性强的结构体，不易因降水或灌溉而被破坏。相反，有的结构体浸水后极易分解，则被称为非水稳性结构体。

3. 生物稳定性

生物稳定性是指结构体抵抗微生物分解的能力。团粒结构大部分是由有机质和矿质土粒相互结合而成的，但是，有机质是微生物的"食物"，很容易被土壤中的微生物分解，随着有机质被微生物分解，结构体也便逐渐解体。一般来说，施加人工合成的结构改良剂所形成的团粒，其生物稳定性强于腐殖质胶结形成的团粒。

一般说来，天然植被之下的自然土壤结构状况好于农业土壤（包括苗圃土壤）。而在我国自然土壤中，植物繁茂的森林土壤和草原土壤表土层均存在一定数量的团粒结构，最典型的例子就是，东北地区的黑土、黑钙土中，水稳性团粒结构占优势。团粒结构是良好的结构体,若其稳定性强,可使土壤较长期保持良好孔性,发挥较好的肥力作用。

总之,具有团粒结构的土壤通气、透水、保水、保肥,扎根条件均好,能满足植物生长发育的需要,使植物能"吃饱喝足住得舒适",从而获得高产。因此,团粒结构是土壤最好的结构类型。很大意义上讲,改良土壤结构的目的就是培育土壤的团粒结构。

### (三)土壤结构性的改善

团粒结构体具有较好的肥力特性,但由于机械、生物以及其他物理化学等原因,团粒不可避免地会遭受破坏。所以,采取合理而有效的措施来恢复和改善土壤结构性是提高土壤肥力的重要问题。接下来,我们将介绍几种能够有效地改良土壤结构的方法。

#### 1. 合理耕作与灌溉

耕作可以破碎土块,耕作深度加大可以破坏土层深处的硬盘,耙耱可以碎土。在宜耕期内进行适当的耕耙以及通过晒垡与冻垡等,可使土壤碎散,促进团粒结构的形成。通过耕作形成的团粒大多为非水稳性结构,如果及时精耕细作,使非水稳性团粒在破坏后及时得到恢复,也能使土壤在植物生长期间保持较好的孔隙性。而结合增施有机肥料,使"土肥相融",则能更好地促进多孔的水稳性团粒结构的形成。

合理灌溉则体现于因地制宜地实施灌水方法,确定灌水时期,控制灌水量。现将几种常用灌溉方法的优略分析如下:

①大水漫灌或畦灌都易引起团粒的破坏,使土壤板结破裂。

②细流沟灌可以通过毛管作用逐渐驱逐团粒内的空气,较少闭蓄空气的爆破现象。

③地下灌溉是水分靠毛管孔隙向土体内逐步渗入,对于团粒结构的破坏作用最小。

④进行喷灌或滴灌,需要注意控制水滴大小和喷水强度,尽量减轻对团粒结构的破坏。

#### 2. 增施有机肥料

过砂过黏、有机质含量低的土壤,结构性都很差,特别是在不合理的耕作情况下更加如此。在这些土壤上,施用各种有机肥料,包括绿肥和稻草直接还田等都可以明显地改良土壤结构。

### 3. 改良土壤酸碱性

土壤过酸或过碱会引起土壤结构恶化。如果对酸性土壤施用石灰等碱性物质,对碱性土壤施用石膏、黑矾(硫酸亚铁)及过磷酸钙肥料等,既可以中和土壤酸碱性,又针对不同土壤改善离子组成,减弱或增强土壤的凝聚性,进而促进团粒结构的形成。

### 4. 合理轮作与间套种

不同作物种类对土壤结构的影响不同,这主要与不同作物的根系特征、作物对地面的被覆程度、作物残体的数量与质量以及为耕作改土提供的条件的不相同有关,所以,如果合理的配置作物,可以充分发挥改土效果。

例如,多年生禾本科牧草(如黑麦草),由于其庞大的须根系而对良好的结构形成有利;豆科作物(如紫花苜蓿)则以其质量优良,进而有利于微生物活性提高。创造和保持良好土壤结构的有效措施很多,常见的有:禾本科与豆科牧草混播,南方稻区实行水旱轮作,在旱地禾本科与豆科作物轮作以及作物与绿肥作物的轮、间、套作等。

### 5. 应用土壤结构改良剂

土壤结构改良剂可分为天然和合成两大类。

①天然土壤结构改良剂是从植物残体与泥炭等物质中提炼出来。近年来我国广泛推广的腐殖酸肥料就是一种很好的土壤结构改良剂。各地可以就地取材,利用当地的褐煤、风化煤、泥炭资源生产的腐殖酸铵肥料,含有不同数量的固体凝胶,也能起到土壤结构改良剂的作用。

②近几十年来,一些国家研究并施用人工合成的胶结物质,促进团粒结构的形成,即人工土壤结构改良剂。目前已试用的种类有:水解聚丙烯腈钠盐、乙酸乙烯酯、顺丁烯二酸共聚物钙盐等。这些人工土壤结构改良剂一般具有较强的黏结力,能把分散的土粒黏结成稳固的团粒,并可使微团粒相互黏结。其黏结机制是由于它们能溶于水,将其施加到土壤以后可以与土粒作用,转化为不溶态并且吸附在土粒表面,通过干湿交替等外力作用,黏结土粒成为具有水稳性的团粒结构。

结构改良剂的施用方法是在适宜的土壤水分条件(田间持水量的70%~80%)下进行液施,然后耕耙土壤,使之与土壤混匀。其适宜用量一般为干土质量的0.02%~0.2%,但是最好不超过0.5%,效果可维持两年到三年。这是一项新技术,但是其成本比较高,目前大多是在培育经济价值较高的花卉、苗木时,用于土壤结构的改良。结构改良剂施于不同质地的土壤效果不同,对黏壤质土壤所形成的大于 0.25mm 的水稳性团粒最多,壤质土次之,砂质土最少。另外,在改良盐渍土和防止水土流失方面,土壤结构改良剂也具有一定的应用价值。随着高分子化学和有机合成工业的迅速发展,结构改良剂的合成成本将会逐步降低,更经济适用的制品也会在不久的将来不断地涌现。因此,土壤结构改良剂具有较好的应用前景。

# 第三节 土壤的耕性

土壤耕性是在耕作过程中土壤物理、机械、力学性质特别是土壤结持性的综合表现。土壤耕性的好坏往往反映土壤的熟化程度。

## 一、土壤的物理机械性与耕性

### (一)土壤的物理机械性

土壤的物理机械性是多项土壤动力学性质的统称,它包括黏结性、黏着性、可塑性、胀缩性以及其他外力作用而发生形变的性质。在这里,我们对这些性质进行简单的介绍:

1. 土壤黏结性

土壤黏结性是土粒间通过各种引力而黏结在一起的性质。这种性质使土壤具有一定的抵抗外力破碎的能力,这也是耕作时产生阻力的主要原因之一。土壤中往往含有水分,土粒之间的黏结常以水膜为媒介。于此同时,粗土粒可以通过细土粒(黏粒)而黏结在一起,甚至可以通过各种化学胶结剂为媒介而黏结在一起。

土壤的黏结力是一种以氢键的作用和某些化学键能的参与而产生的力,主要包括范德华力、库伦力、水膜的表面张力等。土壤黏结性的强弱主要与土壤含水量、质地、有机质含量及结构等因素有关。如图 2-3 所示,是土壤黏结性与含水量的的关系的示意图,从图中我们很容易发现这样的规律:土壤含水量与土壤物理机械性关系密切。含水量愈少,土粒距离愈近,分子引力愈大,黏结性愈强。故干燥的土块破碎甚为困难。随着水分含量增加,水膜使土粒间距离加大,分子引力减弱,黏结性减小。土壤干燥时,无黏着性,随含水量增加黏着性增加,当含水量超过土壤饱和持水量的 80%,土壤呈流体,黏着性消失。在这里,需要特别指出的是:

①质地黏重的土壤土粒表面积大,接触面也大,导致相互间的引力强,因此质地黏重的土壤干燥时黏结性表现很强,土壤坚硬难于破碎。

②砂土黏结性极弱,只有在潮湿时,在水膜作用下,可产生很弱的黏结力。

③腐殖质的黏结力比砂土大,比黏土小。因而当黏土在腐殖质含量增加时,可使黏结性减弱;而砂质土则相反,增加腐殖质含量可稍增强其黏结性。另外,具有团粒结构的黏质土黏结性比无结构土壤显著减弱。

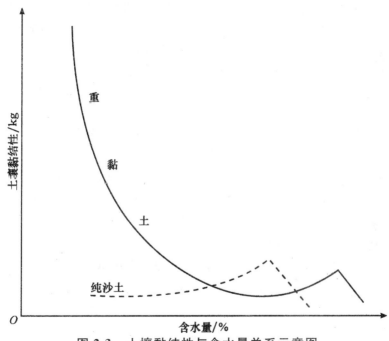

图 2-3　土壤黏结性与含水量关系示意图

2. 土壤黏着性

土壤黏着性是土壤在一定含水量条件下,土粒黏附在农具等外物上的性质。土壤过湿耕作时,土粒黏着农具,增加土粒与金属间的摩擦阻力,会使得耕作变得困难。土粒与外物的吸引力也是由于土粒表面的水膜和外物接触面产生的分子引力而引起的,故黏着性实际上是指土粒、水膜、外物之间的一种相互吸引的性能。

黏着性的大小也主要取决于土壤的含水量和质地。当土壤干燥时,黏着性几乎消失,随着土壤水分的增加,黏着性逐渐增强,到土壤呈流体时,黏着性又会消失。这是由于水分很少时,土粒之间水膜拉力全为土粒吸持,而没有多余的力去黏着外物,所以水分很少时没有或只有极弱的黏着力。随着水分增加,在土粒表面与外物间产生水膜时,黏着性才逐渐显现出来。但当水分过多时,水膜过厚,黏着性反而降低。黏着性是在水分适当时才会明显。同时,质地黏重的土壤,黏着性也强。

3. 土壤可塑性

土壤可塑性是指土壤在一定含水量范围内,可被外力造形,当外力消失或土壤干燥后,仍能保持其塑形不变的一种性能。土壤产生可塑性的原因是由于土壤中的黏粒本身呈薄片状,有很大的接触面,在土壤中含有有一定量的水分时,黏粒间形成水膜,在外力下,黏粒可以沿着外力的方向滑动,形成相互平行有序的排列,并且由水膜的拉力固定在新的位置上发生形变。土壤干燥以后,由于黏粒本身的黏结力而保持其新的形状。

土壤可塑性主要与土壤的质地、水分含量有关。质地黏重的土壤,塑性也比较强。黏粒矿物多为片状,在水分过多时,土壤变成泥浆状,外力虽可改变其形状,但是不能保持下来。水分过低时,在外力作用下,土壤会断裂,不能任意塑成新形状。以上两种情况,土壤都不表现出塑性。在土壤开始出现塑性时的土壤含水量,称为下塑限。水分增加到土壤刚变为流体,塑性刚消失时的土壤水分含量则称为上塑限。上塑限与下塑限之差,即为塑性值或称为塑性指数。质地黏重的土壤,黏粒含量多,塑性值大,即可塑范围大。各种质地土壤的塑性值如表 2-4 所示。

表 2-4　各种质地土壤塑性值/$g \cdot kg^{-1}$

| 质地 | 物理性黏粒含量/% | 下塑限 | 上塑限 | 塑性值 |
|---|---|---|---|---|
| 中壤偏重 | >400 | 160~190 | 340~400 | 180~210 |
| 中壤 | 280~400 | 180~200 | 320~340 | 120~160 |
| 轻壤偏中 | 240~300 | 约 210 | 约 310 | 100 |
| 轻壤偏砂 | 200~250 | 约 220 | 约 300 | 80 |
| 砂壤 | <200 | 约 230 | 约 280 | 50 |

不同黏粒矿物类型,塑性强弱不同。高岭石类矿物的塑性弱,2∶1 型矿物的塑性强。钠饱和胶体比钙饱和胶体的塑性强。土壤中的有机质可以有效地提高土壤的上塑限和下塑限,但塑性值无明显变化。有机质吸水性较强,但其本身塑性弱,并不增强土壤塑性,需待有机质吸足水分后土壤才呈现塑性,因而提高了上塑限和下塑限,这有利于扩大选择宜耕的时间。

在可塑范围内进行耕作,将破坏土壤结构,耕出大土垡而不散,使土壤出现僵块,严重影响整地质量。

4．土壤胀缩性

土壤吸水后体积膨胀，干燥后体积收缩称为土壤胀缩性。土壤胀缩性强，对生产不利。因为土壤胀缩时，对周围土壤产生强大的压力，而可能对植物根系发生机械损伤，收缩龟裂时，易拉断植物根系。同时，土壤膨胀会使土壤孔隙变小，透水困难，气体交换和热量状况都受到障碍。如果土壤因收缩强烈而引起龟裂，下层水分蒸发就会加速，这会导致土层干燥，根群减少，进而使作物产生不正常早熟，致使降低产量。在我国西北地区，常因入冬后土壤干裂，土壤温度下降，对冬小麦越冬不利，造成大片麦苗冻死。

5．土壤压实

耕作土壤在土粒本身的重量、雨滴冲击、人畜践踏、机具挤压等的作用下，土壤由松变紧，孔隙度减小的现象，称为土壤压实。

土壤压实最显著的特点是孔隙状况发生改变，也就是说总孔隙度和大孔隙度降低，而且孔隙的连续性减弱。这样会使得土壤物理性质恶化，透水性和通气性都明显减弱，土壤中有关微生物活性以及养分转化效率也会明显地降低，植物根系的伸展会受到抑制。于此同时，土壤压实会增加耕作时的能源消耗，而且影响整地质量。

土壤压实的产生，可分为如下两种情况：

①在水分饱和的土壤，压实主要是因水分的移动而引起土壤体积的收缩。即水分由受压的部分向未受压的方向迁移，从而造成土壤体积缩小；

②在水分不饱和的土壤中，压实时所发生的体积收缩主要是由于土粒重新定向由疏松排列逐步变为紧实排列引起的，使土粒显得紧凑，总孔隙度和大孔隙减少。

土壤重新定向排列主要依靠水膜滑动，因而在土壤水分未达饱和之前，随着水分的增加，压实程度增大。但上壤水分达饱和后，压实程度减弱，也就是说施加外力后土壤体积收缩很少。在下塑限以上至土壤水分饱和范围内，在压力和剪力的共同作用下，土壤团聚化状态遭到破坏，土壤转变为单粒状的均质土体，土壤颗粒趋向极紧密地排列，从而导致通气孔隙大量减少且毛管孔隙及无效孔隙急剧地增多，土壤发僵，通气性和透水性强烈减弱，甚至消失，这种现象称为土壤黏闭。

影响土壤压实过程的因素，除水分外，还有质地、黏粒矿物类型和有机质含量等。一般黏重的土壤、蒙脱石含量多的土壤以及有机质含量低的土壤更易受到压实。

为了防止土壤压实，应避免在土壤过湿时进行耕作或田间作业，土壤含水量低时抗压实性能较强,才是合适的田间作业时期。还要尽可能地减少作业次数或采用少耕法、免耕法,或者实行联合作业等。进行田间作业时,选定短的作业路线或固定车道,减少压实的面积和选好适宜的耕作速度等都可以减少压实。改进耕作农具,发展旋转式、振动式或较轻的耕作农具类型都有助于减轻压实作用。通过合理的土壤耕作,如常规耕作和深耕结合,施用有机肥以及促使土壤冻融交替、干湿交替的措施等都可防止土壤压实。[1]

在这里,我们还需要特别指出的是,阳离子种类可影响土粒的分散和团聚。$Na^+$、$K^+$ 等 1 价阳离子可使土粒分散,导致黏结性、黏着性、可塑性增大。$Ca^{2+}$、$Mg^{2+}$ 等 2 价阳离子能促使土壤胶体凝聚,土粒间的接触面积减少,从而降低土壤的黏结性、黏着性和可塑性。

### (二)土壤耕性

土壤耕性是指耕作时土壤所表现出来的一系列物理性和物理机械性的总称。在农业生产实践中,土壤都要选择在最适宜的含水量范围内及时进行耕作,这时就是土壤的适耕状态,通常我们把这个时间段称作宜耕期。当土壤处于宜耕状态时,犁耕阻力小,土壤可散碎成较多的团粒结构,耕作质量高。

土壤耕性的好坏,通常用土壤耕作难易、耕作质量好坏和宜耕期长短三项指标来综合评价。简单介绍如下:

#### 1. 耕作难易

耕作难易是指耕作时土壤阻力的大小,这是判断土壤耕性好坏的首要条件。良好的土壤耕性要求耕作时省工、省劲、易耕。耕作难易直接影响耕作效率的高低。一般质地较轻,有机质含量较高,结构较好的土壤耕作阻力较小。

#### 2. 耕作质量的好坏

良好的土壤耕性,在耕作后的土垡松散,容易耙碎,不成坷垃,土体不会僵板,俗话说"犁开花,耙成豆是最佳的耕作时期",土壤松紧度适中,孔隙状况较好,有利于种子发芽、出土、幼苗生长及根系穿扎,也有利于土壤保温保墒、通气和养分转化。

---

① 吴礼树.土壤肥料学.2 版.北京:中国农业出版社,2011

3. 宜耕期长短

宜耕期长短即土壤适于耕作的时间长短,也可以说是耕作对土壤水分状况要求的严格程度。耕性良好的土壤,在雨后或灌水后,适耕时间长,表现为"干好耕,湿好耕,不干不湿更好耕"。耕作不良的土壤宜耕期很短,被称之为"时辰土",表现为"早上软,响午硬,晚上耕不动"。对这种土壤如果错过耕作时间,不仅费力,而且耕作质量不好。一般砂质土比黏质土宜耕期长。如何依据不同土壤情况合理地确定宜耕期是保证耕作质量的关键。

## 二、土壤耕性的影响因素与改善办法

### (一)土壤耕性的影响因素

影响土壤耕性的因素包括直接因素和间接因素:

1. 直接因素

土壤的物理机械性能是影响土壤耕性的直接因素。所以,我们容易发现,影响土壤耕性的直接因素主要有:

①土壤黏结性强,耕作阻力大,耕作质量不好。

②土壤黏着性强,土壤黏着农具,增加摩擦阻力,造成耕作困难,耕作质量差。

③土壤可塑性强,适宜耕作的时间短,一旦错过则耕作质量不好。

2. 间接因素

土壤质地、结构、有机质和水分含量等是影响土壤耕性的间接因素。

(1)土壤质地

土壤质地与耕性的关系很密切。黏重的土壤,其黏结性、黏着性和塑性都比较强,干时表现极强黏结性,水分稍多时又出现塑性和黏着性,因而宜耕范围窄。如图 2-4 所示,表示的是土壤质地与耕性的关系。

在图 2-4 中,黏土的宜耕范围为 AA′,最窄;砂土的宜耕范围为 CC′,最宽;壤土的宜耕范围为 BB′,介于二者之间,比黏土宽而比砂土窄。群众说的"干耕大块湿耕泥,不干不湿尽涂犁",以及前面提到的"早上软,下午硬,晚上耕不动"都是说质地黏重的土壤耕性特点。因此,对这类宜耕期短的土壤,耕作时要"抢火色",否则将影响整地播种质量,或延误播期,造成减产。砂质土干湿都好耕作,水分的多少,对耕作影响不大,表现为前面所提到的

"干可耕,湿可耕,不干不湿最好耕",耕作可不必强调"抢火色"。但若砂性过重,则耕作质量也不高。粉砂粒含量高的土壤,就干不就湿,因干耕时土块不大,也易耙碎,湿耕时易糊犁,干后板结。因此必须按照不同质地土壤,选择其宜耕期进行耕作,才能做到工效高,质量好。

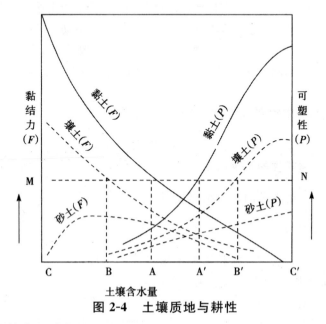

图 2-4　土壤质地与耕性

（2）土壤有机质含量

土壤有机质特别是土壤腐殖质可以降低土壤的黏结性和黏着性,同时提高土壤的上塑限和下塑限,从而扩大土壤宜耕含水范围。所以,有机质含量高的土壤不仅耕作阻力减小,耕作质量易于保证,而且宜耕期较长。

（3）土壤结构

团粒结构多的土壤,黏结性和黏着性都较低,可塑性也减弱,故疏松易耕,耕作质量好,宜耕期长。

（4）土壤水分含量

土壤水分含量影响土壤的黏结性、黏着性、可塑性、胀缩性和压实性等物理机械性质。抢在结持性、胀缩性、压实性等最弱时的土壤含水量下进行耕作,就能达到耕作省力,耕作质量高的要求。这时的土壤水分含量范围就是宜耕期。在宜耕期内耕作,即使黏重、有机质含量低的土壤上也能达到耕作质量好,耕作省力的效果。反之,即便是耕性好的土壤,若不在宜耕期内耕作,也会造成耕作质量不高,土壤结构变劣,耕作费劲等结果。如表 2-5 所示,是土壤湿度与耕性的关系,从中可以充分看到土壤湿度与土壤耕性的关系。

表 2-5　土壤湿度与耕性的关系

| 水分 | 少 | | | | | 多 |
|---|---|---|---|---|---|---|
| 含量状况 | 干燥 | 潮润 | 潮湿 | 泞湿 | 多水 | 极多水 |
| 土壤状况 | 坚硬 | 酥软 | 可塑 | 黏韧 | 浓浆 | 稀浆 |
| 主要性状 | | 下塑限 | | 上塑限 | | |
| 主要性状 | 黏结性强，无黏着性、可塑性性 | 黏结性减弱，无黏着性、可塑性 | 有塑性，几乎无黏着性，黏结性减小 | 有塑性，有黏着性，黏结性减小 | 塑性消失，有黏着性，黏结性极其小 | 塑性、有黏着性和黏结性消失 |
| 耕作阻力 | 大 | 小 | 大 | 大 | 大 | 小 |
| 耕作质量 | 成硬块不散碎 | 易散碎成小上团 | 不散碎成人堡条 | 不散碎成湿泥条 | 成稠泥浆 | 成稀泥浆 |
| 宜耕性 | 不宜 | 宜 | 不宜 | 不宜 | 不宜 | 宜水田耕作 |

## (二)改善土壤耕性的措施

改善土壤耕性可从掌握耕作时土壤适宜含水量、改良土壤质地和结构、提高土壤有机质含量等方面着手，具体介绍如下：

### 1. 掌握宜耕的土壤含水量

控制土壤含水量在宜耕状态时进行土壤耕作，是既可减少耕作阻力，又可提高耕作质量的关键措施。不同土壤的宜耕期有很大差异。群众鉴别土壤宜耕期的主要办法是：

①看土色，当土壤外表白(干)，里面暗(湿)，或土块干一块、湿一块、呈花脸状时土壤宜耕。

②用手摸，当手捏成团，手松不黏手，落地即散时土壤宜耕。

③用犁试耕，土块自然散开不黏犁时，土壤宜耕。

### 2. 增施有机肥料

增施有机肥料可提高土壤有机质含量，从而促进有机无机复合胶体与团粒结构的形成，降低黏质土的黏结性、黏着性和塑性及增强砂质土的黏结性，并使土壤疏松多孔，因而改善土壤耕性。

### 3. 改良土壤质地

改良土壤质地的方法有黏土掺沙,可减弱黏重土壤的黏结性、黏着性、塑性和起浆性;砂土掺泥,可增强土壤的黏结性,并减弱土壤的淀浆板结性。

### 4. 创造良好的土壤结构

良好的土壤结构,如团粒结构,其土壤的黏结性、黏着性和塑性减弱,松紧适度,通气透水,耕性良好。创造良好的土壤结构可显著改善土壤耕性。

### 5. 土壤少耕法或免耕法

土壤耕作是通过农林机具的机械作用改善土壤孔隙及地面状况,为植物播种、出苗及其健壮生长创造一个良好的土壤环境。而实际上土壤的耕作具有两重性,既疏松土壤,又压实土壤。因此,根据不同土壤情况,实行少耕法和免耕法也是必要的。

少耕法或免耕法有时也叫做留茬播种法或保护耕作法,这种耕作方法是近几十年来,在美国干旱、半干旱地区和湿润地区的丘陵地带发展起来的一种新型的耕作方法。

少耕法的特点是缩小耕地面积,减少耕作次数。只在播种时进行整地作业,在植物生长期间进行一两次中耕。免耕法是免除播种前和播种后的耕作。

用免耕播种机把种子播在未翻动的土壤上,利用残茬、秸秆、牧草等进行地面覆盖,在植物生长期间完全利用除草剂控制杂草,不进行中耕。但实施免耕的土壤应具有深厚的土层,以利于渗水和植物扎根。

在我国实现农业现代化过程中,平原地区因地制宜地减少耕作次数,实行少耕法具有普遍意义。在山区,尤其对于低山丘陵区和黄土高原区土壤试行免耕法很重要,对于保持水土,防止土壤侵蚀,建立、保持和恢复良好的生态平衡具有积极意义。

综合国外经验,实行少耕法和免耕法的优点主要概括为以下几方面:

(1)节约燃料和时间

由于少耕法或免耕法免除或减少了不必要的耕作环节,降低了生产成本,大大提高了劳动生产率。与此同时,也节省了整地时间,有利于适时播种和实行复种。

(2)保持土壤水分

耕作总是伴随着土壤水分的损失,少耕或免耕减少耕翻时土壤水分的损失。由于地面有覆盖,又可增加雨水的渗入,减少土壤水分蒸发。根据美国有关试验结果,在东北部采用免耕法的土壤所保持的水分能保证植物正常生长,而实行传统耕作法的土壤,在植物生长期内尚需进行一两次灌溉。可见,少耕法和免耕法可以有效地保持土壤水分。

(3)防止土壤侵蚀

少耕或免耕可以有效防止土壤侵蚀,特别是在坡地上,实行少耕法或免耕法对防止土壤侵蚀作用极为明显。如在坡度为 9°的粉砂壤土上种植农作物,每公顷损失土壤为 2t,而采取传统耕作法的土地则流失土壤达20.5t。另外,由于残茬覆盖地面,可以降低风速,减少风蚀。

(4)改善表土的结构状况

免耕的土壤,因有秸秆、牧草等的覆盖,可以减少表层土壤团粒结构的破坏。秸秆和牧草腐烂后,还能增加表土中有机质的数量,促进水稳性团粒的形成。

(5)防止土壤压板

相关试验表明,实行少耕法后土壤密度、耕作阻力及犁耕后的土块数量等比较传统耕作法明显降低。

# 第三章　土壤的胶体、吸收性、酸碱性、氧化还原性分析

在上一章中,我们讨论了土壤的物理性质,这一章,我们将对土壤的化学性质展开讨论分析。土壤化学性质是指组成土壤的物质在土壤溶液和土壤胶体表面的化学反应以及在与其相关的养分吸收和保蓄过程中所反应出的一系列性质。深入了解土壤的化学性质,对改良土壤环境,提高农业生产效益有着十分重要的意义。土壤的化学性包括养分的吸附与释放、土壤的酸碱性和缓冲作用、土壤的氧化还原反应等。本章我们将从土壤胶体开始,对土壤的一系列化学性质展开讨论。

## 第一节　土壤的胶体

### 一、土壤胶体的概念和种类

胶体又称胶状分散体,是一种均匀混合物,从胶体化学范畴来说,一般把直径在 1～100nm 范围内(至少在长、宽、高三轴中有一个方向在此范围内)的物质颗粒,称为胶体颗粒。这些胶体颗粒均匀地分散在另一种物质中,构成了胶体分散体系。土壤中有效粒径小于 100nm(或 2000nm)的黏粒,已经具有胶体性质,所以把这部分黏粒称为胶体颗粒。

土壤胶体按其微粒组成和来源可分三类:

1. 有机胶体

土壤腐殖质含有大量的功能团,性质非常活跃,是土壤有机胶体的主体。此外,土壤中还有少量的蛋白质、多肽、氨基酸以及多糖类高分子化合物也具有胶体的性质,这些物质分子量大,多带负电荷,能吸附阳离子,如图 3-1 所示。值得注意的是,土壤中大量存在的土壤微生物本身也具有胶体的性质,是一种生物胶体。和接下来将要分析的土壤中的无机胶体相比土

壤有机胶体的含量比无机胶体的稳定性相对要低很多,比较容易被一些微生物分解,因而,在农业生产常常要通过施用有机肥的方法来维护土壤有机胶体。

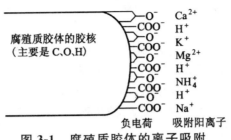

**图 3-1　腐殖质胶体的离子吸附**

### 2. 无机胶体

无机胶体又称为矿质胶体,主要指土壤次生矿物中的黏粒矿物,它包括层状次生铝硅酸盐的黏粒矿物,如高岭石类、蒙脱石类、伊利石类,以及铁、铝、硅等的氧化物或其水合物类的黏粒矿物,还包括土粒外面的胶膜。这一类胶体有结晶的无定形的。常见的结晶态的有水赤铁矿($2Fe_2O_3 \cdot H_2O$)、针铁矿($Fe_2O_3 \cdot H_2O$)、水铝石($Al_2O_3 \cdot H_2O$)、三水铝石($Al_2O_3 \cdot 3H_2O$)等。土壤无机胶体对土壤吸肥保肥作用不是很大,但是对土壤磷素固定和耕作有着较大的影响,如表 3-1 所示,是三种主要黏土矿物的特性比较。

**表 3-1　三种主要黏土矿物的特性比较**

| | 蒙脱石类 | 水云母类 | 高岭石类 |
|---|---|---|---|
| 颗粒大小/$\mu$m | 0.01～1.0 | 0.1～2.0 | 0.1～0.5 |
| 性状 | 不规则片状 | 不规则片状 | 六角形片状 |
| 外表面 | 大 | 中等 | 较小 |
| 内表面 | 很大 | 中等 | 无 |
| 比表面积/$m^2 \cdot g$ | 700～800 | 100～200 | 5～20 |
| 黏结性、可塑性 | 强 | 中等 | 弱 |
| 胀缩性 | 强 | 中等 | 弱 |
| 阴阳离子交换量/ $m \cdot e \cdot (100g)$ | 60～100 | 15～40 | 3～15 |

### 3. 有机无机复合胶体

在土壤中,有机胶体一般很少单独存在,有 50%～90% 的有机胶体是与无机胶体通过物理作用、化学作用或物理化学作用而紧密地结合在一起形成有机无机复合胶体。有机胶体与无机胶体的结合方式的种类有很多，但大多数是通过土壤中的无机离子 $Ca^{2+}$、$Mg^{2+}$、$Fe^{3+}$ 和 $Al^{3+}$ 或功能团（如羧基和醇基等）将带负电荷的黏粒矿物与腐殖质连接起来的，有机无机复合胶体的稳定性比单纯的有机胶体高很多，水稳性也比单纯的矿质团聚体高。通常根据复合胶体结合的牢固程度把有机无机复合胶体分为水散微团聚体、钠分散微团聚体和钠质机械分散团聚体 3 组。它们分别具有如下特性：

①水散微团聚体结合较松散。遇水即分散。

②钠分散微团聚体是通过 $Ca^{2+}$ 键桥连接，这种连接并不牢固，用中性 NaCl 即可使之分散。

③钠质机械分散团聚体是通过 $Fe^{3+}$、$Al^{3+}$ 胶结作用连接起来的，这种连接紧密，只能用钠盐加机械研磨或用稀碱溶液才能将其分散。

在于土壤结构的形成和土壤结构的稳定性方面，有机无机复合体扮演者十分重要的角色。同时，土壤的肥沃程度和有机胶体与无机胶体的结合度有关，可以说越是肥沃的土壤则有机无机复合胶体就结合得越紧密。许多试验证明，增施有机肥有利于促进各种复合体特别是黏粒复合体有机质的活化。在红壤上施用有机肥或石灰，特别是二者配合施用，可以提高土壤 pH，降低土壤有机无机复合体的比表面积和无定形氧化铁、氧化铝的含量，减少磷的固定，有利于改善土壤有机无机复合体的品质。①

## 二、土壤胶体的构造与性质

### （一）土壤胶体的构造

胶体就是一种胶状分散体，土壤胶体在分散溶液中构成胶体分散体系，它包括胶核和微粒间溶液两大部分，如图 3-2 所示，是土壤胶体的构造示意图。胶体微粒在构造上可分为胶核和双电层两部分。接下来，我们分别对这两部分进行简单的介绍（在很多文献中，往往把土壤胶体直接分成胶核、决定电位离子层和补偿离子层三部分，但是意义不变）：

1. 胶核

胶核是胶体的核心和基本物质，由黏粒矿物、腐殖质、蛋白质分子以及有机无机复合胶体的分子群所组成。

---

① 吴礼树．土壤肥料学第 2 版．北京：中国农业出版社，2011

2．双电层

在胶核的外面,围绕着电性相反的两层离子,故称双电层。我们将这两部分简单介绍如下：

(1)决定电位离子层

决定电位离子层是双电层的内层,它是胶核表面分子的解离或从溶液中吸附离子形成的。这层离子的电荷性质和数量决定胶体带电的正负和电位的大小,它是土壤胶体吸收交换性能的决定因素。

(2)补偿离子层

补偿离子层是双电层的外层,是决定电位离子层从溶液中吸引电荷性质相反的离子构成的。受决定电位离子层引力强弱不同,分成如下两层：

①非活性离子层。距离决定电位离子层近,受到的引力大,离子不能自由活动,只能随胶核移动,一般难以和粒间溶液中的离子进行交换。

②扩散层。距离决定电位离子层远,受到的引力小,有较大活动性,能和土壤溶液中的离子互相交换,从而把土壤溶液中的养分离子吸收保存起来。

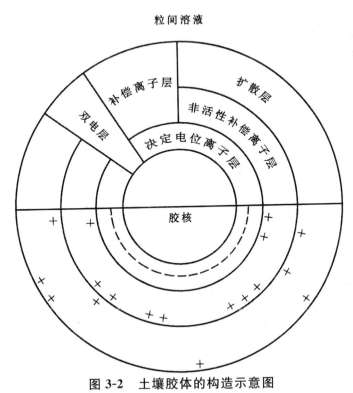

图 3-2　土壤胶体的构造示意图

**（二）土壤胶体的性质**

1. 土壤胶体的表面性质

就表面位置而言土壤胶体表面的类型可分为内表面和外表面两个部分：

①内表面一般指膨胀性 2∶1 型黏土矿物的晶层内的表面。

②外表面指黏土矿物、氧化物和腐殖质分子暴露在外的表面。

土壤中的成分有的以内表面为主有的以外表面为主，例如，土壤中的高岭石、水铝英石和铁铝氧化物等的表面以外表面为主；而土壤中的蒙脱石、蛭石等则以内表面为主。有机胶体虽有相当多的内表面，但是，由于有机胶体聚合结构的不稳定性，难以区分内表面和外表面。一般来说，外表面上产生的吸附反应是十分迅速的，而内表面的吸附反应则往往是一个缓慢的渗入过程。

根据土壤胶体表面的结构特点，还可将土壤胶体表面分为有硅氧烷型表面、水合氧化物型表面和有机物表面三种类型。

①由于 2∶1 型黏土矿物的基面是氧离子层紧接硅离子层所组成的硅氧烷（Si—O—Si），故其基面称为硅氧烷型表面。蒙脱石、蛭石及其他 2∶1 型黏土矿物的基面都是硅氧烷型表面。

②水合氧化物型表面指的是由金属阳离子和氢氧基组成的表面，一般用 M—OH 表示，M 为黏粒表面的配位金属离子或硅离子，如铝醇（Al—OH）、铁醇（Fe—OH）和硅烷醇（Si—OH）等。高岭石和其他 1∶1 型黏土矿物只有一半的基面是硅氧烷型表面，另一半则为水合氧化物型表面。结晶和非结晶水合氧化物与氢氧化物表面等都是水合氧化物型表面。

③有机物因有明显的蜂窝状特征而具有较大的表面，还具有羟基（—OH）、羧基（—COOH）和氨基（—NH$_2$）等多种功能团，因而成为区别于无机胶体表面的有机物表面。土壤胶体的表面积通常以比表面来表示。

土壤胶体的表面积通常以比表面来表示。比表面是用一定实验技术测得的单位质量土壤胶体的表面积，单位为 m$^2$·g$^{-1}$。如表 3-2 所示，是不同土壤胶体的比表面，通过该表我们可以发现，对于一定质量的物体，颗粒越细小那么它的比表面也就越大。土壤胶体颗粒微小，具有巨大的表面积，但不同土壤胶体的比表面差异很大。

表 3-2　不同土壤胶体的比表面/$m^2 \cdot g^{-1}$

| 胶体种类 | 内表面积 | 外表面积 | 总表面积 |
|---|---|---|---|
| 蒙脱石 | 600～800 | 15～50 | 600～800 |
| 水云母 | 0～5 | 90～150 | 90～150 |
| 高岭石 | 0 | 10～20 | 10～20 |
| 蛭石 | 600～750 | 1～50 | 600～800 |
| 水铝石英 | 0 | 70～30 | 70～300 |
| 腐殖质 | | | 800～900 |

土壤胶体表面的分子因受周围分子引力的合力不为零,而具有表面能。表面能的大小取决于表面积的大小。一定质量的物体,颗粒越细,总表面积越大,表面能也越大。土壤胶体微粒极细,因而具有巨大的表面能,使土壤具有吸附分子态养分的能力。细土垫畜栏臭味立即消失,就是土壤胶体依靠表面能吸附了产生臭味的氨分子的原因。

2. 带电性

土壤胶体一般带有电荷,这些主要是通过同晶置换和胶体表面解离与吸附离子产生的。根据表面电荷的性质,可将它分为永久电荷和可变电荷。

(1)永久电荷

在黏粒矿物形成过程中,晶架内的组成离子常常会被另一种电性相同且大小相近的离子所替代,这种现象称为同晶替代或同晶置换。永久电荷正是由黏粒矿物晶层内的同晶替代所产生的电荷。它是在黏土矿物形成时产生的,其数量取决于晶层中同晶替代离子的多少,并且不受介质 pH 的影响,与土壤其他性质无关,故而得名永久电荷。同晶替代主要发生在如蒙脱石类、伊利石类等等的 2:1 型矿物上,在如高岭石类等 1:1 型矿物上则较少发生。因此 2:1 型黏土矿物所带电荷主要是永久电荷,而 1:1 型矿物所带电荷主要是可变电荷,关于可变电荷,我们将在后面进行分析。

发生同晶置换时,取代的离子要与原来的配位中心离子大小相近才能进行。由于 $Si^{4+}$ 与 $Al^{3+}$ 离子大小相近,$Al^{3+}$ 离子与 $Mg^{2+}$ 离子大小相近,因此有可能发生硅氧片中的 $Si^{4+}$ 被 $Al^{3+}$ 离子所取代,水铝片中的 $Al^{3+}$ 离子被 $Mg^{2+}$ 离子所取代。代换的结果是使黏粒矿物晶层内产生多余的电荷,由于土壤中多数的同晶置换是以低价阳离子代换高价阳离子,故而,同晶置换主要产生的是负电荷。但有时也有低价阳离子被高价阳离子替换的情况发生,从而产生永久正电荷,当然这种情况十分少见,故而同晶置换只能产生少量的永久正电荷。

（2）可变电荷

土壤胶体上的一些基团,由于解离出 $H^+$,使胶核表面带负电荷,相反如果从介质中吸附 $H^+$,则使胶体带上正电荷。这种从介质中吸附离子或向介质中释放质子产生的电荷,会随介质和电解质浓度变化而变化,这种电荷称为可变电荷。土壤的电荷零点（简称 ZPC）是表征可变电荷特点的一个重要指标,它被定义为土壤的可变正、负电荷数量相等时的 pH 值。当介质 pH 值高于 ZPC 时,胶体表面解离出 $H^+$,pH 值愈高,产生的负电荷愈多;当介质 pH 值低于胶体 ZPC 时,则使胶体从介质中吸附 $H^+$,pH 值愈低,产生的正电荷愈多。

金属氧化物、水合氧化物和氢氧化物的表面的 O、OH、$OH_2$ 基从介质中吸附离子或向介质中释放质子产生可变正电荷或可变负电荷,这一过程可以简单地表示为

$$[M-OH_2]^+ \underset{-H}{\overset{+H}{\rightleftharpoons}} [M-OH_2] \underset{-H}{\overset{+H}{\rightleftharpoons}} [M-O]^-$$

土壤的有机质,特别是腐殖质的分子结构中,有机物表面上具有羟基（—OH）、羧基（—COOH）、醌基（＝O）、醛基（—CHO）、甲氧基（—OCH₃）和氨基（—NH₂）等活性基团。这些表面功能基可离解 $H^+$ 离子或缔合 $H^+$ 离子而使表面带电荷。例如

$$R-COOH \cdot H_2O \rightleftharpoons R-COO^- + H_3O^+$$
$$R-NH_2 H_2O \rightleftharpoons R-NH_3^+ + OH^-$$

层状硅酸盐矿物的边面有许多暴露的 OH 原子团,也可以从介质中吸附离子或向介质中释放质子产生可变电荷。一般认为表面分子解离是引起高岭石带电的主要原因。

3. 土壤胶体的分散性与凝聚性

土壤胶体有如下两种状态:
①均匀分散在水中的状态,称溶胶。
②胶体微粒彼此联结在一起的状态,称凝胶。
由溶胶变成凝胶的状态叫做胶体的凝聚作用;相反,凝胶分散成溶胶的状态叫做胶体的分散作用。

土壤胶体多带负电荷,所以土壤溶液中的阳离子能使土壤胶体凝聚。阳离子的价数愈高,同价离子半径愈大,所产生的凝聚作用愈强。土壤中常见阳离子的凝聚力大小依次为

$$Fe^{3+} > Al^{3+} > Ca^{2+} > Mg^{2+} > NH_4^+ > K^+ > Na^+$$

凝聚力弱的一价离子，在浓度增大时，也可使溶胶变为凝胶。农业生产上常常利用干燥、冻结或晒田等方法增加土壤溶液的浓度，进而促进胶体凝聚，改善土壤结构。

胶体凝聚有可逆凝聚与不可逆凝聚。由一价阳离子（如 $NH_4^+$、$Na^+$ 等）引起的凝聚是可逆的；二价阳离子（如 $Ca^{2+}$ 等）引起的凝聚是不可逆的；三价阳离子（如 $Fe^{3+}$、$Al^{3+}$ 等）引起的凝聚也是不可逆的。这种凝聚形成的团粒结构具有水稳性，其中以 $Ca^{2+}$ 的作用最明显。在碱土中由于胶体以交换 $Na^+$ 为主，胶体处于分散状态，使土壤结构不良化，从而使得农作物不能良好地生长，导致减产。在农业生产中，往往会对碱土施石膏，以 $Ca^{2+}$ 交换 $Na^+$，就可使土壤胶体凝聚，改善土壤结构。

# 第二节　土壤的吸收性

## 一、土壤吸收性能的类型

土壤的保肥性和供肥性是农业土壤的重要生产性能。土壤的保肥性能体现土壤的吸收性能，其本质是通过一定的机理将速效性养分保留在土壤耕层中，进而保障土壤的肥力。研究表明，土壤的吸收能力越强，其保肥能力也越强；反之，保肥能力越弱。土壤吸收性能是指土壤能吸收和保留土壤溶液中的分子和离子，悬液中的悬浮颗粒、气体以及微生物的能力。土壤的吸收能力可以把施入到土壤中的肥料较长久地保存在土壤中，不论这些肥料是有机的或无机的，还是固体、液体或气体等都可以被保留下来。而这些被保留下来的肥料可以随时释放供植物利用，故而，我们说土壤吸收性反映了土壤的保肥供肥能力。此外，土壤吸收性能还影响土壤的酸碱度和缓冲能力等化学性质，土壤结构性、物理机械性、水热状况等也都直接或间接与吸收性能有关。

土壤吸收性能产生的机制可以分为以下五种类型：

1. 机械吸收性

机械吸收性指的是土壤对进入土体的固体颗粒的机械阻留作用。施入土壤的有机肥料或随水进入的一些有机残体等，被土壤这个多孔体系中的小孔隙截留，而被土壤保留下来。土壤的机械吸收的程度与土壤质地、结构、松紧度有关。土壤的孔隙粗,阻留的物质少,易于优势流发生;如果土壤孔隙过细又造成下渗困难,易形成地面径流。

### 2. 物理吸收性

土壤的物理吸收性指的是由于土粒巨大的表面积对分子态物质的吸附而起到的保肥作用,由于这种作用不涉及化学反应和生物作用的参与,只是与一些物理性质有关,故而称作物理吸收性。物理吸收性表现在某些养分聚集在胶体表面,其浓度比在溶液中大,我们将这一现象称为正吸附;另一些物质则是胶体表面吸附较少而溶液中浓度较大,我们将这一现象称为负吸附。质地越是黏重的土壤,物理吸收性越明显;反之则弱。如马脲酸、脲酸、碳水化合物、氨基酸等,许多肥料中的有机分子都因有物理吸收作用而被保留在土壤中,这种性能能保持部分养分,但能力不强。土壤也能吸附水气、$CO_2$、$NH_3$ 等气体分子。另外,还需要说明的是,土壤对一些细菌的吸附也是一种物理吸附。

### 3. 化学吸收性

化学吸收性指的是土壤中易溶性盐在土壤中转变为难溶性盐而形成沉淀进而保存在土壤中的性质。这种吸收性能是以纯化学反应为基础的,故而称为化学吸收性。土壤中的 $PO_4^{3-}$、$HPO_4^{2-}$、$H_2PO_4^-$、$SiO_3^{2-}$、$HSiO_3^-$ 和 $CO_3^{2-}$ 等阴离子与土壤中的阳离子(如 $Ca^{2+}$、$Al^{3+}$ 和 $Fe^{3+}$)发生化学反应,形成沉淀。例如,在碱性土壤中施入磷肥,磷容易生成磷酸三钙、磷酸八钙;在酸性条件下,又易与 $Fe^{3+}$ 离子、$Al^{3+}$ 离子发生反应而生成磷酸铁、磷酸铝,这些物质溶解度很低,不易被植物所吸收,从而导致植物缺素。

### 4. 生物吸收性

生物吸收性指的是土壤中各种微生物将速效性养分吸收保留在其体内的过程。微生物吸收的养分可以通过其残体重新回到土壤中,且经微生物的转化后这部分养分可被植物吸收利用,所以,这部分养分是缓效性的。对于不同的土壤,其内所含微生物的种类和数量都是不相同的,通过生物吸收保留的养分数量也不相等。生物吸收作用的特点是有选择性和创造性地吸收,并且具有累积和集中养分的作用。特别地,只有生物吸收性才能吸收硝酸盐,所以,生物吸收对土壤的氮循环起着十分重要的作用。生物的这种吸收作用,无论对自然土壤还是农业土壤,在提高土壤肥力方面都有着重要的意义。

5. 物理化学吸收

物理化学吸收是指土壤对可溶性物质中离子态养分的保持能力,它是发生在土壤溶液和土壤胶体界面上的物理化学反应。这一吸收功能具有如下优点:

①土壤胶体带电(正电或负电),通过静电引力能吸附土壤溶液中的异号离子,避免养分的流失。

②被吸附的离子可被解离下来供给作物吸收利用。

物理化学吸收以物理吸收为基础,又呈现出与化学反应相似的特性。例如,土壤溶液中的阳离子被带负电的土壤胶体所吸附,可以避免养分的流失,同时又能使原来胶体上吸附的对作物有利的阳离子(如 $NH_4^+$、$K^+$、$Mg^{2+}$ 等)释放到土壤溶液中供给植物吸收利用。因此,土壤物理化学性质对土壤的保肥性和供肥性的影响是非常大的。

同时,需要特别强调的是,以上所分析的五种吸收性不是孤立的,而是互相联系、互相影响的,同样都具有重要意义。

## 二、土壤胶体对阳离子的交换吸附

### (一)离子吸附的一般概念

吸附作用是指分子、离子或原子在固相表面富集过程。按照吸附机理可以把土壤吸附性能分为交换性吸附、专性吸附和负吸附三种,在这里,我们对这三种吸附简单介绍如下

1. 交换性吸附

交换性吸附也称物理化学吸附,指的是借助静电引力从溶液中吸附带异种电荷的离子的现象。

2. 专性吸附

专性吸附指的是由非静电因素引起的土壤对离子的吸附,它是指离子通过表面交换与晶体上的阳离子共享一个或两个氧原子而形成共价键,进而被土壤所吸附的现象。

3. 负吸附

负吸附指的是土粒表面的离子浓度低于整体溶液中该离子浓度的

现象。

在后面的讨论中,我们介绍几种阳离子的常见吸附作用。

### (二)阳离子的静电吸附

带负电荷的土壤胶体通常吸附着多种带正电荷的阳离子。被吸附的阳离子处于胶体表面的双电层扩散层,这些阳离子成为扩散层中的离子组成部分。阳离子的静电吸附具有的特点是:土壤胶体表面所带的负电荷越多,吸附的阳离子数量越多;土壤胶体表面的电荷密度越大,阳离子所带的电荷越多,则离子吸附得越牢固。

### (三)阳离子的专性吸附

过渡金属离子的原子核的电荷数较多,离子半径较小,具有较多的水合热,在水溶液中以水合离子的形态存在,且比较容易水解成羟基阳离子,该过程可以简单表示为

$$M^{2+} + H_2O = MOH^+ + H^+$$

由于水解作用,导致离子的平均电荷量较少,致使离子在向吸附剂表面靠近时所需克服的能量下降,阻力减小,从而有利于离子与吸附剂表面的相互作用。被专性吸附的阳离子主要是过渡金属离子。

产生阳离子专性吸附的土壤胶体物质主要是铁、铝、锰等的氧化物及其水合物。这些氧化物具有一个或多个金属离子与氧或羟基相结合的结构特征,其表面由于阳离子键不饱和而水合,因而带有可离解的水基或羟基。过渡金属离子可以与其表面上的羟基相作用,生成表面络合物。被土壤中专性吸附的金属离子均为非交换态(下面将详细分析交换态),不能与一般的阳离子交换反应,只能被亲和力更强的金属离子置换或部分置换,或在酸性条件下解吸。

由于专性吸附对微量金属离子具有富集作用的特性,土壤中的铁、铝、锰等的氧化物及其水合物起着控制土壤溶液中重金属浓度的重要作用。故而,专性吸附在调控重金属的生物有效性和生物毒性方面起着十分重要的作用。对阳离子的专性吸附方面进行详细的研究,对于植物营养化学、指导合理施肥等方面具有重要意义。

### (四)阳离子的交换作用

土壤胶体一般带负电,加上表面积与表面能大,因而土壤溶液中的阳离子(如 $Fe^{3+}$、$Al^{3+}$、$Ca^{2+}$、$Mg^{2+}$、$K^+$、$Na^+$、$NH_4^+$ 等)能被吸附到土壤胶体表面,以中和胶体上所带的负电荷。土壤胶体表面吸附的阳离子不是静止不

动的,而是动态的。在土壤胶体表面通过静电作用从溶液中吸附阳离子的过程中,不可避免地会伴随着胶体表面上交换性离子的解吸。在这个过程中,土壤胶体表面所吸附的阳离子与土壤溶液中的其他阳离子进行了相互交换,这就是阳离子交换作用。这一过程一般可以表示为

$$[胶粒] \cdot Ca^{2+} + 2NH_4Cl \rightleftharpoons [胶粒] \cdot 2NH_4^+ + CaCl_2$$

与离子从土壤溶液转移到胶体表面的过程(称为离子吸附)相对应。原来吸附到土壤胶体上的离子转移到溶液的过程称为离子解吸。离子吸附使土壤具有良好的保肥性,离子解吸使土壤具有供肥性。接下来,我们通过如下几方面来详细分析阳离子的交换吸附:

1. 阳离子交换作用的特征

阳离子交换作用具有如下几方面的特征:

(1)可逆性

阳离子交换作用是一种相对的、动态的平衡。吸附与解吸随着土壤溶液中离子组成与浓度的改变而发生相应的变化。这种变化对植物养分的吸收和利用具有重要的现实意义。

例如,当植物对土壤中好比 $Ca^{2+}$、$K^+$ 等营养元素吸收利用后,土壤中溶液中相应的营养元素的浓度会随之降低,土壤胶体便通过解吸将其吸附在表面的相应的营养元素释放到土壤溶液中供植物吸收。

(2)快速性

离子交换是一个十分迅速的过程,在土壤水分能使补偿离子充分水化的情况下,一般需要几秒钟即可完成;如果土壤中的水分短缺,不能使补偿离子充分水化,那么离子交换就会变得缓慢。许多研究者认为,阳离子交换作用的反应速度还与黏粒结构有关,一般为

高岭石类＞蒙脱石类＞水化云母类

(3)等电量交换

电荷守恒是自然界的基本规律之一,阳离子交换作用符合等电量交换定律。一个二价阳离子可以交换两个一价阳离子,例如,$1molCa^{2+}$ 可以交换 $2molH^+$,$1molFe^{3+}$ 可以交换 $3molNa^+$。

(4)受质量作用定律支配

交换反应平衡时,各产物与反应物符合质量作用定律,即

$$K = \frac{[产物1][产物2]}{[反应物1][反应物2]}$$

式中,$K$ 是平衡常数,影响它的因素只有温度。因此,通过该式我们可以认为价数较低、交换力弱的离子,若提高它在溶液中的离子浓度,也可以交换

出价数高、交换力强的离子。

2. 阳离子交换能力

阳离子交换能力是指溶液中一种阳离子将胶体上另一种阳离子交换出来的能力。土壤中各种阳离子交换能力大小的顺序为

$$Fe^{3+}>Al^{3+}>H^+>Ca^{2+}>Mg^{2+}>NH_4^+>K^+>Na^+$$

阳离子交换能力的强弱主要反映了各种阳离子与胶体颗粒的结合强度。交换能力越强,则该离子与胶粒的结合力越大,结合力越弱。随着风化作用和成土作用的强度增加,交换性强的阳离子在土壤中的含量越来越高。

研究发现,影响阳离子交换能力的因素主要包括以下几方面:

(1)电荷的数量

根据物理学中的库仑定律,离子的电荷价越高,受胶体电性的吸持力就越大,交换能力也越大。也就是说,三价阳离子的吸持力大于二价阳离子的吸持力,二价阳离子的吸持力又大于一价阳离子的吸持力。

(2)离子半径和离子水化半径

对于价数相同的离子,离子半径越大,其水化半径趋于减小,则交换能力越强。其原因是同价离子的半径增大,则单位表面积的电荷量就会减小(有的文献也叫电荷密度减小),电场强度减弱,进而对极性水分子的吸引力也减小。离子外围的水膜薄,水化半径小,因而离负电胶体的距离较近,相互吸引力较大而且具有较强的交换能力。但是 $H^+$ 的交换能力比二价的 $Ca^{2+}$、$Mg^{2+}$ 离子大。因为 $H^+$ 虽然是一价,但水化很弱(一个氢离子与一个水分子结合成 $H_3O^+$ 离子),水化半径很小,运动速度大,故易被胶体吸附。在这里需要说明的是,对于同一种离子,其运动速度越大,交换力越强。如表 3-3 所示,列出了离子半径、水化半径与交换能力的关系。

表 3-3　离子半径、水化半径与交换能力的关系

| 一价离子种类 | Li$^+$ | Na$^+$ | K$^+$ | NH$_4^+$ |
|---|---|---|---|---|
| 离子的真实半径/nm | 0.078 | 0.098 | 0.133 | 0.143 |
| 离子的水化半径/nm | 1.008 | 0.790 | 0.537 | 0.532 |
| 粒子在胶体上的吸着力 | 小————————————————————→大 | | | |
| 离子对其他离子的交换力 | 小————————————————————→大 | | | |

(3)离子浓度

阳离子交换作用受质量作用定律支配,交换力弱的离子,若溶液中浓度增大,也可将交换力强的离子从胶体上交换出来,这就是盐碱土土壤胶体上

$Na^+$能占显著地位的原因。

### 3. 阳离子交换量

土壤阳离子交换量（CEC）可以作为土壤保持养分能力的指标。通常CEC指的是在一定的pH条件下，1000g干土所能吸附的全部交换性阳离子的厘摩尔数，我们常用cmol（＋）/kg来表示。一般认为：

①CEC＞20cmol/kg者为保肥力强的土壤。

②CEC为10～20cmol/kg者为保肥力中等的土壤。

③CEC＜10cmol/kg者为保肥力差的土壤。

不同的土壤阳离子交换量是不同的，所有影响土壤负电荷数的因素全都影响着土壤阳离子交换量。具体来说，有以下几个方面：

（1）土壤质地

质地越黏重，胶体的比表面就越大，土壤的负电荷数越多，阳离子交换量也就越大。因此一般土壤阳离子交换量为

黏土＞壤土＞砂土

（2）胶体数量与类型

阳离子交换量与土壤胶体的数量正相关，也就是说土壤胶体的数量越多，阳离子交换量越大。有机胶体分子量质大，功能团多，吸收面大，解离后带电量大，阳离子交换量远大于无机胶体。故而，对土壤增施适量的有机肥料，可以增大土壤阳离子交换量，提高土壤的保肥性能。同时，黏粒结构和类型也影响阳离子交换量的大小，通常$SiO_2/R_2O_3$越大，那么代换量越大。一般阳离子交换量的大小为

有机胶体＞1∶1型矿物＞含水氧化铁、铝

如表3-4所示，列出了不同土壤胶体的阳离子交换量。

表3-4　不同土壤胶体的阳离子交换量

| 无机胶体种类 | $SiO_2/R_2O_3$ | 阳离子交换量（干土）/（cmol（＋）/kg） | 平均交换量（干土）/（cmol（＋）/kg） |
|---|---|---|---|
| 蒙脱石 | 4 | 60～100 | 80 |
| 水云母 | 3 | 20～40 | 30 |
| 高岭石 | 2 | 5～15 | 10 |
| 含水氧化铁、铝 | — | 极微 | — |

（3）土壤pH

阳离子交换量的一种重要影响因素就是土壤的pH，土壤的pH可以影

响土壤胶体的可变电荷。随着 pH 升高,可以促进土壤胶核表面羟基及腐殖质表面的羧基、苯酚、羟基等的离解,增加土壤胶体上的负电荷,因而土壤阳离子交换量增加。

例如,砖红壤的 pH 从 5 增加到 7 后,其负电荷增加 70%。而当 pH 较低时,胶体上的 $H^+$ 不易解离,胶体上所带负电荷减少,阳离子交换量也随之减少。

4. 土壤的盐基饱和度

土壤胶体吸附的阳离子分为如下两类:

①盐基离子,包括 $Ca^{2+}$、$Mg^{2+}$、$K^+$、$Na^+$、$NH_4^+$ 等。

②致酸离子,包括 $H^+$、$Al^{3+}$。

盐基饱和度决定着土壤的酸碱性(下一节将详细分析土壤的酸碱性),当土壤胶体吸附的阳离子仅部分为盐基离子,而其余部分为致酸离子时,该土壤呈盐基不饱和状态,称之为盐基不饱和土壤。当土壤胶体上吸附的阳离子全部是盐基离子时,土壤呈盐基饱和状态,称之为盐基饱和的土壤。盐基饱和的土壤具有中性或碱性反应,而盐基不饱和土壤则呈酸性反应。我们通常用盐基饱和度来表示土壤中盐基饱和程度。土壤的盐基饱和度指土壤中交换性盐基离子总量占阳离子交换量的百分数。即

$$盐基饱和度(\%)=\frac{交换性基盐(cmol/kg)}{阳离子交换量(cmol/kg)}\times100\%$$

例如,测得某土壤的 CEC 为 50cmol/kg,交换性阳离子 $Ca^{2+}$、$Mg^{2+}$、$K^+$、$Na^+$ 的含量分别为 10、5、10、5cmol/kg,那么该土壤的盐基饱和度(%)=$\frac{10+5+10+5}{50}$=60%。由盐基饱和度的定义可看出,盐基饱和度决定着土壤的酸碱性,一般而言,盐基饱和度大的土壤 pH 较高,饱和度小的土壤 pH 较低,简单地说,土壤盐基饱和度的高低也反映了土壤中致酸离子的含量。从土壤肥力角度来看,以盐基基本饱和(饱和度为 70%~90%)为较好。

我国土壤的盐基饱和度有自西北、华北往东南和华南逐渐减小的趋势,这与土壤酸碱性的分布基本上是一致的。在干旱、半干旱和半湿润气候地区,盐基淋溶作用弱,饱和度大,养分含量较丰富,土壤偏碱性。而在湿热的南方,因盐基淋溶强烈,其土壤多属盐基不饱和土壤,有的红壤和黄壤饱和度低到 20% 以下,甚至到 10%,呈强酸性,严重影响农作物的生长。

土壤盐基饱和度的高低也反映了土壤的保肥能力和成土作用的强度。一般来讲,盐基饱和度高,则土壤的保肥能力强,成土作用的强度弱;反之,保肥能力弱而成土作用的强度大。

5. 交换性阳离子的有效度

土壤胶体上吸附的养分离子对植物的有效性,不完全决定于该种吸附离子的绝对数量,而在很大程度上取决于解离和被交换的难易。通常应考虑以下几种因素:

(1)交换性阳离子的饱和度

交换性阳离子的有效度,不仅与其绝对数量有关,更决定于该离子的饱和度,当然,这里的饱和度就是该离子的盐基饱和度。某离子的饱和度越大,被交换而解吸的机会就越多,其有效度也越大。如表 3-5 所示,列出了土壤中交换性阳离子饱和度与有效性。

表 3-5　土壤中交换性阳离子饱和度与有效性

| 土壤 | 阳离子交换量/<br>[cmol(＋)/kg] | 交换性 Ca 量/<br>[cmol(＋)/kg] | 交换性 Ca 量的<br>饱和度 |
| --- | --- | --- | --- |
| A | 8 | 6 | 75 |
| B | 30 | 10 | 33 |

通过表 3-5 我们可以发现,虽然土壤 B 的交换性钙的含量高于土壤 A,但其交换性钙的饱和度小于土壤 A,因此土壤 B 的有效度低于土壤 A。将同种植物种植在土壤 B 上比种植在土壤 A 上更容易缺钙。为了提高化肥的有效性,在农业生产中,我们常采用集中施肥(条施、穴施)来提高土壤中肥料的饱和度,达到提高化肥利用率的目的。这正如农民群众所说的"施肥一大片,不如一条线"。同种同量的化肥分别施入砂土和黏土中,由于砂土比黏土阳离子交换量(CEC)小,其养分饱和度大,有效性高,施肥见效快,但是因其易漏水漏肥,故而我们应该应勤施少施。

(2)互补离子的影响

与某种交换性阳离子共存的其他交换性阳离子称为互补离子。例如胶体同时吸附 $K^+$、$Na^+$、$Ca^{2+}$、$Mg^{2+}$ 等离子,对于 $K^+$ 离子来说,$Na^+$、$Ca^{2+}$、$Mg^{2+}$ 等离子都是其互补离子;对 $Ca^{2+}$ 离子来说,那么 $K^+$、$Na^+$、$Mg^{2+}$ 是其互补离子;对于 $Mg^{2+}$ 离子来说,$K^+$、$Na^+$、$Ca^{2+}$ 离子都是其互补离子。一般地,如果互补离子与胶粒的吸附力强,则与之共存的阳离子更易于解吸,有效性便较高;反之,与之共存的阳离子有效性便较低。如表 3-6 所示,列出了互补离子与交换性钙的有效性,从表 3-6 可以看出,即使三种土壤 $Ca^{2+}$ 的饱和度相等,但由于其互补离子交换能力不同,为

$$H^+ > Mg^{2+} > Na^+$$

使 $Ca^{2+}$ 的有效度的顺序为 A>B>C,因而小麦幼苗吸钙量也是 A>B>C。

表 3-6　互补离子与交换性钙的有效性

| 土壤 | 交换性阳离子组成 | 小麦幼苗干重/g | 小麦幼苗吸钙量/mg |
|------|------------------|----------------|---------------------|
| A | 40％Ca＋60％H | 2.80 | 11.15 |
| B | 40％Ca＋60％Mg | 2.79 | 7.83 |
| C | 40％Ca＋60％Na | 2.34 | 4.36 |

（3）黏土矿物的种类

蒙脱石类矿物吸附阳离子一般位于晶层之间,吸附比较牢固,因而有效性较低。而高岭石类矿物吸附阳离子通常位于晶格的外表面,吸附力较弱,有效性较高。

## 三、土壤胶体对阴离子的交换吸附

### (一)阴离子的分类

土壤中的许多养分(如氮、磷、硫、硼和钼等)多以阴离子存在,土壤吸附和保存这些离子的过程比阳离子更为复杂。土壤对阴离子的吸附,可以因胶体带正电荷引起,也可以由电荷中和带负电荷的胶体所产生。根据土壤中的阴离子吸附能力的大小可将阴离子分为易于被土壤吸附的阴离子、很少或根本不被吸附的阴离子及介于上述两者之间的阴离子三类。在这里,我们对这三种阴离子进行简单的介绍：

（1）易于被土壤吸附的阴离子

易于被土壤吸附的阴离子中,最重要的是磷酸根离子(例如 $H_2PO_4^-$、$HPO_4^{2-}$ 和 $PO_4^{3-}$),其次是硅酸根离子(例如 $HSiO_3^-$ 和 $SiO_3^{2-}$)及某些有机酸的阴离子(例如 $C_2O_4^{2-}$)。

（2）很少或根本不被吸附的阴离子

例如,亚硝酸根($NO_2^-$)、硝酸根($NH_3^-$)、氯离子($Cl^-$)等阴离子,由于这些离子不能和溶液中的阳离子结合而形成难溶性盐类,并且不能被土壤中带负电胶体所吸附,甚至还会出现负吸附,所以很少或根本不能被土壤所吸附,极易随水流失。

（3）介于上述两者之间的阴离子

例如,硫酸根($SO_4^-$)、碳酸根($CO_3^{2-}$)等离子表现出来的吸附作用介于以上两类之间。

### (二)土壤胶体对阴离子的吸附及其影响因素

1. 土壤胶体对阴离子的吸附作用

(1)土壤对阴离子的非专性吸附

如果土壤胶粒带正电荷,那么它可以通过静电作用力将阴离子吸附于双电层的外层,即扩散层,进而作为平衡离子,我们将这种吸附称为阴离子的非专性吸附。非专性吸附是一般的交换吸附。这类吸附产生的根本原因是胶体同晶置换或胶体表面吸附过多的阳离子而是土壤胶体带正电,阴离子作为平和离子,起物理上的平衡作用。

(2)阴离子的负吸附

带负电荷土壤对土壤中的阴离子会产生负吸附。负吸附的产生是因为土壤中负电荷胶体对同号电荷的阴离子的排斥,其斥力的大小,与阴离子距土壤胶体表面的远近有关,距离越近斥力越大,表现出较强的负吸附。一般负吸附随阴离子价数的增加而加强,如在钠质膨润土中,不同钠盐的阴离子所表现出的负吸附次序为

$$Cl^- < NO_3^- < SO_4^{2-} < Fe(CN)_6^{4-}$$

(3)土壤对阴离子的专性吸附

土壤对阴离子的专性吸附是发生于胶体双电层内层,直接与胶体表面的配位离子(配位基)置换,所以,这种吸附又称为配位基交换。因此,阴离子的专性吸附不一定发生于带正电荷的胶体,也可以发生于电中性或甚至带负电荷的胶体。产生专性吸附的阴离子主要有 $F^-$ 以及磷酸根、硫酸根、钼酸根、砷酸根等含氧酸离子。

阴离子的专性吸附多发生于铁、铝氧化物的表面,这也是最主要的阴离子的专性吸附,而这些铁、铝氧化物多分布在热带亚热带土壤。阴离子专性吸附一方面对土壤的如表面电荷、酸度等一系列化学性质造成深刻的影响;另一方面决定着多种养分离子和污染元素在土壤中存在的形态、迁移和转化,进而制约着它们对植物的有效性及其环境效应。

2. 影响土壤对阴离子吸收的因素

影响土壤对阴离子吸收的因素主要有以下三方面:

(1)阴离子的价数

一般情况下,阴离子的价数越大,吸收力越强。土壤对一些常见阴离子的吸收力的大小顺序为

$$NO_3^- < Cl^- < SO_4^{2-} < CH_3COO^- < H_2BO_3^- < HCO_3^- < PO_4^{3-} < OH^-$$

在这里,需要特别强调的是,$OH^-$ 是个例外,虽为一价离子,但土壤对它的吸附力很强。这是因为 $OH^-$ 离子半径小,并能同带正电荷胶粒的双电层中的铁、铝离子结合,生成解离度很小的化合物。

(2)胶体组成成分

胶体组成成分对阴离子的吸收有显著的影响,随着土壤胶体中铁、铝氧化物增多,土壤吸收阴离子的能力也逐渐增大。

(3)土壤 pH 值

酸碱度变化会引起胶体电荷改变。碱性加强,增大负电荷量,而酸性增强,则正电荷增多。因此,在酸性条件下,土壤胶体吸收阴离子能力增大,反之,在碱性条件下,吸收力则减弱。

特别应引起我们注意的是,磷酸根极易被吸收固定,而硝酸根很易流失,这在农业生产的施肥技术中都是需要重点考虑的问题。

# 第三节　土壤的酸碱性

土壤酸碱性是土壤的重要属性之一,具体指的是土壤溶液呈酸性、中性或碱性的程度。土壤酸碱性对土壤养分的有效化、土壤性状及作物的生长发育等均有明显影响,所以土壤酸碱性是农业生产中必须考虑的问题。土壤的酸碱程度决定于土壤溶液中游离的氢离子与氢氧离子浓度的比例。当土壤溶液中的氢离子浓度大于氢氧离子浓度时,呈酸性反应;反之,当土壤溶液中的氢离子浓度小于氢氧离子浓度时,呈碱性反应;当二者浓度相等时,则呈中性反应。研究表明:土壤胶体上吸收的 $H^+$ 和 $Al^{3+}$ 是土壤酸性的根源;碳酸钙是维持中性至微碱性反应的物质基础;碳酸钠是土壤表现碱性与强碱性反应的最主要原因。接下来,我们来详细讨论土壤的酸碱性。

## 一、土壤酸性

### (一)土壤酸化的过程

当雨水过量时,降水量大大超过蒸发量,土壤及其母质的淋溶作用非常强烈,土壤溶液中的盐基离子易于随渗滤水向下移动。这时溶液中 $H^+$ 取代土壤胶体表面吸附的盐基离子,使土壤盐基饱和度下降,氢饱和度增加,引起土壤酸化。在交换过程中,土壤溶液中 $H^+$ 离子可以由碳酸和一些有机酸以及水的解离等途径补给。土壤中的碳酸主要由 $CO_2$ 溶于水生成,

$CO_2$ 是由植物根系、微生物呼吸以及有机质分解产生。有机酸是土壤有机质分解的中间产物。水的解离常数虽然很小，但是由于 $H^+$ 离子被土壤吸附而使其解离平衡受到破坏，所以不断有新的 $H^+$ 释放出来。

随着阳离子交换的不断进行，氢饱和度不断增加。当铝硅酸盐黏粒矿物表面吸附的氢离子超过一定限度时，它们的晶体结构就会遭到破坏，铝八面体开始解体，铝离子脱离八面体晶格的束缚变成活性铝离子，一部分被吸附在带负电荷的黏粒表面，另一部分转变为交换性 $Al^{3+}$，通过水解可产生相当数量的游离 $H^+$，使土壤进一步酸化。

### (二)土壤中酸的存在形式

土壤的酸性既可由 $H^+$ 引起，也可由 $Al^{3+}$ 引起。$H^+$ 和 $Al^{3+}$ 既可存在于土壤溶液中，又可为群胶体所吸收，两者在一定条件下可互相转化，一般依其存在的方式将土壤酸度分为活性酸和潜性酸。具体分析如下：

1. 活性酸

土壤活性酸是指与土壤固相处于平衡状态的土壤溶液中的氢离子浓度。我们通常以 pH 值来表示活性酸的大小，通过化学的相关理论可知，pH 值是 $H^+$ 浓度的负对数。pH 值是土壤酸度的强度指标。土壤酸碱度一般可分为 6 级。如表 3-7 所示，列出了土壤酸碱度分级。

表 3-7　土壤酸碱度分级

| pH 值 | 酸碱度分级 | pH 值 | 酸碱度分级 |
|---|---|---|---|
| <4.5 | 极强酸性 | 6.5～7.5 | 中性 |
| 4.5～5.5 | 强酸性 | 7.5～8.5 | 碱性 |
| 5.5～6.5 | 酸性 | >8.5 | 强碱性 |

我国土壤的酸碱反应大多数 pH 值在 4.5～8.5 之间，在地理分布上具有"南酸北碱"的地带性分布特点。一般来说，在北纬 33°以南，土壤多为酸性至强酸性；在北纬 33°以北，大部分土壤呈中性至碱性的反应。

2. 潜性酸

潜性酸是指吸收在土壤胶体上，且能被代换进入土壤溶液中的 $H^+$ 和 $Al^{3+}$，潜性酸通常以 cmol（+）/kg 为单位。潜性酸平时不显现酸性，只有通过离子交换作用，被其他阳离子交换到土壤溶液中呈游离状态时，才显现出酸性。具体过程可以简单表示如下：

$$[胶粒]—xH^+ \rightleftharpoons [胶粒]—(x-y)H^+ + yH^+$$

$$[胶粒]\equiv Al^{3+} + 3M^+ \rightleftharpoons [胶粒]\equiv 3M + Al^{3+}$$

$$Al^{3+} + H_2O \rightleftharpoons Al(OH)^{2+} + H^+$$

式中，$M^+$ 代表阳离子。

根据测定潜性酸度使用盐类的不同，又可将它分为交换性酸度和水解性酸度两种：

（1）交换性酸

用过量的中性盐溶液与土壤作用，将胶体上的大部分 $H^+$ 或 $Al^{3+}$ 交换出来，再以标准碱液滴定溶液中的 $H^+$，这样测得的酸度称为交换性酸。这里的中性溶液有 1mol/LKCl 溶液或 0.06mol/L/BaCl$_2$ 溶液等。在这里还需指出，交换性 $H^+$ 及由 $Al^{3+}$ 水解产生的 $H^+$。该过程可以简单表示为

$$Al \cdot [土壤胶体] \cdot Al + 4KCl \rightleftharpoons [土壤胶体] \cdot 4K + HCl + AlCl_3$$

用中性盐浸提的交换反应是个可逆的阳离子交换平衡反应。因此所测得的酸量只是土壤潜性酸量的大部分，而不是它的全部。交换性酸是在进行调节土壤酸度估算石灰用量时有重要参考价值。

（2）水解性酸度

用弱酸强碱组成的盐类从土壤胶体上交换出来的 $H^+$、$Al^{3+}$ 所产生的酸度称之为水解性酸度。一般情况下，我们用醋酸钠做浸提液，它在水解时产生氢氧化钠，呈碱性，其 pH 值为 8.5 左右，钠离子可把土壤胶体上绝大部分的 $H^+$ 和 $Al^{3+}$ 交换出来而形成醋酸，滴定溶液中醋酸的总量，即是水解性酸度。这一过程可以简单地表示为

$$CH_3COONa + H_2O \rightleftharpoons CH_3COOH + NaOH$$

$$H—[胶粒]\equiv Al + 4CH_3COONa + 3H_2O \rightleftharpoons Na—[胶粒]\equiv 3Na +$$

$$Al(OH)_3 + 4CH_3COOH$$

3. 活性酸与潜性酸的关系

土壤中的活性酸和潜性酸，是同处一个体系中的一种酸，它们始终处于动态平衡之中。如果溶液的浓度和组成发生改变，它们就可以相互转化。活性酸可以被胶体吸附成为潜性酸，而潜性酸也可以被交换出来变成活性酸。潜性酸是活性酸的主要来源和后备。

用上述方法测得的潜性酸度，实际上包括了活性酸。土壤潜性酸度往往远比活性酸度大。如砂土的潜性酸度比活性酸度可大 1000 倍，而富含有机质的黏土可大 50000～100000 倍。活性酸与潜性酸在土壤中同时存在，并相互转化。因此，改良土壤酸性时，应以潜性酸度来确定石灰的施用量。

## 二、土壤碱性

### (一)土壤碱性的来源

土壤中氢氧离子主要来自碱性物质的水解。土壤碱性物质主要是钾、钠、钙、镁的碳酸盐和重碳酸盐以及胶体表面吸附的交换性钠。

#### 1. 土壤中碱性盐的水解

土壤中存在大量的碱金属和碱土金属如钠、钾、钙、镁的碳酸盐类和碳酸氢盐类,如 $Na_2CO_3$、$NaHCO_3$、$CaCO_3$ 等。碳酸盐可以水解,例如

$$CaCO_3 + H_2O \Longleftrightarrow Ca(OH)_2 + H_2CO_3$$

由于 $H_2CO_3$ 是弱酸,解离度很低,所以溶液呈碱性。

#### 2. 土壤胶体上的 $Na^+$ 的代换水解作用

当土壤胶体吸收的 $Na^+$ 达到一定饱和度时,可起代换水解作用。这一过程可以简单表示为

$$[土壤胶粒]—Na^+ + H_2O \Longleftrightarrow [土壤胶粒]—H^+ + NaOH$$

由于土壤中不断有大量 $CO_2$ 产生,所以交换反应所形成的 NaOH 实际上都是以 $Na_2CO_3$ 或 $NaHCO_3$ 形态存在。

#### 3. 硫酸盐还原成硫化物后水解

在有机质多、含硫酸盐和嫌气条件下,$Na_2SO_4$ 被还原成 $Na_2S$,$Na_2S$ 再与 $CaCO_3$ 作用形成 $Na_2CO_3$,水解后产生大量的 $OH^-$。这一过程可以简单表示为如下形式

$$Na_2SO_4 + 4R—COH \xrightleftharpoons{嫌气细菌} Na_2S + 4R—COOH$$

$$Na_2S + CaCO_3 \Longleftrightarrow Na_2CO_3 + CaS \downarrow$$

$$Na_2CO_3 + 2H_2O \Longleftrightarrow 2NaOH + H_2CO_3$$

### (二)土壤碱性的指标

除了可以用 pH 值来表示土壤碱性的强弱以外,还有一种常用的表示土壤碱性的强弱的方法,那就是用总碱度和碱化度来表示。现在我们将这种表示方法的原理讨论如下:

1. 总碱度

总碱度是指土壤溶液或灌溉水中碳酸根、重碳酸根的总量，通常，我们用中和滴定法来测定。总碱度的单位是 cmol/L。

在碱性土壤中，含有许多碱金属（Na，K）及碱土金属（Ca，Mg）的碳酸根和重碳酸根的盐类。由于 $CaCO_3$ 及 $MgCO_3$ 的溶解度很小，在正常 $CO_2$ 分压下，它们在土壤溶液中的浓度很低，所以含 $CaCO_3$ 和 $MgCO_3$ 的土壤，其 pH 值不可能很高，最高在 8.5 左右。这种因石灰性物质所引起的弱碱性反应（pH 在 7.5~8.5 之间的反应）称为石灰性反应，对应的土壤称之为石灰性土壤。$Na_2CO_3$、$NaHCO_3$ 及 $Ca(HCO_3)_2$ 等是水溶性盐类，可使土壤溶液的总碱度很高。总碱度在一定程度上反映土壤和水质的碱性程度，所以很多情况下，我们将总碱度作为一种指标来衡量土壤的碱性强弱。

2. 碱化度（ESP）

土壤的碱性还决定于土壤胶体上交换性 $Na^+$ 的数量。通常把交换性 $Na^+$ 的数量占交换性阳离子数量的百分比称为土壤碱化度。土壤碱化度也是衡量土壤碱性的一个重要指标，它常常被用来作为碱土分类的指标和碱性土壤改良的依据。可以表示为

$$碱化度 = \frac{交换性 Na^+ 量（cmol/kg）}{阳离子交换量（cmol/kg）} \times 100\%$$

一般地，碱化度为 5%~10% 时，称为弱碱性土，大于 20% 时称为碱土。

## 三、土壤酸碱性的影响因素和土壤的缓冲性能

### （一）土壤酸碱性的影响因素

1. 植被

植被是影响土壤酸碱性的重要因素之一，并且，不同植被因组分的差异而对土壤酸碱性产生不同的影响。例如，在热带亚热带地区滨海生长红树林的沉积物中也含有大量的硫化物，在此类沉积物上发育的水稻土常呈强酸性反应；针叶树的灰分组成中盐基成分常较阔叶树少，因此，发育在针叶林下的土壤酸性较强；一些能适应在较干旱条件下生长的植物，具有富集碱性物质的作用，如海蓬子含 $Na_2CO_3$ 高达 3.75%，而碱蒿和盐蒿含 $Na_2CO_3$ 也分别有 2.76% 和 2.14%。这些植物对碱土的形成起着重要作用。

## 2. 气候

气候条件是影响土壤酸碱性的又一重要因素。半干旱或干旱地区的自然土壤,降雨少,淋溶作用弱,使岩石矿物及母质风化释放出来的盐基离子不能被淋出土体,而且由于土壤水分蒸发量大,下层的盐基物质容易随着毛管水的上升而聚集在土壤的上层,因而土壤胶体表面吸附了大量的盐基离子,土壤溶液中也有相当数量的这些盐基,它们经水解后可产生 $OH^-$,使土壤呈碱性。高温多雨的地区,风化作用强烈,同时强烈的淋溶作用使大量的盐基被淋失,而交换力强的 $Al^{3+}$ 和 $H^+$ 被吸附在胶体表面,形成酸性的自然土壤。

## 3. 人类活动

随着农业技术的发展,尤其是各种化肥的使用,使得人类活动对土壤酸碱性的影响越来越严重。施用酸性肥或生理酸性肥,用酸水进行灌溉会导致土壤酸化;相反,施用碱性肥料或用碱性水灌溉会使土壤碱化。例如长期用酸性矿水灌溉的水稻田土壤呈强酸性,有些 pH 值甚至低于 4。此外,酸雨对土壤酸化也有一定作用;农业生产中还常常人工改变土壤的酸碱性等等。从某种意义上来说,人类活动对耕作土壤酸碱性的影响已经远远地超过自然因素的影响。我们应该提高环保意识,尽量不要使土壤恶化。

## 4. 地形

很多情况下,地形也可以影响土壤的酸碱性。在同一气候的小区域内,处于高坡地形部位的土壤,淋溶作用较强,其 pH 值常较低地的低。干旱及半干旱地区的洼地土壤,由于承纳高处流入的盐碱成分较多,或因地下水矿化度高而又接近地表,使土壤常呈碱性。

## 5. 母质

土壤的母质在一定程度上也会影响土壤的酸碱性。在其他成土因素相同的条件下,酸性的母岩(如流纹岩、花岗岩)常较碱性母岩(如石灰岩、大理岩)所形成的土壤有较低的 pH 值。此外,大部分含煤、铁和有色金属矿的地层都含有各种类型的金属硫化物(以黄铁矿为主),这些金属硫化物由于采矿活动而与空气接触后即可产生氧化作用而生成硫酸,使土壤呈现很强的酸性。

6. 其他因素

除了以上列出的五项以外，土壤的盐基饱和度和氧化还原电位的改变也会使土壤 pH 值发生变化。一般来说，土壤 pH 值随盐基饱和度的增加而增高。土壤淹水后，酸性土 pH 值会升高，碱性土 pH 值则有所下降。总之，影响土壤的酸碱性的因素较为复杂，在实际的农业生产中，我们应该抓住主要矛盾忽略次要矛盾。

### (二)土壤缓冲性能

在化学上，只要我们把少量酸或碱加到水溶液中，那么溶液的 pH 值立即会有很大的变化，但对于土壤却不是这样的，它的 pH 值变化需要一个极为缓慢的过程。这就启发我们来研究土壤的酸碱缓冲性能，在土壤学中，我们把土壤溶液抵抗酸碱物质，减缓 pH 变化的能力叫做土壤缓冲性。土壤因施肥或灌溉等作用而增加或减少土壤的 $H^+$ 或 $OH^-$ 时，土壤溶液的 pH 值可稳定保持在一定范围内，这是因为土壤本身对 pH 值的变化有缓冲作用，不致因环境条件的改变而产生剧烈的变化，可以为植物生长和土壤生物(尤其是微生物)的活动创造一个良好、稳定的土壤环境，但也给土壤改良带来了困难。

土壤是一个巨大的缓冲体系，它不仅对酸碱性有缓冲作用，同时，对营养元素、有害污染物质、氧化还原等同样具有缓冲性，同时具有抵抗外界环境变化的能力。这主要是因为土壤是一个包含固、液、气三相组成的多组分开放的生物地球化学系统，包含了众多的、以多样化形式进行相互作用的不同化合物。土壤中发生的各种化学、生物化学过程，常具有一定的自调能力。从某种意义上讲，土壤缓冲性不只是局限于对酸碱变化的抵抗能力，而且可以看作一个能表征土壤质量及土壤肥力的指标。土壤的缓冲性可以稳定土壤溶液的反应，使土壤的酸碱度保持在一定的范围内，为植物的生长和土壤生物的生活创造了一个良好、稳定的土壤环境。避免因施肥、根系呼吸、微生物活动、有机质分解等引起土壤反应的显著变化，同时又造成养分状态的变化，影响养分的有效性，植物将难以适应。高产肥沃的土壤有机质多，缓冲性能较强，具有较强的自调能力，能为高产植物协调土壤环境条件，抵制不利因素的发展。但这种缓冲性能是有限度的，要尽量避免酸碱物质的进一步产生，酸碱肥料施用要得当，并通过多施有机肥，掺混黏土等办法，提高其缓冲性能。

1. 土壤产生缓冲作用的主要原因

土壤产生缓冲作用的主要原因是：

(1)土壤胶粒上交换性阳离子的存在

土壤胶粒上交换性阳离子的存在是土壤产生缓冲作用的主要原因，它是通过胶粒上的阳离子交换作用来实现的。当土壤溶液加入 MOH，解离产生 $M^+$ 和 $OH^-$，由于 $M^+$ 与胶体上交换性 $H^+$ 交换，$H^+$ 转入溶液中，立即同 $OH^-$ 生成极难解离的 $H_2O$，溶液的 pH 值变化极微。这一过程可以简单表示为

$$[土壤胶粒]—H+MOH \Longleftrightarrow [土壤胶粒]—M+H_2O$$

当土壤溶液中 $H^+$ 增加时，胶体表面的交换性盐基离子与溶液中的 $H^+$ 交换，使土壤溶液中的 $H^+$ 浓度基本上无变化或变化很小。这一过程可以简单表示为

$$[土壤胶粒]—M+H^+ \Longleftrightarrow [土壤胶粒]—H^+ +M$$

式中，M 代表盐基离子，主要包括 $Ca^{2+}$、$Mg^{2+}$、$K^+$ 等。

(2)土壤溶液中的弱酸及其盐类的存在

土壤溶液中含多种无机和有机弱酸及与它们组成的盐，如碳酸、硅酸、腐殖酸以及其他有机酸及其盐类。它们构成一个良好的缓冲体系，故对酸碱具有缓冲作用。其具体的过程可以简单表示为

$$H_2CO_3+Ca(OH)_2 \Longleftrightarrow CaCO_3+2H_2O$$
$$Na_2CO_3+2HCl \Longleftrightarrow H_2CO_3+2NaCl$$

土壤中的其他弱酸与它们的盐也有上述类似的反应，从而使土壤 pH 不致发生太大的变化。

(3)土壤中两性物质的存在

土壤中蛋白质、氨基酸、胡敏酸等都是两性物质，既能中和酸又能中和碱。这一过程可以简单表示为

$$R—CH—COOH + HCl = R—CH—COOH;$$
$$\quad\quad | \quad\quad\quad\quad\quad\quad\quad\quad | $$
$$\quad\quad NH_2 \quad\quad\quad\quad\quad\quad NH_2 \cdot HCl$$

**（氯化氨基酸）**

$$R—CH—COOH + NaOH = R—CH—COONa + N_2O$$
$$\quad\quad | \quad\quad\quad\quad\quad\quad\quad\quad\quad | $$
$$\quad\quad NH_2 \quad\quad\quad\quad\quad\quad\quad NH_2$$

**（氨基酸纳）**

(4)酸性土壤中铝离子的缓冲作用

如图 3-3 所示，是土壤中 $Al^{3+}$ 的缓冲作用的示意图。史可费尔德在这

方面进行了深入的研究,他认为在极强酸性土壤中(pH<4),铝以正三价离子状态存在。每个 $Al^{3+}$ 周围有 6 个水分子围绕着,当加入碱类使土壤溶液中 $OH^-$ 增多时,6 个水分子中即有一个解离出 $H^+$ 以中和之,而铝离子本身留一两个 $OH^-$。这时,带有 $OH^-$ 的铝离子很不稳定,与另一个相同的铝离子结合,在结合中,两个 $OH^-$ 被两个铝离子所共用,并且代替了两个水分子的地位,结果这两个铝离子失去两个正电荷,剩下四个正电荷。这种缓冲作用,可以简单地表示为

$$2Al(H_2O)_6^{3+} + 2OH^- \longrightarrow [Al_2(OH)_2(H_2O)_8]^{4+} + 4H_2O$$

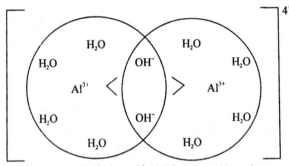

图 3-3　土壤中 $Al^{3+}$ 的缓冲作用的示意图

### 2. 影响土壤缓冲性能的因素

在土壤具有缓冲性能为植物生长提供良好环境的同时,其自身也会受到一些因素的影响。影响土壤缓冲性能的因素主要有以下几点。

(1)土壤黏粒含量

土壤质地越细,黏粒含量越多,土壤的缓冲性越强;相反地,质地越粗,黏粒含量越少,缓冲能力越弱。

(2)土壤无机胶体

土壤无机胶体的种类不同,其阳离子交换量不同,缓冲性不同。在无机胶体中缓冲性由大变小的顺序为

蒙脱石>伊利石>高岭石>含水氧化铁、铝

土壤胶体的阳离子交换量越大,土壤的缓冲性越强。

(3)有机质含量

土壤有机质含量虽仅占土壤的百分之几,但腐殖质含有大量的负电荷,对阳离子交换量的贡献大。所以,有机质含量越高的土壤,其缓冲性越强,反之,则弱。通常表土的有机质含量较底土的高,缓冲性也是表土较底土强。

## 四、土壤酸碱性对植物生长和土壤肥力的影响

### (一)土壤酸碱性对植物生长的影响

土壤的酸碱性是影响植物生长的重要因素之一,一般植物对土壤酸碱度都有一定的要求。特别地,有些植物对土壤酸碱条件要求十分严格,只能在特定的酸碱范围内生长,所以我们可以用这些植物来指示土壤的酸碱度,并称这些植物为指示植物。

例如,蜈蚣草、甘草等是石灰性土壤的指示植物;盐蒿、碱蓬等是盐碱性土的指示植物;铁芒箕、映山红、茶等只能在酸性土壤上生长,称为酸性土指示植物。

不同的栽培植物也有不同的 pH 值适应范围。如表 3-8 所示,列出了一些主要的栽培植物生长适宜的 pH 范围。

**表 3-8 主要的栽培植物生长适宜的 pH 范围**

| 大田作物 | | 园艺植物 | | 林业植物 | |
|---|---|---|---|---|---|
| 名称 | pH | 名称 | pH | 名称 | pH |
| 水稻 | 6.0~7.0 | 豌豆 | 6.0~8.0 | 槐 | 6.0~7.0 |
| 小麦 | 6.0~7.0 | 甘蓝 | 6.0~7.0 | 松 | 5.0~6.0 |
| 大麦 | 6.0~7.0 | 胡萝卜 | 5.3~6.0 | 洋槐 | 6.0~8.0 |
| 大豆 | 6.0~7.0 | 番茄 | 6.0~7.0 | 白杨 | 6.0~8.0 |
| 玉米 | 6.0~7.0 | 西瓜 | 6.0~7.0 | 栎 | 6.0~8.0 |
| 棉花 | 6.0~8.0 | 南瓜 | 6.0~8.0 | 柽柳 | 6.0~8.0 |
| 马铃薯 | 4.8~5.4 | 黄瓜 | 6.0~8.0 | 桦 | 5.0~6.0 |
| 向日葵 | 6.0~8.0 | 柑橘 | 5.0~7.0 | 泡桐 | 6.0~8.0 |
| 甘蔗 | 6.0~8.0 | 杏 | 6.0~8.0 | 油桐 | 6.0~8.0 |
| 甜菜 | 6.0~8.0 | 苹果 | 6.0~8.0 | 榆 | 6.0~8.0 |
| 甘薯 | 5.0~6.0 | 桃、梨 | 6.0~8.0 | | |
| 花生 | 5.0~6.0 | 栗 | 5.0~6.0 | | |
| 烟草 | 5.0~6.0 | 核桃 | 6.0~8.0 | | |
| 紫云英、苕子 | 6.0~7.0 | 茶 | 5.0~5.5 | | |
| 紫花苜蓿 | 7.0~8.0 | 桑 | 6.0~8.0 | | |

### (二)土壤酸碱性与土壤肥力的关系

土壤的酸碱性对土壤的肥力有着十分重要的影响。如图 3-4 所示,是土壤 pH 与微生物活性及养分有效性的关系,接下来,我们就通过如下几个方面来分析土壤酸碱性对土壤肥力的影响:

1. 影响土壤微生物的活性

土壤细菌和放线菌,如硝化细菌、固氮菌和纤维分解菌等,均适于中性和微碱性环境,而在 pH<5.5 的强酸性土壤中,其活性明显下降,真菌可在所有 pH 范围内活动,因而在强酸性土壤中占优势。由于真菌的活动,在强酸性土壤中仍可发生有机质的矿化,使植物得到一些 $NH_4^+$-N。

在中性和微碱性条件下,真菌遇到细菌和放线菌的竞争。此时固氮菌活性强烈,有机质矿化也较快,土壤有效氮的供应较好。一般说来,铵化作用、硝化作用、固氮作用的最适宜的 pH 范围为 6.5~7.5、6.5~8.0、6.5~7.8。

2. 影响土壤养分的有效性

事实上,土壤酸碱性．影响土壤微生物的活性本质上就是影响土壤养分的有效性的一个重要表现。此外,土壤反应影响到土壤养分有效性的另一方面是使土壤中某种养分发生化学反应,使易溶性养分变为难溶性养分或使难溶性养分变为易溶性养分。图 3-4 表明,钾、钙、镁、磷、硼、钼、锌、铜、钴、铁、锰等元素的有效性与 pH 密切相关。钾、钙、镁等盐基在酸性土中易淋失,因而在酸性土,特别是强酸性土壤上这些元素常常缺乏。对于磷元素,在酸性时,由于活性铁、铝与磷酸形成难溶性的磷酸铁或铝沉淀而使其有效性大为降低,在 pH>7 时,又与钙形成难溶性的磷酸高钙沉淀。一般来讲,在 pH 值在 6~7 时,土壤中磷的有效性最高。活性的铁、锰、铝等随土壤 pH 降低而增加,在极强酸性土壤中可溶性铁、锰、铝常常过高而造成对植物的毒害。随 pH 提高,可溶性铁、锰、铝的溶解度迅速降低。在酸性土中施石灰过量时,常出现有效态铁、锰不足的现象,以至常引起不少植物缺铁、锰的黄化病,如柑橘、水杉的缺铁黄化病等。此外,硼在酸性土或施了过量石灰的酸性土中有效性均低。钼则在强酸性土中有效性低,随 pH 提高,有效性也增加。铜、锌、钴等微量元素在酸性条件下有效性高。综合来看,在 pH 值为 6.5 左右时各种养分的有效性都较高,通常情况下,我们要将土壤的 pH 调节到这个值左右,这样土壤的肥力最高,最有利于农作物生长。

3. 影响黏粒矿物的形成

土壤反应和环境条件(如地形、水分条件等)共同影响着生成的黏粒矿物类型。例如,原生矿物白云母在碱性和微碱性条件下风化,生成伊利石,而在 pH＝5 的酸性条件下生成高岭石。

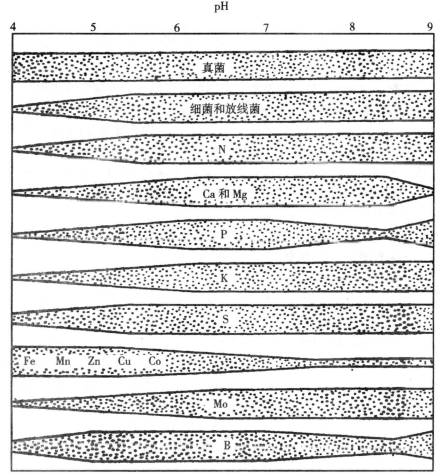

图 3-4　土壤 pH 与微生物活性及养分有效性的关系

4. 影响土壤胶体的带电性

土壤酸碱度对土壤胶体的带电性有深刻影响。pH 高,可变负电荷也大,因而胶体的阳离子交换量也增大,土壤的保肥供肥能力增强。反之 pH 低时,土壤保肥供肥能力低,而且对磷酸还产生吸附固定,使磷肥肥效降低。

5. 影响土壤理化性质

在碱土中,交换性钠多,大约占到 30％以上,此时土粒分散,结构易破坏。酸性土中,交换性氢离子多,盐基饱和度低,结构易破坏,物理性质不良。中性土中,Ca、$Mg^{2+}$ 较多,土壤的结构性和通气性等物理性质良好。

# 第四节　土壤的氧化还原性

土壤氧化还原反应也是发生在土壤溶液中的一类型重要的化学反应,其地位与土壤酸碱反应同等重要。土壤组成中含有一些易于氧化和易于还原的物质,当土壤通气良好,氧分压高时,这些物质呈氧化态;在通气不良、氧分压不足时则呈还原态。土壤的氧化还原反应始终存在于岩石风化和母质成土的整个土壤形成发育过程中,是影响土壤养分的有效性的重要因素之一,与植物的生长密切相关,特别是对于稻田土壤,土壤的氧化还原反应是衡量土壤肥力的一个极为重要的指标。

## 一、土壤氧化还原体系

### 1. 氧化还原体系的含义

化学研究表明,氧化还原反应主要是物质间的电子传递或电子得失所引起,根据电荷守恒定律,易知一种物质的氧化必然会伴随有另一种物质的还原。在土壤中,含有多种氧化物质(电子给予体),同时也含有多种还原物质(电子接受体)。在理论上,我们把土壤中的氧化还原反应划成了多个体系,如表 3-9 所示,列出了土壤中主要的氧化还原体系。

表 3-9　土壤中主要的氧化还原体系

| 氧化还原体系 | | $E^0$ | |
|---|---|---|---|
| | | pH＝0 | pH＝7 |
| 氧体系 | $\frac{1}{2}O_2 + H^+ + e \Longrightarrow \frac{1}{2}H_2O$ | 1.23 | 0.84 |
| 锰体系 | $\frac{1}{2}MnO_2 + 2H^+ + e \Longrightarrow \frac{1}{2}Mn^+ + H_2O$ | 1.23 | 0.40 |
| 铁体系 | $Fe(OH)_3 + 3H^+ + e \Longrightarrow Fe^{2+} + 3H_2O$ | 1.06 | −0.16 |

| 氧化还原体系 | | $E^0$ | |
|---|---|---|---|
| | | pH＝0 | pH＝7 |
| 氮体系 | $\frac{1}{2}NO_3 + H^+ + e \Longrightarrow NO_2 + \frac{1}{2}H_2O$ | 0.85 | 0.54 |
| | $NO_3 + 10H^+ + 8e \Longrightarrow NH_4^+ + 3H_2O$ | 0.88 | 0.36 |
| 硫体系 | $\frac{1}{8}SO_4^{2-} + \frac{5}{4}H^+ + e \Longrightarrow \frac{1}{8}H_2S + \frac{1}{2}H_2O$ | 0.30 | −0.21 |
| 有机碳体系 | $\frac{1}{8}CO_2 + H^+ + e \Longrightarrow \frac{1}{8}CH_4 + \frac{1}{4}H_2O$ | 0.17 | −0.24 |
| 氢体系 | $H^+ + e \Longrightarrow \frac{1}{2}H_2$ | 0 | −0.41 |

**2. 土壤中氧化还原体系的共同特点**

土壤中同一物质可区分为氧化态(剂)和还原态(剂),构成相应的氧化还原体系。大量的科学研究表明,土壤中主要的氧化剂是土壤空气和溶液中的氧,当空气中的氧气进入土壤中时,会进行化学和生物化学作用。土壤的生物学过程的方向和强度,在很大程度上决定于土壤空气和溶液中氧的含量,在通气良好的土壤中,氧体系控制氧化还原反应,使多种物质呈氧化态,如 $NO_3^-$、$Mn^{4+}$、$Fe^{3+}$、$SO_4^{2-}$ 等。当土壤中的氧气被消耗掉以后,其他氧化态物质如 $NO_3^-$、$Mn^{4+}$、$Fe^{3+}$、$SO_4^{2-}$ 依次作为电子受体被还原。有机质是土壤中主要的还原剂,在土壤缺氧条件下,将氧化物转化为还原态,尤其是新鲜的未分解的有机质,它们在适宜的温度、水分和 pH 值条件下可以表现出很强的还原能力。土壤中由于有多种多样的氧化还原体系存在,并有生物参与,氧化还原反应较纯溶液复杂。接下来,我们从如下四个方面简单分析一下土壤氧化还原反应的特点。

(1)土壤中氧化还原体系分为无机体系和有机体系两类

①在无机体系中,重要的有氧体系、铁体系、锰体系、氢体系、氮体系和硫体系等,无机体系的反应一般是可逆的。

②有机体系包括不同分解程度的有机化合物、微生物的细胞体及其代谢产物,如有机酸、酚和糖类化合物。有机体系和微生物参与条件下的反应是半可逆或不可逆的。

(2)土壤中氧化还原平衡经常变动

土壤氧化还原状况随栽培管理措施特别是灌水、排水而变化。

（3）土壤氧化还原反应不完全是纯化学反应

氧化还原反应在很大程度上有微生物的参与，例如 $NH_4^+ \rightarrow NO_2^- \rightarrow NO_3^-$，分别在亚硝酸细菌和硝酸细菌作用下完成，虽然亚铁的氧化大多属纯化学反应，但在土壤中常在铁细菌的作用下发生。

（4）土壤是一个不均匀的多相体系

不同土壤和同土层的不同部位，氧化还原状况会有不同。

## 二、土壤的氧化还原电位及其影响因素

### （一）土壤的氧化还原电位

通过前面的讨论我们可以知道，在土壤溶液中，氧化反应与还原反应是同时进行的。对同一物质来说，以能吸收（得到）电子的状态存在时为氧化剂，以放出（失去）电子的状态存在时为还原剂。土壤中一系列的氧化还原物质，参与并推动土壤的氧化还原过程。土壤的氧化还原过程，一般用氧化还原电位（$E_h$）来表示，其表达式为

$$E_h(mV) = E_0 + \frac{59}{n}\lg \left[\frac{氧化剂}{还原剂}\right]$$

式中，$E_0$ 为标准氧化还原电位，是指该体系中的氧化剂和还原剂浓度相等时的电位；$n$ 为物质氧化还原过程中的电子得失数。

从方程式中看出，$E_h$ 值的大小取决于氧化态物质和还原态物质的性质与浓度，而氧化态物质和还原态物质的浓度又直接受土壤通气性的强弱控制。通气性良好时，土壤空气中氧分压大，与其相平衡的土壤溶液中氧浓度也高，氧化态物质与还原态物质的浓度比增高，$E_h$ 值变大；反之，通气不良的土壤其溶液中氧化态物质与还原态物质的浓度比降低，$E_h$ 值变小。简单说就是 $E_h$ 愈大，表明土壤的氧化状态愈强；反之，$E_h$ 愈小，甚至为负值，表示还原状态愈强。因此，氧化还原电势的高低也可作为评价土壤通气性强弱的指标。

土壤的 $E_h$ 一般在 700mV 到 -300mV 之间变动。参与土壤氧化还原的物质主要有氧、铁、锰、硫等和各种有机物质。旱地和水田土壤的 $E_h$ 变化范围有所不同。旱地土壤的 $E_h$ 值变动在 200mV 到 750mV 之间。如果旱地土壤的 $E_h$ 值低于 200mV，则表明土壤水分过多，通气不良，此时应注意排水降渍，疏松土层，增加土壤空气容量；如果大于 750mV，标志着土壤完全处于好气状态，表明土壤通气过强，若其他条件又适宜时，则有机质分解迅速，还可能造成其他养分的损失，此时应适当灌水以降低氧分压。实践

证明，旱地土壤的 $E_h$ 在 400mV 到 700mV 之间时，多数作物可以正常发育。水田土壤的 $E_h$ 值变化较大，正常值往往低于 300mV。甚至低于 200mV，在排水种植旱作物期间，其 $E_h$ 可高达 500mV 以上，而长期积水的水稻土可降至 100mV 甚至下降到负值。一般水稻适宜在轻度还原的条件下生长，所谓轻度还原是指 $E_h$ 在 200mV 到 400mV 之间。如果土壤经常处于 180mV 以下或低于 100mV，将导致土壤溶液中 $Fe^{2+}$、$Mn^{2+}$ 的浓度迅速升高，导致水稻铁锰中毒，使水稻分蘖停止，发育受阻。$E_h$ 值降至负值，水田中将会产生 $H_2S$ 和丁酸的累积，这将抑制水稻含铁氧化酶的活性，从而减弱根系吸收养分的能力，特别是严重影响植物根系吸收磷钾养分。若 $E_h$ 值长期低于 -100mV，硫化物与亚铁共同作用使水稻产生黑根，严重时根系腐烂，稻株死亡，因此，对于 $E_h$ 值过低的水田，应采取排水烤田措施，以提高土壤的 $E_h$ 值。

**（二）土壤的氧化还原电位的影响因素**

结合以上讨论以及相关理论和实践经验，在这里，我们将土壤氧化还原电位的影响因素总结如下：

（1）变价元素的含量

土壤中变价元素的含量对土壤氧化还原反应的进程有重要的影响。如果土壤中易还原物质如 $Fe^{3+}$、$Mn^{4+}$ 较多时，说明该土壤氧化性强，抗还原能力也大；反之，如果土壤中 $Fe^{2+}$、$Mn^{2+}$ 等易氧化物质含量多，说明该土壤还原性强，并且抗氧化能力也强；在这里，需要特别指出的是，含铁、锰较多的土壤，渍水后 $E_h$ 不易迅速下降，其原因是具有"缓冲作用"。[①]

（2）易分解有机质的含量

有机质的分解主要是耗氧过程，在一定的通气条件下，土壤易分解的有机质愈多，耗氧愈多，氧化还原电位较低。新鲜有机物质（如绿肥）含易分解有机物质较多，所以，在淹水条件下施用新鲜的有机肥料，土壤 $E_h$ 值剧烈下降。

（3）土壤通气性

前面已经提到，土壤空气中氧的浓度决定于土壤的通气状况。在通气良好的土壤中，土壤与大气间气体交换迅速，土壤中氧浓度较高，$E_h$ 值较高。相反，在排水不良的土壤中，大气与土壤交换缓慢，氧的浓度降低，$E_h$ 值较低。

---

① 刘春生. 土壤肥料学. 北京:中国农业大学出版社,2006

（4）植物根系的代谢作用

植物根系分泌多种有机酸，造成特殊的根际微生物的活动条件，有一部分分泌物能直接参与根际土壤的氧化还原反应。一般来说，旱地植物根际土壤 $E_h$ 较非根际土壤低几十毫伏。但水稻根系由于能分泌氧，使根际土壤 $E_h$ 值反较非根际土壤高。

（5）土壤的 pH 值

土壤 pH 值和 $E_h$ 的关系很复杂，在理论上把土壤的 pH 值与 $E_h$ 关系固定为

$$\frac{\Delta Eh}{\Delta pH} = -59 mV$$

即在通气不变条件下，pH 值每上升一个单位，$E_h$ 要下降 $59 mV$。

## 三、土壤氧化还原状况与土壤肥力及植物生长的关系

在前面的讨论中，我们已经多次提到土壤的氧化还原反应对植物的生长的影响。在这里，我们进行简单的总结。研究表明，植物所需的矿质养分，有些呈氧化态时才可以被植物吸收；有些呈还原态时才可以被植物吸收；有些却是氧化态和还原态均可以吸收。土壤氧化还原状况对土壤微生物的生命活动、土壤养分的固定与释放、有毒物质的累积与消失以及对植物生长等方面都有着十分重要的影响。

土壤氧化还原电位的变化，影响土壤微生物类群的更替。在 $E_h$ 下降，氧气消耗殆尽时，硝化细菌数量逐渐减少，而厌氧性细菌显著增加，使土壤速效氮中，硝酸盐减少，铵盐相对增多。实验研究表明，当 $E_h$ 下降到 $200 mV$ 时，硝酸盐消失。目前主流的理论认为，造成土壤氮素损失的主要途径的反硝化作用，与土壤的还原条件有关。在 $E_h$ 低时，反硝化作用旺盛进行。

在淹水条件下，土壤磷素活化，其有效性提高。一般认为，可能由以下几种原因造成：

①磷酸铁在 $E_h$ 低时被还原为磷酸亚铁。

②晶形磷酸铁转化为无定形磷酸铁，含水氧化铁被还原为低铁或有机酸与铁螯合，从而减少了磷的固结。

③渍水后提高了 pH，使磷酸盐水解。

所有这些原因，均能使磷的有效性提高。

氧化还原过程还影响土壤 pH。不论是酸性还是碱性土，渍水后随还原条件的发展都趋于中性，在这 pH 范围内，各种养分的有效性也较高。水

稻生长也是在中性时最为有利。从毒害物质说,中性环境使亚铁和硫化氢的毒害大为减轻。正是因为这样,南方农民常常在锈水田中施用石灰。

实践证明,适量的水溶性的还原态 $Fe^{2+}$ 和 $Mn^{2+}$ 是有利于植物吸收利用的。在中性土壤,当 $E_h$ 达到 $550mV$,或酸性土壤 $E_h$ 达到 $620mV$ 时铁从溶液中以 $Fe(OH)_3$ 沉淀出来,这是一些植物发生铁素营养缺乏的黄化病的重要原因。

另外,土壤氧化还原条件还与有毒物质的累积或消失密切相关。一般在强烈还原条件下产生大量还原性有毒物质,如亚铁、硫化氢和各种有机酸等。

在强烈还原条件下,硫化氢和丁酸积累过多,对水稻的含铁氧化还原酶有抑制作用,使呼吸受阻,从而影响根系吸收养分的能力。各种养分吸收受抑制的程度,大体为

$$H_2PO_4^- 、K^+ > Si^{4+} > NH_4^+ > Na^+ > Mg^{2+} 、Ca^{2+}$$

可见土壤氧化还原条件对磷、钾的吸收影响最大。因而在水稻受还原性有毒物质危害时,常常还表现出缺磷、缺钾的症状。

由于在多数稻田中有大量亚铁和亚锰离子存在,足够与产生的硫化氢作用形成溶解度低的硫化物,所以多数情况下不会出现硫化氢毒害问题。但是,当土壤中的亚铁不足,或形成亚铁的速度赶不上 $S^{2-}$ 形成的速度时,硫化氢毒害的问题就会发生。

植物体内按生理需求有其一定的氧化还原电位,虽然植物为适应环境有一定的自调能力,但为使植物能正常生长和提高产量以及获取优质农产品,往往要求土壤氧化还原条件与所种植物需求相适应。若不相适应时,就要设法调整土壤的氧化还原电位,常用的措施有中耕松土、灌溉排水、施肥等。

# 第四章　植物营养与施肥原理探析

　　植物的生长离不开营养,植物营养是指植物从外界环境中吸收、利用各种必需营养元素的过程,同时也包括关于必需营养元素在植物生长发育或代谢活动中的作用的理论与实验研究。认识和理解植物的营养过程及原理对合理施肥,提高农业效益有着重要的意义。植物体所需的化学元素称为营养元素。植物营养原理是植物对营养物质的吸收、运输、转化和利用的规律及植物与外界环境之间营养物质和能量交换的基本原理。自然环境中的营养不一定能满足植物的需要,在现实的农业生产中,往往需要通过施肥等手段为植物提供充足而比例适当的养分,以创造良好的营养环境,提高植物营养效率,从而达到提高农业效益的目的。本章将对植物营养的原理与过程展开理论分析,并且探究科学施肥的相关理论。

## 第一节　植物的营养成分

### 一、植物体的组成成分及其营养元素

#### (一)植物的组成

　　植物的组成十分复杂,新鲜植物体由水分、有机物质和矿物质三部分组成,水分含量一般为 $70\% \sim 95\%$,并因植物的年龄、部位、器官不同而有差异。新鲜植物体经烘干以后,可获得 $5\% \sim 30\%$ 的干物质,再以无氧燃烧处理干物质,就可以分析组成植物体的元素。研究表明,干物质中含有无机和有机两类物质,将干物质燃烧时,有机物随氧化而挥发;余下的部分就是灰分,是无机态氧化物,只占干物质的 $5\%$,它包括钙、镁、钾、硅、磷、硫、氯、铝、钠、铁、锰、锌、硼、钼、铜、镍、钴、钒、硒等至少几十种化学元素,甚至地壳岩石中所含的化学元素均能从灰分中找到,只是有些元素的数量极少;组成有机物的元素主要是碳、氢、氧、氮,约占干物质的 $95\%$。如表 4-1 所示,列

出了植物体内主要化学元素的平均含量。

表 4-1　植物体内主要化学元素的平均含量

| 元素 | 含量 | 元素 | 含量 | 元素 | 含量 | 元素 | 含量 |
|---|---|---|---|---|---|---|---|
| 氧 | 70 | 铝 | 0.02 | 钛 | $1\times10^{-4}$ | 锂 | $1\times10^{-5}$ |
| 碳 | 18 | 钠 | 0.02 | 钒 | $1\times10^{-4}$ | 碘 | $1\times10^{-5}$ |
| 氢 | 10 | 铁 | 0.02 | 硼 | $1\times10^{-4}$ | 铅 | $n\times10^{-5}$ |
| 钙 | 0.3 | 氯 | 0.01 | 钡 | $n\times10^{-4}$ | 镉 | $1\times10^{-6}$ |
| 钾 | 0.3 | 锰 | $1\times10^{-3}$ | 锶 | $n\times10^{-4}$ | 铯 | $n\times10^{-6}$ |
| 氮 | 0.3 | 铬 | $5\times10^{-4}$ | 锆 | $n\times10^{-4}$ | 硒 | $1\times10^{-6}$ |
| 硅 | 0.15 | 铷 | $5\times10^{-4}$ | 镍 | $5\times10^{-5}$ | 汞 | $n\times10^{-7}$ |
| 镁 | 0.07 | 锌 | $3\times10^{-4}$ | 砷 | $3\times10^{-5}$ | 镭 | $n\times10^{-14}$ |
| 磷 | 0.07 | 钼 | $3\times10^{-4}$ | 钴 | $2\times10^{-5}$ | | |
| 硫 | 0.07 | 铜 | $2\times10^{-4}$ | 氟 | $1\times10^{-5}$ | | |

　　由于植物类别的不同,组成植物体的上述元素在植物体内的含量不同;甚至同一植物的不同器官,各组成元素在含量上也有有较大的差异。一般来说,小麦、玉米、水稻等禾谷类作物含硅较多,马铃薯富含钾,豆类则富含氮、钾;在不同器官中,籽粒中的氮、磷含量较茎秆高,而茎秆中的钙、硅、氯、钠多于籽粒。这种含量上的差异,反映了不同作物的某些营养特性。同时,气候条件、土壤肥力、栽培技术等环境因素也会影响植物体内各元素的含量与分布。例如,当某种离子在土壤溶液中含量高时,尽管作物对它的需求量不大或者说并不需要,但它在作物体内相对地还可能有较多的累积。由此可见,作物体内所含的这些元素,并不一定都是其生长发育所必需的。

　　在这里,还需要明确指出的是,由于科学技术的进步,原子吸收光谱仪、等离子光谱仪及各种显微技术的应用,现已发现有 70 多种地壳中存在的化学元素存在于植物体内。还有些元素未在植物体内被检出,有可能是因为其含量太低,受我们的检测手段所限。

### (二)必需营养元素

　　植物体内所含的化学元素并非全部都是植物生长发育所必需的营养元素。有很多元素是被动被植物吸收的,有些甚至还能大量积累;反之,有些元素虽然在植物体内的含量极微,然而却是植物生长不可缺少的必需的营养元素。因而我们不能以在植物体内的有无或含量的多少来判断某些元素是否为植物所必需。确定某些元素是否必需，应在不供给该元素的条件下进行溶液培养，以观察植物的反应，根据植物的反应来确定该元素是否必需。

1939 年 Arnon 与 Stout 提出了判断高等植物必需营养元素的三条标准，人们现在仍然是用这三条标准判断元素是否为作物所必需，只有同时满足这三条标准的元素才是植物必需的营养元素。这三条标准具体表述为：

（1）不可缺少

这种化学元素对所有植物的生长发育是不可缺少的。缺少这种元素植物就不能完成其生命周期，对高等植物来说，生命周期即是由种子萌发到再结出种子的过程。

（2）特定症状

缺少这种元素后，植物会表现出特有的症状，而且其他任何一种化学元素均不能完全代替其作用，只有补充这种元素后症状才能减轻或消失。

（3）直接作用

这种元素必须是直接参与植物的新陈代谢，对植物起直接的营养作用，而不是改善环境的间接作用。

依据这三条标准，通过培养液实验研究，可以确定哪些元素是植物的必需元素。迄今为止，已被公认的必需营养元素有碳（C）、氢（H）、氧（O）、氮（N）、磷（P）、钾（K）、钙（Ca）、镁（Mg）、硫（S）、铁（Fe）、锰（Mn）、锌（Zn）、铜（Cu）、钼（Mo）、硼（B）和氯（Cl）共 16 种。近年来有很多研究结果表明，镍（Ni）和硅（Si）等元素也是植物所必需的。如表 4-2 所示，列出了高等植物的 16 种必需的营养元素的吸收形态和适宜浓度。

表 4-2　高等植物必需的营养元素的吸收形态和适宜浓度

| 元素 | 吸收状态 | 干物质中的含量 | |
|---|---|---|---|
| | | /% | /(mg·kg$^{-1}$) |
| 碳（C） | $CO_2$ | 45 | 450000 |
| 氧（O） | $O_2$，$H_2O$ | 45 | 450000 |
| 氢（H） | $H_2O$ | 6 | 60000 |
| 氮（N） | $NO_3^-$，$NH_4^+$ | 1.5 | 15000 |
| 钾（K） | $K^+$ | 1.0 | 10000 |
| 钙（Ca） | $Ca^{2+}$ | 0.5 | 5000 |
| 镁（Mg） | $Mg^{2+}$ | 0.2 | 2000 |

续表

| 元素 | 吸收状态 | 干物质中的含量 | |
|---|---|---|---|
| | | /% | /(mg · kg$^{-1}$) |
| 磷(P) | $H_2PO_4^-$,$HPO_4^{2-}$ | 0.2 | 2000 |
| 硫(S) | $SO_4^{2-}$ | 0.1 | 1000 |
| 氯(Cl) | $Cl^-$ | 0.01 | 100 |
| 铁(Fe) | $Fe^{2+}$,$Fe^{3+}$ | 0.01 | 100 |
| 锰(Mn) | $Mn^{2+}$ | 0.005 | 50 |
| 硼(B) | $BO_3^{3-}$,$B_4O_7^{2-}$ | 0.002 | 20 |
| 锌(Zn) | $Zn^{2+}$ | 0.002 | 20 |
| 铜(Cu) | $Cu^{2+}$,$Cu^+$ | 0.0006 | 6 |
| 钼(Mo) | $MoO_4^{2-}$ | 0.00001 | 0.1 |

　　在必需营养元素中,碳主要来自空气中的二氧化碳;氢主要来自水;氧主要来自二氧化碳和水。而其他的必需营养元素几乎全部来自土壤。只有豆科作物有固定空气中氮气($N_2$)的能力,植物的叶片也能吸收一部分气态养分,如二氧化硫。由此可见,土壤不仅是植物生长的介质,而且也是植物所需矿质养分的主要供给者。实践证明,作物产量水平常常受土壤肥力状况的影响,尤其是土壤中有效态养分的含量对产量的影响更是显著。

　　从营养元素的功能和施肥实践看,在植物必需的营养元素中,N、P、K三种元素,由于作物需要量比较多,而土壤提供的有效量又较少,同时其归还比例(指植物以根茬形式残留给土壤的养分占吸收养分总量的百分数)又小(通常小于10%),加剧了供需矛盾。大多数情况下需要通过施肥才能满足植物的营养要求,因此 N、P、K 常被称为"肥料三要素"或"N、P、K 三要素"。也正是这些原因,国内外化肥工业重点发展的就是氮肥、磷肥和钾肥;在农业生产上发挥增产作用最大的肥料也是氮肥、磷肥和钾肥;在不少情况下,从国外进口的化学肥料多是氮肥、磷肥和钾肥以及含氮磷钾较多的复合肥料;同时在种植业生产实践中发生问题较多的也是氮、磷、钾肥,如肥料利用率低、氮肥在土壤环境中的损失、施肥不合理的情况下污染环境和影响农产品品质问题等;还有近年来发展比较快的缓(控)施肥技术的研制、推广和应用等也是围绕氮、磷、钾肥的生产和施用展开的。

### （三）有益元素与有毒元素

1. 有益元素

除上述 16 种必需营养元素以外，在植物的非必需营养元素中有一些元素，它们是某些植物种类、在某些特定条件下所必需，但不是所有植物所必需，或是对某些植物的生长发育具有良好的刺激作用，这些元素称为"有益元素"或"增益元素"，也有的称之为"准必需元素"。当前被认定的有益元素有硅(Si)、钠(Na)、硒(Se)、钴(Co)和稀土元素等。国外有学者认为植物的"有益元素"多达一二十种。在这里将一些常见的、有一定生产实践意义的"有益元素"介绍如下：

（1）钠(Na)

对甜菜、大麻、C4 植物的生长有促进作用，尤其是对棉花纤维的发育有良好作用。

（2）铝(Al)

在南方酸性土上生长的茶树为喜铝植物，铝不仅对茶树的生长有良好效应，而且能保持叶片有浓郁的绿色，可能对改善茶叶品质有利。

（3）镍(Ni)

镍是脲酶的组成成分，当缺少镍时，会因尿素的积累而对植物产生毒害作用。

（4）硒(Se)

豆科黄芪属植物紫云英（通常用作牧草或绿肥）为需硒植物，对其施用硒肥，不仅增加产草量，而且能预防牲畜的一些疾病。

（5）钴(Co)

钴在豆科植物共生固氮中起着重要作用，钴还是许多酶的活化剂，在有机物代谢及能量代谢中起着一定作用。

（6）硅(Si)

水稻为嗜硅植物，水稻植株中有硅化细胞等机械组织，有利于植株抗倒、抗病等，水稻施用硅肥常有显著的增产效果。

（7）钒(V)

可促进生物固氮；促进叶绿素合成；促进铁的吸收和利用；提高某些酶的活性等。

必须明确，上述这些元素之所以被称为"有益元素"，就是因为这些元素对特定植物的生长发育有益。这些元素或为某些种类的植物所必需，或为植物的某些生理过程所必需，限于目前的科学技术水平，尚未证明对所有高等植物的普遍必需性。但"有益元素"的作用越来越在生产实践中显示出良好效应。目前,"有益元素"日益受到人们重视。如果把"有益元素"与必需元素结合在某些作物的平衡营养、平衡施肥体系中,对于提高肥效和产量,甚至改善品质必然是有利的。

2. 有毒元素

与"有益元素"相反,有些元素,一般以重金属为主(也包括一些微量元素,如高含量的 Mn 等),当它们达到一定量时,会对植物生长发育产生不良影响,甚至会使植物死亡;有些虽不影响植物生长,但能通过"食物链"危害人类健康,这些元素统称为"有毒元素"。当有些"有益元素"浓度太高时,也可以成为抑制植物生长、危害人类和动物健康的有毒元素,如 Se,I,Al,V等。对植物生长有较大毒性的元素还有 Cd,Cr,Pb,Ni,Hg,As,Br,F 等,其中 Hg,Cd,Pb 三种重金属和 As 是对环境能造成严重污染的物质。

## 二、植物必需元素的一般功能及其相互间的关系

### (一)必需元素的一般营养功能以及植物的缺素症

1. 必需元素的一般营养功能

从生理学观点来看,根据植物组织中元素的含量把植物营养元素划分为大量营养元素和微量营养元素是不合理的,而按植物营养元素的生物化学作用和生理功能进行分类则更合适。K. Mengel 和 E. A. Kirkby 把植物必需营养元素分为 4 组,并指出其主要营养功能如下:

(1)第一组

包括碳、氢、氧、氮和硫,它们是构成植物体的结构物质、生活物质和贮藏物质的主要成分。结构物质是构成植物活体的基本物质,如纤维素、半纤维素、木质素及果胶物质等;生活物质是植物代谢过程中最为活跃的物质,如氨基酸、蛋白质、核酸、类脂、叶绿素、酶等;贮藏物质如淀粉、脂肪和植素等。

例如,氮(N)是构成蛋白质的重要成分,是一切植物生长发育和生命活动的基础。如果没有氮,植物体内新细胞的形成会受到抑制,生长发育缓慢或停滞。与此同时,氮又是组成叶绿素的成分。缺氮,叶绿素的形成受阻,植物表现缺绿现象。不仅如此,氮还是植物体内许多酶和维生素的成分,影响植物体内物质转化和生命活动。硫(S)是构成蛋白质和酶不可缺少的成

分。缺硫，蛋白质形成受阻，蛋白质含量减少，而非蛋白质氮积累，影响植物的生长发育和产量的提高。硫元素参与植物体内的氧化还原过程，是多种酶和辅酶及许多生理活性物质的重要成分，影响呼吸作用、脂肪代谢、氮代谢和淀粉的合成。硫还参与固氮过程，能促进豆科植物形成根瘤，增加固氮量，提高子粒产量。

（2）第二组

包括磷、硼和硅，这 3 个元素有相似的特性，它们都以无机阴离子或酸分子的形态被植物吸收，并可与植物体中的羟基化合物进行酯化作用生成磷酸酯、硼酸酯等，磷酸酯还参与能量转换反应。

例如，磷（P）是植物体内核酸和核蛋白、磷脂、植素、磷酸腺甙和多种酶等许多重要有机化合物的组成成分。缺磷，细胞分裂和增殖受抑制，新器官不能形成，植物生育随之停止。磷是植物代谢过程的调节剂，参与糖类、脂肪、含氮化合物的代谢；还能促进花芽分化，增强植物的抗逆性。

（3）第三组

包括钾、钙、镁、锰和氯。这一组元素是以离子形态从土壤溶液中被植物所吸收，在植物细胞中，它们只以离子形态存在于汁液中，或被吸附在非扩散的有机阴离子上。它们的一般功能是维持细胞的渗透势，产生膨压，促进植物生长，保持离子平衡或电位平衡。此外，每种元素都还有其他很多功能。

例如，钾（K）以离子态存在于植物体内，是许多酶的活化剂。钾能促进光合作用和碳水化合物的代谢，在薯类作物、纤维作物、糖用作物上施用钾，能增加产量、改善产品品质，钾对氮的吸收和蛋白质合成有很大影响，可显著增强植物的抗逆性。钾能消除氮、磷肥施用过多而产生的不良影响，在平衡氮、磷营养上有重要作用。钙掺入到细胞壁中胶层的结构中，成为细胞间起黏接作用的果胶酸钙，钙离子能提高细胞膜的透性。镁是叶绿素分子的中心元素，它也是多种酶的特异辅助因子。

（4）第四组

包括铁、铜、锌和钼。它们主要以配合态存在于植物体内，除钼以外也常常以配合物的形态被植物吸收。这些元素中的大多数可通过原子价的变化传递电子。此外，钙、镁和锰也可被螯合，它们与第四组元素间没有明显的界线。

例如，铁（Fe）是形成叶绿素不可缺少的元素，主要集中于叶绿体中。缺少了铁元素叶绿素不能形成，发生缺绿症。铁是细胞色素氧化酶、过氧化氢酶等物质的重要组分，参与光合作用、呼吸作用、硝酸还原作用和生物固氮作用，以及植物体内的氧化还原过程。铜（Cu）是植物体内多种氧化酶如多酚氧化酶、抗坏血酸氧化酶、吲哚乙酸氧化酶等的组成成分,在氧化还原反应中起重要的催化作用。铜能提高叶绿素的稳定性,促进光合作用。

　　由于营养元素的相互作用和各自的特殊生理功能,才保证了植物正常的生长发育。它们既有各自的独特作用,又能相互配合,共同担负着各种代谢作用。总而言之,植物体内所有的生理生化过程都不可能由某一种元素单独来完成,而是由多种元素相互配合而完成的。

　　2. 植物的营养缺素症

　　前面讨论了必需元素在生物体内的一般功能,我们很容易从中发现任何植物的正常生长发育都需要吸收各种必需的营养元素,如果缺乏任何一种营养元素,其生理代谢就会发生障碍,使植物不能正常生长发育。当植物缺少某些元素以后,其根、茎、叶、花或果实会在外形上表现出一定的症状,通常称为缺素症。不同植物缺乏同一种营养元素的外部症状不一定完全相同,同一种植物缺乏不同的营养元素的症状也有明显区别,植物的缺素症为判定植物缺少哪些元素提供了有效的依据,通过植物缺素症就可了解植物营养状况。如氮、磷、钾、镁、锌等元素,在植物体内具有再利用的特点,当缺乏时,它们可以从下部老叶转移到上部新叶而再度被利用,所以,老叶首先表现出缺素症。而钙、硼、铁、硫等其他元素在体内没有再利用的特点,缺素症最先在上部新生组织上表现出来。如表4-3所示,列出了植物营养缺素特征。

表 4-3　植物营养缺素特征表

| 营养元素 | 植株表现 | 病征特点 | 首先发病叶位 |
|---|---|---|---|
| 氮(N) | 植株浅绿,基部叶片黄化、枯焦、早衰,茎短而细 | 病征遍布整株植物,基部叶片干焦或者死亡 | |
| 磷(P) | 植株深绿或呈红或紫色,基部叶片黄化,茎短而细,生育期延迟 | | |
| 镁(Mg) | 脉间失绿,出现清晰网状脉纹,多种色泽斑点或斑块 | 病征通常只限于局部,基部叶片杂色或缺绿,脉间失绿,容易出现斑点,叶缘杯状卷起或卷皱 | 老 |
| 钾(K) | 叶杂色或缺绿,叶尖和叶缘先焦枯,出现坏死斑点,症状会随生育期而加重,并且早衰 | | |
| 锌(Zn) | 叶小簇生,坏死斑点大而普遍出现于叶脉间,最后出现于叶脉,叶变厚、茎变短、而且生育期延迟 | | |

| 营养元素 | 植株表现 | 病征特点 | 首先发病叶位 |
|---|---|---|---|
| 硼(B) | 叶柄变粗脆,嫩叶基部浅绿,从叶基起枯死,叶捻曲,花器官发育不正常,生育期延迟 | 顶芽死亡,嫩叶变形和坏死 | 嫩 |
| 钙(Ca) | 嫩叶初呈钩状,不易伸展,后从叶尖和叶缘向内死亡 | | |
| 铁(Fe) | 脉间失绿,发展至整片叶淡黄或发白,叶脉仍绿 | 顶芽仍活,但缺绿或萎蔫 | |
| 钼(Mo) | 叶片生长畸形,斑点散布在整个叶片 | | |
| 锰(Mn) | 脉间失绿,出现细小棕色坏死斑点,组织易坏死 | | |
| 铜(Cu) | 嫩叶萎蔫,出现白色叶斑,果、穗发育不正常 | | |
| 硫(S) | 新叶黄化,失绿均一,生育期延迟 | | |

### (二)营养元素的不可代替律和同等重要律

通过前面的讨论,我们难免会产生疑问,那就是植物的必需元素在植物体内的地位如何排列,会不会有某些元素可以用别的元素代替?经过许多研究,生物学家得出了所谓的"营养元素的同等重要律和不可代替律"。该定律可以表述为:

①作物必需的营养元素在作物体内不论数量多少,都是同等重要的。

②任何一种营养元素的特殊功能都不能被其他元素所代替。

营养元素的同等重要律和不可代替律说明了,即使作物体内各种营养元素的含量差别可达数十倍、千倍乃至数万倍,但它们在植物营养中的作用并无重要和次要之分。每种必需营养元素在作物体内都有自己的生理功能,是其他元素所不能代替的。

当然,任何规律都不是绝对的。有一些研究证明,有些元素能部分地代替另一元素的作用,例如,硼能部分消除亚麻缺铁症,钠可部分满足糖用甜菜对钾的需求,但是,这种代替仅是部分的或暂时的,它们只是在作物生长周期中的某一有限时间内起作用,而且这些代替元素所起作用的效率也小。因此,在生产实践中,必须按照作物营养的需求,根据土壤养分状况,合理搭配施用不同种类的肥料,以免导致某些营养元素的供应失调,促进农作物的正常生长。

### (三)植物必需营养元素之间的相互作用

前面已经提到,植物体内所有的生理生化过程都不可能由某一种元素单独来完成,而是由多种元素相互配合而完成的。那么这些元素是如何相互配合的呢? 这就是我们接下来要讨论的内容。土壤是个复杂的多相体系,不仅养分浓度影响植物的吸收,而且各种离子之间的相互关系也影响着植物对它们的吸收,其相互作用关系主要有离子间的拮抗作用和协同作用。在这里,我们将这两种作用详细分析如下:

1. 离子间的协同作用

溶液中一种离子的存在能促进植物对另一种离子吸收的作用称为离子间的协同作用。即两种元素结合后的效应超过其单独效应之和。根据维茨的研究,溶液中的 $Ca^{2+}$、$Mg^{2+}$、$Al^{3+}$ 等二价、三价离子,特别是 $Ca^{2+}$ 能促进 $K^+$、$Br^+$、$Rb^+$ 的吸收。再有氮能促进磷的吸收;阴离子如 $NO_3^-$、$H_2PO_4^-$、$SO_4^{2-}$ 等均能促进阳离子的吸收。此外,还有 K-Zn 协同,施钾肥后,有助于减轻 P-Zn 拮抗现象等。

2. 离子间的拮抗作用

所谓离子间的拮抗作用是指溶液中一种离子的存在能抑制植物对另一种离子吸收的现象。离子间发生拮抗作用的范围主要表现在同性离子之间,即阳离子与阳离子之间或者阴离子与阴离子之间。

植物吸收养分产生拮抗作用的原因尽管是多方面的,但一般认为,水合半径相似的离子往往因竞争载体上专一的结合位置而产生拮抗,例如 $K^+$、$Rb^+$、$Cs^+$;$Ca^{2+}$、$Ba^{2+}$;$Cl^-$、$I^-$、$Br^-$;$H_2PO_4^-$、$OH^-$、$NO_3^-$ 等相互间的拮抗作用就是如此。其他方面的拮抗现象还有:P-Zn 拮抗,即由于过多施用磷肥而诱发缺锌,通常称之为"诱导性缺锌";K-Fe 拮抗,如水田施钾肥明显影响水稻对 $Fe^{2+}$ 的吸收,因此钾可以防止水稻黑根;Ca-B 拮抗,实践证明,施钙可以防止硼的毒害作用。

在这里,我们还需要特别注意的是,离子间的相互作用是十分复杂的,这些作用都是对一定的植物和一定的离子浓度而言的,是相对的而不是绝对的。在某一浓度下是拮抗,在另一浓度下又可能是协同,如果浓度超过一定的范围,离子协同作用反而会变成离子拮抗作用。不同作物反应也不相同,反映出不同的离子或营养元素之间在不同植物体或代谢中复杂的营养关系。

# 第二节　植物对养分的吸收

## 一、植物的根部营养

植物只有吸收了必要的养分才可以生长发育。植物吸收养分是一个很复杂的过程，一般而言，主要包括以下 4 个过程：

①养分从土体迁移到根表，此即养分的供应。

②养分从根表进入根内的自由空间，并在细胞膜外聚积。

③养分透过细胞膜或液泡膜，进入原生质体，此即养分的吸收，并依跨膜方式不同，分为主动吸收和被动吸收。

④养分从地下部运输到地上部。

接下来，我们分以下几部分来详细讨论植物的根部营养：

### (一)植物根系及其吸收养分的形态与特点

#### 1. 根吸收养分的部位

植物的根部是吸收养分的主要部位，养分和水分主要是靠根系吸收的。植物间的种类不同会导致根系类型不同，故而它们从土壤中吸收养分的效率也有所不同，须根系植物的吸收能力大于直根系。单子叶植物的根属须根系，主根不发达，在茎基和茎节等处长出许多不定根，并大量形成粗细差不多的各级侧根。因此，须根系是粗细比较均匀的体系，根长与表面积也都较大。双子叶植物的根属直根系（又称主根系），其主要支、干根都可进行次生生长，并形成粗细悬殊较大的不均匀的结构体系，在根长与总吸收表面积上都比须根系小。

根系吸收养分和水分主要在根尖幼嫩部分的某一特定区域内进行，并非整个根系。对活植物的根而言，不管是初生根、次生根或者不定根，从根尖端起依次可分为分生区（伸长区）、根毛区、脱毛区和成熟区。就整个根系而言，幼嫩根的吸收能力比衰老根强，同一时期越靠近根尖吸收能力越强，越靠近根基部吸收能力越弱。而运输养分的能力从根尖向根基部逐渐增强，根毛区的吸水最为旺盛。

就完整根系而言，根毛因其数量多、吸收面积大，易与土壤颗粒密切接触而使根系吸收养分的速度与数量成十倍、百倍甚至千倍地增加。所以,根系吸收养分相对活跃、数量最多的部位是成熟区的根毛区,此区大约在离根尖 10cm 以内,愈靠近根尖吸收能力愈强。例如,生长 120d 的单株黑麦,其根系上的根毛多达 140 亿条,总表面积为地上部分总表面积的 130 倍,这样大大提高了其从土壤中吸收养分的能力。

直根系作物的主根主要起运输养分和水分的作用,水分和养分的吸收则依赖于主根上的各级侧根。须根系作物的胚根(种子根)、不定根及其支根都起吸收、运输养分和水分的作用,但其贡献大小各不相同。不定根及其上的支根对养分、水分吸收、运输作用较胚根大。

通过上述讨论,我们很容易意识到在生产中应该注意施肥的时期、位置和深度,一般来讲,种肥施用深度应距种子一定距离并应在与所播种子相适应的地方,而基肥则应将肥料施到根系分布最稠密的耕层之中(距地表 20cm 左右),在植物生长期间进行追肥时,也应根据肥料的性质和种植状况施到近根处。

### 2. 根可吸收的养分形态

根系吸收养分的形态主要有离子态和分子态两种,一般以离子态养分为主。矿质养分和氮素几乎都是以离子态形式被吸收的,吸收离子态的养分主要有一价、二价、三价阳离子和阴离子。就 16 种必需元素而言,除碳、氢、氧外,其余 13 种元素的吸收可分为阳离子和阴离子两组,阳离子有 $NH_4^+$、$K^+$、$Ca^{2+}$、$Mg^{2+}$、$Fe^{2+}$、$Mn^{2+}$、$Cu^{2+}$、$Zn^{2+}$ 等;阴离子有 $NO_3^-$、$H_2PO_4^-$、$H_2PO_4^{2-}$、$SO_4^{2-}$、$Cl^-$、$MoO_4^{2-}$、$H_2BO_3^-$、$B_4O_7^{2-}$ 等。分子态养分主要是一些小分子的有机化合物,如尿素、氨基酸、磷脂、生长素等。大部分有机态养分需经微生物分解转化为离子态养分后,才能被植物吸收利用。

植物对养分离子的吸收具有以下 3 个特点:

(1)选择性

具体指植物优先吸收某些矿质元素,而不吸收或几乎是排斥另一些几素。

(2)累积现象

具体指植物细胞液中矿质元素浓度比外界溶液的浓度要高得多。

(3)基因型

具体指同一植物在不同品种之间在吸收离子的特性上有明显的差异。

例如,生长在池水中的丽藻细胞的液泡中 $K^+$,$Na^+$,$Ca^{2+}$ 和 $Cl^-$ 的浓度远高于池水中相应离子的浓度,而生长在含盐类较高的海水中的法囊藻则相反,其细胞液中只富集大量的 $K^+$ 离子和 $Cl^-$ 离子,而 $Na^+$ 和 $Ca^{2+}$ 离子却比海水中相应离子的浓度低很多。如表 4-4 所示,列出了介质中离子浓度与丽藻和法囊藻细胞液中离子浓度的关系,数据单位为 mmol/L。

表 4-4　介质中离子浓度与丽藻和法囊藻细胞液中离子浓度的关系

| 离子 | 丽藻 | | | 法囊藻 | | |
|---|---|---|---|---|---|---|
| | 池水(A) | 细胞液(B) | B/A | 海水(A) | 细胞液(B) | B/A |
| $K^+$ | 0.05 | 54 | 1080 | 12 | 500 | 42 |
| $Na^+$ | 0.22 | 10 | 45 | 498 | 90 | 0.18 |
| $Ca^{2+}$ | 0.78 | 10 | 13 | 12 | 5 | 0.17 |
| $Cl^-$ | 0.93 | 91 | 98 | 580 | 597 | 1 |

### (二)养分离子向根部的迁移

从热力学的观点看,土壤中的各种离子可以通过分子热运动的方式而在土壤中迁移,并且可以达到某种动态的平衡。如图 4-1 所示,是根部获取土壤养分的模式。在图 4-1 中,①代表截获;②代表质流;③代表扩散;·代表有效养分。当养分离子与根系靠近可通过截获、扩散和质流 3 种方式达到。接下来我们对这三种方式进行详细的分析:

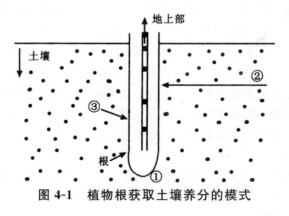

图 4-1　植物根获取土壤养分的模式

1. 截获

由于植物根系的生长而接近土壤养分的过程称为截获。植物根系在土壤中的伸长使植物根系不断与新的土粒密切接触,当黏粒表面所吸附的阳离子与根表面所吸附的 $H^+$ 离子两者水膜相互重叠时,就会发生离子交换。以切根的大麦制成不同比例的交换性阳离子,并以放射性钾作示踪试验,证明植物根和黏粒接触后,的确能进行离子交换。一般情况是细胞外 $H^+$ 离子和黏粒外交换性阳离子起离子交换，这种交换称为接触吸收。有时根部也能分泌各种营养离子（如钾离子），如果与黏粒相接触，同理也能进行接触交换，这种交换称为接触排出。实际上，接触交换作用非常微弱，因为黏粒表面与根表面距离要非常近才有可能进行。所以，很多离子靠接触交换（即截获吸收）的离子态养分是微不足道的，只有如钙、镁等离子通过截获方式被吸收的比例较大。

2. 质流

植物的蒸腾作用和根系吸水造成根表土壤与原土体之间出现明显的水势差，导致土壤溶液中的溶质（养分）随着水流向根表迁移，称为质流。离子态养分可以通过质流而进入根表。因此，养分到达根的数量取决于水流量或植物耗水量以及水流中养分的平均浓度。气温较高，植物蒸腾作用较大，失水较多，使根际周围水分不断地流入根表，土中离子态养分也就随着水流达到根表。当土壤中离子态的养分含量较多，供应根表的养分也随着增加。在植物生育期内由于蒸腾量比较大，因此，通过质流方式运输到根表的养分数量也比较多。$NO_3^-$ 和 Ca、Mg 主要是由质流供给的，而且 Ca、Mg 供应量常能满足一般作物的需要。

3. 扩散

当根对养分的吸收量大于养分由质流迁移到根表的量时，根表养分离子浓度下降，根际某些养分出现亏缺，使根表与附近土体间产生浓度梯度。养分就会由浓度高的土体向浓度低的根表扩散。养分在土壤中的扩散受到很多因素的影响，如土体中水分含量、养分离子的性质、养分扩散系数、土壤质地及土壤温度等。例如，$Cl^-$、$K^+$、$NO_3^-$ 在水中扩散系数较大，而磷酸根则较小；土壤质地较轻的砂土，养分扩散速率比质地较重的土壤快；土温高时养分扩散速率比低时扩散快等。

不同的元素在土壤中迁移的方式不同，主要受土壤溶液中的元素浓度、植物叶面积系数、温度等因素影响。土壤溶液中浓度大的元素（如钙和镁等）通常以质流的方式迁移为主，而土壤中浓度低的元素（如磷等）则以扩散的迁移方式为主。叶面积大、温度高时，养分以质流方式迁移为主，而叶面积小、温度低时以扩散方式迁移为主。在植物养分吸收量中，通过根系截获的数量很少，尤其是大量营养元素更是如此。因此，在大多数情况下，质流和扩散是植物根系获取养分的主要途径。如表 4-5 所示，列出了玉米的养分需求量以及截获、质流和扩散供应矿质养分的估算量，表中数据的单位为 $kg/hm^2$。

表 4-5　玉米的养分需求量以及截获、质流和扩散供应矿质养分的估算量

| 矿质养分 | 每公顷生产 9.5t 籽粒的需求量 | 供应量 | | |
|---|---|---|---|---|
| | | 截获 | 质流 | 扩散 |
| N | 190 | 2 | 150 | 38 |
| P | 40 | 1 | 2 | 37 |
| K | 195 | 4 | 35 | 156 |
| Ca | 40 | 60 | 150 | 0 |
| Mg | 45 | 15 | 100 | 0 |
| S | 22 | 1 | 65 | 0 |

### (三)根系对离子养分的吸收

#### 1. 根系吸收养分离子的过程概述

当养分离子迁移到达根表以后,一方面继续以扩散或质流的方式从根表面向质膜迁移并在质膜外聚集;另一方面离子还要通过质膜进入细胞。细胞膜是养分离子进入细胞的主要屏障。离子的跨膜运输分为被动与主动两种。如图 4-2 所示,是离子跨膜的主动("上坡")和被动("下坡")运输示意图。养分进入根细胞内不需要供给能量,离子顺电化学势梯度进行的扩散运动,称为被动吸收。养分在消耗能量的条件下,逆电化学势梯度进入根细胞的,称为主动吸收。

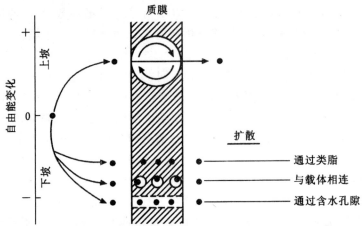

图 4-2　离子跨膜的主动("上坡")和被动("下坡")运输示意图

矿质养分离子跨膜进入根细胞的方式有四种:简单扩散、离子通道运输、载体运输和离子泵运输。如图 4-3 所示,是细胞膜上的离子运输方式的示意图。一般来说,扩散是由离子浓度梯度造成的;离子通道运输是通过膜上被动运输离子的通道蛋白进行的;载体则是膜上主动或被动携带离子通过膜的蛋白质,载体运输不同于离子泵运输,其关键是它不依赖于与载体有关的物质的水解;离子泵是在细胞膜上通过 ATP 水解提供能量使离子逆电化学梯度主动运输的蛋白质。

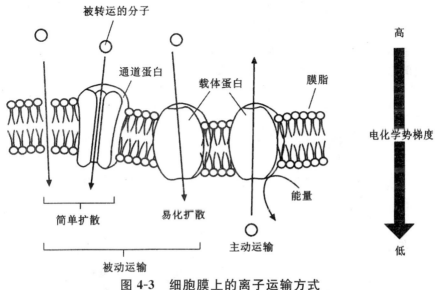

图 4-3　细胞膜上的离子运输方式

**2.养分离子的被动吸收**

被动吸收是指不需消耗代谢能量而使离子进入细胞的过程,又称非代谢吸收。离子可以顺着化学势梯度进入细胞或通过离子交换的方式而被吸收。被动吸收的方式主要有如下两种:

(1)离子交换

离子交换是根细胞呼吸时放出的 $CO_2$ 溶于水生成碳酸,碳酸解离成 $H^+$ 和 $HCO_3^-$ 被吸附在根细胞膜的表面。当阳离子接近植物根部时,就会与吸附在细胞膜表面的 $H^+$ 进行交换而被根细胞吸附,阴离子则和 $HCO_3^-$ 进行交换而被吸附。例如,当根系所释放的 $H^+$ 与基质溶液中的 $K^+$ 进行离子交换时,$K^+$ 首先被吸附于根系表面,而后再进入根部细胞。如图 4-4 所示,是根系上的 $H^+$ 与土壤溶液中的阳离子交换的示意图。$H^+$ 和 $HCO_3^-$ 也可和土壤黏粒所吸附的离子进行交换。如图 4-5 所示,是根系分泌的碳酸与黏粒所吸附的阳离子进行的交换的示意图。从本质上讲,离子交换只是养分到达根表或细胞膜外的一种方式。如果要更加清晰地分析生物膜上的离子交换,还需要研究生物膜上面的离子通道。

离子通道是生物膜上具有选择性功能的孔道蛋白。孔道的蛋白及其表面电荷的密度决定着该运输蛋白的选择性强弱。只要孔道是开放的,分子或离子均可以较快的速度通过孔道扩散进入细胞,每个通道蛋白的运输速度每秒可达 108 个离子,要比载体蛋白运输离子或分子的速度快 1000 倍。然而,孔道并非总是开着的,其开闭受外界信号的调控。如图 4-6 所示,是植物体内电压门控钾离子通道模型图。离子通道运输是一个被动的过程,由于运输的专一性取决于孔道大小和蛋白表面电荷的密度,而不取决于该蛋白的选择性结合,因此通道蛋白主要是运输离子和水分。

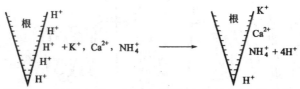

图 4-4　根系上的 $H^+$ 与土壤溶液中的阳离子交换

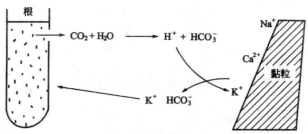

图 4-5　根系分泌的碳酸与黏粒所吸附的阳离子进行的交换

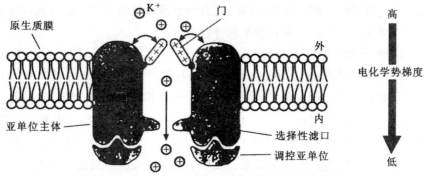

图 4-6　植物体内电压门控钾离子通道模型图

（2）离子扩散

当细胞外养分浓度大于细胞内时，养分顺着浓度差向细胞自由空间扩散而被吸收，即养分由高浓度向低浓度扩散，且这种扩散是可逆的。被动吸收是植物吸收养分的简单形式。

被动吸收具有如下特点：

①不消耗代谢能量，养分主要靠养分间的浓度差或植物的蒸腾作用被动进入植物体内，吸收养分与根的代谢基本无关。

②吸收养分无选择性，哪种离子浓度差大和带电荷化学势高，进入根细胞的养分就多。

③被动吸收的养分一般进入到根细胞或组织的自由空间。

**3. 养分离子的主动吸收**

目前，对养分的主动吸收过程还没有明确而完整的理论。科学家从能量的观点和酶的动力学原理来研究植物主动吸收离子态养分，并提出载体学说和离子泵学说。

（1）载体学说

载体学说认为，生物膜具有某种分子，能够与特定离子结合并把离子运输进入膜内，这种分子称为载体。载体分子上存在某种离子的专性结合位，从而支持了离子吸收的选择性。如图4-7所示，是离子吸收的载体学说示意图。

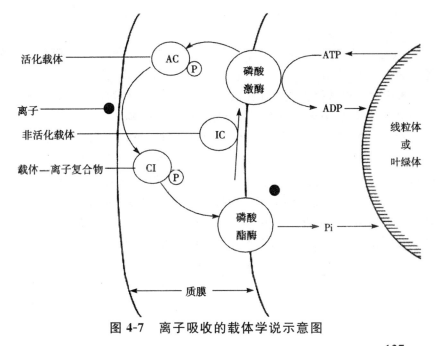

**图 4-7 离子吸收的载体学说示意图**

通过图 4-7 我们可以看出,位于膜内侧的载体分子在发生磷酸化之前不具备与离子结合的能力,为非活化载体(IC)。非活化载体在磷酸激酶作用下磷酸化,成为活化载体(AC)。活化载体扩散至膜外侧,与特定离子结合,成为载体—离子复合物(CI),然后扩散至膜内侧,在磷酸酯酶作用下脱去磷酸根(Pi),此时载体失去对离子亲和性,将离子释放进入细胞质中。全部过程如下(C 表示载体):

$$C + ATP \xrightarrow{磷酸激酶} C{-}P + ADP$$
$$C{-}P + 离子 \longrightarrow C{-}P{-}离子$$
$$C{-}P{-}离子 \xrightarrow{磷酸酯酶} C + Pi + 离子$$

ATP 可来自线粒体或叶绿体。运载 1 个离子消耗 1 分子 ATP,对于植物体而言,这一能量消耗比例是合理的。例如,植物用于 $K^+$ 吸收所需要的 ATP,不足 $CO_2$ 同化所需 ATP 的 1%。

载体学说解释了离子吸收的选择性,也符合离子吸收动力学的饱和曲线。但这一理论有许多方面仍是假设,人们至今仍不知道载体的性质,而且也不清楚是否有磷酸酯酶和磷酸激酶参与了离子吸收过程。此外,跨膜电势差与离子吸收密切相关,但载体学说不能解释这种关系。有人猜测离子载体可能是一些类似于离子的导体,即一些亲脂性的对某些阳离子具有专性吸附位的抗生素物质,如缬氨霉素、无活性菌素等物质对 $K^+$ 有很高的选择性,能够促进 $K^+$ 的跨膜运输。

(2)离子泵运输

Hoagland 于 1944 年首先提出了离子泵的概念。离子泵是存在于细胞膜上的蛋白质,在有能量供应时,它可使离子在细胞膜上逆电化学势梯度主动地被吸收。以致植物能够在介质中离子浓度非常低的情况下吸收和富集养分离子,使细胞内离子浓度比外界环境中高出许多。

在植物细胞内钠($Na^+$)的浓度比钾($K^+$)低,可以设想,在细胞膜上可能有不断地将钠($Na^+$)由细胞内输出,同时可将 $K^+$ 输入的装置,该装置能够逆电化学梯度运送离子,起着"泵"的作用,所以叫离子泵。

采用细胞化学技术和电子显微镜证实,不少作物如玉米、大麦、苹果和燕麦等根细胞原生质膜上存在着 ATP 酶,它们不均匀地分布在细胞核、内质网和线粒体等细胞器的膜系统上。有些阳离子如 $K^+$、$Rb^+$、$Na^+$、$NH_4^+$、$Cs^+$ 等都能活化 ATP 酶,促进 ATP 的分解,产生质子泵,将质子($H^+$)泵出膜外,使膜内外产生 pH 值梯度,形成跨膜的电位差。由于质膜带负电荷,它对外界溶液必然产生负电位势,一般在 $-60 \sim -160mV$,$K^+$、$Na^+$ 等可借此电位势进入质膜。

对阴离子来说,电位梯度意味着需要有按热力学含义的主动运输(上坡),但它也能与质子协同运输,从自由空间进入细胞质。在原生质膜上质子-阴离子的协同运输现象已得到证实。例如,大麦根中氯化物以及浮萍属中磷酸盐的运输就是如此。测定吸收过程中 pH 值和电位变化的结果表明,在协同运输中可能 1 个或 2 个质子与 1 个一价的磷酸根阴离子一起运输,还可能 3 个质子与 1 个二价的硫酸根阴离子一起运输。

目前,人们对液泡膜上的运输过程了解较少,但已明确知道,在液泡膜上还存在着另一个 ATP 驱动的质子泵(H⁺-ATP 酶)。这种质子泵可能与阴离子向液泡内的运输相偶联。

根据计算,每水解 1 个 ATP 分子可运送 2 个质子,质子/阴离子协同运输比为 1∶1。阳离子进入液泡可能是靠逆向运输传递,而从液泡跨膜进入细胞质的质子电化学梯度则驱动着此逆向运输。如图 4-8 所示,是植物细胞内电致质子泵(H⁺-ATP 酶)的位置及作用模式示意图。

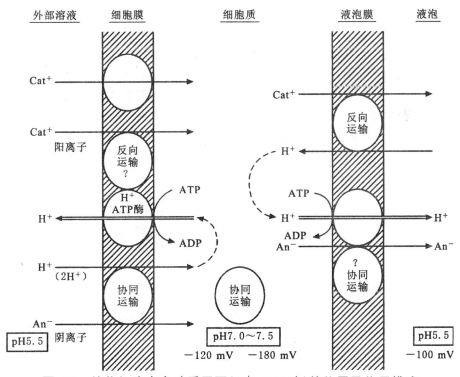

图 4-8　植物细胞内电致质子泵(H⁺-ATP 酶)的位置及作用模式

研究证明,植物体内离子态养分的浓度常比外界土壤溶液浓度高,有时竟高数十倍甚至数百倍,而仍能逆浓度吸收,且吸收养分还有选择性。这种现象,单从被动吸收就很难解释。所以植物吸收养分还存在一个主动吸收过程。主动吸收过程具有如下几个特点：

①养分逆电化学势梯度积累。

②吸收可被代谢抑制剂所抑制，吸收需要消耗代谢提供的能量。

③不同溶质之间存在竞争。

④吸收速率与细胞内外的浓度梯度呈线性关系，吸收具有饱和性。

⑤吸收具有选择性。

⑥有高的温度系数。

### (四)根部对有机态养分的吸收

植物虽以吸收无机态离子为主，但也能吸收有机养分，如各种氨基酸、核苷酸、核酸、低分子蛋白质、磷脂等。植物吸收有机养分的方式是胞饮作用。人们用电子显微镜观察植物根系发现，它们和动物细胞一样，存在胞饮现象。当有些有机大分子(如球蛋白、核糖核酸等)靠近细胞膜的时候，原生质膜发生内陷，形成囊胞，把那些有机物、水分、无机盐包围起来，然后逐步向细胞内部运转，使之进入到细胞内部。如图4-9所示，是胞饮作用示意图。

胞饮作用也是一种需要能量的过程，并且养分要通过原生质膜进入到细胞内部，因此也属主动吸收的形式。此外，用于解释植物根系吸收有机态养料的机理还有"分子筛假说"和"脂质假说"，即一个有机物分子能否被根系所吸收，主要取决于其分子大小或脂溶性强弱，分子愈小、脂溶性愈强愈容易被吸收。植物根系能够吸收有机态养料的事实，为证实有机肥料的营养作用提供了一些理论和实践依据。

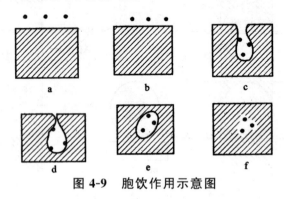

图4-9 胞饮作用示意图

## 二、植物的根外营养

植物除根部能吸收养分外，叶子(或茎)也能吸收养分。换言之，植物吸收养分不一定需要通过根部,自叶部(或茎)也能吸收养分来营养自己,这种营养方式称为植物的根外营养。

植物叶片是进行光合作用的主要场所,它是由表皮组织、叶肉组织及输导组织所组成,而叶片上的表皮组织含有大量表皮细胞,气孔就是表皮细胞分化出来的组织,并按一定的距离分布于叶表面上。气孔的数目依作物种类而异,高者可达 2000 个/$mm^2$,而一般植物只有 5~300 个/$mm^2$。它的主要功能是与外界进行气体交换和蒸腾水分。

接下来,我们通过如下几方面来分析植物的根外营养。

**(一)根外营养的吸收机理**

**1. 叶片对矿质养分的吸收**

研究证明,水生植物与陆生植物叶片对矿质元素的吸收能力有很大差异。水生植物的叶片是吸收矿质养分的部位,而陆生植物因叶表皮细胞的外壁上覆盖有蜡质及角质层,所以对矿质元素的吸收有明显的障碍。如图 4-10 所示,是叶表皮细胞外壁的示意图。角质层有微细孔道,它是叶片吸收养分的通道。另有资料表明,水分子可以通过蜡质类化合物的分子间隙。因此,外部溶液中的溶质可通过这种空隙进入角质层,然后通过表皮细胞的细胞壁到达质膜。当溶液经过角质层孔道到达表皮细胞外细胞壁后,还要进一步通过细胞壁中的外质连丝到达质膜。在电子显微镜下可以看到外质连丝是表皮细胞壁的通道,它从表皮细胞的内表面延伸到表皮细胞的质膜。

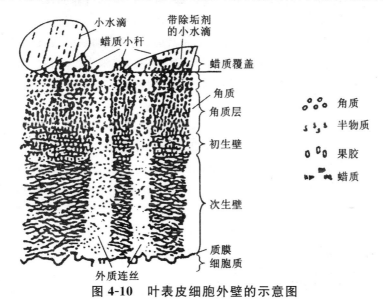

图 4-10　叶表皮细胞外壁的示意图

2. 叶片对 $CO_2$ 的吸收

$CO_2$ 是植物的重要养分之一,是光合作用的原料,主要通过叶片吸收。$CO_2$ 经由气孔进入叶内,通过细胞间隙及叶肉细胞的表面进入叶绿体,进行光合作用。由于光合作用能固定 $CO_2$,叶部 $CO_2$ 浓度降低,就使得 $CO_2$ 从空气中不断地向叶绿体扩散,使 $CO_2$ 继续被吸收。

除了 $CO_2$ 之外,叶片还可以吸收 $SO_2$ 等其他气体。

**(二)根外营养的特点与根外追肥的适宜条件**

1. 根外营养的特点

一般来讲,在植物的营养生长期间或是生殖生长的初期,叶片有较强的吸收养分的能力,并且对某些矿质养分的吸收比根的吸收能力还强。因此,能 一般来讲,在植物整个营养生长期内或是生殖生长的初期,叶片都具有吸收养分的能力,且对某些矿质养分的吸收能力比根都强。例如,在植物生长后期,根部吸收养分的能力减弱,根外追肥就能及时补救根部吸收养分的不足。在石灰性土壤或盐渍土,铁多呈不溶性的三价铁,植物难以吸收,常患缺绿症。总之,在作物生长期内如缺乏某种矿质元素,在一定条件下,根外追肥是补充营养物质的有效途径,可以弥补根系吸收的不足,纠正缺素症,进而明显提高植物的产量和改善产品品质。根外营养有以下特点:

(1)根外营养直接影响植物生理过程,有促进根部营养的作用

叶部营养能提高植物光合作用和呼吸作用强度,显著促进酶活性,直接影响植物体内一系列重要的生理活动过程,改善了植物对根部有机养分的供应,增强根系吸收水分和养分的能力,达到促进植株生长,增强抗性,改善品质和提高产量的目的。在植物生长后期,根系吸收养分的能力减弱,采用叶面喷施可避免植物脱肥。

(2)直接吸收

叶部营养直接供给作物养分,可防止养分在土壤中的固定,如微量元素锌、铜、铁、锰等易被土壤固定,通过叶部喷施直接供给作物,就能够避免其在土壤中的固定作用;某些生理活性物质,如赤霉素等,施入土壤易转化,采用叶部喷施能克服这种缺点。在寒冷或干旱地区,由于土壤有效水缺乏,不仅使土壤养分有效性降低,而且使施入土壤中的肥料难以发挥作用,在这种情况下,叶面施肥能满足植物对营养的要求。

(3)吸收转化快

实验证明,叶部对养分的吸收和转化明显比根部快,能及时满足作物的

需要。如将 $^{32}$P 涂于棉花叶片,5min 后,各器官已有相当数量的 $^{32}$P,10min 后,$^{32}$P 积累就可达到最高点,而根部施肥半月后,才和叶部施用后 5min 时的情况相当。所以,叶部施肥可作为及时防治某些缺素症和作物因遭受自然灾害而需要迅速供给养分时的补救措施。

(4)叶面喷肥用量少,节约肥料

叶面喷施氮、磷、钾和微量元素肥料,用量只为土壤施肥量的 10%～20%。当然,植物对氮、磷、钾需要量大,应以土壤施肥为主。而根外喷施微量元素肥料,不仅节省了肥料,也避免了土壤施肥不均匀和施用量过大产生的毒害。

植物的根外营养虽然有上述优点,但也有其局限性。如计面施肥往往肥效短暂,而且每次喷施的养分总量比较少,又易被雨水淋失等。这些都说明根外营养不能完全代替根部营养,仅能作为一种辅助的施肥手段,只能用于解决一些特殊的植物营养问题,如植物生育期中明显脱肥,迅速矫正某种缺素症,农作物遇到干旱、病虫危害及寒害时,采用根外追肥的办法常常收到很好的效果。实际运用时要根据土壤环境条件、植物的生育时期及其根系活力等灵活掌握。

### 2. 适于根外追肥的情形

由于叶面施肥肥效短暂,而且喷施的养分总量有限,所以必须以根部施肥为主,但在下列情况下应采用根外追肥的措施:

①需要很快恢复某种营养特别是微量元素缺乏症。
②果树等深根系植物用传统施肥方法难以收效。
③基肥不足,植物有明显的脱肥现象,需迅速补肥。
④作物植株过密,已难以进行正常追肥。
⑤遭遇自然灾害,作物需要迅速恢复正常生长。

# 第三节　影响植物吸收养分的环境条件

## 一、影响植物根系吸收养分的环境条件

通过前面的的讨论,我们知道,植物主要通过根系从土壤中吸收矿质养分。植物本身对营养的吸收就具有选择性和基因性,我们将其总结为植物对养分的吸收受其本身遗传特性的影响。除了植物本身的遗传特性外,土

壤和其他环境因子对养分的吸收及向地上部分的运移都有显著的影响。例如,植物利用 $NO_3^- - N$ 形成氨基酸和合成蛋白质的速率远比根系吸收 $NO_3^- - N$ 来得快,因此,当 $NO_3^- - N$ 供应不足时,植物对 $NO_3^-$ 的吸收速率成为限制其代谢速率的主要因素;而当 $NO_3^- - N$ 供应充足时,植物对 $NO_3^-$ 的同化则成为限制其代谢速率的主要因素。植物吸收养分的速率主要取决于植物生长速率等内在因素和温度与光照等外界环境因子。影响植物吸收养分的环境因素主要包括养分浓度、光照强度、温度、土壤水分、通气状况、土壤 pH 值、养分离子的理化性质等。养分离子的理化性质即为粒子间的协同与拮抗作用,前面已经简单介绍过,在这里不再重复。接下来我们将影响植物根系吸收养分的环境条件介绍如下:

### 1. 温度

适宜的温度是生物体的一切生理过程顺利进行的先决条件之一,植物吸收养分对温度有一定的要求。在一定温度范围内,随着温度增加,植物的新陈代谢活动加强,植物吸收养分的能力随之提高。大多数植物吸收养分的适宜土温为 15℃～25℃。温度过高、过低都不利于养分吸收。在低温时,呼吸作用和各种代谢活动十分缓慢,当温度低于 2℃ 时,植物只有被动吸收。在高温时,植物体内的酶失去活性,当土温超过 30℃ 时,养分吸收就显著减少;若土温超过 40℃,吸收养分趋于停止,严重时细胞死亡。所以,只有在适当的温度范围内,植物才能正常地、较多地吸收养分。

大量的试验研究表明,低温影响植物对磷、钾的吸收比氮明显,且磷、钾可增强植物的抗寒性。所以,对越冬作物更应多施磷、钾肥。了解农作物吸收养分的适宜温度对指导农业生产有十分重要的意义。科学家们研究并测定许多农作物吸收养分的适宜温度,例如,棉花、玉米、烟草、番茄、马铃薯、大麦这几种作物物吸收养分的适宜温度分别为 28℃～30℃、25℃～30℃、22℃、25℃、20℃、18℃。

### 2. 介质中养分的浓度

科研人员对植物养分吸收的过程进行了详细的研究,结果表明,在低浓度范围内,离子的吸收速率随介质中养分浓度的升高而上升,但上升速度较慢,在高浓度范围内,即大于 1mmol·L$^{-1}$ 的范围内,离子吸收的选择性较低,对代谢抑制剂不是十分敏感,这个时候,陪伴离子及蒸腾速率对离子的吸收速率有着较为明显的影响。

在植物所需的养分中,各种矿质养分都有其浓度与吸收速率的特定关系。如图 4-11 所示,表示的是土壤溶液中 KCl 和 NaCl 浓度对离体大麦根

吸收 $K^+$ 和 $Na^+$ 速率的影响。根据养分吸收的动力学原理,这种差异反映了根细胞原生质膜上结合位点对 $K^+$ 和 $Na^+$ 亲和力的差异,即对 $K^+$ 亲和力大,$K_m$ 值小;而对 $Na^+$ 的亲和力小,$K_m$ 值大。$Ca^{2+}$ 和 $Mg^{2+}$ 的吸收等温线则与 $Na^+$ 相似,而磷的吸收等温线与 $K^+$ 相似。

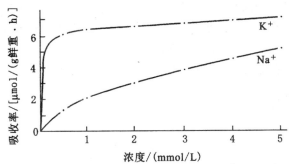

**图 4-11　KCl 和 NaCl 浓度对离体大麦根吸收 $K^+$ 和 $Na^+$ 速率的影响**

　　土壤溶液中 $K^+$ 和磷酸根离子的浓度往往比较低,一般地,$K^+$ 的浓度低于 $1mmol \cdot L^{-1}$,磷酸根离子的浓度低于 $0.1mmol \cdot L^{-1}$;而 $Ca^{2+}$ 和 $Mg^{2+}$ 的浓度却比较高。为了满足植物对这些养分的不同需要量,植物根细胞原生质膜上有对各种矿质养分亲和力不同的许多结合位点。大量的研究表明,当养分浓度过高时会出现所谓的奢侈消耗。不过在田间条件下,前期的奢侈吸收,也可能为后期生长需要或根部供应受阻时准备了内在的库存。

　　植物根系对养分的吸收要受到植物对养分需求量的主动控制。这种反馈调节机制可使植物体内某一离子的含量较高时,降低其吸收速率;相反,养分缺乏或养分含量较低时,能明显提高吸收速率。

　　3. 水分

　　俗话说"有收无收在于水",水是植物生长发育所必需的,在植物生存和生长发育的各个环节都扮演着十分重要的角色,同样地,土壤水分状况对植物养分的吸收具有多方面的影响。水分是影响土壤中离子扩散和质流迁移的重要因素,也是化肥溶解和有机肥料矿化的决定条件。土壤水分适宜时,养分释放及其迁移速率都高,从而能够提高养分的有效性和肥料中养分的利用率。研究表明,在生草灰化土上,冬小麦对硝酸钾和硫酸铵中氮的利用率,湿润年份为 $43\% \sim 50\%$,干旱年份只有 $34\%$。又如,施用甘露醇等有机化合物降低营养液的水势,植物对 $H_2PO_4^-$、$K^+$ 和其他离子的吸收就会受到影响。

　　另外,水分对根系吸收不同离子的影响也不同。缺水既可以降低养分在土壤中向根表的迁移速率,也可以减弱根系的吸收能力。对 $K^+$ 和 $Cl^-$ 而言,这两个过程都会受到较大的影响,而对 $H_2PO_4^-$ 来说,减少根系的吸收能力则是主要的,因此在干旱地区,采取保墒措施,可加强根系对养分的吸收。

除了以上所描述的,由于植物的蒸腾作用使根系附近的水分状况变化较大,从而影响了土壤中离子的溶解度以及土壤的氧化还原状况,也间接地影响了养分离子的吸收。水分还对植物生长,特别是对根系的生长有很大影响,同样也间接影响养分的吸收。

这里还需要特别指出的是,水分也可以稀释土壤中养分的浓度,并加速养分的流失。

4. 通气

我们知道大多数植物吸收养分是一个好氧的过程,良好的通气有利于根部氧气的供应,进而有利于根的有氧呼吸,也有利于养分的吸收。接下来,我们通过以下两方面来分析通气对根系吸收养分的影响:

①良好的通气有利于土壤有机养分矿质化为无机养分,这样对根系吸收有利,俗话说"锄头底下三分肥"就是这个道理。例如,无论是大麦、番茄、水稻,还是其他作物,当培养液中 $O_2$ 的浓度分压大于 $3\%$ 时,植物离体根对 $K^+$ 的吸收都能稳定在一定的数值范围内。

②土壤通气,氧气充足,根系有氧呼吸能形成较多的 ATP,促进根系吸收养分。反之,通气不良,一方面根呼吸作用减弱,养分吸收降低;另一方面很多养分被还原成有害物质危害根系,如 $H_2S$、$Fe^{2+}$ 和有机酸等影响根系吸收养分。在这里,需要指明的是,不同植物或同一植物的不同器官对氧的敏感程度不同。水田作物(如水稻)与旱地作物的作用机理也不相同。

在生产实践中许多调节土壤通气的措施,如中耕松土、施用有机肥料、水田前期浅水勤灌、中期排水晒田,后期干湿交替等,都是为了促进土壤通气、增强根系吸收能力。

5. 光照

表面上看,光照与植物根系吸收养分并没有作用,然而光照对于根系吸收矿质养分虽然一般没有直接的影响,但可通过影响植物叶片的光合强度而对某些酶的活性、气孔的开闭和蒸腾强度等产生间接影响,最终导致根系吸收矿质养分的能力下降。光照直接影响光合产物的数量,而植物的光合产物被运送到根部,能为矿质养分的吸收提供必需的能量及受体。若光照不足,影响光合作用,植物体内碳水化合物合成减少,必然影响呼吸作用,产生的生物能减少,从而影响到养分的主动吸收。大量的实验研究表明,在通气条件下,根部的糖分被消耗,$K^+$ 和 $NO_3^-$ 的吸收量都较低;当从外部供给葡萄糖时,吸收能力明显增高。高桥所做的试验表明,光照不足时水稻幼苗对各种养分的吸收减少,特别是对铵态氮、磷、钾及锰的吸收。另外,光照还可直接影响植物体内的同化过程,例如,根系吸收的 $NO_3^-$ 要转化成 $NH_4^+$ 才能为植物利用,这个过程需硝酸还原酶的作用,而植物体内硝酸还原酶的激活则需要光。

光与气孔的开闭关系密切,而气孔的开闭与蒸腾强度又紧密相关。在光照条件下,植物的蒸腾强度大,养分随蒸腾流的运动速度快,光照促进了水分和养分的吸收。

6. 土壤酸碱性(pH 值)

土壤酸碱性对对养分的吸收也有影响,研究表明,pH 值对根系吸收离子的影响主要是通过根表面,特别是细胞壁上的电荷变化及其与 $K^+$、$Ca^{2+}$、$Mg^{2+}$ 等的竞争作用表现出来的。pH 值的变化改变了 $H^+$ 和 $OH^-$ 的比例,因而对植物的养分吸收有着显著影响。当外界溶液呈现酸性时,根表面阴性基的解离就受抑制,因而根表带正电荷较多,故有利于阴离子的吸收,所以随着培养液 pH 值的降低,$NO_3^-$-N 的吸收增加,$NH_4^+$-N 的吸收减少;而当外界溶液呈现碱性时,就会抑制 $NO_3^-$-N 的吸收,而吸收 $NH_4^+$-N 的数量有所增加。如表 4-6 所示,列出了不同 pH 值条件对番茄吸收 $NH_4^+$-N 和 $NO_3^-$-N 的影响,表中离子吸收量的单位是 mg/(kg 鲜重·6h)。

表 4-6　不同 pH 值条件对番茄吸收 $NH_4^+$-N 和 $NO_3^-$-N 的影响

| 培养液的 pH 值变化 | 离子吸收量 | | |
|---|---|---|---|
| | $NH_4^+$-N | $NO_3^-$-N | 总吸收量 |
| 4.0 | 34 | 48 | 82 |
| 5.0 | 42 | 59 | 101 |
| 6.0 | 46 | 41 | 87 |
| 7.0 | 66 | 30 | 96 |

另外,碱性条件下,土壤溶液渗透压高,影响根的吸收能力。过多的 $Na^+$ 会腐蚀根组织,使其变性。酸性条件下,土壤中有效养分含量减少,会引起 $H^+$、$Al^{3+}$ 中毒,$H^+$ 过多使细胞变性。因此,绝大多数作物,只有在中性和微酸性条件下,才有利于养分的吸收和生长。

## 二、影响根外营养效果的因素

### 1. 植物的叶片特征

叶片是根外营养的主要吸收部位,叶片特征是影响根外营养的主要因素。大量的研究表明,一般情况下,双子叶植物叶面积大,叶片角质层薄,溶液中的养分易被吸收,叶面施肥效果较好;而韭菜、小麦等单子叶植物的叶面积小,叶片角质层厚,养分吸收比较困难,采用叶面施肥应适当增大溶液的浓度或增加喷施的次数。从叶片结构上看,叶表面的表皮组织下是栅状组织,比较致密;叶背面是海绵组织,比较疏松,细胞间隙较大,孔道细胞也多,故喷施叶背面养分吸收较快。

### 2. 养分的种类

在叶面施肥的过程中,溶液的组成由叶面施肥的目的而定,叶片对不同种类矿质养分的吸收速率是不同的,在施肥的过程中要考虑肥料的各种成分及其吸收速率。例如,叶片对氮的吸收依次为:尿素＞硝酸盐＞铵盐,对钾的吸收速率为:氯化钾＞硝酸钾＞磷酸二氢钾。一般无机盐比有机盐的吸收速率快。此外,在喷施生理活性物质(如生长素等)和微量元素时,适当地加入少量尿素可促进其吸收,并能防止叶片黄化。

### 3. 养分的浓度和 pH 值

一般地,对于同一种养分溶液,在一定的浓度范围内,养分进入叶片的速率和数量随着浓度的增加而增加。适当提高喷洒溶液的浓度可提高根外营养的效果。但也不是浓度越高越好,如果浓度过高,叶片会出现灼伤症状。特别是高浓度的铵态氮肥($NH_4^- $-N)对叶片损伤尤其严重,如添加少量蔗糖,可以抑制这种损伤作用。同时,对于同一植物,在叶面施肥的过程中,对幼叶喷洒溶液的浓度要低一些,对成熟叶喷洒溶液的浓度可以大一些。另外,通过调节 pH 值,也可促进不同的离子吸收,喷洒溶液偏酸时有利于阴离子的吸收,喷洒溶液偏碱时有利于阳离子的吸收。

### 4. 溶液湿润叶片的时间

溶液湿润叶片的时间的长短也会影响到叶片对养分的吸收效果,湿润叶片的时间越长,养分被吸收的就越多。大量的研究表明,溶液在叶片上保持时间在 30min 到 60min 之间,叶片对养分吸收的速度快,数量多。中午因温度较高,水分容易蒸发,叶片上的溶液很快变干,吸收量小,不宜根外追肥;清晨因露水未干,也不宜根外追肥;傍晚无风的天气根外追肥效果较好。同时,加入表面活性物质湿润剂(如中性肥皂、较好的洗涤剂等),可降低溶液的表面张力,增大叶面与溶液的接触面积,可明显提高喷施效果。

5. 喷施次数及部位

研究表明,不同养分在细胞内的移动速度是不同的。移动性很强的营养元素为氮和钾;能移动的营养元素为磷、氯、硫;部分移动的营养元素为锌、铜、钼、锰、铁,其中移动速度的大小顺序为:锌＞铜＞锰＞铁＞钼;不移动的营养元素有硼和钙等。在喷施移动性小的营养元素时,必须增加喷施的次数,以 2～3 次为宜,每次间隔应当在 7d 左右,同时还应注意喷施部位,如铁肥等多数微肥只有喷施在新叶上效果才明显。

# 第四节　植物营养特性分析

## 一、植物营养的共性与个性

大量的实验研究已经证明所有高等植物正常生长发育都需要 C、H、O、N、S、P、K、Ca、Mg、Fe、Mn、Zn、Cu、Mo、B、Cl 共 16 种必需营养元素(在很多文献中常常认为高等植物的必需元素有 17 中,即还包含 Ni),这是植物营养的共性。然而,不同植物对各种营养元素需要的程度和数量又有所差别,某些植物甚至需要特殊的养分,这就是植物营养的个性。同时,各种植物不仅对各种养分的需要量不同,而且根系对养分的吸收能力也各不相同。

植物营养的个性,主要表现在以下三个方面:

(1)不同植物需要的养分不同

例如,豆科植物能形成根瘤,能直接利用大气中的 $N_2$,在生产中则可少施或不施 N 肥,麻类、块茎类及烟草等植物需 K 较多,而甜菜、棉花、油菜等需 B 较多。总之,在生产中要根据植物对养分的特殊需要,进行有针对性的施肥。

(2)不同植物对不同肥料的适应性不同

不同植物对不同肥料的适应性不同,不同植物对养分形态的反应也有差别。

例如,北方大田农作物施磷适宜使用过磷酸钙．而南方则适用钙镁磷肥;水稻适宜施用 $NH_4^+$-N 肥,棉花则适宜施用 $NO_3^-$-N 肥;葱、蒜喜欢硫酸铵或硫酸钾,烟草则忌施氯化铵或氯化钾;番茄生长发育前期宜施 $NH_4^+$-N 肥,后期宜施 $NO_3^-$-N 肥等。

（3）不同植物吸收养分的能力不同

例如,豆科植物在利用难溶性磷肥中的磷方面有很强的能力,而玉米在利用难溶性磷肥中的磷方面能力中的,马铃薯、地瓜利用能力则很弱。同种植物不同品种其肥料用量也不同,如粳稻比籼稻需要养分多,杂交水稻比常规水稻需肥多,在等量施用氮肥的条件下,氮素吸收强度和生产效率均比常规水稻高,所以产量也比常规水稻高。

## 二、植物营养的阶段性

### （一）植物的营养期

植物从种子萌发到成熟,要经历不同的生长发育阶段。在这些生育阶段中,除前期种子营养阶段和后期根部停止吸收的阶段外,其他的生育阶段都要通过根系从土壤中吸收养分,此时期称为植物的营养期。植物在生长发育过程中,要连续不断地从外界吸收养分,以满足生命活动的需要,这是植物营养的连续性。事实上,植物营养的连续性可以从物理学上质量守恒和能量守恒两方面来简单理解。植物营养的连续性表明土壤或营养液要不断满足其生命活动的需要。中间如有一段不能满足,则影响其生长发育,致使产量降低。但在营养的连续性中,各生育期的营养特点也有差异,主要表现在对养分的种类、数量和比例等有不同的要求,这叫植物营养的阶段性。图 4-12 和图 4-13 形象地反映了这一营养特性。其中,图 4-12 表示的是冬小麦不同生育期养分累积吸收曲线,而图 4-13 表示的是棉花不同生育期养分累积吸收曲线。

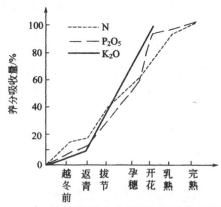

图 4-12　冬小麦不同生育期养分累积吸收曲线

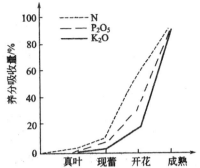

**图 4-13　棉花不同生育期养分累积吸收曲线**

通过以上两图可以看出,植物吸收氮、磷、钾三要素的一般规律是:植物生长初期吸收养分少,随着时间的推移,到营养生长与生殖生长并进时期,吸收养分逐渐增多并达到高峰,到了成熟阶段,对营养元素的吸收又趋于减少,即不同阶段有着不同的需肥特征。可见,植物的营养特性是随植物生长发育时间而改变的。因此,合理施肥不仅要了解植物营养的一般特性,还必须了解植物不同生育时期内的营养要求。如表 4-7 所示,列出了几种主要植物在不同生育期吸收氮、磷、钾的比例。

由表 4-7 可以看出,不同植物种类对氮、磷、钾养分的吸收高峰和数量比例有较大差别,如禾谷类植物养分的吸收高峰(特别是对氮的吸收)大致在拔节期,而棉花对氮的吸收高峰则在现蕾开花期。

**表 4-7　作物在不同生育期吸收氮、磷、钾的比例**

| 作物 | 生育期 | 吸收养分的质量分数/% | | |
|---|---|---|---|---|
| | | N | $P_2O_5$ | $K_2O$ |
| 冬小麦 | 越冬前 | 14.4 | 9.1 | 6.9 |
| | 返青 | 2.6 | 1.9 | 2.8 |
| | 拔节 | 23.8 | 18.0 | 30.3 |
| | 孕穗 | 17.2 | 25.7 | 36.0 |
| | 开花 | 14.0 | 37.9 | 24.0 |
| | 乳熟 | 20.0 | — | — |
| | 完熟 | 8.0 | 7.46 | — |

| 作物 | 生育期 | 吸收养分的质量分数/% | | |
|------|--------|------|------|------|
| | | N | P₂O₅ | K₂O |
| 水稻 | 秧苗期 | 0.5 | 0.26 | 0.40 |
| | 分蘖期 | 23.16 | 10.58 | 16.95 |
| | 圆秆期 | 51.40 | 58.03 | 57.74 |
| | 抽穗期 | 12.31 | 19.66 | 16.92 |
| | 成熟期 | 12.63 | 11.47 | 5.99 |
| 玉米 | 幼苗期 | 5.00 | 5.00 | 5.00 |
| | 孕穗期 | 38.00 | 18.00 | 22.00 |
| | 开花期 | 20.00 | 21.00 | 37.00 |
| | 乳熟期 | 11.00 | 35.00 | 15.00 |
| | 完熟期 | 26.00 | 21.00 | 21.00 |
| 棉花 | 出苗~真叶 | 0.78 | 0.59 | 0.21 |
| | 真叶~现蕾 | 9.96 | 5.21 | 1.90 |
| | 现蕾~开花 | 52.76 | 28.80 | 17.29 |
| | 开花~成熟 | 36.50 | 65.40 | 80.60 |

**(二)植物营养的关键时期**

通过前面的讨论分析我们知道,植物在不同的生育时期,对养分需求的数量是不同的,其中有两个时期特别重要,是植物营养的关键时期,这两个关键时期分别是是植物营养临界期和植物营养最大效率期。接下来,我们对这两个关键时期进行简单的分析:

1. 植物营养临界期

植物在生长发育过程中,有一时期对某种养分的要求绝对数量不多,但很敏感,需求迫切,此时这种养分缺少或不足,对植物生长发育和产量都会造成很大影响,即使以后补施也很难挽回,这个时期叫做植物营养的临界期。简单说,植物营养的临界期是指营养元素过多或过少或营养元素间不平衡,对植物生长发育有明显不良影响的那段时期。植物营养临界期多发生在植物生长发育的转折时期,但不同植物、不同养分的临界期是不相同的。

研究表明,多数植物需要磷的营养临界期出现在幼苗期,也就是由种子营养到土壤营养的转拆时期。此时种子中的磷即将耗尽，而根系小，吸收能力很差，表现出苗期缺磷。如小麦开始分蘖时，若供磷不足，不分蘖，且根系纤细，易受冻害；玉米出苗后 7d 左右，棉花出苗后 10～20d，也会发生缺磷。所以，生产上将磷肥作为种肥施用很重要，这也是在农业生产中往往把磷肥作为底肥的重要原因。

植物需要氮的营养临界期比植物需要磷的营养临界期稍晚，一般发生在营养生长向生殖生长过渡时期。如玉米在幼穗分化期缺氮，会导致穗小、花少；冬小麦在分蘖和幼穗分化期，氮素供给适量，能增加分蘖数，为形成大穗打下基础；氮过多使茎叶繁茂，小穗，造成后期减产；棉花在现蕾初期缺氮或氮素过量，都会严重影响棉花的产量和品质。这也就说明了很多氮肥为什么要作为追肥在以上作物的对应时期施用。

钾营养临界期研究资料很少。一般认为，禾谷类作物钾营养临界期在拔节期前后，也就是茎秆开始迅速生长阶段。

2. 植物营养最大效率期

在植物生长发育过程中，还有一个时期需要养分最多，吸收速度最快，增产效果最明显，这一时期叫做植物营养最大效率期。简单说，植物营养最大效率期是指营养物质在植物生育期中能产生最大效率的那段时间。在这一时期通常也是植物对某种养分需求量最大和吸收量最多的阶段。如玉米氮素营养的最大效率期在喇叭口至抽雄初期；小麦在拔节至抽穗期；棉花在开花至盛铃期；甘薯在生长初期。总的来讲，植物营养的最大效率期通常是植物生长最旺盛、吸收养分能力最强并形成产量的时期，是植物获取高产的另一关键时期。

通过上面的分析，我们可以清楚在以上这两个时期，如能及时满足植物对养分的要求，则能显著提高植物产量和改善产品品质，否则，将会导致明显减产。了解植物不同营养阶段的特点，对指导合理施肥具有重大意义。

总之，由于植物生长、吸收养分所具有的连续性和阶段性，在各个阶段对养分的要求是相互联系、相互影响的。一个时期营养的适宜与否，必定影响到下一时期。因而，在现实的施肥过程中要综合考虑多种因素，也就是说，既要注意关键时期的需要，又要考虑各个生育期的特点。在现代化的农业生产中，我们只有采用基肥、种肥、追肥相结合的方式，因地制宜地制定施肥方案，才能确保农作物获得更大的丰收。

## 三、植物营养的遗传特性

在生物科学和生物技术飞速发展的大背景下，科研人员将植物的营养过程进行了更为系统的的分析,并且证实植物对养分的吸收、运输和利用特点大多是由各种植物的基因所控制的,因而也是可以遗传的。这也就是说,植物的营养特性属于植物的遗传性状,可以遗传,这就是植物营养的遗传特性。

不同植物之间存在营养基因型差异,因而具有不同营养特点,表现在不同植物对养分需求的种类、数量和养分代谢方式等存在差异。例如,植物铜利用效率在不同植物种类和不同品种之间都有明显的基因型差异;芹菜对缺镁和缺硼的敏感性存在着基因型差异;生长在石灰性土壤上的有些大豆品系易出现典型的失绿症,而另外一些则无失绿症状;小麦锌营养效率存在基因型差异等等。

为了揭开植物营养的遗传特性,科研人员做了大量相关的实验和理论分析证明。研究表明,大豆的铁营养效率是由同一位点的一对等位基因(Fe,Fe 和 fe,fe)控制的,铁高效基因(Fe,Fe)为显性,其分离方式符合孟德尔遗传规律。进一步分析的结果表明,铁营养效率的控制部位在根部而不在地上部。铁高效基因型大豆的根系具有较强还原铁的能力等。在搞清营养性状以及其遗传规律之后,就可通过植物营养的遗传特性来育种,进而对进行植物改良,获得能够更加有效地利用土壤养分、更加高产、更具有应用价值的新型农作物,这就是研究植物营养遗传特性的目的。[1]

植物营养遗传特性的研究是一门新兴的边缘学科。研究的内容主要包括与植物营养相关的多个方面,研究目标是从植物遗传育种的角度阐明并改良植物营养性状,从而从生物学途径解决农业生产中的一些土壤—植物营养问题。这一领域的研究有可能成为 21 世纪农业生物技术的热门课题之一,也是一个极具有潜力学科。

# 第五节　科学施肥的基本原理探析

## 一、科学施肥的基本原理

在农业生产中,科学合理地施肥是一项理论性和技术性都很强的措施。20 世纪 70 年代,英国植物营养学家库克首次提出合理施肥的经济学概念。肥料的合理施用,包括有机肥料和化学肥料的配合、各种营养成分的适宜配比、肥料品种的正确选择、经济的施肥量、适宜的施肥时期和施肥方法等。

① 张慎举,卓开荣. 土壤肥料. 北京:化学工业出版社,2009

库克认为最优化的施肥量就是在高产目标下获得最大利润的施肥量。因此,合理施肥就是高产的经济施肥。所以施肥时,必须考虑两条标准:

①产量标准,通过施肥能使单位质量的肥料换回更多的植物产量。

②经济标准,即在用较少的肥料投资获得较高产量的同时,还要获得最大的经济效益。

接下来,我们首先来了解施肥的基本原理:

### (一)养分归还学说

1840 年,德国化学家李比希根据索秀尔、施普林盖尔等人的研究和自己的大量试验,提出了养分归还学说。植物在生长发育过程中,从土壤摄取其生活所必需的矿质养分。每次植物的收获必然要从土壤中带走某些养分,于是就使得这些养分物质在土壤中越来越少。如果不把植物从土壤中所摄取的养分物质归还给土壤,最后土壤就会变得十分瘠薄。用施肥的办法,可使土壤养分的损耗与营养物质的归还之间保持着一定的平衡,这就是养分归还学说。

养分归还学说包含如下四个要点:

①植物的每次收获(包括籽粒和茎秆)必然从土壤中带走一定量的养分,使得这些养分在土壤中贫化,如表 4-8 所示,列出了 7 种大田农作物形成一定经济产量时地上部分氮、磷、钾的摄取社区情况。

②如果不归还养分于土壤,肥力必然会逐渐下降,影响产量。

③要想恢复地力就必须归还从土壤中取走的全部物质,否则,土壤迟早是要衰竭的。

④为了增加产量,就应该向土壤施加灰分元素,即进行施肥。

表 4-8　7 种大田农作物形成一定经济产量时地上部分氮、磷、钾的摄取

| 作物 | 经济产量/ (kg/hm²) | 地上部分的养分摄取量/(kg/hm²) | | |
|---|---|---|---|---|
| | | 氮(N) | 磷(P₂O₅) | 钾(K₂O) |
| 水稻 | 7500 | 127.5～187.5 | 67.5～27.5 | 157.5～247.5 |
| 小麦 | 4575 | 126.0 | 40.5 | 85.5 |
| 棉花 | 3247.5(籽棉) | 154.5 | 52.5 | 246 |
| 玉米 | 5047.5 | 123.0 | 45.0 | 97.5 |
| 大豆 | 2625 | 202.5 | 37.5 | 97.5 |
| 油菜 | 825 | 48.0 | 21.0 | 36.0 |
| 花生 | 2400～4050 | 150～262.5 | 30～48 | 97.5～150 |

养分归还学说的创立也为科学合理施肥奠定了基础,推动了化肥工业的产生,从而使粮食产量大幅度提高,在农业生产上具有划时代的意义。

在这里,还应该指出的是,养分虽然应当归还,但并不是作物取走的所有养分都必须全部以施肥的方式归还给土壤,养分归还学说并非完全正确。如果把作物取走的元素统统归还土壤,会造成人力和物力浪费,在农业生产中,要根据实际情况加以判断应该归还哪些元素。

### (二)最小养分律

为了更有效地施用化学肥料,李比希在自己的实验的基础上,与1843年提出了最小养分律。其基本含义是,田间作物产量(或生长量)受土壤中最缺少的养分的限制,增加该养分的供应,便可以作物产量大幅提高,反之亦然。土壤中最缺少的养分称为最小养分,在农业生产中,只有补充了最小养分才能发挥土壤中其他养分的作用,从而提高农作物的产量。

如图 4-14 所示,是最小养分律的"木桶理论"模型,如果用木桶的盛水量代表作物产量,木桶上每块木板代表一种养分,很显然,木桶上最短的那块木板的高度决定了该木桶的盛水量(产量)。该理论用最短的那块木板的高度类比最小养分,图中为以 K 为例,用盛水量类比农作物产量,十分形象地说明了最小养分率的原理。这就是施肥的"木桶理论"。

**图 4-14　最小养分律的"木桶理论"**

根据最小养分律指导施肥实践时,要注意以下几点:

①最小养分并不是指土壤中绝对含量最少的那种养分,而是指按照植物对各种养分的需要来说,土壤中相对含量最少(供给能力最小)的那种养分。事实上,最小养分一般是指大量元素,特别是氮、磷、钾,当然也可能会是某种微量元素。

②最小养分是限制植物生长发育和提高产量的关键。因此,在施肥时,必须首先补充这种养分;如果不针对性地补充最小养分,即使其他养分增加再多,也难以提高植物产量,而只能造成肥料的浪费。例如,在极端缺磷的土壤上,单纯增施氮肥并不能增产。

③最小养分不是固定不变的,当某种最小养分增加到能够满足植物需

要时,这种养分就不再是最小养分了,另一种元素又会成为新的最小养分。

在农业生产的施肥实践中,明确了最小养分意味着抓住了施肥中的主要矛盾,施肥就具有针对性。否则,就会导致盲目施肥。因此,最小养分律是科学施肥的重要理论之一,当代的平衡施肥理论就是以李比希的最小养分律为依据发展建立起来的。

### (三)施肥中的报酬递减现象

在农业生产中,植物产量水平较低时,产量随施肥量的增加而增加,在产量达到一定水平后,在其他技术条件相对稳定的前提下,虽然产量随着施肥量的增加而提高,但植物增产的幅度却随着施肥量的增加而递减,这就启发研究人员得出施肥过程中的报酬递减规律。事实上,早在 18 世纪后期,欧洲经济学家杜尔哥和安德森同时提出了报酬递减律这一经济规律。该规律可以准确描述为:从一定土地上得到的报酬随着向该土地投入的劳动和资本量的增大而增加,但单位劳动和资本量所获得的报酬却在逐渐减少。在农业生产中,报酬递减律具有十分重要的指导意义。20 世纪初米切利希等人最先将该定律引入到农业。他们在前人工作的基础上,通过燕麦施用磷肥的砂培试验,深入研究了燕麦生长量与施磷量之间的关系,发现随着施磷量的增加,燕麦的干物质量在提高,但单位施磷量所获得的增产量呈现递减的趋势,从而得出了与经济学上报酬递减律相吻合的结论,即施肥中也存在报酬递减现象。如表 4-9 所示,列出了燕麦磷肥试验的现象。

表 4-9 燕麦磷肥试验(砂培)

| 施磷($P_2O_5$)量/g | 干物质/g | 用公式的计算值 | 每 0.05g$P_2O_5$ 的增产量/g |
|---|---|---|---|
| 0.00 | 9.8±0.50 | 9.80 | — |
| 0.05 | 19.3±0.52 | 18.91 | 9.11 |
| 0.10 | 27.2±2.00 | 26.64 | 7.73 |
| 0.20 | 41.0±0.85 | 38.63 | 5.99 |
| 0.30 | 43.9±1.12 | 47.12 | 4.25 |
| 0.50 | 54.9±3.66 | 57.39 | 2.57 |
| 2.00 | 61.0±2.24 | 67.64 | 0.34 |

通过施肥中的报酬递减规律可以指导人们进行经济合理的施肥。在这里,需要强调的是,施肥中的报酬递减规律是有前提的,它只反映在其他技

术条件相对稳定的情况下,某一限制因子(或最小养分)投入(施肥)和产出(产量)的关系。如果在生产过程中,与作物生产有关的技术条件有了新的改革和突破,那么原来的限制因子就让位于另一新的因子,与原限制因子有关的报酬递减现象就会消失。同样,当增加新的限制因子达到适量以后,又会出现新的报酬递减现象。虽然随着农业技术突飞猛进的发展,农业技术条件正在不断进步和改善的,但在某一特定的生产阶段(如某一轮作周期)要使技术条件明显改善是很困难的。可见,报酬递减现象是不可避免的。因此,在农业生产中,为达到避免施肥的盲目性,进而发挥肥料的最大经济效益的目的,充分认识和考虑施肥中的报酬递减规律是十分必要的。

### (四)因子综合作用律

在农业生产中,农作物的生长发育受各种因子所影响,这些因子包括水、肥、气、热、光及其他农业技术措施等等,只有在外界条件保证作物正常生长发育的前提下,才能充分发挥施肥的效果,获得更大的经济效益。

事实上,最小养分率不仅仅是适用于植物的营养,将其应用于影响作物生长的其他生活因子(光、热、水、气等)也成立,称为限制因子律。

因子综合作用律的中心意思就是:作物产量是影响作物生长发育的各种因子综合作用的结果,其中必然有一个起主导作用的限制因子,作物产量在一定程度上受该限制因子制约。这一学说,也可以类似于最小养分律,用著名的"木桶理论"进行说明。如图 4-15 所示,是影响植物产量的限制因子示意图,木桶是由代表不同因子水平的木板所组成。可见,贮水量的多少是由最短的那个木板决定的,同理植物产量的高低则决定于限制因子的水平。它说明要想多贮水,必须将最短的木板补齐。植物产量常随限制因子的克服而提高,同时也只有各因子在最适状态产量才会最高。所以,在农业生产中,要想提高植物产量,必须有针对性地补充限制因子。例如,在虫害成灾时,虫害就成了植物生长的限制因子,此时如果不解决虫害,单纯施肥是没

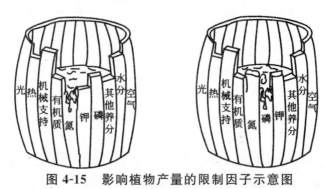

图 4-15　影响植物产量的限制因子示意图

有效果的。再如,植物在极端干旱的情况下,施用任何肥料都难以奏效,这时水分就成了植物生长的限制因子。综上所述,为了充分发挥肥料的增产作用和提高肥料的经济效益,必须在综合考虑其他影响因子的前提下,配合各类农业技术科学合理施肥。同时,也要注意各种养分之间也必须平衡。

研究表明,不同养分之间往往有有相互作用的效应。虽然有时可能没有交互作用,甚至有负的交互作用。但是不同养分之间的配合往往有正的交互作用。施肥效果也常常与作物品种、生态及技术条件等有相互作用效应。如图 4-16 所示,表示的是土壤含水量对施肥效果的影响;如图 4-17 所示,表示的是不同小麦品种对氮的效应。可见,肥料与水分、肥料与品种、肥料与种植密度之间,都有相互作用效应。正确利用养分之间或养分(肥料)与其他农业技术措施之间的交互作用,以充分发挥肥料的增产效应,是经济合理施肥的重要原理之一。尤其是在当今,农业科技已经取得了丰硕的成果,最小养分往往已经得到补偿,所以更应该重视平衡施肥法的采用,施肥效果的进一步提高更加有利于发挥肥料与其他措施之间正的交互作用。

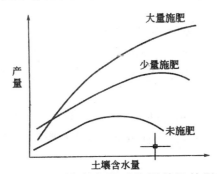

图 4-16　土壤含水量对施肥效果的影响

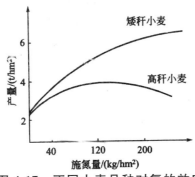

图 4-17　不同小麦品种对氮的效应

总之,利用因子之间的相互作用效应是提高施肥水平的一项有效措施,也是合理施肥的重要原理之一,这样,在不增加施肥量的情况下,可提高肥料利用率,增产增收,获得更好的经济效益。

## 二、科学施肥方法

在讨论了科学施肥的原理之后,接下来,我们来讨论科学施肥的方法。合理施肥,除了应做到根据植物的营养特性、土壤的供肥特点．确定植物所需要的肥制外,还必须采取科学的施肥方式,否则,同样难达目的。在农业生产中,大多数植物要通过基肥、种肥和追肥三个基本的施肥环节才能满足营养需要。由于植物种植方式不同,每一个施肥环节所起的作用不同,因此,每个环节的施肥方法也就随之不同。接下来,我们就分种肥、基肥和追肥三种情况来讨论科学施肥方法:

### (一)种肥的施用方法

种肥是播种或定植时施于种子或定植苗附近或与种子混播的肥料。其意义在于:

①满足植物营养临界期对养分的需要。

②满足植物生长初期根系吸收养分能力较弱的需要,利于缓苗、壮苗。

种肥一般在土壤肥力差、基肥不足时施用,用量较小,一般占该植物总施肥量的 $5\% \sim 10\%$ 。

在施用种肥时,宜选用对种子发芽无副作用的肥料品种。氮肥宜用硫酸铵,磷肥宜用磷酸二铵,钾肥宜用硫酸钾。种肥的施用方式有以下四种:

(1)拌种

常见的拌种方法有如下两种:

①将少量颗粒性状与种子相似的肥料掺匀后混播,此法瓜菜较少使用。

②将肥料配制成 $3\% \sim 5\%$ 的溶液,喷拌于干种子上,以种子被完全湿润且不留残液为宜。随即按常规播种。当肥料用量少或肥料价格比较昂贵及各种生物制剂、激素肥料等均采用此法。总体上拌种要注意适宜浓度和拌种后立即播种两个关键技术。

(2)浸种

将肥料配制成 $0.2\% \sim 0.5\%$ 的溶液,将种子放于肥液中浸泡 $6 \sim 8h$ ,捞出晾干,然后播种。

(3)蘸根

幼苗移栽或定植时,将根系浸于 $1\%$ 左右的肥液中约半分钟即可。

(4)土施

肥料要施于种子侧下方 $3 \sim 5cm$ 处,这种肥料一般以施用大量元素为主,一般每公顷用量为 45～75kg。

种肥施用不当会引起烧种、烂种,造成缺苗。因此,凡是浓度过大的肥料,过酸、过碱或含有毒物质的肥料,以及容易产生高温的肥料,均不能做种肥。在土壤墒情不足时,不能施用种肥。种肥的用量不可过大。用化学肥料做种肥时,除浸种外,肥料和种子应隔开,分别施播。

**(二)基肥的施用方法**

基肥是指在植物播种或移栽定植前结合土壤耕作施用的肥料,在农村常把基肥称底肥。基肥在施肥环节中占有重要地位,它的任务是培肥土壤和供给植物整个生育期中所需的养分。基肥一般具有如下作用:

①满足植物在整个生长发育阶段内能获得适量的营养,为植物高产打下良好的基础。

②培养地力,改良土壤,为植物生长创造良好的土壤条件。

基肥的施用量比较大,一般占总施肥量的一半以上(以含养分计),多以肥效持久的有机肥料为主,并适当配合化学肥料。基肥的施用方法因植物种类不同而有区别。接下来,我们分果树和大田作物两类来分析基肥的施用技术:

1. 果树基肥施用方法

果树基肥施用方法一般有如下三种:

(1)放射状沟施肥法

该方法是在距树一定距离外,以树干为中心,向树冠外围挖 4～8 条放射状直沟,沟深、宽各 50cm,沟长与树冠半径一致,肥料施在沟内,施后盖土,来年再交错位置挖沟施肥。如图 4-18 所示,是放射状施肥示意图。这种施肥法适用于成年果树。

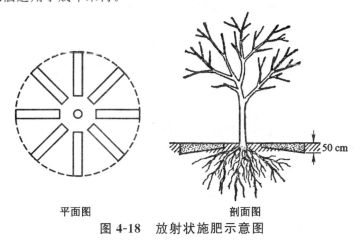

平面图　　　　剖面图

图 4-18　放射状施肥示意图

（2）环状沟施肥法

该方法是在树冠外围下的地面上，挖一环状沟，深、宽各 30～60cm，肥料施入沟内后覆土踏实。来年再施肥时，可在第一年施肥沟的外侧再挖沟施肥，以逐年扩大施肥范围。如图 4-19 所示，是环状施肥示意图。这种方法适用于根系分布范围小的幼年果树。

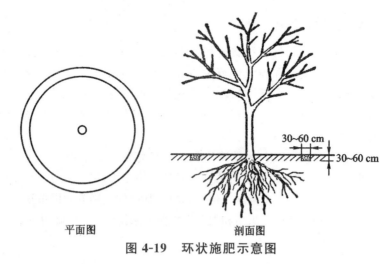

平面图　　　　　　　　剖面图

**图 4-19　环状施肥示意图**

（3）全园施肥法

该方法是将肥料撒施在果树行间或株间，然后进行耕锄，使肥料入土。此法适用于成年果树。全园施肥法、放射状沟施肥法和环状沟施肥法结合进行，效果更好。

2．大田作物基肥施用方法

大田作物基肥施用方法一般包括如下几种：

（1）撒施法

该方法是施基肥常用的方法。具体措施是在犁地前，把有机肥料均匀撒施地表，然后结合犁地将肥料翻入土中。密植作物和施肥量较大的迟效性肥料，均可采用此种方法。

（2）穴施法

该方法是将肥料先施入植物种植穴中，与土混合后再播种的方法。这种方法适于穴播稀植作物和宽行中耕作物。

（3）条施法

该方法是沿植物种植行开沟施肥的方法。适于条播、垄作植物施肥。

（4）分层施肥法

该方法是结合深耕，分层施入肥料，以满足植物各生长发育阶段对养分的需要。在施用数量上,土壤的上、中层多于下层;在肥料施用质量上,上层施速效性肥料,下层施迟效性肥料;瘦地多施,肥地少施。

### (三)追肥的施用方法

追肥是指作物生长期间施用的肥料。其作用是在基肥肥效减弱时补足对作物的养分供给,更好地满足各生育期对养分的需求,进而促使作物获得丰收。追肥一般在营养临界期和最大效率期进行,可一次或多次施用。一次用量过大或作物生育期较长时,应该分次施用。追施量一般占施肥总量的 50% 左右。其中元素比例大致为氮 70%,磷、钾 20%~40%。每次施用量可根据追肥总量及次数大致均分。

施用的施用一般要遵守以下原则:

①要看土施肥,即肥土少施,瘦土多施;砂土少施,黏土多施。

②要看苗施肥,即旺苗不施,壮苗轻施,弱苗适当多施。

③看植物的生育阶段,苗期少施,营养生长与生殖生长旺盛时多施。

④看肥料性质,一般苗期以速效肥为主,而营养生长与生殖生长旺盛时则以有机、无机配合施用为主。

⑤看植物种类,小麦等播种密度大的植物以速效肥为主。

此外,还要看天气或灌溉条件等。

就施用技术而言,追肥的施用有如下方法:

(1)撒施法

该方法适用于水稻等播种密度大的作物。

(2)沟施法

即开沟施用(适用于棉花,玉米等作物),氮肥要深施 5~10cm,并覆土压实。磷、钾肥移动性较差,要尽量靠近作物根系施用,深度与根系密集分布层一致。

(3)环施法

例如果树在其周围开一条围沟施肥。

(4)喷施法

又称根外追肥,作为补充施用肥料的方法。

同时,施用追肥时应注意以下问题

①要尽量避免或减少肥料散落在叶面上,以免烧伤叶片;

②随施随灌,确保肥料全部及时随水进入农田。

# 三、施肥量的确定

## (一)确定施肥量的原则

为了获得更高的经济效益,在现代农业生产中,施肥量的确定是一个必要的环节,然而,确定适宜的施肥量是一个十分复杂的问题。在这里,我们将确定施肥量应遵循的原则分析如下:

(1)施肥量必须满足植物对养分的需要

植物获得一定的产量必然要消耗一定量的土壤养分,施肥的目的正是给土壤补充植物所需的养分,故而施肥量必须足以补充植物消耗的养分数量,避免土壤养分亏缺,肥力下降,不利于植物的持续增产。

(2)施肥量必须保持土壤养分平衡

土壤养分平衡对作物的生长有着十分重要的意义。土壤养分平衡包括土壤中养分总量和有效养分的平衡,以及各种养分间的平衡。施肥量除能平衡土壤养分总量与有效养分的协调以外,还应适当加大限制植物产量提高的最小养分的数量,以协调土壤各种养分的关系,保证各种养分平衡供应,满足植物需要。对于土壤养分含量过高的,可以少量施肥或不施肥,以免造成植物营养失调和降低其他养分的有效性。

(3)全面考虑与合理施肥有关的因素

要确定施肥量,就必须深入研究植物、土壤、肥料三者之间的关系,还应结合日照、气温、降雨量等环境条件和相应的农业技术条件综合考虑。各种条件综合水平高,施肥量可适当大些,否则应适当减少。只有综合分析才能避免主观、片面性,使土壤肥力达到最佳状态。

(4)适当考虑前茬植物所施肥料的后效

肥料的后效也是施肥过程应当考虑的因素之一,在确定施肥量时,应考虑肥料的后效,对后效长的肥料,可适当减少用量。

在这里,我们对常用的氮、磷、钾肥的后效进行介绍。研究表明,一般情况下,无机氮肥没有后效。磷肥的后效与肥料品种有很大关系,水溶性磷肥和弱酸性磷肥,当季植物收获后,大约还有三分之二留在土壤中,第二季植物收获后,约有三分之一残留在土壤中,第三季植物收获后,大约还有六分之一,第四季植物收获后,已残留很少,在生产实际中不再考虑其后效。至于钾肥的后效,通常第一季植物收获后,大约还有二分之一留在土壤中,第二季植物收获后,约有四分之一残留在土壤中。

（5）施肥量应能获得较高的经济效益

在现代化的农业生产中，追求更高的经济效益是理所当然的，故而，应当合理控制施肥量，使其能够保证获得较高的经济效益。在肥料效应符合报酬递减律的情况下，单位面积施肥的经济性，随施肥量的增加而增加，到达最高点后即下降。因此，在肥料供应充足的情况下，应以获得单位面积最大利润为原则确定施肥量。

**（二）确定施肥量的方法**

在农业生产中，我们可以通过多种方法来确定施肥量，目前最常用的是配方施肥法。配方施肥法是根据植物需肥规律、土壤供肥性能与肥料效应，在以有机肥为基础的条件下，产前提出氮、磷、钾或微肥的适宜用量和比例，以及相应的施肥方法的一项综合性科学施肥技术。以肥料的定量为依据，可以将配方施肥法分为三大类型，分别为地力分区配方法、目标产量配方法和田间试验配方法。目前普遍应用的是目标产量配方法中的养分平衡法和田间试验配方法中的养分丰缺指标法。接下来，我们对这两种方法详细分析如下：

1. 养分平衡法

养分平衡法也叫植物平衡施肥法，该方法是一种计算植物合理施用氮、磷、钾三要素肥料数量的方法。养分平衡法的基本思想为按设计植物产量所需养分量，减去土壤当季可供给植物的养分量，所剩余的差数则用肥料进行补充，以满足植物生长发育的需要，不至于造成肥料的浪费，强调平衡施用肥料，做到施肥合理适量。

利用养分平衡法确定施肥量，必须掌握植物需肥量、土壤供肥量和肥料利用率等三个重要参数。具体分析如下：

（1）植物需肥量

通过植物成熟收获物的养分含量分析，可以确定作物需肥量。如表 4-10、4-11、4-12 所示，分别列出了，不同的蔬菜作物、果树、大田作物每形成 100kg 经济产物所携带出的养分数量。

表 4-10　不同的蔬菜作物每形成 100kg 经济产量携出的养分数量/kg

| 作物 | 收获物 | N | $P_2O_5$ | $K_2O$ |
|---|---|---|---|---|
| 黄瓜 | 果实 | 0.40 | 0.35 | 0.55 |
| 架芸豆 | 果实 | 0.81 | 0.23 | 0.68 |
| 茄子 | 果实 | 0.30 | 0.10 | 0.40 |
| 番茄 | 果实 | 0.45 | 0.50 | 0.50 |
| 胡萝卜 | 块根 | 0.31 | 0.10 | 0.50 |
| 萝卜 | 块根 | 0.60 | 0.31 | 0.50 |
| 卷心菜 | 叶株 | 0.41 | 0.05 | 0.38 |
| 洋葱 | 葱头 | 0.27 | 0.12 | 0.23 |
| 芹菜 | 全株 | 0.16 | 0.08 | 0.42 |
| 菠菜 | 全株 | 0.36 | 0.18 | 0.52 |
| 大葱 | 全株 | 0.30 | 0.12 | 0.40 |

表 4-11　不同的果树每形成 100kg 经济产量携出的养分数量/kg

| 作物 | 收获物 | N | $P_2O_5$ | $K_2O$ |
|---|---|---|---|---|
| 柑橘(温州蜜橘) | 果实 | 0.60 | 0.11 | 0.40 |
| 梨(十一世纪) | 果实 | 0.47 | 0.23 | 0.48 |
| 柿(富有) | 果实 | 0.59 | 0.14 | 0.54 |
| 葡萄(玫瑰露) | 果实 | 0.60 | 0.30 | 0.72 |
| 苹果(国光) | 果实 | 0.30 | 0.08 | 0.32 |
| 桃(白凤) | 果实 | 0.48 | 0.20 | 0.76 |

表 4-12　不同的大田作物每形成 100kg 经济产量携出的养分数量/kg

| 作物 | 收获物 | N | $P_2O_5$ | $K_2O$ |
|---|---|---|---|---|
| 水稻 | 稻谷 | 2.1~2.4 | 1.25 | 3.13 |
| 冬小麦 | 籽粒 | 3.00 | 1.25 | 2.50 |
| 春小麦 | 籽粒 | 3.00 | 1.00 | 2.50 |
| 大麦 | 籽粒 | 2.70 | 0.90 | 2.20 |
| 玉米 | 籽粒 | 2.57 | 0.86 | 2.14 |
| 谷子 | 籽粒 | 2.50 | 1.25 | 1.75 |
| 高粱 | 籽粒 | 2.60 | 1.30 | 3.00 |
| 甘薯 | 块根(鲜) | 0.35 | 0.18 | 0.55 |
| 马铃薯 | 块茎(鲜) | 0.50 | 0.20 | 1.06 |
| 大豆 | 籽粒 | 7.20 | 1.80 | 4.00 |
| 豌豆 | 籽粒 | 3.09 | 0.86 | 2.86 |
| 花生 | 果荚 | 6.80 | 1.30 | 3.80 |
| 棉花 | 籽棉 | 5.00 | 1.80 | 4.00 |
| 油菜 | 菜子 | 5.80 | 2.50 | 4.30 |
| 芝麻 | 籽粒 | 8.23 | 2.07 | 4.41 |
| 烟草 | 鲜叶 | 4.10 | 0.70 | 1.10 |
| 大麻 | 纤维 | 8.00 | 2.30 | 5.00 |
| 甜菜 | 块根(鲜) | 0.40 | 0.15 | 0.60 |
| 甘蔗 | 茎(鲜) | 0.30 | 0.08 | 0.30 |

通过以上三表中的数据，就可以计算出实现植物计划产量指标所需养分总量。具体的计算办法是，计划产量指标乘以植物单位产量养分吸收量就等于实现植物计划产量所需的养分总量(kg/亩)。

(2)土壤供肥量

一季植物在生长期内从土壤中吸收携出的养分数量就是土壤供肥量。也就是说，土壤供肥量是植物种植前土壤中已含有的有效养分与当季植物生长期间由难溶性养分转变而来的有效养分之和。所以，土壤供肥量既不是土壤中存在的全部养分的含量，也不是用化学测定值简单计算的数量。一般情况下，我们用如下两种方法来求土壤供肥量：

①由不施肥区(空白区)的产量求出；

②在不施肥情况下采土样用化学方法测定。

如表 4-13 所示，列出了土壤肥力分级、供给当季作物养分量、壤养分含量与利用率。我们可以通过该表来确定土壤肥力分级与土地供给当季植物养分量和土壤养分含量以及利用率。

表 4-13　土壤肥力分级、供给当季作物养分量、壤养分含量与利用率

| 肥力等级 | 不施肥产量/kg·亩⁻¹ | 土壤供给当季作物养分量/kg·亩⁻¹ | | | 土壤速效养分含量/mg·kg⁻¹ | | | 利用率 |
|---|---|---|---|---|---|---|---|---|
| | | N | $P_2O_5$ | $K_2O$ | N | $P_2O_5$ | $K_2O$ | |
| 特肥地 | 250 | 7.5 以上 | 2.5 以上 | 8.75 以上 | 100 以上 | 30 以上 | 150 以上 | 亩土重按150000kg计算。速效养分含量的利用率按4%～60%计算，全量养分含量利用率按2%～4%计算 |
| 高肥地 | 200 | 6 | 7 | 1 | 80 | 24 | 120 | |
| 中肥地 | 150 | 4.5 | 1.5 | 5.25 | 60 | 18 | 90 | |
| 中下等肥地 | 100 | 3.0 | 1.0 | 3.5 | 40 | 12 | 60 | |
| 低肥地 | 50 | 1.5 | 0.5 | 1.75 | 20 | 6 | 30 | |

还需要指出的是，由于土壤类型、气候条件和耕作、施肥、水分状况等多种因素也会影响到土壤供肥量，故而，各地应该利用本地农技推广或研究部

门的资料,因地制宜。

(3)肥料利用率

肥料利用率是评价肥料经济效果的主要指标之一,具体是指当季植物从所施肥料中吸收养分的量占肥料中该养分总量的比例。同时,肥料利用率也是判断施肥技术水平高低的一个标准。

植物种类、土壤性质、肥料种类、气候条件、施肥量、施肥时期、农业技术措施是肥料利用率大小的重要影响因素。实践表明:喜肥耐肥植物肥料利用率高;化肥利用率高于有机肥;水、气、热状况协调的土壤,肥料利用率高;瘠薄地的肥料利用率明显高于肥地;有机肥在温暖的季节和地区利用率高于寒冷的季节和地区;有水浇条件的地块,肥料利用率显著高于干旱地块;腐熟程度高的有机肥料利用率高于腐熟程度差的有机肥。同时,施用方法不同,肥料利用率也不同。在现代农业生产中,一般采用分层施肥、集中施肥和营养最大效率期施肥,可提高肥料的利用率。还需要特别注意的是,若肥料施用量过高,无论化肥或有机肥料,当季利用率都会降低。

在一般田间条件下,磷肥的利用率一般在 $10\%\sim25\%$。根据全国各省多点试验统计结果,水稻磷肥利用率的变化幅度在 $8\%\sim20\%$,平均为 $14\%$;小麦在 $6\%\sim26\%$,平均为 $10\%$;玉米在 $10\%\sim23\%$,平均为 $18\%$;棉花在 $4\%\sim32\%$,平均 $6\%$。一般禾谷类作物和棉花对磷肥的利用率低,豆科植物和绿肥植物对磷肥的利用率较高。氮肥的利用率与土壤含水量关系十分密切,水田氮肥利用率为 $20\%\sim50\%$,旱地为 $40\%\sim60\%$。钾肥利用率一般为 $50\%\sim60\%$。各类有机肥料由于沤制原材料不同,碳氮比不同,粪土比例不一,质量往往差别较大,利用率也有很大差异。以氮素的当季利用率为例,一般来说,厩肥为 $10\%\sim30\%$,堆沤肥为 $10\%\sim0\%$,豆科绿肥在 $20\%\sim30\%$ 之间。如表4-14、4-15、4-16 所示,分别列出了有机肥分级与供给当季作物养分量、常用有机肥的养分含量、利用率及供给当季作物养分,以及常用化肥的养分含量及利用率。我们可以参考这三个表来得知有机肥料和化学肥料的利用率。关于有机肥料,我们会在第六章详细讨论,在这里仅仅简单提及。

表 4-14    有机肥分级与供给当季作物养分量

| 等级 | 有机肥养分含量/% | | | 每千克有机肥供给当季作物养分量/kg | | |
|---|---|---|---|---|---|---|
| | 全 N | 全 $P_2O_5$ | 全 $K_2O$ | N | $P_2O_5$ | $K_2O$ |
| 优质有机肥 | 0.3以上 | 0.2以上 | 0.8以上 | 0.9以上 | 0.6以上 | 2.4以上 |
| 中等有机肥 | 0.2 | 0.15 | 0.6 | 0.6 | 0.45 | 1.8 |
| 劣质有机肥 | 0.1 | 0.1 | 0.4 | 0.3 | 0.3 | 1.2 |

表 4-15 常用有机肥的养分含量、利用率及供给当季作物养分

| 肥料名称 | 全 N/% | 全 $P_2O_5$/% | 全 $K_2O$/% | 利用率/% |
|---|---|---|---|---|
| 猪圈粪 | 0.45 | 0.19 | 0.60 | 20~30 |
| 牛圈粪 | 0.34 | 0.16 | 0.40 | 20~30 |
| 羊圈粪 | 0.83 | 0.23 | 0.67 | 20~30 |
| 麦糠堆肥 | 0.24 | 1.24 | 0.5l | 20~30 |
| 麦秸堆肥 | 0.18 | 0.29 | 0.52 | 20~30 |
| 玉米秸堆肥 | 0.12 | 0.19 | 0.84 | 20~30 |
| 紫云英 | 0.40 | 0.11 | 0.35 | 40 |
| 毛叶苕子 | 0.54 | 0.12 | 0.42 | 40 |
| 草木樨 | 0.52 | 0.04 | 0.19 | 40 |

表 4-16 常用化肥的养分含量及利用率

| 肥料名称 | 养分含量/% | | 利用率/% | 肥料名称 | 养分含量/% | | 利用率/% |
|---|---|---|---|---|---|---|---|
| 碳酸氢铵 | N | 17 | 35 | 过磷酸钙 | $P_2O_5$ | 14 | 20 |
| 氯化铵 | N | 25 | 45 | 钙镁磷肥 | $P_2O_5$ | 18 | 15 |
| 尿素 | N | 46 | 50 | 氯化钾 | $K_2O$ | 60 | 50 |
| 硫酸铵 | N | 20 | 55 | 硫酸钾 | $K_2O$ | 50 | 50 |
| 硝酸铵 | N | 33 | 55 | | | | |

在得出植物需肥量、土壤供肥量以及肥料利用率这三个参数以后,我们就可以进行施肥量的计算,具体计算公式为

$$施肥量(kg/亩)=\frac{实现作物产量所需养分总量(kg/亩)-土壤供肥量(kg/亩)}{肥料中养分含量(\%)\times 肥料利用率(\%)}$$

养分平衡法施肥量计算的步骤如下:

①计算出作物计划产量所需氮、磷、钾总量。

②计算出土壤供给当季作物的氮、磷、钾量。

③计算出施用有机肥料供给当季作物的氮、磷、钾量。

④计算出氮、磷、钾化肥的施用量,计算公式为

氮素化肥施用量$(kg/亩)=(N-N_1-N_2)\div(氮素化肥养分含量\times利用率)$

磷素化肥施用量$(kg/亩)=(P-P_1-P_2)\div(磷素化肥养分含量\times利用率)$

钾素化肥施用量$(kg/亩)=(K-K_1-K_2)\div(钾素化肥养分含量\times利用率)$

上述三式中,N、P、K 分别代表计划作物产量所需的氮、磷、钾的量,以 N、$P_2O_5$、$K_2O$ 代表;$N_1$、$P_1$、$K_1$ 分别代表土壤供给当季作物的氮、磷、钾量,以 N、$P_2O_5$、$K_2O$ 代表;$N_2$、$P_2$、$K_2$ 分别代表有机肥料供给当季作物的氮、磷、钾量,以 N、$P_2O_5$、$K_2O$ 代表。

### 2. 养分丰缺指标法

在农业生产中,另一种确定施肥量的方法是养分丰缺指标法。这一种方法是利用土壤养分测定值和植物吸收土壤养分之间的相关性,对不同植物通过田间试验,把土壤测定值划分为若干等级,制订养分丰缺及施肥数量检索表。应用时,先采土化验,然后对照丰缺指标检索表,确定土壤养分的丰缺状况,再确定施肥量。河南省是我国粮食的主要产地,在科学种植方面积累了丰富的经验。如表 4-17 和 4-18 所示,河南省土肥站建立的潮土、水稻土小麦土壤有效磷丰缺指标和水稻土小麦土壤有效钾丰缺指标。

表 4-17　河南省土肥站建立的潮土、水稻土小麦土壤有效磷丰缺指标

| 相对产量% | 潮土($P_2O_5$)/mg·kg$^{-1}$ | 水稻土($P_2O_5$)/mg·kg$^{-1}$ | 级别 |
|---|---|---|---|
| 50 | <3 | <4.6 | 极低 |
| 50~70 | 3~7.3 | 4.6~9.5 | 低 |
| 70~80 | 7.3~12.1 | 9.5~14.1 | 中 |
| 80~90 | 12.1~20.1 | 14.1~22.5 | 较高 |
| >95 | >26.1 | <30.1 | 高 |

土壤养分丰缺指标的确定,是通过特定的试验与相关的校验研究,以相对产量表示的,小于 50% 对应的土壤养分测定值为极低,相对产量 50%~70% 对应的土壤养分测定值为低;相对产量 70%~80% 对应的土壤养分测定值为中,相对产量 80%~90% 对应的土壤养分测定值为高,相对产量大于 95% 的为极高。相对产量接的是以处理中缺某一元素的小区产量除以氮、磷、钾全肥区产量而求得的百分数。土壤养分丰缺的程度可反映施肥增产效果的大小。一般地说,当土壤养分测定值在缺乏范围内,则施肥效果显著,应适量施用肥料;当达到"丰富"时,说明施肥效果不明显,可暂不施肥。

表 4-18　河南省土肥站建立的水稻土小麦土壤有效钾丰缺指标

| 相对产量/% | 有效钾/mg·kg$^{-1}$ | 级别 |
|---|---|---|
| <50 | <24.2 | 极低 |
| 50~70 | 24.2~49.6 | 低 |
| 70~90 | 49.6~115.3 | 中 |
| >90 | >115.3 | 高 |

确定了丰缺指标后,再根据以氮定磷、以磷定氮肥效试验结果编制施肥检索表。如表 4-19 所示,是河南省土肥站编制的潮土区小麦施肥量检索

表,通过施肥量检索表就可查出与土测值和相对产量对应的施肥量。

　　土壤养分丰缺指标法的优点是直感性强,定肥简捷方便,缺点是精确度较差。由于氮的相对性很差,此法一般只用于磷、钾和微肥。由于我国土壤类型、作物种类多,各地在应用这一定肥方法时,可参考当地农技部门提供的有关资料,因地制宜。

　　最后,我们还要特别说明的是,合理施肥还要特别注意环境问题。根据当前生产情况,对环境影响较大的主要是氮肥和磷肥。

　　氮肥的施用对水体和大气有一定影响。如 $NO_3^-$ 进入饮用水源,使饮用水中 $NO_3^-$ 超标,引起水体富营养化,人们摄入过多的 $NO_3^-$,可能在体内还原为 $NO_2^-$,引起高铁血红蛋白症,影响婴儿健康,甚至形成致癌的亚硝基化合物。反硝化作用形成的氮素进入大气后,可破坏臭氧层,形成酸雨,使气候变暖等。

　　磷肥对环境的污染包括两方面,其中一方面是磷肥生产环节对环境造成的污染,如磷石膏、污水、氟污染以及矿区复垦等;另一方面是磷肥施用环节对环境造成的污染,主要包括磷引起的水体富营养化、磷肥中重金属污染,以及放射性物质积累等。

　　综上所示,各地区、各类土壤和不同植物施肥,一定要注意其合理性,走高效型、安全型和环境友好型的科学施肥道路。

**表 4-19　河南省土肥站编制的潮土区小麦施肥量检索表**

| 相对产量/% | 肥力等级 | 土壤速效养分含量 /mg·kg$^{-1}$ | | 建议施肥量/kg·亩$^{-1}$ | | | |
|---|---|---|---|---|---|---|---|
| | | 有效氮 | 速效磷 | 有机肥 | N | P$_2$O$_5$ | N：P$_2$O$_5$ |
| <50 | 极低 | <50 | <3.0 | | | 7.0 | 1：0.7 |
| | | | 3.0～7.3 | 2000 | 9～11 | 5～7 | 1：0.6 |
| | | | 7.3～12.1 | | | 4～5 | 1：0.45 |
| 50～70 | 低 | 50～70 | 3.0～7.3 | 2000 | 8～10 | 5～7 | 1：0.67 |
| | | | 7.3～12.1 | | | 4～5 | 1：0.60 |
| | | | 12.1～20.1 | | | 3～4 | 1：0.40 |
| 70～80 | 中 | 70～80 | 3.0～7.3 | 2500 | 7～9 | 5～7 | 1：0.75 |
| | | | 7.3～12.1 | | | 4～5 | 1：0.56 |
| | | | 12.1～20.1 | | | 3～4 | 1：0.44 |
| 80～90 | 高 | 80～90 | 7.3～12.1 | 2500 | 3～6 | 4～5 | 1：0.64 |
| | | | 12.1～20.1 | | | 3～4 | 1：0.50 |
| >95 | 极高 | >90 | 12.1～20.1 | 3500 | 4～6 | 3～4 | 1：0.50 |
| | | | 20.1～26.0 | | | 2～3 | 1：0.70 |
| | | | >26.0 | | | 不施 | 1：0 |

# 第五章　化学肥料的作用机理及施用

大量元素氮、磷、钾,中量元素钙、镁、硫、硅及微量元素铁、硼、锰、铜、锌、钼和氯可以说是在所有高等植物生长发育中不可或缺的营养元素。它们既是植物体内多种重要有机化合物的组分,同时又以多种方式直接参与植物体内的各种代谢过程,而这些营养元素大部分是植物根系从土壤中吸收的,因此,土壤条件和施肥措施对保证作物的高产、优质有着不可忽视的作用,与此同时,土壤肥力的持续、稳定和提高具有重要作用也与土壤条件和施肥措施有直接关系。所以,了解这些养分的营养规律,掌握各种化学肥料的成分、性质及其在土壤中的转化与有效施用方法,对合理施肥、充分发挥肥料的增产效益、增长土壤肥力具有重要意义。

# 第一节　氮肥及施用

一般情况下,土壤中的氮素不能满足作物对氮素养分的需求,需靠施肥予以补充和调节。氮肥是我国生产量最大,施用量最多,在农业生产中效果最突出的化学肥料之一。尽管氮肥的作用非常明显,然而在大多数情况下,施用氮肥都可获得明显的增产效果。美中不足的是,氮肥施入土壤后,被作物吸收利用的比例不高,损失严重,对大气和水环境可能造成潜在的危害。因此,科学合理施用氮肥,不仅能降低农业成本,增加作物生产,对于环境保护也非常有利。

## 一、植物的氮素营养

### (一)氮在植物体内的含量、分布及其营养功能

1. 植物体内氮的含量与分布

氮是促进植物生长和产量形成的重要营养元素之一。一般植物含氮量

约为植物干物质总量的 0.3%～5.0%，其含量根据作物种类、品种、器官组织、生长时期、环境条件等的不同有一定的差异，具体如表 5-1 所示。

表 5-1 不同作物全氮含量

| 作物 | 采样部位 | 采用时期 | 氮素营养状况 | | | |
|------|---------|---------|------|------|------|------|
| | | | 低 | 中 | 高 | 过 |
| 杂交水稻 | 植株 | 分蘖期 | <2.5 | 3.0～3.5 | — | — |
| | 植株 | 抽穗期 | <2 | 1.2～1.3 | — | — |
| 冬小麦 | 叶片 | 起身 | <3.1 | 3.2～3.5 | >3.8 | |
| | 叶片 | 孕穗期 | <4.0 | 4.0～4.5 | >4.8 | |
| 棉花 | 叶片 | 蕾期 | 3.23 | 3.68 | 4.23 | |
| | 叶片 | 花铃期 | 2.49 | 2.85 | 3.13 | |
| 玉米 | 穗叶 | 开花期 | 2.0～2.5 | 2.6 -4.0 | >4.0 | |
| 糖用甜菜 | 中位叶 | 6 月末 7 月初 | 2.5～3.5 | 3.6～4.0 | >4.0 | |
| 马铃薯 | 地上部 | 60d | — | 3.76 | 6.33 | |
| 黄瓜 | 叶片 | 营养期 | 2.9～3.7 | 4.3～5.0 | >5.0 | |
| 番茄 | 叶片 | 孕蕾期 | | 4.5～5.1 | — | — |
| 甘蓝 | 第四片叶 | 结球初期 | 3.9～4.4 | 4.5～5.3 | 5.5～6.0 | |
| | 球叶 | 收获期 | — | 3.3 | | |
| 桃 | 新梢中部 | 花后 12～14 周 | <2.67 | 2.7～3.4 | >3.4 | |
| 柑橘 | 叶片 | 春末结果顶枝 | <2.2 | 2.2～2.4 | 2.4～2.6 | >2.6 |

豆科植物蛋白质含量丰富，含氮量也比较高，非豆科作物一般含量较少，作物的幼嫩器官和成熟的种子含蛋白质多，含氮也多，而茎秆特别是衰老的茎秆含蛋白质少，相应地含氮量也比较少。同一作物不同发育时期，其含氮量也不同，通过前面的表 5-1 可以看出，水稻，分蘖期含氮量明显上升，分蘖盛期含氮量达到最高峰，其后逐渐下降。通常情况下，作物在营养生长时期，氮素主要集中在茎叶等幼嫩器官中，当作物转入生殖生长时期，氮素就向籽粒、果实或块根等贮藏器官中转移；到成熟时期，将近有 70% 的氮素转入并贮藏在生殖器官或贮藏器官中。

相对而言，植物营养器官中的含氮量受环境和遗传因素的综合影响，变幅较大；生殖器官中的含氮量主要受遗传因素的控制，环境条件对其影响也就不大，变幅较小。因此施用氮肥可以显著提高营养器官的含氮量，有限地提高种子中的含氮量。

2. 氮素的营养功能

氮素的营养功能主要通过组成一系列植物生长发育所需的重要有机物来实现。

(1)氮是蛋白质的组成成分

氮是蛋白质的重要组成部分,蛋白质中氮的含量约占 16％～18％,蛋白质氮通常占植株全氮的 80％左右。蛋白质是构成生命物质的主要成分,细胞质、细胞核的构成都与蛋白质有直接关系。在作物生长发育过程中,体内细胞的增长和新细胞的形成都必须有蛋白质,否则,作物体内新细胞的形成将受到抑制,生长发育缓慢或停滞。没有蛋白质,也就没有了生命,氮素是一切有机体不可缺少的元素,因此可称之为"生命元素"。

(2)氮是核酸的组成成分

核酸是遗传的物质基础,核酸中含氮 15％～16％。核酸与蛋白质的合成,与作物的生长发育和遗传变异有着密切关系,信使核糖核酸(mRNA)是合成蛋白质的模板,脱氧核糖核酸(DNA)可以说是决定作物生物学性状的遗传物质,核糖核酸(RNA)和脱氧核糖核酸又是遗传信息的传递者。可见核酸和蛋白质是一切作物生命活动和遗传变异的基础。不难看出,核酸与蛋白质的合成、植物的生长发育和遗传变异具有密切关系。

(3)氮是叶绿素的组成成分

叶绿体是植物进行光合作用的主要场所。高等植物叶片约含 20％～30％的叶绿体,而叶绿体又含 45％～60％的蛋白质。叶绿体中叶绿素 a（$C_{55}H_{72}O_5N_4Mg$）和叶绿素 b（$C_{55}H_{72}O_6N_4Mg$）的分子中都含有氮。叶绿素含量的多少直接关系到光合作用,与碳水化合物的形成也有着密切关联。植物缺氮时,体内叶绿素含量减少,叶色呈淡绿或黄色。叶片光合作用就减弱,碳水化合物含量降低。因此,在大田农业生长中,如果叶色呈淡绿或黄色的话,就需要考虑是否需要添加氮肥了。

(4)氮是植物体内许多酶的组成成分

酶本身就是蛋白质,植物体内各种代谢过程都必须有相应的酶参加,起生物催化作用,直接影响生物化学的方向和速度,缺少相关酶的话就会对植物体内的各种代谢过程造成一定的影响。

(5)氮是植物体内许多维生素的组成成分

如维生素 $B_1$（$C_{12}H_{17}ON_3S$）、$B_2$（$C_{17}H_{18}O_6N_5$）、$B_6$（$C_8H_{11}O_3N$）都含有氮。它们都是辅酶的成分,能够参与植物的新陈代谢。

（6）氮是一些植物激素的成分

如生长素、细胞分裂素、赤霉素等植物激素中都含有氮。激素是植物生长发育和新陈代谢过程的调节剂,尽管它在植物中的含量不多,其对种子的萌发和休眠,营养生长和生殖生长、物质转运及整个成熟生理、生化过程都起着重要的控制作用。

此外,某些生物碱如烟碱($C_{10}H_{14}N_2$)、茶碱($C_7H_8O_2N_4$)、咖啡碱($C_8H_{10}O_2N_4$)、胆碱[$(CH_3)_3NCH_2OH$]、苦杏仁甙($C_{20}H_{27}OH \cdot 3H_2O$)等都含有氮,其中胆碱是卵磷脂等重要成分,而卵磷脂又与生物膜的形成有直接关系。

### （二）土壤氮素状况及其转化

#### 1. 土壤氮素含量

土壤中氮素的含量变化很大,土壤中氮素的含量不仅受自然因素如土壤母质、植被、地形、气候等影响,同时也受施肥、灌溉、耕作及其他农业措施等人为因素的影响。自然植被下的土壤,其表土中氮素含量与土壤有机质含量有直接关系,一般土壤全氮含量约为土壤有机质的 $1/20 \sim 1/10$。耕地土壤氮素含量受人为耕作、施肥、灌溉等因素的影响更为明显,我国主要农业土壤耕层全氮(N)含量多为 $0.5 \sim 1.0 g/kg$,很多土壤含氮不足。

从我国趋势来看,我国土壤含氮量以东北黑土、黑钙土地区最高,其次是华南、西南地区,而以西北干旱草原荒漠境地区和黄土高原地区最低。

#### 2. 土壤氮素形态

（1）无机氮

土壤中的无机氮主要包括铵态氮、硝态氮、亚硝态氮和气态氮等。其中,亚硝态氮是硝化作用的中间产物,在嫌气条件下于土壤中短时存在,如果通气良好的话,迅速转化成硝态氮。铵态氮和硝态氮最易被植物吸收,属于土壤速效氮素,在植物的氮素营养方面具有不可忽视的重要意义。通常所谓的土壤无机氮即是指铵态氮和硝态氮,其含量一般仅占土壤全氮含量的 $1\% \sim 2\%$,且波动性大,常作为植物生长期间土壤氮素供应的参考指标。

（2）有机氮

一般情况下,有机氮占土壤全氮的 $98\%$ 以上,构成了土壤全氮的绝大部分。有机氮的组成较为复杂,一般根据其溶解和水解的难易程度,分为水溶性有机氮、水解性有机氮和非水解性有机氮三种。①水溶性有机氮。主要包括一些结构简单的游离氨基酸和酰胺等,有些小分子态的水溶性有机氮能够被植物直接吸收,分子量稍大的可以迅速水解成铵盐而被利用,水溶性有机氮的含量一般不超过土壤全氮量的 5%。②水解性有机氮。水解性有机氮经过酸、碱和酶处理后能够水解成比较简单的水溶性化合物或铵盐,主要包括蛋白质氮和氨基糖态氮,它们分别占土壤全氮的 40%~50% 和 5%~10%,还包括一部分未知态的水解性氮。在土壤中,它们经过微生物的分解后,能够释放出植物直接吸收的氮素,可以作为植物的氮源,这在植物中的氮素营养方面有着重要意义。③非水解性有机氮。主要有胡敏酸氮、富里酸氮和杂环氮,占土壤全氮量的 30%~50%,由于它们难于水解或水解缓慢,故对植物营养的作用较小。但与土壤的理化性质有直接关系。

### 3. 土壤氮素转化

土壤中各种形态的氮素在物理、化学和生物因素的作用下可进行相互转化,其转化过程如图 5-1 所示。在土壤中,有机态氮经微生物矿化成铵态氮;一部分铵态氮可以被土壤黏粒矿物(胶体)吸附或固定;另一部分在微生物的作用下转化为有机氮,或经硝化作用氧化成硝态氮。如果土壤的 pH 为中性或碱性条件下,一部分铵态氮可以转化成氨而挥发损失;形成的硝态氮经微生物的反硝化作用转变成 $N_2$、$NO$、$N_2O$ 或被微生物利用形成有机氮。综上所述,微生物在土壤氮的转化过程中起到关键作用,凡是影响微生物活性的因素,如土壤有机物的 C/N、土壤水分和通气条件、土壤温度、pH 值等对于土壤中氮素的转化也有直接影响。

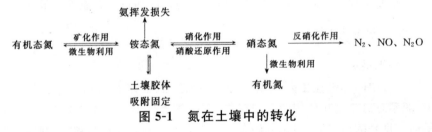

图 5-1　氮在土壤中的转化

(1)有机态氮的矿化

在微生物的作用下,土壤中的含氮有机物质分解形成氨的过程就是所谓的有机态氮的矿化作用。矿化作用在好氧、嫌氧和兼性条件下均能进行,通过氧化脱氨、还原脱氨或水解脱氨,从而释放出氨。

土壤有机态氮的矿化强度和速率与土壤温度、湿度、pH 值和 C/N 有直接关系,一般土壤温度为 20~30℃、土壤湿度为田间持水量的 60%~80%、土壤 pH 值为中性、有机物 C/N 等于或小于 25/1 时,土壤有机氮的矿化作用最为旺盛。

有机态氮矿化作用产生的氨($NH_3$)能够溶于土壤溶液中形成铵离子($NH_4^+$),铵离子能够被植物吸收,被微生物利用而转化为有机氮,被土壤胶体吸附或固定,在好氧条件下被氧化为硝态氮,在中性及碱性土壤中挥发损失。

(2)土壤胶体对铵离子($NH_4^+$)的吸附或固定

土壤胶体中,伊利石、蒙脱石、水云母和蛭石等 2:1 型黏土矿物能够有效吸附铵离子($NH_4^+$)。

被黏土矿物晶格表面吸附的 $NH_4^+$,不容易淋失,同时对于植物根系代换吸收也非常有利,因此有效性高;但如果 $NH_4^+$,吸附进入土壤黏土矿物的晶层间,就会形成"晶格固定",即 $NH_4^+$ 的大小与这些黏土矿物层间晶穴的大小比较接近,很容易陷入晶穴中而被固定,从而暂时失去对植物的有效性,在干湿交替频繁的条件下更为强烈,黏土矿物涨缩性强,更易发生晶格固定。这种吸附固定,虽然降低了 $NH_4^+$ 才的有效性,对于调节土壤溶液中 $NH_4^+$ 的浓度、提高土壤对氮的缓冲能力也有一定的作用,而且还可将土壤中过多的速效氮转化为缓效态氮储存起来,在植物生长的旺季再通过理化过程释放出来,这样一来就在一定程度上成为了植物一个重要的氮素给源,这不仅有利于植物生长,对于减少氮素的挥发、淋溶、反硝化等损失也非常有利。

(3)氨的挥发损失

在中性或碱性条件下,土壤中的吸附态 $NH_4^+$ 才转化成 $NH_3$ 而挥发损失的现象称氨的挥发。氨挥发的速率与土壤 pH、土壤温度和施肥深度等有直接关系,而且凡影响这些因子的条件也将影响到氨的挥发。例如,当土壤 pH 值小于 7 时,氨挥发损失的情况几乎不会发生,随着 pH 值不断升高,氮损失量增加;随土壤温度升高,氨的挥发损失就会相应地增加。反则挥发损失少;据统计显示,铵态氮肥深施于表土 10cm 以下氮素挥发损失较小,生产中把氮肥深施作为提高氮肥利用率的最有效措施之一。

(4)硝化作用

硝化作用是指土壤中铵或氨在微生物的作用下氧化成硝酸盐的过程。具体可通过以下两个步骤来实现。①$NH_4^+$ 在亚硝化细菌的作用下,氧化成亚硝酸盐;②亚硝酸在硝化细菌的作用下,进一步转化成硝酸盐。硝化过程只有在通气良好的土壤条件下才能进行。硝态氮相对于铵来说移动性要大得多,极易流失。因此,无论在旱地还是水田,铵态氮肥都应深施覆土,尽可能地抑制硝化作用的进行,从而减少氮肥损失。

(5)反硝化作用

从字面层次上也不难理解,反硝化作用是指硝酸盐或亚硝酸盐还原为气态氮(分子态氮和氮氧化物)的作用过程。反硝化作用还可进一步细分为微生物反硝化和化学反硝化两种类型。

①生物反硝化作用。是指由反硝化细菌引起的反硝化作用,其反应过程为:

$$NO_3^- \rightarrow NO_2^- \rightarrow NO \rightarrow NO_2 \rightarrow N_2$$

与微生物硝化作用不同的是,微生物反硝化作用主要是在嫌氧条件下进行,因此土壤硝酸盐含量、水气条件、土壤中易分解有机质的含量、土壤温度及 pH 值等均对其反应速率均会造成一定的影响。例如,土壤存在大量新鲜有机质、含氮量在 5%～10%、pH 5～8、温度 30～35℃时,反硝化作用强烈。据相关数据显示,在我国,稻田中的反硝化脱氮量约占化肥损失的35%。可以看出,微生物引起的反硝化脱氮是稻田氮肥损失的主要途径。

②化学反硝化作用。是指亚硝酸盐在一定条件下的化学分解作用。其主要产物是分子态氮和一氧化氮。化学反硝化作用能够在好氧条件下顺利进行,所要求的土壤 pH 值也就相对要低一些。

(6)无机氮的生物固定

无机氮的生物固定是指土壤中的无机氮(主要包括铵态氮和硝态氮)被微生物吸收同化之后,构成其躯体而暂时保存在土壤中的现象。无机氮在通过生物固定后,土壤中的速效氮转化为植物不能直接吸收利用的有机态氮,这种固定不是一成不变的,微生物死亡后,通过有机质的矿化过程,又可转变为有效氮。

4. 土壤供氮能力及氮的有效性

能被当季植物利用的氮素就是所谓的有效氮,其中包括水溶性铵盐、硝酸盐、交换性 $NH_4^+$ 和部分易分解的有机态氮,而土壤无机氮仅占土壤全氮的非常小的一部分,因此当季植物利用的氮素大部分来自于有机氮的转化。截止到目前,我国采用全氮、碱解氮、土壤矿化氮和硝态氮来衡量旱地土壤的供氮能力;采用全氮、碱解氮(1mol/LNaOH)和铵态氮来衡量稻田土壤的供氮能力,具体分级指标如表 5-2 所示。一般认为,全氮可以说是土壤供氮潜力的晴雨表,碱解氮与土壤有效氮的数量有一定联系,无机氮可以反映土壤供氮强度。

表 5-2　稻田土壤供氮能力的分级指标

| | 分级指标 | | | |
| --- | --- | --- | --- | --- |
| | 高 | 较高 | 中等 | 低 |
| 全氮/% | >0.20 | 0.15～0.20 | 0.10～0.15 | <0.10 |
| 碱解氮(1mol/LNaOH)/(mg/kg) | >200 | 150～200 | 100～150 | <100 |

**(三)植物对氮的吸收与同化**

植物主要吸收铵态氮、硝态氮、酰铵态氮,吸收的其他低分子态有机氮相对要少一些,如氨基酸、核苷酸、酰胺等。前三者是植物吸收氮的主要形态。

1. 植物对铵态氮的吸收与同化

(1)植物对铵态氮的吸收

针对植物吸收铵态氮的理解与认识主要有 2 位专家的见解。①Epstein 认为,植物对 $NH_4^+$-N 的吸收类似于 $K^+$,吸收两种离子的膜位点(载体)相似,故竞争现象在所难免。②Mengel 认为,铵态氮不是以 $NH_4^+$ 的形式吸收,当 $NH_4^+$ 与原生质膜接触时就会发生脱质子化的现象,$H^+$ 保留在膜外的溶液中,形成的 $NH_3$ 则跨过原生质膜而进入细胞。

(2)植物对铵态氮的同化

截止到目前,谷酰胺合成酶和谷氨酸合成酶催化的"谷酰胺-谷氨酸循环"是高等植物同化氨主要途径。在氮源充足和碳源相对不足的情况下,谷氨酸主要用于谷酰胺-谷氨酸循环,形成谷酰胺,植物体内的谷酰胺含量就会相应地有所增加。所以,可以利用谷酰胺在植物体内的含量及其变化情况,早期诊断植物氮素的丰缺,指示 C/N 代谢状况。

2. 植物对硝态氮的吸收与同化

一般情况下,植物能够主动吸收硝态氮,代谢作用显著影响硝态氮的吸收。进入植物体内的硝态氮大部分首先会在根系和叶片内被同化为 $NH_4^+$,然后进一步转化成氨基酸和蛋白质;小部分储存在液泡内。但是,如果氮肥施用过多,液泡内部就会积累大量的硝酸盐,蔬菜和饲料中的硝酸盐过多,就会对人畜造成危害。

在植物体内,硝态氮先经过硝酸还原酶还原成亚硝酸,再经过亚硝酸还原酶的作用被还原成 $NH_4^+$。亚硝酸还原主要通过以下两个步骤来实现,第一步是 $NO_2^-$ 还原为 $NH_2OH$;第二步是还原成 $NH_3$。截止到目前,针对亚硝酸的还原存在两种看法,第一种观点认为亚硝酸还原酶是一种复合酶体系,能够有效催化上述两步反应;第二种观点认为由亚硝酸还原酶和羟胺还原酶分别催化上述两步反应。相关研究表明,硝酸盐还原成铵盐的过程主要是在叶绿体(叶片)和前质体(根部)中进行。根系同化的硝酸盐一般占吸收量的 $10\%\sim30\%$,叶片同化的硝酸盐一般占吸收量 $70\%\sim90\%$。植物体内硝酸盐的大量积累与光照不足、温度过低、施氮过多和微量元素缺乏有直接关系。此外,钾素不足也可能导致硝酸盐积累。蔬菜是硝酸盐含量较高的作物之一,想要降低蔬菜硝酸盐的话可以通过选用优良品种、减施氮肥、增施钾肥、增加光照、改善微量元素供应等相关措施来实现。

3. 植物对有机氮的吸收与同化

(1)酰胺态氮——植物能够吸收简单的有机氮

相比较而言,尿素$[CO(NH_2)_2]$容易吸收,且速率较快。其吸收速率主要受环境中尿素浓度的影响。在一定浓度范围内,尿素的浓度越高,植物的吸收速率越快,如果出现过量吸收的情况,尿素就会在体内发生积累,积累量超过一定阈值,植物中毒死亡。

尿素进入细胞之后,能够被进一步同化。目前,关于尿素的同化机理有两种认识。多数学者认为,尿素进入植物细胞后在脲酶的作用下能够分解成氨,然后进一步被利用。另一种见解认为,有些作物如麦类、黄瓜、莴苣和马铃薯等作物体内脲酶的活性几乎检测不到,尿素是被直接同化的。

(2)氨基态氮

相关研究证明,水稻可以吸收氨基态氮。根据氨基态氮对水稻生长的影响,可以进一步分为以下 4 类:效果超过硫铵(甘氨酸、天门冬酰胺、丙氨酸、丝氨酸、组氨酸);效果次于硫铵。要相对优于尿素(天门冬氨酸、谷氨酸、赖氨酸、精氨酸);效果次于硫铵和尿素,对生长有一定仍有促进作用者(脯氨酸、缬氨酸、亮氨酸、苯丙氨酸);抑制生长者(蛋氨酸)。

**(四)常见植物氮素营养失调症状及其丰缺指标**

(1)缺氮

植物缺氮的较普遍症状主要通过以下几点来体现。①植物缺氮时,蛋白质合成受阻,蛋白质和酶的数量会有一定程度的降低。②氮是移动性强的元素,植物缺氮时,老叶中的蛋白质分解,释放出氮素能够向新叶、顶芽等幼嫩组织转移,这就是氮素的再利用现象,氮素转移以后,老叶叶绿体结构被破坏,叶绿素合成减少,老叶的叶片就会自下而上黄化。所以当植物叶片出现淡绿色或黄色时,即表示植物有可能缺氮,此时就需要添加氮肥。③植物缺氮时,含氮的植物激素如生长素、细胞分裂素含量下降,生长点细胞分裂和生长就会受到一定的阻碍作用,导致植株生长缓慢、植株矮小、瘦弱,分蘖或分枝减少,作物易早衰、结实率降低,最终导致作物的产量下降。④植物缺氮也会影响到作物产品品质。供氮不足致使作物产品中的蛋白质含量得以减少,蔬菜纤维素含量增加,口感差,水果体积变小,维生素和必需氨基酸含量也相应减少,最终导致作物的商品价值下降。

（2）氮过剩

氮素缺少不行,氮素供应过多的话也会给植物带来负面影响。①叶绿素大量形成,叶色浓绿,大量光合产物聚集在叶片等营养器官中,转化和运输无法有效进行。②植物吸收硝态氮及合成叶绿素、氨基酸、蛋白质过程需要消耗大量的光合产物,就会有"得氮耗糖"现象的产生,使果实含糖量下降,瓜果不甜,品质下降;甜菜块根小、产糖率下降;纤维作物产量减少,纤维品质有一定程度的降低。③植株徒长,贪青迟熟,落花落果现象较重,从而导致作物产量下降。④大量施用氮肥会在一定程度上降低果蔬品质和耐贮性。⑤大量施氮可导致植株营养生长过旺,群体郁蔽,植株幼嫩多汁,可溶性碳、氮化合物增多,作物抗逆性变差,易受机械损伤(如倒伏)和病虫害侵袭。

综上所述,氮素供应不足或过剩,都可以在一定程度上对植物的生长发育、产量形成和产品品质带来不良影响。氮肥的理想用量必须根据当地的土壤类型、养分状况、植物种类、肥料性质、施肥技术、农艺措施以及生态环境条件进行综合考量,最大程度地发挥氮肥的增产效益。

## 二、氮肥的种类、性质及施用

化学氮肥有不同的分类方法,最常用的是按照氮素的形态分为铵态氮肥、硝态氮肥、酰胺态氮肥和缓释或控缓氮肥4种。

### (一)铵态氮肥

截止到目前,铵态氮肥有碳铵、氯化铵、硫酸铵和液氨。我国目前常用的是碳铵、少量的氯化铵和硫酸铵,国外有液氨。

1. 铵态氮肥的特性

铵态氮肥施入土壤之后,被土壤无机胶体吸附或固定起来比较容易,与硝态氮肥相比,移动性较小,淋溶损失少,肥效相对较长;铵态氮肥在一定的情况下可以氧化成为硝酸盐或被微生物转化成有机氮;在碱性和钙质土壤中容易发生挥发损失的情况;高浓度的氨可以导致植物中毒死亡,作物的幼苗阶段对高浓度的氨敏感度最高;作物过量吸收铵态氮,对钙、镁、钾等阳离子的吸收具有一定的抑制作用,在施用铵态氮肥时,尽可能地避免一次大量施入,尤其是蔬菜、果树和糖料植物,以免引起营养失调。

2. 铵态氮肥的理化性质

碳铵、氯化铵、硫酸铵和液氨的理化性质如表 5-3 所示。

表 5-3　铵态氮肥的基本性质

| 名称 | 分子式 | 含氮量/% | 稳定性 | 理化性质 |
|------|--------|---------|--------|---------|
| 液氮 | $NH_3$ | 82 | 差 | 液体,碱性。比重 0.167,副成分少 |
| 碳酸氢铵 | $NH_4HCO_3$ | 16.5～17.5 | 大于液氮 | 无色或浅灰色的粒状、板状或柱状结晶,稳定性比较差,常温下可以分解,应密闭包装,易溶于水,水溶液呈碱性,比较亲水 |
| 氯化铵 | $NH_4Cl$ | 24～25 | 大于碳铵 | 白色结晶,吸湿性强,应密闭包装储运,易溶于水,水溶液呈酸性 |
| 硫酸铵 | $(NH_4)_2SO_4$ | 20～21 | 大于氯化铵 | 白色结晶,易溶于水,水溶液呈酸性,吸湿性小,不易结块,化学性质比较稳定 |

3. 铵态氮肥的施用

（1）碳酸氢铵

碳铵施入土壤之后,可以分解为 $NH_4^+$ 和 $HCO_3^-$ 反应如下:

$$NH_4HCO_3 \rightarrow NH_4^+ + HCO_3^-$$

$NH_4^+$ 被土壤胶体吸附,置换出 $H^+$,$Ca^{2+}$（或 $Mg^{2+}$）等阳离子,与它们反应后形成 $H_2CO_3$,$CaCO_3$（或 $MgCO_3$）,无副产物和副作用,在一定的范围内施用不会对土质产生影响,是比较安全的氮肥品种之一。碳铵的稳定性差,储存施用应防止损失,施后应深施盖土,从而减少挥发;或做成颗粒肥料,提高稳定性;或少量多次施用。碳酸氢铵可做基肥、追肥和种肥,但施用浓度应该在一定范围内。

（2）氯化铵

氯化铵施入土壤后,发生以下反应:

$$[土壤胶体]-nH^+ + nCl \rightarrow [土壤胶体]-nNH_4^+ Z + nHCl$$
$$[土壤胶体]-nCa^{2+}（或 Mg^{2+}）+ 2nCl \rightarrow$$
$$[土壤胶体]-2n NH_4^+ + nCaCl_2（或 MgCl_2）$$

从前面的反应可以看出,氯化铵施入土壤之后,$NH_4^+$ 被土壤胶体吸附,置换 $H^+$,$Ca^{2+}$(或 $Mg^{2+}$),一方面 $H^+$ 导致土壤酸化;另一方面由于 $CaCl_2$(或 $MgCl_2$)易溶于水,长期大量施用氯化铵能够造成土壤脱钙(镁),使其结构破坏,土壤板结。相对于旱田,氯化铵适宜用于水田,一方面可以防止氯离子在土壤中积累;另一方面氯离子能够在一定程度上抑制硝化作用,减少稻田氮肥的损失。此外,氯化铵不宜用于耐氯能力差的烤烟、糖料作物、果树、薯类作物等。氯化铵可做基肥和追肥,但不宜做种肥,否则的话就会影响发芽。

（3）硫酸铵

硫酸铵施入土壤后,发生以下反应:

$$[土壤胶体]-2nH^+ + n(NH_4)_2SO_4 [土壤胶体]-2n + nH_2$$
$$[土壤胶体]-nCa^{2+}(或\ Mg^{2+}) + n(NH_4)_2SO_4 \rightarrow$$
$$[土壤胶体]-2nNH_4^+ + nCaSO_4(或\ Mg)$$

从反应中可以看出,硫酸铵施入土壤之后,$NH_4^+$ 被土壤胶体吸附,置换出 $H^+$,$Ca^{2+}$(或 $Mg^{2+}$),一方面 $H^+$ 导致土壤酸化;另一方面由于 $Ca$(或 $Mg$)溶解度比较小,容易形成细粒状沉淀,这样的话就会在一定程度上堵塞土壤空隙,故长期大量施用硫酸铵可以造成土壤结构破坏,板结,使得土壤的透气性变差。

硫酸铵适合于各类土壤和各种作物,但最好用于缺硫土壤和葱、蒜、十字花科等喜硫植物。硫酸铵可做基肥、追肥和种肥。

（4）液氨

液氨施入土壤之后,能够在土壤空隙中扩散运动,遇水形成铵盐,铵离子被土壤吸附,土壤 pH 在短时间内会有所升高,其反应如下:

$$NH_3 + H_2O \rightarrow NH_4^+ + OH^-$$

$[土壤胶体]-nH^+ + nNH_4^+ [土壤胶体]-nNH_4^+ + nH^+ - nCa^{2+}$（或 $Mg^{2+}$）$+ 2nNH_4^+ \rightarrow [土壤胶体]-2nNH_4^+ + nCa^{2+}$（或 $Mg^{2+}$）

液氨含氮量高,工业生产成本低,是一种前景非常可观的肥料。水田使用液氨可随水注入稀释,然后多次犁耙,方便被土壤胶体吸附。旱地施用液氨,宜采用注入方式,以便减少挥发损失。施用深度在黏质土壤上可浅些,沙质土壤要相对深一些。液氨可做基肥和追肥,但不能接触作物根系。尽管液氨是一种非常理想的肥料,但其贮运和施用器具阻止它在国内广为应用的关键。

**（二）硝态氮肥**

凡肥料中的氮素以硝酸根（N）形态存在的均属于硝态氮肥,硝态氮肥中比较常见的包括硝酸铵、硝酸钙和硝酸钠等。其中,硝酸铵习惯上可以将其列入硝态氮肥。这类氮肥一般具有下列共性:临界湿度低,易吸湿结块,非常容易溶于水,易为作物吸收,见效快;施入土壤后硝酸根不为土壤胶体所吸附,流动性比较大,容易造成淋溶损失;施肥点周围土壤 pH 上升,呈碱性,多属生理碱性肥料;助燃性和爆炸性非常强;适于旱作;可以与腐熟的有机肥或磷、钾肥配合施用,与新鲜厩肥、堆肥和绿肥就无法配合施用。不同的硝态氮肥所含阳离子种类不同,相应地它们在性质上也存在一定的差别。硝态氮易随水流失,在水田和多雨地区不宜施用。

1. 硝酸钠

硝酸钠可分为天然矿产和工业产品两种。天然硝酸钠含于硝石,硝石主要分布在南美的智利,所以可以称其为智利硝石。从智利矿床中开采出来的硝石产品,一般含 $NaNO_3$ 15%~70%,除了含有 $NaNO_3$ 之外,还含有 $NaCl$、$KNO_3$、$Na_2SO_4$、$MgSO_4$ 和 $CaSO_4$ 等杂质,微量元素(如硼)也存在于智利硝石中。工业生产的硝酸钠是氨在生产硝酸过程中的一种副产品,即使过剩的 $NO$ 和 $NO_2$ 气体与碳酸钠反应,生成硝酸钠和亚硝酸钠。后者再进步氧化即成硝酸钠。

硝酸钠含氮(N)15%~16%,含钠(Na)26%,一般为白色或微黄棕色结晶。易溶于水,吸湿性强,有一定的助燃性,在储存过程中应注意防潮防火。

硝酸钠中的硝酸根不被土壤吸收,容易流失,故宜做追肥,施用方法为少量、分次施用。由于是生理碱性肥料,适宜酸性或中性土壤施用,而对于盐碱地和水田及水浇田不适宜,也不宜在南方茶树上施用。某些喜钠作物(如甜菜、芜菁、甘蓝和胡萝卜等)施用硝酸钠在增加产量的同时也能够改善其品质。

2. 硝酸钙

用氢氧化钙或碳酸钙与硝酸反应制成硝酸钙,其反应如下
$$CaCO_3 + 2HNO_3 \rightarrow Ca(NO_3)_2 + H_2O + CO_2$$
可以算出,硝酸钙含氮(N)13%~15%,为白色或稍带黄色的颗粒,易溶于水,吸湿性很强,容易结块,储存时应注意通风干燥。硝酸钙为生理碱性肥料。因含有钙离子,对土壤胶体有团聚作用,在一定程度上能够改善土壤的物理性质。适用于各种土壤,在缺钙的酸性土壤上效果更好。最好做追肥施用,在旱田做基肥也是可行的。

3. 硝酸铵

硝酸铵简称硝铵,用氨中和硝酸而得。

$$NH_3 + HNO_3 \rightarrow NH_4NO_3$$

硝酸铵含氮(N)34%～35%,为白色结晶,含铵态氮和硝态氮各一半。非常容易溶于水,20℃时,100mL水可溶解188g。吸湿性很强,容易结块。工业上一般将硝酸铵制成颗粒状,在颗粒表面包一层疏水物质(如矿物油、石蜡、硅藻土和磷灰土粉等)做防潮剂,尽可能低减少其吸湿性。

硝酸铵和其他硝酸盐一样,能助燃。在高温下(400℃)能分解生成各种氧化氮和水汽,体积骤增,容易引起爆炸。鉴于此,储存时,严禁与易燃有机物(如柴油、棉花和木材等)放在一起;结块时,可用木棍敲碎或用水溶化施用,铁锤重击是不可取的。

硝酸铵施入土壤后,易溶于土壤溶液,并解离成铵离子和硝酸根离子。铵离子能够有效被土壤胶体吸附,而硝酸根则随水移动。因此,硝酸铵在水田施用时要硝态氮的流失和反硝化是不得不考虑的问题;在旱田施用时应深施覆土,尽可能低防止氨的挥发。

硝酸铵宜做追肥,基肥和种肥的施用一般不适用。旱田追肥要采用少量多次施用方法,并结合中耕、覆土;水浇地施用后,采用大水漫灌的话就会使得硝态氮淋溶损失。鉴于硝铵易遭受流失和反硝化作用,硝酸铵不宜在水田施用,以免影响其效果。

硝酸铵中的铵态氮和硝态氮的比例对于烟草作物比较适用,而且铵态氮有助于烟草形成芳香物质,硝态氮对于烟草的燃烧性非常有帮助。

4. 硝酸铵钙

硝酸铵钙由硝酸铵与一定量的白云石粉末熔融制成,为$CaCO_3$和$MgCO_3$的混合物,含氮(N)20%～21%。灰白色或淡黄色颗粒,吸湿性小,不易结块。由于含有大量碳酸钙,对于酸性土壤比较适宜。

硝酸铵钙宜做旱田追肥,可开沟施入,及时覆土。水田施用,硝态氮容易流失和起反硝化作用,肥效相对于硫酸铵要差一些。

**(三)酰胺态——尿素氮肥**

凡是肥料中的氮以酰胺基形态存在的叫做酰胺态氮肥,常见的酰胺态氮肥只有尿素。尿素因具有含氮量高、物理性状好、化学性质稳定及无副成分等优点,成为世界上施用量最多的氮肥品种,在我国,尿素的生产和销售量仅次于碳铵,化工部门常称其为"大氮肥"。

尿素的化学名称叫碳酰二胺,分子式为$CO(NH_2)_2$,含氮量46%,截止到目前,是中含氮量最高的固态氮肥。

①性质。尿素是一种化学合成的有机态氮肥,呈白色针状或柱状结晶,

易溶于水,是溶解度比较大的氮肥,20℃时,每100g水可溶解105g肥料,水溶液呈中性,其吸湿性跟温度有很大关系。当温度低于20℃时,吸湿性不大;若温度高于20℃,空气相对湿度大于80%时,尿素吸湿性增强。针对尿素易吸湿潮解、结块的问题,目前生产的尿素常制成圆形小颗粒状,外涂一层疏水物,这样一来就会使得其吸湿性在很大程度上有所降低,对于机械化施肥比较适用。尿素生产过程中会产生缩二脲($NH_2CONHCONH_2$),缩二脲是一种有毒物质,含量超过2%会对种子的发芽有一定的抑制作用,从而危害植物生长。尿素作根外追肥时,缩二脲不应超过0.5%,否则会伤害茎叶。

尿素施入土壤后,大多数的尿素会在土壤微生物分泌的脲酶作用下,水解为碳酸铵,进而释放出氨。其反应式如下

$$CO(NH_2)_2 + 2H_2O \xrightarrow{\text{脱酶}} (NH_4)_2CO_3$$

$$(NH_4)_2CO_3 \rightarrow 2NH_3 \uparrow + CO_2 \uparrow + H_2O$$

尿素的转化速率跟脲酶的活性有直接关系。土壤酸碱度、温度、湿度、质地及施肥方式等都可影响其活性,其中温度对其造成的影响最为关键,温度越高,水解速率越大。一般来说,土壤温度为10℃,转化需7~10d;20℃时需4~5d;30℃时只需1~3d即可全部转化成碳铵。尿素转化为铵态氮后,才能进一步被植物吸收,这种情况下氨的挥发损失就无法避免了,因此尿素也应深施覆土。尿素为"生理中性肥料",长期施用对土壤无副成分残留、无不良影响。

②施用。尿素适用面非常广,适用于各种土壤和作物,可作基肥和追肥。常用施肥量为150~300kg/hm²。施用时应采取深施覆土、撒施后随即耕翻或施用后立即灌水的办法,促进肥料尽快进入耕土层,因深层土壤脲酶的活性相对表层土壤脲酶的要低一些,这样就有效减缓了尿素的水解,可使肥效延长,并可减少氨的挥发损失。肥料中含有少量缩二脲,对于种子发芽非常不利,因此尿素一般不作种肥。如必须作种肥时,可从以下两个方面入手,一是严格控制用量在37.5kg/hm²;二是将肥料与干细土混合,施在种子下方或水平距离3cm处,尽量避免其与种子直接接触。

尿素是很理想的叶面肥,具体原因为:①尿素分子体积小,易透过细胞膜;②具有一定的吸湿性,能使叶面较长时间地保持湿润状态,以利叶片吸收;③呈中性、电离度小,不易引起细胞质壁分离,对茎叶损伤非常小;④进入细胞后很快参与同化作用,肥效快。用作叶面追肥时,可在早晨或傍晚进行这样一来有利于延长湿润时间,施肥效果好。喷施浓度因作物不同存在一定的差异,具体如表5-4所示,一般用量为每次15kg/hm²,每次间隔7~10d,

喷 2～3 次。

表 5-4 大田及园艺作物叶面喷施尿素的事宜浓度

| 作物 | 浓度/% | 作物 | 浓度/% |
|---|---|---|---|
| 稻、麦、禾本科植物 | 2.0 | 西瓜、茄子、薯类、花生、柑橘 | 0.4～0.8 |
| 露地黄瓜 | 1.0～1.5 | 桑、茶、苹果、梨、葡萄 | 0.5 |
| 萝卜、白菜、菠菜、甘蓝 | 1.0 | 柿子、番茄、草莓、温室花卉和黄瓜 | 0.2～0.3 |

尿素作根外追肥,可以配合喷施各种农药、化学除草剂、生长调节剂以及磷钾肥和微肥进行,一般不影响各自的效果,且能够提高利用功效。但必须注意保持混合喷施溶液的酸碱度为中性至微酸性。

**(四)缓效氮肥**

缓效氮肥指肥料中的氮的释放速率延缓,能够供植物持续吸收利用。缓效氮肥也就是所谓的长效氮肥或可控释放氮肥,一般在水中的溶解度很小。施入土壤后,在外部条件影响下,肥料逐渐分解,氮素缓慢地释放出来,满足了作物整个生育期对氮素的需要,有效地减少了氮素的淋失、挥发及反硝化作用所引起的损失,浓度过高对作物造成危害的情况也不会出现,同时由于可以作基肥一次施用,有效地节省了劳动力,这样的话作物密植情况下后期追肥的困难也就可以有效解决了。

早期阶段,尽管缓效氮肥的优点比较多,但成本较高,价格昂贵,使其推广面要相对窄一些。国外主要用于价值较高的园艺、蔬菜等作物,近几年来,随着我国工业技术水平的不断提高,目前已生产出多种长效氮肥,但生产量有限,价格也比速效氮肥要高,还没有大面积使用。

缓效氮肥还可以进一步划分为合成有机长效氮肥和包膜肥料两种。

**1. 合成有机缓效氮肥**

合成有机缓效氮肥主要是尿素与醛反应所形成的水溶性低的聚合物,这种聚合物进入土壤后,在化学的或微生物的作用下,逐渐分解并释放出尿素。截止到目前,常见的有机缓效氮肥主要包括脲甲醛、脲异丁醛、脲己醛、草酰胺等品种。

**(1)脲甲醛**

脲甲醛是尿素与甲醛反应所形成聚合物,尿素与甲醛的分子比例、反应条件等决定聚合物分子的大小,聚合物分子的大小也就决定了聚合物的溶解度和氮素释放的速度。一般用氮素活度指数来表示氮素释放的快慢,氮素活度指数根据可通过以下公式得到

$$氮素活度指数 = \frac{冷水不溶性氮 - 热水不溶性氮}{冷水不溶性氮} \times 100$$

脲甲醛为白色无味的粒状或粉状固体,含氮质量分数 38%~40%。施入土壤的脲甲醛,能够在微生物的作用下水解为甲醛和尿素,尿素进一步水解为氨。脲甲醛肥料作基肥一次施用,对一年生作物生长前期,提供的氮素非常有限,因此必须配合施用硫铵、尿素等速效氮肥。砂性土壤上施用效果最为理想。

(2)脲异丁醛

脲异丁醛又名异丁又环二脲,是尿素和异丁醛反应所形成的聚合物,白色粉状物,不吸湿,微溶于水。施入土壤后,能够水解为尿素和异丁醛。适用于各种作物,作基肥用时,它的利用率比脲甲醛高一倍。

## 2. 包膜氮肥

包膜氮肥是在速效氮肥的颗粒表面涂上一层惰性物质,具体惰性物质主要包括硫磺、沥青、树脂、聚乙烯、石蜡、磷矿粉等作为成膜物质,通过包膜扩散或包膜逐渐分解而释放氮素。

(1)硫衣尿素

在尿素颗粒表面涂上硫磺,再用石蜡之类物质涂封起来,这就是所谓的硫衣尿素。硫衣尿素含氮质量分数约 34%。主要成分及其质量分数为:尿素 76%、硫磺 19%、石蜡 3%、煤焦油 0.25%、高岭土 1.5%。施入土壤后,石蜡涂层能够被微生物缓慢降解,尿素就会通过孔隙扩散出来。硫衣尿素在低温、干旱的环境下释放的非常缓慢。

(2)长效碳铵

所谓的长效碳铵就是首先将碳铵制成颗粒,再在颗粒的表面涂上一层钙镁磷肥,并用少量沥青、石蜡等作封闭物。这种包膜肥料含氮质量分数为14%~15%,含磷质量分数约 3%~5%,其中 80%属有效磷,肥效可持续两个多月。

## 三、氮肥高效施用的原则探析

如何高效使用化学肥料一直是国内外普遍存在而又难以解决的实际问题。肥料利用率指当季作物从所施肥料中吸收的养分占施入养分的比例。

本质上来说就是当季作物对所施养分量的表观回收率。实践表明,肥料利用率受多方面因素的制约,如土壤性质、气候条件、作物种类和品种、栽培措施、氮肥品种、施肥量、施肥时间与方法等。因此,在计算推荐施肥量时可应用养分平衡法来进行计算,以便作为估算肥料需要量的参数,它与作物产量关系不大。肥料利用率的测定方法可采用差值法来进行计算,它是按田间生物试验施肥区与不施肥区的结果加以计算求得,即

$$氮肥利用率 = \frac{施氮区收获物中总氮量 - 不施氮区收获物中总氮量}{所施氮肥中氮素的总量} \times 100\%$$

同位素示踪法是另一种行之有效的测定肥料利用率的方法,它是采用稳定性或放射性同位素标记肥料的方法。该方法可以得出更为确切的肥料利用率,但试验的技术要求更高,操作起来比较困难。

氮肥利用率不高,不仅降低施肥的经济效益,更重要的是化肥氮离开了植物—土壤系统,造成生态环境的污染,这样的话就会对人体健康造成危害。同时也表明农业生产中,提高氮肥利用率的潜力空间还很大,因而研究氮肥的有效施用问题也就非常有必要。

**(一)确定合适的氮肥用量**

氮素投入不足,作物难以高产;投入过量,不但施肥经济效益降低,还可能导致作物减产,对环境造成污染。因此,适量施用氮肥在氮肥施用中是一个不得不考虑的问题。由于氮素不但是植物的生命元素,而且还是潜在的环境污染因子,因此,确定氮肥用量时,不但要考虑作物产量、品质和经济效益,对生态环境的影响也是不得不考虑的要素。理想的氮肥投入量应以施用后能保证作物优质稳产,能获得比较高的经济效益,作物收获后土壤基本无残留为原则。具体如何确定氮肥的投入量,通常要考虑土壤供氮水平和作物需氮状况,方法有多种,比较常见的包括田间试验法和养分平衡法两种,针对这两种测量方法在此不再介绍。

作物由土壤吸收的氮素可占其吸氮量的 $45\% \sim 70\%$。$^{15}N$ 同位素试验表明,水稻吸收来自土壤中的氮素占总吸氮量的 $64\% \sim 65\%$。因此,根据土壤的供氮能力确定氮素投入量对提高氮肥的利用率非常重要。鉴于此,20 世纪 60 年代以来,人们采用了各种测试方法,评价作物生长期间土壤能供应的氮素数量,进而制定出可用于实践的有效氮指标。氮肥效率降低,环境污染严重的趋势更使世界上许多国家把研究土壤的供氮能力的实验室方法作为提高氮肥利用效率的突破口,投入了大量人力和物力。我国在这方面也做了大量工作,取得了一定的成果,尤其在水稻土方面。

**（二）采用合适的施肥方法**

1. 深施

由于铵态氮肥易挥发损失,因此强调深施覆土。据统计,不论是旱地还是水田,不论何种作物,氮肥深施都能够起到保肥增效的效果。深施的主要优点是防止氮素挥发,使肥料分布在根系集中区域,促进养分的吸收利用。旱地的试验表明,等量氮素深施可增产高达 16.7%,而浅施仅增产10.7%。$^{15}$N 同位素试验表明,表施氮肥利率只有 18%,而穴施到 15cm 深处为 36%。稻田的试验表明,人们对于粒肥深施的增产效果比较满意,在获得同样产量情况下,深施比表施可节省氮肥 1/4。氮肥深施,水稻利用率为 50%～80%,肥效长达 30～60d;表施为 30%～50%,而肥效持续时间也比较短仅有 10～20d。

根据土壤情况的不同,可采用多种办法实现深施。旱地可做基肥结合深耕施入,也可在作物生长期间开沟条施或掘孔穴施。稻田基肥可采用无水层混施,追肥可采用以水带氮等方法。所谓的无水层混施就是将做基肥用的氮肥采用无水层混施或条施的办法施入土中,然后再灌水的办法。截止到目前,稻田施用基肥大多数采用的是有水层时混施,施用后大部分氮素仍留在田面水中,混入土中的氮肥非常有限。采用无水层混施可降低田面水中的肥料氮素,有效减少挥发损失。以水带氮就是做追肥施用时将稻田落干,表施氮肥后再灌水,让水带肥渗入土层,此种方法有效地提高了氮肥利用率。

当然,深施也不是越深越好。根系主要分布在表层 20cm 以内,施用深度应与此比较接近。过深,对于作物吸收利用也会非常不利的。在降雨量大、土壤质地轻、会发生氮素淋失的地区,则不宜深施。

2. 施肥时期

作物不同生育期对养分的需求量不同,相应作物的施肥时期也有一定的差异。确定施肥时期要考虑水分条件。有灌溉条件的水地和稻田要分期施。旱地的肥料效果总是和水分联在一起。水分越充分,肥料的效果越好,反之亦然。灌溉条件允许的情况下,作物对养分的需要可以随时补充,不会受到水分胁迫的限制而失去效果,分期施用取得的效益最为理想;无灌溉条件的旱地则必须考虑土壤的供水限制而早施。这不失为提高氮肥效果的另一种有效途径。

在有灌溉条件的水地或水田中,施氮应当考虑作物的生长发育最佳时期投入。对玉米所进行的试验表明,不论氮肥用量多少,如把氮肥用量分成4份,种用1份,拔节肥用1份,抽雄前用2份产量最高,比其他分配方式几乎成倍增产。

### 3. 采用保肥增效措施

限制氮肥利用率的一个重要原因是氮素损失,而淋失、挥发、反硝化是其损失的3条重要途径,这3个过程所造成的氮素损失强度因地区不同而存在一定的差异。因此要根据各地氮素损失的主要途径,采取相应的防止挥发损失、保肥增效的措施。

在我国北方,旱地反硝化起的作用不是特别关键,硝态氮的淋溶仅在灌区比较严重,而铵态氮的挥发却是一个不可避免的严重问题。南方稻田氨的水面挥发、硝化反硝化过程中的氮素损失一直无法保证水稻的高效生产,进而造成了严重的环境问题。

防止氨挥发的途径除了深施覆土外,改变施肥点的微域环境也不失为一种有效措施。土壤pH高是造成氨挥发的重要因子。西北旱地,土壤pH多在8.0以上,施入的铵态氮和酰胺态氮肥会以氨的形式大量挥发损失。想要全面降低土壤的pH可以说是办不到的,但降低施肥点微域的土壤pH却有可实践的基础。印度科学家采用硫黄包裹铵态氮肥,使硫黄氧化成硫酸而降低土壤pH,已用于生产实践,且取得的效果也比较令人满意。研究表明,铵态氮肥和酸性磷肥混合,除有调整养分,在能够促进作物对氮素吸收利用的同时,还能够保肥增效,大大地减少氨的挥发,原因是混施后,施肥点的pH下降。

随着技术的不断提高,利用土壤中的微生物改变氮肥形态以减少氨的挥发也已吸引了人们的眼球。旱地施用硝态氮肥无氨挥发之虑;降水少的气候条件也不会造成严重淋失,似乎看起来优点更多。但是,从氮肥生产流程来看,制造铵态氮肥最为经济;制造硝态氮肥还需要将氨氧化,消耗更多能量。针对这个问题,可通过促进铵态氮肥在土壤中的硝化来实现。相关研究证明,把少量尿素提前施用可激发土壤中硝化微生物的活性,促使随后施入的大量尿素在短时间内变成硝态氮;在铵态氮肥中混合少量硝态氮肥,能够有效降低铵态氮肥中氨的挥发。培养试验表明,混施少量硝态氮肥后,铵态氮挥发有很大程度地减少,而土壤硝态氮含量增加的非常明显。

稻田水面铵态氮的挥发和反硝化脱氮非常严重,针对这种情况,可以采用降低其pH可以说是比较理想的手段。深施(无水层混施、随水带入等)、分次施、应用不易挥发的氮肥品种对减少水中铵(氨)浓度也比较关键,添加脲酶抑制剂以延缓尿素水解,发展和施用缓释肥料的潜力空间相对要大一些。已发现稻田水中的藻类白天进行光合作用时可使水的 pH 升高,采用添加杀藻剂的方法具有一定的作用。

防止反硝化脱氮的核心是降低硝化速度,针对这一点深施仍是关键。

### (三)氮素与其他营养元素的协调供应

提高氮素利用效率可以从养分平衡为入手点。作物需要养分,更需要平衡协调的养分供应。根据最小养分律理论,一种养分供应不足,其他养分供应再多也会对植物的生长产生不利后果。鉴于这一点,营养物质全面而协调的供应是满足植物正常生长,获得高产的保证,同时对于充分发挥氮肥效益不失为关键。

想要使得植物营养均衡的话,在施用氮肥时可配合施用有机肥料或磷、钾肥。就目前情况来看,我国有机肥料中的氮素含量均低,其中的养分比例也与作物需求吻合度不够高,磷、钾多而氮少。氮肥和有机肥配合施用在提高氮肥的利用效果同时,也能够有效提高有机肥料的利用效果,作物产量的提高非常明显。

氮肥与磷、钾肥配合施用可以说是解决氮磷失调、氮钾失调提高氮素利用效率的另一个行之有效的办法。在一块缺磷的土壤上进行的氮磷用量配合试验表明,每公顷施 68kg 氮,小麦产量仅 1729kg/hm²,与不施氮肥(1662 kg/hm²)差别不大;每公顷施用 68kg $P_2O_5$,产量为 2787kg/hm²;二者配合,产量为 4493kg/hm²,相比前者施肥效果来说差别异常明显。

肥料中氮磷、氮钾养分的配合要以土壤中供应这两种养分的能力为参考依据。就供磷能力来说,根据北方大量的田间试验结果,在土壤有效磷低于 8mg/kg,氮与磷($P_2O_5$)之比以 1∶1 为宜;土壤有效磷在 8~16mg/kg,以 2∶11 为宜;高于 16mg/kg,就没有施用磷肥的必要了。

### (四)综合技术的运用

改善作物生育条件,培育健壮植物对提高养分效率也有直接关系。健壮植物能够从土壤和肥料中吸取更多的养分,有效提高养分的利用效率。改善作物生育条件可通过以下几点来进行:采用合适的密度和栽培方式,保证作物有充分的光照供应;改良土壤性质,采用良好的耕作措施,保证土壤有良好的水、肥、气、热协调供应。

# 第二节　磷肥及施用

## 一、磷肥的种类、性质及施用

磷肥是由磷矿石加工而来的,根据其生产方法不同,生产出的磷肥种类和性质差异很大。按其溶解性不同,分为水溶性、弱酸溶性和难溶性 3 大类,如图 5-2 所示。磷肥在生产中用量大,但利用率并不高,当季植物一般只能利用所施用磷肥的 10%～30%,大部分转化为无效形态,在土壤中逐渐累积。

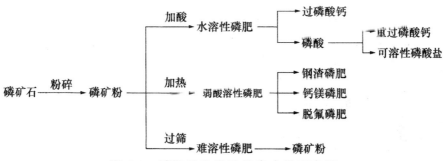

图 5-2　磷肥的种类及代表产品示意图

### (一)水溶性磷肥

水溶性磷肥是指有效成分能够溶于水的磷肥,主要有普通过磷酸钙和重过磷酸钙,所含磷酸盐为磷酸二氢钙。

1. 普通过磷酸钙

(1)普通过磷酸钙的性质

普通过磷酸钙的主要成分为磷酸二氢钙$[Ca(H_2PO_4)_2]$,简称普钙,是由硫酸分解磷矿粉,使难溶性的磷酸钙转化为水溶性的磷酸二氢钙,化学反应式为

$$2Ca_5(PO_4)_3 \cdot F + 7H_2SO_4 + 3H_2O \rightarrow 3Ca(H_2PO_4)_2 \cdot H_2O + 7CaSO_4 + 2HF\uparrow$$

普通过磷酸钙为灰白色粉末或颗粒,含有效磷$(P_2O_5)$14%～20%,硫酸钙$(CaSO_4)$40%～50%,有效磷含量取决于原料磷矿石的品位。普通过磷酸钙的质量标准如表 5-5 所示。

表 5-5　普通过磷酸钙的质量标准/%

| 指标名称 | 级别 | | | | | | | |
|---|---|---|---|---|---|---|---|---|
| | 特级品 | 一级品 | 二级品 | | 三级品 | | 四级品 | |
| | | | A | B | A | B | A | B |
| 有效磷(以 $P_2O_5$ 计)质量分数 | ≥20.0 | ≥18.0 | ≥17.0 | ≥16.0 | ≥15.0 | ≥14.0 | ≥13.0 | ≥12.0 |
| 游离酸(以 $P_2O_5$ 计)质量分数 | ≤3.5 | ≤5.0 | ≤5.5 | ≤5.5 | ≤5.5 | ≤5.5 | ≤5.5 | ≤5.5 |
| 水分质量分数 | ≤8.0 | ≤12.0 | ≤14.0 | ≤14.0 | ≤14.0 | ≤14.0 | ≤14.0 | ≤14.0 |

$Ca(H_2PO_4)_2$ 易溶于水,因肥料中常含有少量的游离酸,所以肥料呈酸性,并具有腐蚀性,易吸湿结块。吸湿后由于肥料中含有铁、铝杂质,与磷酸根结合,生成难溶性的磷酸铁、磷酸铝,导致磷的有效性降低,这种反应称为普通过磷酸钙的退化作用,放置时间越长,退化作用越严重,反应式为

$$Ca(H_2PO_4)_2 \cdot H_2O + Fe_2(SO_4)_3 + 3H_2O \rightarrow$$
$$2FePO_4 \cdot 2H_2O \downarrow + CaSO_4 \cdot 2H_2O \downarrow + 2H_2SO_4$$

(2)普通过磷酸钙在土壤中的转化

无论施在酸性土壤或石灰性土壤上,过磷酸钙中的水溶性磷均易被固定,在土壤中移动性小。据报道,石灰性土壤中,磷的移动一般不超过 1~3cm,绝大部分集中在 0.5cm 范围内;在中性和酸性土壤中,磷的扩散系数更小。由于固定作用使磷的有效性逐渐降低。

(3)普通过磷酸钙的施用

普通过磷酸钙在土壤中易发生固定,合理施用的原则是:尽量减少它与土壤接触的面积,降低土壤固定,增加与根系接触的机会,促进根系对磷的吸收。

提高肥效的方法常用的有以下几种。

①集中施用。过磷酸钙可做基肥、种肥和追肥,均应适当集中施用和深施。集中施用旱地以条施、穴施、沟施的效果为好,水稻采用塞秧根和蘸秧根的方法。

②分层施用。在集中施用和深施原则下,用 2/3 磷肥做基肥深施,1/3 在种植时做种肥或种肥施于表层土壤中,既保证根系能吸收到磷,又减少与土壤接触的机会。

③与有机肥料混合施用。混合施用可减少过磷酸钙与土壤的接触,同时有机肥料在分解过程中产生的有机酸能与铁、铝、钙等络合,对水溶性磷有保护作用;有机肥料还能促进土壤微生物活动,释放二氧化碳,有利于土壤中难溶性磷酸盐的释放。

④制成颗粒肥料颗粒。磷肥表面积小,与土壤接触也小,因而可以减少吸附和固定,也便于机械施肥。颗粒直径以 3～5 mm 为宜。密植植物、根系发达植物还是粉状过磷酸钙好。

⑤根外追肥。根外追肥可减少土壤对磷的吸附固定,也能提高经济效果。喷施前,先将其浸泡于 10 倍水中,充分搅拌,澄清后取其清液,经适当稀释后喷施。喷施浓度一般为 1%～3% 的浸出液,喷施量为 750～1500kg/hm$^2$。

### 2. 重过磷酸钙

(1)重过磷酸钙的性质

重过磷酸钙简称重钙,是由一定浓度的磷酸与适量的磷矿粉反应生成的一种高浓度磷肥。含有效磷($P_2O_5$)为 36%～54%,呈深灰色,颗粒或粉末状,易溶于水。主要成分为水溶性磷酸二氢钙[$Ca(H_2PO_4)_2 \cdot H_2O$],不含硫酸钙,含 4%～8% 的游离磷酸,呈酸性,腐蚀性与吸湿性强,易结块,多制成颗粒状。由于不含铁、铝、锰等杂质,存放过程中不致发生磷酸盐的退化。不宜与碱性物混合,否则会降低磷的有效性。

(2)重过磷酸钙的施用

重钙施入土壤后的转化过程和施用方法与普钙基本相似。由于肥料中有效成分含量高,其施用量应相应减少。由于含石膏量极微,长期施用重钙的土壤易表现缺硫,对豆科植物、十字花科植物、马铃薯等喜硫植物,其肥效不如等磷量的过磷酸钙。

### (二)弱酸溶性磷肥

弱酸溶性磷肥是指有效养分不溶于水,能溶于 2% 的柠檬酸、中性柠檬酸铵或微碱性柠檬酸溶液的磷肥,也称枸溶性磷肥,主要有钙镁磷肥和钢渣磷肥。

### 1. 钙镁磷肥

钙镁磷肥是用磷矿石与适量的含镁硅矿物如蛇纹石、橄榄石、白云石和硅石等在高温下熔融,经水淬冷却而制成玻璃状碎粒,再磨成细粉状而制成。

(1)钙镁磷肥的性质

钙镁磷肥主要成分为 $\alpha$-$Ca_3(PO_4)_2$，一般含 $P_2O_5$ 14％～22％，MgO 8％～18％，CaO 25％～38％，$SiO_2$ 20％～35％。其中所含 $P_2O_5$ 的枸溶率 80％以上。此外，钙镁磷肥中还含有少量 $K_2O$，Mn，Zn，Cu 等微量元素。钙镁磷肥的外观为黑绿色、灰绿色或灰棕色的粉末，呈碱性（pH 8～8.5），不吸湿结块，无腐蚀性，长期存放不易变质（表 5-6）。

表 5-6 钙镁磷肥的质量标准/％

| 项目 | 指标 | | |
|---|---|---|---|
| | 优等品 | 一等品 | 合格品 |
| 有效磷（$P_2O_5$）质量分数 | ≥18.0 | ≥15.0 | ≥12.0 |
| 水分质量分数 | ≤0.5 | ≤0.5 | ≤0.5 |
| CaO 质量分数 | ≥45.0 | | |
| $SiO_2$ 质量分数 | ≥20.0 | — | |
| MgO 质量分数 | ≥12.0 | | |
| 细度（过 0.25 mm 标准筛） | ≥80 | ≥80 | ≥80 |

(2)钙镁磷肥在土壤中的转化

钙镁磷肥施入土壤后，可缓慢逐渐转化为水溶性磷酸盐，其转化的速度取决于植物种类、肥料颗粒大小、土壤条件等因素。

①植物种类。钙镁磷肥效果与植物根系的吸磷能力关系较大。对水稻、玉米、小麦等植物，其肥效略差于过磷酸钙，而对豆科植物和绿肥植物，如油菜、肥田萝卜、瓜类和喜钙的蚕豆、豌豆等效果优于过磷酸钙。

②肥料颗粒大小。钙镁磷肥在弱酸中的溶解量随着其粒径的减小而增大，但小于约 0.1mm 时变化不大。不同的土壤溶解钙镁磷肥的能力有差异。在酸性土壤上施用时，钙镁磷肥的颗粒一般要求大约为 0.4mm，中性土壤则应小于 0.25mm，石灰性土壤必须小于 0.15mm。

③土壤条件。pH＜5.5 的强酸性土壤上，其肥效高于普钙，pH 为 5.5～6.5 的酸性土壤中，对当季植物的肥效与普钙相当，在 pH＞6.5 的中性和石灰性土壤，其肥效一般小于普钙。

(3)钙镁磷肥的施用

钙镁磷肥可做基肥、种肥和追肥，以基肥深施效果最好。不论基肥、追肥，均宜集中施用，追肥要早施。钙镁磷肥还可以与有机肥料一起堆沤，促进钙镁磷肥的有效化，以提高其肥效。特别在水田中，可中和水田中因泡水而产生的还原性酸,避免产生 $SO_2$ 引起根系中毒,在我国南方可改良冷、酸、湿类型的低产田。

2. 钢渣磷肥

(1)钢渣磷肥的性质

钢渣磷肥是炼钢工业的副产品,是由 $Ca_4P_2O$ 与 $Ca_4P_2O_9 \cdot CaSiO_3$ 组成的复盐。含磷($P_2O_5$)量一般为 $14\%\sim18\%$,随着原料铁矿的性质而不同。钢渣磷肥属枸溶性磷肥,呈黑褐色或深棕色粉末,碱性强,不溶于水,溶于弱酸,不吸湿、不结块。

(2)钢渣磷肥的施用

钢渣磷肥在酸性土壤和喜钙的豆科植物上做底肥,其肥效与等磷量普钙相当或略高于普钙,但在石灰性土壤中肥效比普钙差。较适宜与堆肥、厩肥混合,施用于果树及其他多年生的植物上肥效较好。宜做基肥,肥效期较长。

**(三)难溶性磷肥**

难溶性磷肥是指既不能溶于水,也不能溶于弱酸,只能溶于强酸的磷肥,也称为强酸溶性磷肥,主要有磷矿粉、骨粉等。这类磷肥一般成分非常复杂,当季植物的肥效较差,只有少数吸磷能力强的植物肥效较好,但肥效较慢。

磷矿粉由磷矿石直接磨碎而成,颜色因磷矿种类不同而不同,大都呈黄褐色、灰褐色,粉末状,中性至微碱性。不吸湿不结块,物理性状良好。全磷($P_2O_5$)含量为 $10\%\sim25\%$,弱酸溶性磷含量为 $1\%\sim5\%$。

磷矿粉只宜做基肥撒施或深施,其肥效取决于磷矿的性质、肥料细度、土壤状况、植物特性等因素。磷矿粉与酸性肥料或生理酸性肥料混合施用,与有机肥一起施用,都可以促进磷矿粉的溶解,提高其肥效。

**二、磷肥高效施用的原则探析**

在农业生产中磷肥已成为仅次于氮肥使用量的主要化肥种类之一,但我国磷肥的当季利用率并不高,一般在 $10\%\sim25\%$。因此,提高磷肥利用率是当前农业生产中的一个重要问题。

**(一)根据植物特性和轮作制度合理施用**

不同植物对磷的敏感程度为:豆科和绿肥植物＞糖料植物＞小麦＞棉

花＞杂粮(玉米、高粱、谷子)＞早稻＞晚稻。不同植物对难溶性磷的吸收利用差异很大,油菜、荞麦、肥田萝卜、番茄、豆科植物吸收能力强,马铃薯、甘薯等吸收能力弱。

磷肥的施用时期很重要,植物需磷的临界期都在早期,因此,磷肥要早施,一般做底肥深施于土壤,而后期可通过叶面喷施进行补充。

磷肥具有后效,因此在轮作周期中,不需要每季植物都施用磷肥,而应当重点施在最能发挥磷肥效果的茬口上。在水旱轮作中,本着"旱重水轻"原则分配和施用磷肥。在旱地轮作中,应本着越冬植物重施、多施;越夏植物早施、巧施原则分配和施用磷肥。

### (二)根据土壤条件合理施用

土壤供磷水平、有机质含量、土壤熟化程度、土壤酸碱度等因素都对磷肥肥效有明显影响。缺磷土壤要优先施用、足量施用,中度缺磷土壤要适量施用、看苗施用;含磷丰富土壤要少量施用、巧施磷肥。有机质含量高($>25g/kg$)的土壤,适当少施磷肥,有机质含量低的土壤,适当多施;pH在 5.5 以下的土壤有效磷含量低,pH 在 6.0～7.5 的含量高,pH＞7.5 时有效磷含量又低。

酸性土壤可施用碱性磷肥和枸溶性磷肥,石灰性土壤优先施用酸性磷肥和水溶性磷肥。边远山区多分配和施用高浓度磷肥,城镇附近多分配和施用低浓度磷肥。

### (三)根据磷肥特性合理施用

普钙、重钙等适用于大多数植物和土壤,但在石灰性土壤上更适宜,可做基肥、种肥和追肥集中施用。钙镁磷肥、钢渣磷肥做基肥最好施在酸性土壤上,磷矿粉和骨粉最好做基肥施在酸性土壤上。由于磷在土壤中移动性小,为了满足植物不同生育期对磷的需要,最好采用分层施用和全层施用。

### (四)与其他肥料配合施用

植物按一定比例吸收氮、磷、钾等各种养分,只有在协调氮、钾平衡营养基础上,合理配施磷肥,才能有明显的增产效果。在酸性土壤和缺乏微量元素的土壤上,还需要增施石灰和微量元素肥料,才能更好地发挥磷肥的增产效果。磷肥与有机肥料混合或堆沤施用,可减少土壤对磷的固定作用,促进弱酸溶性磷肥溶解,防止氮素损失,起到"以磷保氮"作用,是磷肥合理施用的一项重要措施。[1]

# 第三节　钾肥及施用

长期以来,我国农业生产中氮磷投入迅速增加,钾的投入量较少,农田钾素处于严重亏缺状态,合理施用钾肥现已成为促进植物高产、优质不可缺少的重要技术措施之一。

## 一、钾肥的种类及性质

### (一)草木灰

草木灰是我国农村常用的以含钾为主的农家肥料,它是植物残体燃烧后的灰分。含有多种矿物元素,如钾、磷、钙、镁、硫、硅及各种微量元素。不同植物或同一植物,因年龄、组织、部位等不同,灰分含量亦不相同(表 5-7)。

表 5-7　草木灰的主要成分与含量　%

| 灰种类 | $K_2O$ | $P_2O_5$ | $CaO$ |
| --- | --- | --- | --- |
| 一般针叶树灰 | 6.00 | 2.90 | 35.00 |
| 一般阔叶树灰 | 10.00 | 3.50 | 20.00 |
| 小灌木灰 | 5.90 | 3.14 | 25.10 |
| 稻草灰 | 1.79 | 0.44 | 10.09 |
| 小麦秆灰 | 13.80 | 6.40 | 5.90 |
| 棉子壳灰 | 21.99 | 9.14 | 14.0 |
| 花生壳灰 | 6.45 | 1.23 | — |
| 向日葵秆灰 | 35.40 | 2.55 | 18.50 |
| 糠壳灰 | 0.67 | 0.62 | 0.89 |

一般来说,木灰含钙、钾、磷较多,草灰含硅较多,磷、钾、钙较少。幼嫩组织的灰分富含钾、磷,衰老组织的灰分含钙、硅较多。习惯上将草木灰视

---

[1]　李小为,高素玲.土壤肥料.北京:中国农业大学出版社,2011

为钾肥,实际上,它是以钙、钾为主,含有多种养分的肥料。

草木灰中钾的形态主要是碳酸钾,其次是硫酸钾,氯化钾较少。草木灰的钾约90%能溶于水,是速效钾肥,所以在贮存施用时应防止雨淋,以免引起养分流失。由于含有碳酸钾和较多的氧化钙,草木灰属碱性肥料,水溶液呈碱性,不宜与铵态氮肥、腐熟的有机肥和水溶性磷肥混用。

草木灰具有供应养分,吸热增温,促进植物早期生长,防止或减轻病虫发生和危害等的功效,适用于多种植物和土壤,可做基肥、追肥、盖种肥和根外追肥。农谚有"种豆点灰"、"一颗红薯一把灰,红薯结了一大堆"的说法,表明草木灰对豆类植物和薯类植物等有较高的肥效。由于灰分中含有游离碳等杂质,水湿后呈黑灰色,具有吸热保温性能,故做盖种肥可用于水稻育秧和蔬菜育苗上。在酸性土上施用,可补充土壤的钙、镁、硅等营养元素,又降低土壤的酸性。在盐碱地区生长的植物,燃成灰后,因草木灰中含有大量的 $Na^+$ 和 $Cl^-$,故不宜做种肥施用,以免增加土壤盐分。

### (二)硫酸钾

硫酸钾的分子式为 $K_2SO_4$,含 $K_2O$ 为 50%～52%,纯净的硫酸钾是白色或淡黄色,菱形或六角形结晶。吸湿性小,物理性状良好,不易结块,便于施用。硫酸钾易溶于水,是速效性肥料,能被植物直接吸收利用。硫酸钾属化学中性、生理酸性肥料。

硫酸钾施入土壤后,溶解为离子,呈 $SO_4^{2-}$ 和 $K^+$ 状态,$K^+$ 一部分为植物直接吸收利用,另一部分与土壤胶粒上的阳离子进行交换。如果大量施用硫酸钾,要注意防止土壤板结,应增施有机肥料,改善土壤结构;在酸性土壤中,施用硫酸钾则需要增施石灰,以中和酸性。

硫酸钾可做基肥、追肥、种肥和根外追肥。由于钾在土壤中移动性较差,故宜用做基肥,并应注意施肥深度。如做追肥时,则应注意早施及集中条施或穴施到植物根系密集层,既减少钾的固定,也有利于根系吸收。硫酸钾适用于各种植物,在缺硫土壤上,或需硫较多的植物上施用硫酸钾,效果优于氯化钾,但在强还原条件下,易还原成 $H_2S$,累积到一定浓度会危害植物生长,它的效果不及氯化钾。

### (三)氯化钾

分子式为 KCl,白色、淡黄色或紫红色,含 $K_2O$ 50%～60%,易溶于水,易吸水结块。属化学中性,生理酸性肥料。

氯化钾施入土壤后,解离成 $Cl^-$ 和 $K^+$。在酸性土壤上长期大量施用氯化钾,会加重植物受酸和铝的毒害,应配合施用石灰及有机肥料。不宜施在忌氯的作物上。

氯化钾可用作基肥和追肥,不宜做种肥,也不宜施在盐碱地上。在 $Cl^-$ 不敏感的植物上,施用氯化钾比施用硫酸钾经济、实惠,且能达到相近的肥效。氯化钾特别适用于麻类、棉花等纤维作物,因为氯对提高纤维含量和质量有良好的作用。

### (四)窑灰钾肥

窑灰钾肥是水泥工业的副产品,含 $K_2O$ 1.6%～23.5%,甚至高达39.6%,易溶于水,水溶液 pH 9～11,属碱性肥料。窑灰钾肥中钾的形态主要是 $K_2SO_4$ 和 KCl。水溶性钾约占 95%。此外,还含有 $SiO_2$(2.7%～12.3%),$Fe_2O_3$(0.5%～3.0%),$Al_2O_3$(1.3%～3.1%),$SO_2$(3.1%～19.9%),CaO(13.7%～36.6%),MgO(0.8%～1.6%)以及多种微量元素。其中钙、镁为磷酸盐。一般呈灰黄色或灰褐色,含钾量高时显灰白色。窑灰钾肥的颗粒小,质地轻,易飞扬,吸湿性强,施用不便。

施入土壤后,在吸水过程中能产生热量,常被视为热性肥料。在运输和贮存过程中应防止雨水淋洗。窑灰钾肥可做基肥和追肥,不能做种肥,宜在酸性土地区施用。施用时,严防与种子或幼苗根系直接接触,否则会影响种子发芽和幼苗生长。宜在缺硅的土壤及需硅较多的植物上施用。窑灰钾肥不能与铵态氮肥、腐熟的有机肥料和水溶性磷肥混合施用。

## 二、钾肥高效施用的原则探析

钾肥的肥效受土壤、植物、施用技术以及与其他养分的配合等因素的影响。掌握好钾肥的科学有效施用条件和施肥技术,才能充分发挥钾肥的增产效果,取得较好的经济效益。

### (一)根据土壤条件合理施用

植物对钾肥的反应首先取决于土壤供钾水平。钾肥的增产效果与土壤供钾水平呈负相关(表 5-8),因此钾肥应优先施用在缺钾地区和土壤上。

表 5-8　土壤供钾水平与钾肥肥效

| 级别 | 土壤速效钾 (K$_2$O) /(mg/kg) | 肥效反应 | 每千克钾肥 (K$_2$O)增粮/kg | 建议 667m$^2$ 用钾肥 (K$_2$O)/kg |
|---|---|---|---|---|
| 严重缺钾 | <40 | 极显著 | >8 | 5～8 |
| 缺钾 | 40～80 | 较显著 | 5～8 | 5 |
| 含钾中等 | 80～130 | 不稳定 | 3～5 | <5 |
| 含钾偏高 | 130～180 | 很差 | <3 | 不施或少施 |
| 含钾丰富 | >180 | 不显效 | 不增产 | 不施 |

土壤质地影响含钾量和供钾能力。一般来讲,质地较黏土壤,供钾能力一般,钾肥用量应适当增加。砂质土壤上,应掌握分次、适量的施肥原则,防止钾的流失,而且应优先分配和施用在缺钾的砂质土壤上。

干旱地区和土壤,钾肥施用量适当增加。在长年渍水、还原性强的土壤或土层中有黏层的土壤,应适当增加钾肥用量。盐碱地应避免施用高量氯化钾,酸性土壤施硫酸钾更好些。

### (二)根据植物特性合理施用

钾肥应优先施用在需钾量大的喜钾植物上;同种植物不同品种、植物不同生育期等对钾的需要差异显著。对一般植物来说,苗期对钾较为敏感;对耐氯力弱、对氯敏感的植物,尽量不选用氯化钾;在轮作中,钾肥应施用在最需要钾的植物中。

### (三)采用合理的施用技术

钾肥宜深施、早施和相对集中施。施用时掌握重视基肥,看苗早施追肥原则。对保肥性差的土壤,钾肥应基、追肥兼施和看苗分次追肥,以免一次用量过多,施用过早,造成钾的淋溶损失。宽行植物不论做基肥或追肥,采用条施或穴施都比撒施效果好;而密植植物可采用撒施效果较好。

### (四)注意钾肥的肥效与其他养分的配合

钾肥的肥效常与其他养分配合情况有关。许多试验表明,钾肥只有在充足供给氮、磷养分基础上才能更好地发挥作用。在一定氮肥用量范围内,钾肥肥效会随氮肥施用水平提高而提高;磷肥供应不足,钾肥肥效常受影响。当有机肥施用量低或不施时,钾肥有良好的增产效果;有机肥施用量高时,会降低钾肥的肥效。[1]

# 第四节　钙、镁、硫、硅肥及施用

## 一、钙肥的种类及施用

### (一)钙肥的种类及性质

施用钙肥除补充钙养分外．还可借助含钙物质调节土壤酸度和改善土壤物理性状。目前,一般都是用含钙较多的物料,如石灰、石膏、含钙氮肥或磷肥等,在提高土壤肥力、调理土壤反应、改善土壤物理性状的同时,兼做钙肥。

(1)石灰

石灰是由破碎的石灰岩石、泥灰石和白云石等含碳酸钙岩石,经高温烧制形成生石灰,其主要成分是氧化钙。生石灰吸湿或与水反应形成熟石灰。其变化过程如下:

$$CaCO_3 \rightarrow CaO + CO_2 \qquad CaO + H_2O \rightarrow Ca(OH)_2$$

　　生灰岩　　生石灰　　　　生石灰　　熟石灰

(2)石膏

石膏是含水硫酸钙的俗称,它的分子式为 $CaSO_4 \cdot 2H_2O$。农业上直接施用的为熟石膏,它是普通石膏经 107℃脱水而成。变性后的熟石膏易于粉碎,溶解度也有提高。

### (二)钙肥的施用

钙肥适于作基肥、追肥施用。

(1)石灰

酸性土壤施用石灰是改土培肥的重要措施之一。其作用:一是中和土壤酸度,消除 $Al^{3+}$,$Fe^{2+}$,$Mn^{2+}$ 的毒害;二是提高土壤的 pH 后,土壤微生物的活动得以加强,有利于增加土壤的有效养分;三是增加土壤溶液钙浓度,提高土壤胶体交换性钙饱和度,从而改善土壤物理性状。

酸性土壤石灰的需要量是根据土壤总酸度来确定的。由于潜在酸测定

---

① 李小为,高素玲．土壤肥料．北京:中国农业大学出版社,2011

需要一定的测试条件,中国科学院南京土壤所根据我国土壤酸碱度划分等级,对不同质地的酸性土壤提出了一个经验标准(表 5-9),可供各地参考。

表 5-9　不同质地的酸性土壤第一年石灰使用量/kg/hm²

| 土壤酸度(pH) | 黏土 | 壤土 | 砂土 |
|---|---|---|---|
| 4～5 | 2250 | 1500 | 750～1125 |
| 5～6 | 1125～1875 | 750～1125 | 375～750 |
| 6.0 | 750 | 375～750 | 375 |

注:CaO(%)＝Ca(%)×1.4。

(2)石膏

石膏在改善土壤钙营养状况上可称得上是石灰的姊妹肥。尤其在碱化土壤,施用石膏可调节土壤胶体的钙钠比,改善土壤物理性能。

据报道,当土壤交换性钠占阳离子总量 10%～20%时,就需施石膏来调节作物的钙、硫营养;当土壤交换性钠大于 20%时,一般每公顷需用 375～450kg 石膏。此外,在我国南方的翻浆田、发浆稻田,每公顷施用 30～75kg 石膏,能起到促进水稻返青和提早分蘖的作用。

## 二、镁肥的种类及施用

### (一)镁肥的种类及性质

通常用作镁肥的是一些镁盐粗制品、含镁矿物、工业副产品或由肥料带入的副成分。常用的镁肥有硫酸镁、氯化镁、菱镁矿、钾镁肥、白云石、钙镁磷肥等。此外,有机肥料中也含有少量的镁。现将常用镁肥的主要性质列于表 5-10 中。

表 5-10　常用镁肥的主要性质

| 名称 | 分子式 | MgO/% | 性质 |
|---|---|---|---|
| 硫酸镁 | $MgSO_4 \cdot 7H_2O$ | 约 16 | 酸性,易溶于水 |
| 氯化镁 | $MgCl_2 \cdot 6H_2O$ | 约 20 | 酸性,易溶于水 |
| 菱镁矿 | $MgCO_3$ | 45 | 中性,易溶于水 |
| 氧化镁 | $MgO$ | 约 55 | 碱性 |
| 钾镁肥 | $MgCl_2 \cdot K_2SO_4$ 等 | 27 | 碱性,易溶于水 |
| 钙镁磷肥 | $MgSiO_3$ | 10～15 | 微碱性,难溶于水 |
| 白云石粉 | $CaO,MgO$ | 14 | 碱性,难溶于水 |
| 石灰石粉 | $CaCO_3$ | 7～8 | 碱性,难溶于水 |
| 有机肥料 | | 0.15～1 | |

注:MgO(%)＝Mg(%)×1.66。

### (二)镁肥的施用

镁肥的肥效与土壤含镁量的关系十分密切。一般来说,在降雨多、风化淋溶较重的土壤,如我国南方由花岗岩或片麻岩发育的土壤、第四纪红色黏土以及交换量低的砂土,因含镁量低,容易发生植物缺镁。当土壤交换性镁(Mg)低于 6cmol/kg 土时,需镁多的作物如大豆、花生、糖用甜菜、马铃薯、烟草、果树等,往往会出现缺镁症状,必须施用镁肥。施用镁肥可提高植物产品的含镁量,还能提高叶绿素、胡萝卜素和碳水化合物的含量,防治人畜缺镁症。镁肥的施用可分为基肥和追肥。

(1)基肥

每公顷用氯化镁或硫酸镁 200～300kg,肥料要适当浅施,以利作物吸收。如在酸性土上施用,宜用白云石粉,既可供给镁、钙,又能降低土壤酸度。

(2)追肥

通常用 1%～2%硫酸镁溶液(或 1000 倍 EDTAMg 溶液)喷施,每隔 7d 喷 1 次,连续 2～3 次。如柑橘盛果期土施,通常每株穴施 0.2～0.3kg。

为了提高镁肥的施用效果,应注意以下两点。

(1)严格控制用量

镁肥施用过多会引起镁与其他营养元素的比例失调。如橡胶,虽然是需镁较多的作物,但超量施镁会造成胶树排胶困难和减产。

(2)因土选用镁肥品种

不同镁肥品种对土壤酸碱性影响不同,接近中性或微碱性的土壤宜选用硫酸镁和氯化镁,而酸性土壤宜选用菱镁矿、白云石粉、石灰石粉、钾镁肥、钙镁磷肥等。

## 三、硫肥的种类及施用

### (一)硫肥的种类及性质

(1)石膏

石膏除可做碱土的化学改良剂外,它还是一种最重要的硫肥。农用石膏有生石膏、熟石膏和含磷石膏 3 种。

生石膏就是普通石膏($CaSO_4 \cdot 2H_2O$),微溶于水,使用时应先磨细,通过 60 目筛孔,以提高其溶解度;熟石膏($CaSO_4 \cdot 1/2 H_2O$)是由普通石膏加热脱水而成,熟石膏易磨细,但吸湿性强,需放干燥处;含磷石膏是硫酸法制磷酸的残渣,约含 $CaSO_4 \cdot 2H_2O$ 64%,含 $P_2O_5$ 2%左右。

（2）其他含硫肥料

硫磺、硫酸铵、过磷酸钙、硫酸钾中均含有硫。其中硫磺为无机硫,难溶于水,需在微生物作用下,逐步氧化为硫酸盐后,才能被作物吸收。现将部分硫肥列于表 5-11 中。

表 5-11　部分硫肥的主要性质

| 肥料名称 | 分子式 | S/% | 性质 |
| --- | --- | --- | --- |
| 硫磺 | S | 95～99 | 难溶于水,迟效 |
| 石膏 | $CaSO_4 \cdot 2H_2O$ | 18.6 | 微溶于水,缓效 |
| 硫酸铵 | $(NH_4)_2SO_4$ | 24.2 | 溶于水,速效 |
| 硫酸钾 | $K_2SO_4$ | 17.6 | 溶于水,速效 |
| 硫酸镁 | $MgSO_4 \cdot 7H_2O$ | 13 | 溶于水,速效 |
| 硫硝酸铵 | $(NH_4)_2SO_4 \cdot NH_4NO_3$ | 5～11 | 溶于水,速效 |
| 过磷酸钙 | $Ca(H_2PO_4)_2 \cdot H_2O + CaSO_4$ | 12 | 部分溶于水,溶液呈酸性 |

**（二）硫肥的施用**

（1）施用量

关于硫肥施用量各地报道不一。综观各地资料认为,水稻一般每公顷用石膏 150～225kg 或硫磺 15～30kg;需硫多的花生,用量可适当增加,一般用石膏 225～375kg/hm²。

（2）施肥时间

在温带地区,可溶性硫酸盐类硫肥在春季使用比秋季好;在热带、亚热带地区则宜夏季施用,因为在高温下,作物生长旺盛需硫量大,适时施硫既能及时供应作物硫素营养,又可减少雨季硫的淋溶损失。

（3）施用方法

硫肥主要做基肥,常在播种前耕耙时施入,通过耕耙使之与土壤充分混合并达到一定深度,以促进其转化。用石膏、硫磺沾秧根,是经济施硫的有效方法,对缺硫水稻每公顷用石膏 30～45kg 蘸根,其肥效可胜过 150～300kg 撒施的效果。硫酸铵、硫酸钾等硫酸盐中的 $SO_4^{2-}$,作物易于吸收,常做追肥使用。为了提高硫肥的效果,施用时应注意以下两点。

①硫肥应重点用在由花岗岩和河流冲积物等母质发育的质地较轻的土壤,因为它们含全硫和有效硫均较低。丘陵地区的冷浸田虽然全硫含量并

不低,但因低温和长期淹水,会影响作物对硫的吸收而导致作物缺硫,施用硫肥常有较好的效果。

②施用硫肥时,要注意土壤通气性,在土壤还原性强的条件下,容易形成硫化氢($H_2S$),对作物根系产生毒害,应加强水浆管理,改善通气性。

## 四、硅肥的种类及施用

### (一)硅肥的种类及性质

硅肥是指一类微碱性(pH>8)含枸溶性无定型玻璃体的肥料,主要成分为 $CaSiO_2$,$CaSiO_4$,$MgSiO_4$,$Ca_3Mg(SiO_2)_2$ 等。产品为白色、灰褐色或黑色粉末。具有不吸潮、不结块和不流失的特点。据报道,凡有效硅($SiO_2$)高于 15%,$CaO+MgO>35\%$,有害重金属小于 $1mg/kg$,含水量在 14%～16%,大部分通过 60 目筛的化工、冶炼行业的各种废渣均可生产含硅肥料。目前我国年产硅肥的能力在 50 万吨左右。部分硅肥的含硅量如表 5-12 所示。

表 5-12　部分硅肥的含硅量/%

| 名称 | 主要成分 | SiO₂ | 其他成分 |
|---|---|---|---|
| 硅酸钠 | $Na_2O \cdot nSiO_3 \cdot K_2O \cdot Al_2O_3$ | 55～60 | |
| 硅镁钾肥 | $CaSiO_3 \cdot MgSiO_3 \cdot K_2O \cdot Al_2O_3$ | 35～46 | $K_2O$ 7.5(6～9) |
| 钙镁磷肥 | $\alpha\text{-}CaSiO_2 \cdot CaSiO_3 \cdot MgSiO_3$ | 40 | $P_2O_5$ 16.5(14～20) |
| 钢渣磷肥 | $Ca_4P_2O_3 \cdot CaSiO_3 \cdot MgSiO_3$ | 25(24～27) | $P_2O_5$ 12.5(5～20) |
| 窑灰钾肥 | $K_2SiO_3 \cdot KCl \cdot K_2SO_4 \cdot K_2CO_3 \cdot CaO$ | 16～17 | $K_2O$ 12.6(6～20) |
| 粉煤灰 | $SiO_2 \cdot Al_2O_3 \cdot Fe_2O_3 \cdot CaO \cdot MgO$ | 50～60 | $P_2O_5$ 0.1,$K_2O$ 1.2 |
| 钾钙肥 | $K_2SO_4 \cdot Al_2O_3 \cdot CaO \cdot SiO_2$ | 35 | $K_2O$ 3.5(1～5) |

### (二)硅肥的施用

近年来,我国在喜硅作物和缺硅土壤上施用硅肥的研究表明,对甘蔗、菱白、草莓等作物能增产一成以上。而且,硅肥还可改善产品品质。如苹果的含糖量、着色率均因施硅而增加。然而,硅肥的施用效果受到施用量和施用方法的左右。

(1)施用量

在水稻上施用硅酸钙,日本每公顷的基肥用量一般为 1200～2000kg;

我国试验表明,在缺硅地区,每公顷经济用量为1500kg(硅肥含枸溶性 $SiO_2$ 为19%~20%);如果用高效硅肥(含水溶性 $SiO_2$ 为50%~60%),一般以每公顷用150kg为佳。因为硅酸钙肥料当年利用率只有10%~30%,其后效可维持数年,所以无须年年施用。一些报道认为,每两年每公顷施硅酸钙1500~2000kg已经足够。如长年施用硅酸钙肥料,不仅会造成镍、铬、钛等重金属的积累,而且还会加速土壤有机质及氮素的消耗,导致水稻减产。

(2)施用方法

硅肥一般宜做基肥,通常在耕翻前施下。速效性的高效硅肥还可以做根外追肥,水稻在分蘖期至孕穗期用3%~4%溶液喷施,草莓在结果期用0.5%~1%溶液喷施,均有一定的增产效果。[1]

# 第五节  微量元素肥料及施用

## 一、微量元素肥料的种类、性质及施用技术

微量元素肥料主要是含硼、锌、钼、锰、铜、铁、氯等营养元素的无机盐或氧化物。我国目前常用品种有20余种。这些微量元素肥料施入土壤后容易被土壤吸附固定或氧化降低肥效。螯合态的微量元素肥料,具有较好的施用效果和应用前景。

### (一)硼肥

常用硼肥有硼砂($Na_2B_4O_7 \cdot 10H_2O$)、硼酸($H_2BO_3$)等。硼肥可做基肥、浸种和叶面喷施等。

(1)基施

用硼砂做基肥时,每公顷施7.5~12.0kg,先与干细土混匀,进行条施或穴施,但不要使硼肥直接接触种子或幼根,以免造成危害。当硼砂用量每公顷超过37.5 kg时,会降低种子出苗率,甚至会产生死苗。

(2)浸种

浸种宜用硼砂,一般施用浓度为0.02%~0.05%。先将肥料放到40℃温水中,待完全溶解后,再加足水量,而后将种子倒入溶液中,浸泡4~6h,捞出晾干后即可播种。

---

① 陆欣,谢英菏.土壤肥料学.2版.北京:中国农业大学出版社,2011

(3)叶面喷施

用 0.1%～0.2%的硼砂或硼酸溶液,每公顷施 750kg。也可和波尔多液或 0.5%尿素配成混合液进行喷施。棉花以苗期、初蕾期、初花期;油菜以幼苗后期(花芽分化前后)、抽苔期、初花期;蚕豆以蕾期和盛花期;果树以蕾期、花期、幼果期喷施为宜。

## (二)锌肥

常用锌肥有硫酸锌($ZnSO_4 \cdot H_2O$),含锌(Zn)35%。锌肥可做基肥、追肥、浸种、拌种和叶面喷施等。

(1)基施

旱地一般每公顷用硫酸锌 15～30kg,用前与 150～225kg 细土混合后撒于地表,然后耕翻入土。用于水田可做耙面肥,每公顷用硫酸锌 15kg,拌细土后均匀撒在田面;做秧床肥时,每公顷用硫酸锌 45kg,于播种前 3d 撒于床面。

(2)追肥

水稻一般在分蘖前期(移栽后 7～20d 内),每公顷用硫酸锌 15～22.5kg,拌干细土后均匀撒于田面。也可做秧田"送嫁肥",在拔秧前 1～2d,每公顷用硫酸锌 20～30kg 施于床面,移栽带肥秧。玉米在苗期至拔节期,每公顷用硫酸锌 15～30kg,拌干细土 150～200kg,条施或穴施。

(3)浸种

把硫酸锌配成 0.02%～0.1%的溶液,将种子倒入溶液中,溶液以淹没种子为度。一般水稻浸 48h,晚稻浸 6～8h。浸种浓度超过 0.1%时会影响种子发芽。

(4)拌种

每千克种子用硫酸锌 2～6g,先以少量水溶解,喷于种子上,边喷边搅拌,用水量以能拌匀种子为度,种子晾干后即可播种。水稻也可在种子萌发时用 1%的氧化锌拌种。

(5)叶面喷施

水稻以苗期喷施为好,施用浓度为 0.1%～0.3%硫酸锌溶液,连续喷2～3次,每次间隔 7d;玉米用 0.2%硫酸锌溶液在苗期至拔节期连续喷施 2次,每次间隔 7d,每次每公顷用液量为 750～1125kg;果树叶面喷施硫酸锌溶液,以在新芽萌发前施用比较安全,落叶果树喷施浓度为 1%～3%,常绿果树为 0.5%～0.6%。

### (三)钼肥

常用钼肥有钼酸铵$[(NH_4)_6MoO_4 \cdot 4H_2O]$,含钼(Mo)54%。钼肥主要施在豆科作物和十字花科作物上,肥料显著。钼肥主要做基肥、拌种、叶面喷施等。

(1)基施

钼矿渣因价格低廉、常用做基肥.每公顷用3.75kg左右。用时可拌干细土150 kg,拌均匀后施用,或撒施耕翻入土,或开沟条施或穴施。钼酸铵因价格昂贵,加之用量少,不易施用均匀等原因,通常不做基肥。

(2)拌种

每千克种子用钼酸铵2g,先用少量水溶解,对水配成2%~3%的溶液,用喷雾器喷施在种子上,边喷边搅拌,溶液不宜过多,以免引起种皮起皱,造成烂种。拌好后,种子晾干即可播种。如果种子还要进行农药处理,一定要等种子晾干后进行。但不能晒种,以免种皮破裂影响发芽。

(3)叶面喷施

先用少量温水溶解钼酸铵。再用凉水对至所需浓度,一般使用0.05%~0.1%的浓度,每次每公顷喷溶液750~900kg。因为钼在作物体内难以再利用,所以除苗期喷施外,还应在初花期再喷施1次。

### (四)锰肥

常用锰肥有硫酸锰$(MnSO_4 \cdot 3H_2O)$。锰肥主要做基肥、浸种、拌种及叶面喷施。

(1)基施

难溶性锰肥适宜做基肥,如工业矿渣等,每公顷用150kg左右,撒施于土表,而后耕翻入土。如条施或穴施做种肥,要与种子保持3~5cm的距离,以免影响种子发芽。施用硫酸锰,每公顷用15~30kg,可与干细土或与有机肥混合施用,这样可以减少土壤对锰的固定。

(2)浸种

用0.1%~0.2%的硫酸锰溶液浸种8h,捞出晾干后播种。

(3)拌种

每千克种子需用硫酸锰4~8g,拌前先用少量温水溶解,然后均匀地喷在种子上,边喷边翻动种子,拌匀晾干后播种。

(4)叶面喷施

在花期、结实期各喷一次,每次每公顷用0.1%~0.2%的硫酸锰溶液750~900 kg。在溶液中加入0.15%生石灰,可避免烧伤植株。

### (五)铜肥

常用铜肥有硫酸铜($CuSO_4 \cdot 5H_2O$),含铜(Cu)25%,为蓝色结晶,易溶于水。铜肥主要做基肥、拌种和叶面喷施。

(1)基施

含铜矿渣做基肥,一般在冬耕时翻入或早春耕地时施入。

(2)拌种

每千克种子用硫酸铜1g。先将肥料用少量水溶解后,均匀喷在种子上,晾干后播种。

(3)叶面喷施

在泥炭土、沼泽土及腐殖土上,因土施后容易被土壤固定,需采用叶面喷施,硫酸铜浓度为0.02%~0.1%,每公顷喷750kg左右。

### (六)铁肥

铁肥主要做基肥和叶面喷施。

(1)基施

常用铁肥品种为硫酸亚铁($FeSO_4 \cdot 7H_2O$,含铁20%)。硫酸亚铁施到土壤后,有一部分会很快被氧化成不溶性的高价铁而失效。为避免被土壤固定,可将硫酸亚铁与20~40倍的有机肥料混匀,集中施于树冠下,也可将硫酸亚铁与马粪以1:10混合堆腐后施用,对防止亚铁被土壤固定,有显著效果。络合态的尿素铁和柠檬酸铁的效果优于硫酸亚铁。

(2)叶面喷施

喷施可避免土壤对铁的固定,但硫酸亚铁在植物体内移动性差,喷到的部位叶色转绿,而未喷到的部位仍为黄色。用0.2%~0.4%硫酸亚铁溶液在果树叶芽萌发后喷施,每隔5~7d喷1次,连续2~3次,效果较好。用有机态的黄腐酸铁(0.04%~0.1%)和DTPA-Fe(稀释500~1000倍)进行叶面喷施,其效果优于硫酸亚铁。

### (七)含氯化肥

氯作为一种肥料,可以对一些"喜盐植物"如菠萝、椰子、油棕、甜菜、羽衣甘蓝、菠菜等产生良好作用。生产中,倒是一些对氯敏感的植物如茶树、甘薯、马铃薯、莴苣、烟草等,应慎用含氯化肥,以免产生危害。合理施用含氯化肥,除根据土壤含氯量多少外,还应注意以下几点。

(1)优先用在耐氯性强的作物上

含氯化肥首先应分配在椰子、油棕、甜菜、菠菜、黄花苜蓿、南瓜、甘蓝、水稻、棉、麻、油菜、大麦等作物上,茶树、甘薯、马铃薯、莴苣、烟草、苋菜等对氯离子敏感,应严格控制用量。

(2)重点用在降雨量较多的地区和季节

土壤胶体不易吸附带负电荷的氯离子。因此,在多雨的地区和季节使用,氯离子可随水流失,而在没有灌溉条件的旱地以及排水不良的盐碱地和干旱缺雨地区最好不用含氯化肥。

(3)掌握适宜用量

随含氯化肥带入的 $Cl^-$,要比硫酸盐肥料更能提高土壤溶液中的盐浓度,这是因为氯化铵或氯化钾施于土壤后,$NH_4^+$,$K^+$ 被土壤胶体吸附,而氯离子与钙结合生成易溶于水的氯化钙(100ml 冷水中可溶解 65.3g 氯化钙)使土壤溶液中盐浓度迅速增高;控制含氯化肥用量,无疑会降低土壤中的盐浓度,从而减少或避免氯离子的危害。据马国瑞等研究,在降雨量为 1500mm 条件下,甘蔗、甘薯、马铃薯在分别每公顷施氯离子($Cl^-$)为 330、195 及 135kg 时,对产量和品质并无不良影响。可见,以往认为的这些"忌氯作物",并非不能施用含氯化肥,关键是要掌握一个适宜用量。

(4)讲究施用方法

氯化铵和氯化钾不宜做种肥和秧田基肥,尤其不要和种子接触,更不能和种子拌在一起,否则会影响种子发芽及造成烧苗现象。因此,含氯化肥宜做基肥深施(用于土表以下 4~6cm)或条施在植物行间,以免接触种子及幼苗根系。做旱地追肥时,可兑水[肥:水=1:(5~10)]或兑稀薄粪尿浇施。用量高时,可分为 2~3 次施用。

(5)配制复混肥料

用氯化铵和氯化钾与尿素、磷铵、重过磷酸钙或普钙制成二元或三元复混肥,可减少因含氯化肥施用不当而引起的危害。而且氮、磷、钾配合使用,可以起到相得益彰的效果。

## 二、微量元素肥料高效施用的原则探析

20 世纪 80 年代以来,微量元素缺乏症日益增多,针对性的施用微量元素肥料,对提高作物产量和改善品质均有良好效果。为使有限的微量元素肥料发挥较大的增产效果,施用时应注意以下三点。

### (一)根据土壤中微量元素供应状况合理施用

微量元素肥料使用应根据土壤中的丰缺状况,采用缺什么补什么,不可盲目施用和过量施用。土壤中微量元素丰缺指标如表 5-13 所示。

表 5-13 土壤中微量元素的丰缺指标/mg/kg

| 元素 | 微量元素 | 低 | 适量 | 丰富 | 备注 |
|------|---------|-----|------|------|------|
| B | 有效硼(用热水提取) | 0.25~0.5 | 0.5~1.0 | 1.0~2.0 | — |
| Mn | 有效锰(含对苯二酚的 1mol/L 醋酸铵提取) | 500~100 | 100~200 | 200~300 | — |
| Zn | 有效锌(DTPA 提取) | 0.5~1 | 1~2 | 2.4~4.0 | 中性和石灰性土壤 |
| Zn | 有效锌(0.1mol/L 醋酸铵提取) | 1.0~1.5 | 1.5~3.0 | 3.0~5.0 | 酸性土壤 |
| Cu | 有效铜(0.1 mol/L 醋酸铵提取) | 0.1~0.2 | 0.2~1.0 | 1.0~1.8 | — |
| Mo | 有效钼(草酸-草酸铵提取) | 0.1~0.15 | 0.16~0.20 | 0.2~0.30 | — |

此外,土壤微量元素的有效含量与酸碱度有密切关系,土壤 pH 过高,能降低土壤中铁、锰、锌、铜、硼等元素的有效性,而在酸性土壤常会引起作物缺钼。

**(二)根据植物对微量元素的需求特性合理施用**

不同植物对微量元素的需求量不同,应把微量元素用在需要量多的作物上,这样才能获得较高的经济效益。主要作物对微量元素需求的情况如表 5-14 所示。[①]

表 5-14 主要作物对微量元素需求情况

| 元素 | 需要较多 | 需要中等 | 需要较少 |
|------|---------|---------|---------|
| B | 甜菜、苜蓿、萝卜、向日葵、白菜、油菜、苹果等 | 棉花、花生、马铃薯、番茄、葡萄等 | 大麦、小麦、柑橘、西瓜、玉米等 |
| Mn | 甜菜、马铃薯、烟草、大豆、洋葱、菠菜等 | 大麦、玉米、萝卜、番茄、芹菜等 | 苜蓿、花椰菜、包心菜等 |

---

① 宋志伟. 土壤肥料. 北京:高等教育出版社,2009

| 元素 | 需要较多 | 需要中等 | 需要较少 |
|---|---|---|---|
| Cu | 小麦、高粱、菠菜、莴苣等 | 甘薯、马铃薯、甜菜、苜蓿、黄瓜、番茄等 | 玉米、大豆、豌豆、油菜等 |
| Zn | 玉米、水稻、高粱、大豆、番茄、柑橘、葡萄、桃等 | 马铃薯、洋葱、甜菜、水稻等 | 小麦、大豆、豌豆、胡萝卜等 |
| Mo | 大豆、花生、豌豆、蚕豆、绿豆、紫云英、苕子、油菜、花椰菜等 | 番茄、菠菜等 | 小麦、玉米等 |
| Fe | 蚕豆、花生、马铃薯、苹果、梨、桃、杏、李、柑橘等 | 玉米、高粱、苜蓿等 | 大麦、小麦、水稻等 |
| Cl | 椰子、油棕、甜菜等 | | 苋菜、莴苣、马铃薯、甘薯等 |

## (三)根据天气状况合理施用

天气状况主要指温度和雨量,因为它们影响土壤中微量元素的释放和植物对它们的吸收。早春遇低温时,早稻容易缺锌;冬季干旱,会影响根系对硼的吸收,翌年油菜容易出现大面积缺硼;降雨较多的砂性土壤,容易引起土壤铁、锰、钼的淋洗,会促进植物产生缺铁、缺锰、缺钼症。但在排水不良的土壤又易发生铁、锰、钼的毒害。①

---

① 陆欣,谢英菏. 土壤肥料学. 2 版. 北京:中国农业大学出版社,2011

# 第六章 有机肥料的作用机理及施用

长期施用化肥会引起肥料养分流失导致水质污染、土壤养分不平衡和土壤性质恶化、化肥投入与产出比例降低、农作物品质下降和风味不足等等一系列问题,严重威胁到农业的持续发展。相比之下,有机肥料则不会或者很少带来这些问题,有利于农业的持续发展。我国施用有机肥料有着悠久的历史和丰富的经验,尽管有机肥料的增产作用不如化肥明显,但在培肥地力和改良土壤方面的作用是不容忽视的,特别是在开发绿色食品、有机食品的生产中发挥着更加重要的作用。本章,我们就对有机肥料展开相关的讨论。

## 第一节 有机肥料的定义、作用与特点

### 一、有机肥料的定义与特点

简单地说有机肥料就是由各种有机物料加工而成的肥料,俗称农家肥料。比起化学肥料,有机肥料有许多独特之处。有机肥种类繁多,来源广泛,几乎一切含有有机物质的物料都可作为有机肥料,如植物秸秆、根茬和枯枝落叶,草炭,人粪尿、畜禽粪尿,生活垃圾和污水、塘泥等。随着商品经济的发展,工厂化生产的有机肥大量涌现,因此,广义上的有机肥已超出了农家肥的局限,出现了各种商品化的有机肥,这不仅拓宽了有机肥的来源,而且为安全、合理施肥提供了保障。

有机肥料种类多,数量大,但就总体而言,它们都有以下共同特点:

①来源广、数量大、种类多。人畜粪尿、秸秆、杂草、炕胚土,各种废弃物、河泥、城市粪稀、污水、城市垃圾,腐殖酸类肥料、沼气池肥和豆科绿肥作物等等都是有机肥料。我国每年有机肥的总量达 18 亿到 24 亿吨,其中氮、磷、钾养分为 1500 万到 2000 万吨,占肥料总养分的 40% 左右,在农业生产中,特别是钾素的供应,有机肥源约提供总需求量的 70%。

②生产成本低、资源广泛、可就地积制。粪尿肥和堆杂肥在农村中就地取材,就地积制,就地施用,是我国农村中广泛施用的有机肥料。而且,在农村,厩肥的数量很大,是农村的主要有机肥源,占农村有机肥总量的60%~70%。农作物秸秆也是很重要的有机肥源。其养分丰富,来源广,数量多,是堆、沤肥的重要原料,而且可以直接还田。

③养分含量低、施用量大。有机肥料体积大,养分含量较低,施肥数量大,运输和施用耗费劳力多,这也是有机肥料最显著的缺点之一,所以现代农业生产中十分注重提高有机肥料的质量。

④肥效长、养分全。有机肥料中内含氮、磷、钾等大量营养元素,同时也富含钙、镁、硫、锌、硼等中、微量元素,还富含刺激植物生长的某些特殊物质,如胡敏素和抗生素等。有机肥料中的氮、磷、钾等在土壤有益微生物和有机胶体的作用下,不断分解,不断释放,不断供给作物吸收,肥效平稳而持久。

⑤有机肥料对环境友好,应用安全,无"公害"。

总体来讲,有机肥料是植物养分的仓库,有较强的保肥能力,能活化土壤中的潜在养分,既供给植物吸收,同时又能改良和培肥土壤。

## 二、有机肥料的作用

有机肥料的作用是多方面的,主要表现在以下几个方面:

### 1. 改良和培肥土壤

有机质的含量是土壤肥力的重要指标,农业持续发展的首要条件就是必须维持和不断提高土壤肥力。有机肥料一般都含有大量的包括腐殖酸类的有机物质,长期施用有机肥料,可明显地改善土壤物理结构,加强土壤颗粒的团聚,形成多级团粒结构体,孔隙状况得到改善,土壤容重下降,耕性变好,保水、保肥和缓冲性能都得到提高。我国目前约有11%的土壤,有机质含量低于6g/kg,土壤的保水、保肥能力很低,应当加大有机肥料的施用。一些试验结果表明,连续3年每公顷施用猪圈粪22.5吨,土壤的贮水量可提高3mm,这对于我国广大干旱和半干旱地区的农业生产意义重大。

### 2. 为植物提供多种营养物质

在有机肥中料含有植物生长发育所必需的各种营养元素,大部分是以复杂的有机化合物的形式存在,在微生物作用下能释放出简单的无机养分,直接供给植物吸收利用并能保持长期的肥效;同时还能提供多种有机养分,如碳水化合物、蛋白质、氨基酸、酰胺、磷脂等可溶性有机化合物,以及维生素、生长素等生物活性物质,可以改善植物营养状况,促进新陈代谢,刺激植物根系发育,从而使植物产品的品质得到提高。

### 3. 活化土壤养分,平衡养分供给

化学肥料中的营养元素虽然含量高,但是所含营养元素种类单一。长期施用氮、磷、钾化学肥料,必然导致土壤中缺乏一些微量元素。尽管有机肥料中氮、磷、钾养分含量较低,但其含有作物生长发育所需要的几乎所有的营养元素,尤其是微量元素,不仅种类多,而且数量大,有效性高。有机肥料中的养分只有经过微生物缓慢分解后,才能转化为作物能够吸收的无机形态,所以是缓效养分。可见有机肥料不仅向作物提供各种营养元素,而且可以平缓地供给作物全生育期需要的养分。大量研究表明,农作物更容易吸收利用有机肥料中的氮、磷、钾,其增产效果比化肥更好,对于粮食作物增产效果其顺序为

有机肥料钾＞有机肥料氮＞有机肥料磷＞化肥氮＞化肥磷＞化肥钾

另外,还需要指出的是,有机肥料中的有机物质能够与锌、铁、铝等金属离子结合,一方面可提高锌、铁、锰等养分的有效性,另一方面可以提高磷等养分的有效性,所以一般强调磷肥与有机肥料一起施用。另外有机物质在分解过程中,产生大量的有机酸和二氧化碳,有机酸能够提高土壤中许多养分的有效性,二氧化碳有利于作物的光合作用,在温室栽培条件下,二氧化碳浓度的提高可显著地增加作物产量,故而温室栽培中更应当注重施用有机肥料。[①]

### 4. 提高土壤生物活性

有多种微生物和酶存在于有机肥料中,施用有机肥既可以为土壤微生物活动提供能源和养分,也有利于改变土壤微生物区系,增加有益微生物群落,增强土壤酶活性,有利于土壤中物质的转化和提高土壤养分利用率。与此同时,在微生物的新陈代谢过程中,会产生和释放多种生物活性物质,如氨基酸、维生素、植物激素等,可促进植物生长和增强植物的抗逆性。

### 5. 提高资源利用率,净化土壤环境

有机肥料的来源一般为工农业生产及人类生活中产生的大量有机废弃物,将垃圾通过合理的积制处理作为有机肥料施用,可最大限度地利用自然

---

① 　林启美. 土壤肥料学. 北京:中国广播电视大学出版社,1999

资源,防止环境污染。通过施用有机肥,可减轻因农药残留和重金属对土壤的污染,在提高土壤的自净能力方面意义重大。

### 三、有机肥料与化肥配合施用

化肥生产迅速发展,而有机肥的增长相对缓慢。然而,这决不意味着有机肥的重要性下降,而恰恰相反,针对我国农业生产可持续性发展的特点,肥料供应体系仍然应以有机肥为基础。当然,不合理地使用有机肥料同样会带来土壤硝酸盐的积累和地下水的污染等问题。故而,综合考虑,应当采用有机肥与化肥相结合的肥料体系。实践表明,化肥与有机肥的配合在各种土壤类型及各种作物中都取得了良好的成效,既提高作物产量、品质,又提高肥料利用率。

化肥虽然具有养分含量高,供肥速度快等各种优点,但长期单一使用或用量过高,也会给环境带来压力。各地大量的肥料试验均证明,单一、长期使用化肥易造成肥效下降,利用率降低,土壤耕性变差,甚至养分比例失调,农产品品质下降。化肥在农业生产中的大量使用,虽然农产品产量有了很大的提高,但化肥的营养元素种类单一,肥效迅速而不持久,不利于化肥利用率的提高,尤其是盲目地和不合理地施用化肥,过量施用化肥,使土壤出现盐化或酸化,使土壤产生较为严重的退化现象,会使土壤理化性状和土壤微生物受到不同程度的破坏,造成土壤板结等,也给环境带来一些不利的影响,在一定程度上影响农产品的安全。而有机肥在这方面则优越性明显。有机肥含有植物所需的各种养分,以牲畜粪肥为例,各种无机养分的有效性,在 N、P、K 中,K 的有效性最高,有效钾占全钾的 50%～80%,有效磷占全磷的 25%～55%,有效氮含量较低。微量元素 B、Zn、Mn、Fe、Cu 等有效量分别为 2.6～5.0、11.9～32.2、14.9～62.9、19.2～26.0、3.3～9.0mg/kg。另外,化肥与有机肥间还存在一种彼此促进的作用。西南大学国家紫色土肥力监测基地的肥料长期定位试验表明,在有机肥料猪粪的基础上配合氮、磷、钾的处理比只是化肥氮、磷、钾配合的处理使水稻、小麦增产的幅度多出达 9.98%～19.28%。据黄东迈等的研究,在水稻生长期间,化学氮肥能促进有机氮的矿化,提高有机肥的肥效;而有机氮的存在,可促进化学氮的固定,减少无机氮的硝化及反硝化作用,从而减少无机氮的损失。有机肥中钾的有效性很高,在某些区域几乎可以替代化学钾肥。有机肥与无机磷的配合施用也能提高磷的有效性,有机肥中一方面能供应一部分有效磷,另一方面,有机肥在腐解过程中产生有机酸,促使土壤中磷的活化。同时,有机肥还能减少磷肥在土壤中的固定,主要原因是有机物的腐解产物碳水化合物及纤维素掩蔽了黏土矿物上的吸附位造成的,所以,既可提高磷的有效性,又能减少磷在土壤中的固定,提高了磷肥的效果。中国农业科学院土壤肥料研究所在 6 种典型土壤——红壤、灰漠土、垆土、潮土、褐土和黑土长期耕作施肥后,探讨对活性有机质及碳库管理指数(CMI)的影响,其结果是,有机肥料与无机肥配合(MNPK)施用 10 年,土壤总有机质、活性有机质和CMI 均有极显著的上升,但上升程度不同,土壤有差异。总之,有机肥料与化肥配合,对提高土壤主要养分有良好作用,能促进有机肥料的矿化,延长化学氮肥的供肥时间,活化土壤中的磷素,减少其固定,提高土壤中微量元素的有效性。这是化肥与有机肥相配合对土壤供肥性能特有的优越性,还可部分缓解我国农业生产中缺磷少钾及微量元素不足的问题。虽然有机肥总养分含量低,但供肥平稳,能改善土壤理化性质,使地力常新,解决我国化肥不足,N、P、K 比例严重失调会起到重要作用。有机肥料和化肥配施是一种良好的施肥方法。

# 第二节　粪尿肥及其施用

## 一、人粪尿

人粪尿是一种最常用的有机肥料,其特点是养分含量高,肥效快,适于各种土壤和作物。增产效果显著,群众常称其为"精肥"。人粪尿来源广泛,数量大。但是养分易流失和损失,同时含有很多病菌和寄生虫卵,若使用不当,则容易传播病菌和虫卵。因此,利用好人粪尿的关键在于合理贮存人粪尿和对人粪尿进行无害化处理。

### (一)人粪尿的成分和性质

食物经过消化未被人体吸收利用而排出体外的废弃物就是人粪。在人粪中,有机物质占 20% 左右,其中主要为纤维素、半纤维素、脂肪、脂肪酸、蛋白质及其分解的中间产物;矿物质约占 5%,主要是硅酸盐、磷酸盐、氯化物、钙、镁、钾、钠等盐类;水分约占 70%～80%;同时人粪还含有少量易挥发、有强烈臭味的硫化氢、丁酸等物质及大量微生物、寄生虫卵等。就 pH 而言,新鲜人粪一般呈中性。

食物经过人体消化吸收、新陈代谢后排出体外的废液就是人尿,人尿中含有 95% 的水分;5% 的水溶性有机物质和无机盐类,其中含尿素 1%～2%、氯化钠 1％左右；此外，还含有少量的尿酸、马尿酸、磷酸盐、铵盐、生长素和微量元素等。新鲜人尿由于含有酸性磷酸盐和多种有机酸，因而呈微酸性。在贮存中，尿素水解生成碳酸铵，呈微碱性。

人粪尿中的养分含量变化较大，如表 6-1 所示，列出了成人粪尿主要养分占鲜重的质量分数。

表 6-1　成人粪尿主要养分占鲜重的质量分数/％

| 鲜物 | 水分 | 有机质 | N | $P_2O_5$ | $K_2O$ |
|---|---|---|---|---|---|
| 人粪 | 70 以上 | 20 左右 | 1.00 | 0.50 | 0.37 |
| 人尿 | 90 以上 | 3 以上 | 0.50 | 0.13 | 0.19 |
| 人粪尿 | 80 左右 | 5～10 | 0.5～0.8 | 0.2～0.4 | 0.2～0.3 |

通过上表可以看出，人粪尿中含氮量最多，磷、钾较少。所以，农业生产中常把人粪尿当氮肥使用。人粪中的养分主要呈有机态，需经分解腐熟后才能被植物吸收利用。人尿成分比较简单，其中 70％～80％ 的氮素以尿素形态存在，所以，人尿是一种分解快，肥效迅速的有机肥料。

人粪尿中不仅养分含量较高，肥效较快，而且数量大，是一项重要的肥源。如表 6-2 所示，列出了一个成年人一年排泄粪尿中的养分量。

表 6-2　一个成年人一年排泄粪尿中的养分量/kg

| 类别 | 排泄量 | 氮 | 含量相当的硫铵 | $P_2O_5$ | 含量相当的过磷酸钙 | $K_2O$ | 含量相当的硫酸钾 |
|---|---|---|---|---|---|---|---|
| 人粪 | 90 | 0.9 | 4.5 | 0.45 | 2.25 | 0.33 | 0.70 |
| 人尿 | 700 | 3.5 | 17.5 | 0.91 | 4.55 | 1.33 | 2.78 |
| 共计 | 790 | 4.4 | 22.0 | 1.36 | 6.80 | 1.66 | 3.48 |

### （二）人粪尿的贮存和管理

人粪尿是一种养分含量高且肥效快，半流体零星积攒的肥料，易挥发、流失和渗漏，还含有很多病菌和寄生虫卵；同时新鲜的人粪尿中养分多呈有机状态，需经过腐熟变为速效养分才可以被植物吸收利用。为了提高人粪尿的肥效、防止人粪尿对环境造成污染，所以必须合理地贮存和管理人粪尿。实践证明，人粪尿经过腐熟可以达到提高肥效并且有利于卫生的目的。接下来，我们分人粪尿的腐熟与贮存两方面来讨论。

1. 人粪尿的腐熟原理

人粪尿的贮存过程也就是人粪尿的发酵腐熟过程。在贮存过程中,它在微生物作用刊通过酶促反应,使人粪尿中复杂的有机物分解成简单化合物,其基本的反应过程可以简单表示为:

①人粪中的含氮化合物的分解,过程为

$$蛋白质 \rightarrow 氨基酸 \rightarrow 有机酸 + NH_3 \uparrow$$

②人尿中的尿素在脲酶的作用下分解,过程为

$$CO(NH_2)_2 + 2H_2O \xrightarrow{\text{脲酶}} (NH_4)_2CO_3$$

$$(NH_4)_2CO_3 \longrightarrow 2NH_3 \uparrow + CO_2 \uparrow + H_2O$$

温度、水分等条件的不同会使人粪尿达到腐熟的时间有所差异。人尿在夏季约需 2~3d,冬约需 10d 左右;人粪尿混存时,夏季约需 6~7d,其他季节约需 10~20d。人粪尿腐熟的标志是腐熟后的人粪尿外观上由原来的黄色或褐色变为绿色或暗绿色,成为烂浆状的流体或半流体物质。因人粪尿在腐熟过程中产生大量碳酸铵,粪胆质在碱性条件下,很快氧化为暗绿色的胆绿素,这一过程可以表示为

$$C_{32}H_{36}N_4O_6 + O_2 \longrightarrow C_{32}H_{36}N_4O_8$$
$$\quad\ 粪胆质(褐色) \qquad\qquad 胆绿素(绿色)$$

2. 人粪尿的合理贮存

(1)人粪尿的保氮处理

人粪尿腐熟后,铵态氮数量明显增加,一般其含量可占全氮含量的80％。在贮存期间要防止或减少氨的挥发,同时,也要防止尿液的渗漏。常用的保氮措施有池应遮阴加盖,严防渗漏和挥发,还可加入保氮物质,如3％~5％的过磷酸钙、石膏或硫酸亚铁等使碳铵转化为稳定的磷酸二氢铵和硫酸铵。加入保氮物质后主要反应过程为

$$(NH_4)_2CO_3 + Ca(H_2PO_4)_2 \longrightarrow 2NH_4H_2PO_4 + CaCO_3 \downarrow$$

$$(NH_4)_2CO_3 + FeSO_4 \longrightarrow (NH_4)_2SO_4 + FeCO_3$$

$$(NH_4)_2CO_3 + CaSO_4 \longrightarrow (NH_4)_2SO_4 + CaCO_3 \downarrow$$

(2)人粪尿的卫生处理(无害化处理)

人粪尿(主要是人粪)中含有大量传染病菌和害虫卵,须进行卫生处理。常见的处理方法有:

①窒息去害法。粪池加盖密封,利用粪水厌气分解,使环境缺氧和产生硫化氢、甲烷、醇、酚等物质形成强烈的窒息作用,杀灭病菌和虫卵。

②药物去害法。粪尿中加入适量对作物无害的、不影响肥效的药物,如100kg人粪尿中加入1~2kg 15％的氨水,密封24h可杀灭血吸虫卵;100kg人粪中加入50％的敌百虫2g,24h后血吸虫卵和蝇蛆全被杀灭。

③生物热去害法。利用高温堆肥法产生60℃~70℃的高温而杀灭病菌和虫卵。

### (三)人粪尿的合理施用

①经腐熟无害化处理的人粪尿是优质的有机肥料,但因为其中含有氯化钠0.6％~1％,所以施用时应注意。不能连续大量施用,因 $Na^+$ 能大量的代换盐基离子,使土壤变碱;氯作物如瓜果类、薯类、烟草和茶叶等少施,以免降低这些作物的产量;盐土、碱土或排水不良的低洼地应少用或不施,以防加剧盐、碱的累积,危害作物。

②加水沤制成粪稀,经腐熟后可作追肥,多施用于叶菜类作物如白菜、菠菜、甘蓝、芹菜等,加水稀释4~5倍,直接浇灌。为提高肥效,减少氨的挥发,可开沟、穴,施后立即用土覆盖

③人粪尿属于速效性肥料,可用作基肥和追肥,但是最适宜作为追肥施用。一般情况下,人粪尿对树木、花卉的生长都有良好的效果,特别是对草本花卉,效果更为显著。

④人粪尿虽是有机肥料,但因磷钾含量低,施用时应注意配合磷钾肥或其他有机肥。切勿与草木灰、石灰混合施用,以免使养分损失,降低肥效。

## 二、家畜粪尿、禽粪与厩肥

畜牧业是农业的半壁江山,家畜粪尿肥是猪、马、牛、羊等的饲养动物排泄物,含有丰富的有机质和各种营养元素,是一种良好的有机肥料;禽粪是鸡、鸭、鹅等禽类排泄物的总称,实际上是禽类粪尿的混合物;厩肥也称圈粪,是家禽、畜的粪尿和各种垫圈材料、饲料残渣混合积制的肥料。北方多用土垫圈称土粪,南方多用秸秆称"草粪"或"栏粪",统称厩肥。

### (一)家畜粪尿的成分和性质

在饲养牲畜时一般以植物性原料作饲料,植物性原料经家畜消化器官消化后,没有被吸收利用而排出体外的物质就是家畜粪尿,家畜粪尿由畜粪和畜尿所组成。所以畜粪中的消化物质是半腐解的植物性有机物质,成分复杂,主要有纤维素、半纤维素、木质素、蛋白质及其分解产物、脂肪、有机酸、酶和各种无机盐类。畜尿的成分简单,都是水溶性物质,主要有尿素、尿

酸、马尿酸以及钾、钠、钙、镁等无机盐类。

　　家畜粪尿中的养分含量因家畜种类、年龄、饲料与用量等而有较大的差异,如表 6-3 所示,列出了新鲜家畜粪尿中主要养分的平均含量。就养分而言,各种畜粪尿中有机质较多,约为 15%~30%,在羊粪尿中氮、磷、钾含量最高,猪、马粪次之,牛粪最差;排泄量则牛粪最多,马粪次之,猪粪又次之,羊粪最少。此外,粪尿中含有植物所需的中量元素如钙、硫、镁和微量元素。故腐熟后的家畜粪尿是完全肥料,可以为土壤提供多种养分。

表 6-3　新鲜家畜粪尿中主要养分的平均含量

| 种类 | 成分 | 水分 | 有机质 | 氮(N) | 磷(P₂O₅) | 钾(K₂O) | 钙(CaO) |
|---|---|---|---|---|---|---|---|
| 猪 | 粪 | 81.5 | 15.0 | 0.60 | 0.44 | 0.44 | 0.09 |
| | 尿 | 96.7 | 2.8 | 0.30 | 0.12 | 1.00 | 微量 |
| 牛 | 粪 | 83.3 | 14.5 | 0.32 | 0.25 | 0.16 | 0.34 |
| | 尿 | 93.8 | 3.5 | 0.95 | 0.03 | 0.95 | 0.01 |
| 马 | 粪 | 75.8 | 21.0 | 0.58 | 0.30 | 0.24 | 0.15 |
| | 尿 | 90.1 | 7.1 | 1.20 | 微量 | 1.50 | 0.45 |
| 羊 | 粪 | 65.5 | 31.4 | 0.65 | 0.47 | 0.23 | 0.46 |
| | 尿 | 87.2 | 8.3 | 1.68 | 0.03 | 2.10 | 0.16 |

　　不同的家畜粪尿,其性质有着相当大的差异,具体介绍如下:

　　(1)猪粪

　　猪粪的养分含量比较丰富,这与现代化饲养中猪的饲料质量较好有关。猪粪中钾含量最高,氮磷仅次于羊粪,氮素是牛粪的近两倍,磷钾的含量均多于马粪和牛粪。猪粪的质地比较细,碳氮比比较小,且氨化细菌较多,所以比较容易分解,分解后形成的腐殖质也较多,肥效快,有较大的阳离子交换量,改土作用好。但由于猪粪含水较多,纤维分解细菌较少,没有消化的饲料残渣分解较慢,所以猪粪肥性柔和,后劲足,是"温性肥料",对各种植物以及各种土壤均可施用。

　　(2)牛粪

　　牛是反刍动物,饲料经胃中反复消化,粪质细密。牛饮水较多,粪中含水量较高,通气性差,分解腐熟缓慢,发酵温度低,故称冷性肥料。在家畜粪中,牛粪的养分含量,尤其氮素含量低,C/N 比值大。可将牛粪略加风干,加入适量的钙镁磷肥或磷矿粉,或加入马粪混合堆积,可加速牛粪的腐解,获得优质的有机肥料。牛粪一般做基肥,对改良有机质含量较少的轻质土壤作用良好。

（3）马粪

马粪中纤维素含量高,粪质粗,疏松多孔,水分易蒸发,含水分少,这与马对饲料的咀嚼不及牛细致,消化力也不及牛强有关。同时,马粪中含有较多的高温纤维分解细菌,能促进纤维素的分解,腐熟快,在堆积过程中发热量大,温度高,是"热性肥料"。常用马粪作为温床育苗的发热材料。在制造堆肥时,加入适量马粪,可促进堆肥腐熟。由于马粪质粗,可以明显改良黏质土壤。

（4）羊粪

与牛一样,羊也是反刍动物,对饲料咀嚼很细,羊饮水少,羊粪肥质细密而干燥,养分含量较高,羊粪也是热性肥料。羊粪易于发酵分解,可将羊粪与猪粪、牛粪混合堆沤后施用。羊粪适宜施用于各种土壤。

（5）兔粪

兔是食草为主的杂食动物,饲料质量较好,故兔粪养分含量高,鲜兔粪富含全氮、磷、钾元素,粗有机物,还含有多种中、微量元素,如锌、铁、硼、钙、镁、硫等,所以兔粪也是一种优质高效的有机肥料。兔粪 C/N 比值小,易腐熟,施入土壤中易分解,肥效快,亦属热性肥。腐熟好的兔粪一般当做追肥施用。

（6）家畜尿

各种家畜粪尿性质相似,一般呈碱性反应,并都有不同量的尿素、尿酸、马尿酸,其中牛粪尿含马尿酸多,分解慢,不宜直接单独施用。如表 6-4 所示,列出家畜尿中各种形态氮占全氮的比例。

表 6-4　家畜尿中各种形态氮占全氮的比例

| 氮的形态 | 猪尿 | 牛尿 | 马尿 | 羊尿 |
|---|---|---|---|---|
| 尿素态氮 | 26.60 | 29.77 | 74.47 | 53.39 |
| 马尿酸态氮 | 9.60 | 22.46 | 3.02 | 38.70 |
| 尿酸态氮 | 3.20 | 1.02 | 0.65 | 4.01 |
| 酐态氮 | 0.68 | 6.27 | 痕迹 | 0.60 |
| 氨态氮 | 3.79 | — | — | 2.24 |
| 其他态氮 | 56.13 | 40.48 | 21.86 | 1.06 |

（二）禽粪的成分与性质

禽粪是优质的有机肥料,其氮、磷、钾含量通常高于羊粪,但不同种类的禽粪对各种养分及水分的含量不同,鸡粪和鸭粪含水量少,有机质含量高,鹅粪的养分含量及三要素组成比例与家畜粪相近,质量不如鸡粪和鸭粪。如表 6-5 所示,列出了禽粪的平均养分含量。

表 6-5　禽粪的平均养分含量/%

| 禽粪种类 | 水 | 有机质 | N | $P_2O_5$ | $K_2O$ |
|---|---|---|---|---|---|
| 鸡粪 | 50.5 | 25.5 | 1.63 | 1.54 | 0.85 |
| 鸭粪 | 56.6 | 26.2 | 1.10 | 1.40 | 0.62 |
| 鹅粪 | 77.1 | 23.4 | 0.55 | 0.50 | 0.95 |

禽粪中氮素以尿酸态为主,尿酸不能直接被植物吸收利用,而且对植物根系有害,同时,新鲜禽粪容易招引地下害虫,因此,禽粪做肥料应堆积腐熟后施用。禽粪容易腐熟,在堆积腐熟过程中易产生高温,是一种“热性肥料”。

### (三)厩肥的成分、性质及腐熟过程

#### 1. 厩肥的成分与性质

厩肥是家畜粪尿和各种垫圈材料混合积制的一种有机肥料,在我国南方多用秸秆垫圈,北方则习惯用土垫圈,因此,厩肥的成分和性质与家畜的粪尿有所不同。其成分主要是纤维素、半纤维素、蛋白质、脂肪、有机酸及各种无机盐,还有尿素、尿酸、马尿酸等。另外,厩肥的成分依家畜种类、饲料质量、垫圈材料种类和用量多少,以及饲养条件的不同而不同。厩肥平均含有机质 25%,其中,含 N 0.5%,含 $P_2O_5$ 0.25%,含 $K_2O$ 0.6%。如表 6-6 所示,列出了厩肥的平均养分含量。

表 6-6　厩肥的平均养分含量/%

| 家畜种类 | 水 | 有机质 | N | $P_2O_5$ | $K_2O$ | CaO | MgO | $SO_2$ |
|---|---|---|---|---|---|---|---|---|
| 猪 | 72.4 | 25.0 | 0.45 | 0.19 | 0.60 | 0.68 | 0.08 | 0.08 |
| 牛 | 77.5 | 20.3 | 0.34 | 0.16 | 0.40 | 0.31 | 0.11 | 0.06 |
| 马 | 71.3 | 25.4 | 0.58 | 0.28 | 0.53 | 0.21 | 0.14 | 0.01 |
| 羊 | 64.6 | 31.8 | 0.83 | 0.23 | 0.67 | 0.33 | 0.28 | 0.15 |

新鲜厩肥中的养分主要以植物不能直接吸收利用的有机态的形式存在,加之新鲜厩肥中纤维素、木质素等化合物含量高,C/N 大,施用后,由于

微生物的生物吸收而与作物幼苗争夺氮肥。因此,新鲜厩肥一定要经过堆腐后,才能施用。

腐熟的厩肥质量差异很大,当季养分利用率也不相同。厩肥中钾的利用率最高,可达 60%～70% 以上,而且含钾量较高,所以施用厩肥可以很大程度地缓解土壤中钾素的不足。就氮而言,其利用率为 10%～30%。就磷而言,由于土壤对厩肥磷的固定较少,厩肥中 50%～60% 的磷是水溶性或弱酸溶性磷,所以磷的利用率可达 30%～40%,超过化学磷肥的利用率。因此,凡厩肥施用量多的地块,可少施磷肥。

### 2. 厩肥的积制和堆腐方法

#### (1)厩肥的积制

厩肥积制分圈(栏)内积制和圈外堆制。圈(栏)内积制又分深坑圈、平地圈和浅坑圈 3 种。

①深坑圈。虽然部分南方地区也采用,但这是我国北方地区常用的积制方式。具体方法是在圈内挖 1 个 0.6～1m 深的坑,逐日往坑中添加垫圈材料并经常保持湿润,借助于牲畜的不断踏踩,粪尿和垫料即可充分混合,并在紧密、缺氧条件下就地分解腐熟,待坑满之后出圈一次。通常,满圈时坑中下部或中部的肥料可达腐熟或半腐熟程度,可直接施用,上层肥料需经再腐熟一段时间之后才能施用。深坑圈影响家畜健康和环境卫生,但是节省经常垫料、起料的劳力,分解释放的养分可被腐殖质吸附,减少了肥料养分的损失。

②浅坑圈或平地圈。浅坑圈是在圈内挖 0.15～0.2m 深的坑,平地圈与地面相平,两种方式大同小异,都在圈内短时间积制,主要在圈外堆积分解、腐熟。垫圈的方法分为两种:第一种是每日垫圈,每日清除,将厩肥运到圈外堆积发酵;第二种是每日垫圈,隔数日或数十日清除一次,使厩肥在圈内堆积一段时间,再移到圈外堆积。浅坑圈一般适用于养猪积肥,平地圈一般适用于饲养牛、马、驴、骡等牲畜的积肥。

#### (2)厩肥的堆腐

腐熟的目的是通过微生物活动促使厩肥矿质化和腐殖化,提高厩肥品质,同时消灭家畜和垫圈材料中的病菌、虫卵和杂草种子,以免危害作物,新鲜厩肥必须腐熟才能使用。厩肥有紧密堆积、疏松堆积和疏松紧密堆积三种堆积方法,简单介绍如下:

①紧密堆积法。具体的做法是从畜舍内取出新鲜厩肥运至堆肥场地,堆成长度不限,宽约 2～3 m 的肥堆,堆积时要层层堆积、压紧,至肥堆达 1.5～2m 高为止,为确保嫌气状态和防止雨水淋溶,需要用泥浆或塑料薄

膜密封。由于处于嫌气条件下分解,温度变化不大,通常保持在15～30℃,分解比较缓慢。用这种方式堆积可以使腐殖质含量高,厩肥保肥力强,养分损失少;但是只能杀死部分病菌、虫卵和杂草种子,且腐熟时间较长。农业生产上不急需用肥时,可用此法。

②疏松堆积法。这种方法与紧密堆积法相似,其不同的是堆制过程不压紧,浇灌适量粪水以利分解。由于疏松堆制,所以通气,纤维分解等好气微生物活动旺盛,几天内堆内温度可达60～70℃,杀死病菌、虫卵、杂草种子等。这种方法分解较彻底,腐殖质累积少,养分易损失,只有在急需用肥时才采用。

③疏松紧密堆积法。顾名思义本法综合了紧密堆积法和疏松堆积法的长处,先将新鲜厩肥疏松堆积,以利分解和消灭病菌、虫卵、杂草种子;待温度稍降后,及时压紧,再加新鲜厩肥,处理方法如紧密堆积法。如此层层堆积,直堆到1.5～2m时用泥浆或塑料薄膜密封。这种方法堆积厩肥腐熟快,能够快而彻底的消除有害物质,养分和有机质损失少。

(3)厩肥积制过程中有机物质的转化

有机质的转化主要是矿质化和腐殖化厩肥积制的两个基本过程。这两个过程都是在微生物作用下进行的,是一个生物化学过程。实际上,其他一些有机肥料在积制过程中有机物的转化也与之相似。因此,了解厩肥堆腐的腐殖化和矿质化的具体过程,对于科学积制有机肥,提高肥料质量具有重要的指导意义。

### (四)家畜粪尿、禽粪及厩肥的施用

施用家畜粪尿、禽粪和厩肥时,需要根据具体情况,结合生产实践合理利用,以提高肥料的利用率。现将常见的施用方法介绍如下:

1. 根据土壤性质施用

肥力水平较低的土壤常施用家畜粪尿与厩肥,以起到培肥地力的作用。质地黏、排水差的土壤,应选用腐熟程度高的厩肥;质地轻,可选用腐熟程度低的厩肥。对冷浸田、阴坡地等,可以施用羊、马粪等热性肥料。

2. 根据作物的种类施用

一般情况,生育期较长的作物可施用半腐熟的厩肥;而生育期较短的作物,需施用腐熟程度较高的厩肥或畜粪。水稻等禾本科作物对厩肥利用率低,可施用腐熟的厩肥。由于蔬菜生育期短,蔬菜地宜施用腐熟的厩肥或畜粪。

3. 根据肥料本身的性质施用

家畜粪比尿难分解,如粪尿分别贮存,尿宜作追肥,粪宜作基肥;厩肥腐熟后主要作基肥用。新鲜厩肥的养分多为有机态,C/N 比值大,不宜直接施用,尤其不能直接施入水稻田。若将厩肥与化肥混合使用,既可提高肥料的利用率,又可提高土壤的肥力,是合理施肥中的一项重要措施。

4. 根据气候条件施用

温暖湿润地区,雨季,可施用半腐熟的厩肥,翻耕应浅一些;冷凉干旱地区,降雨量较少的旱季,宜施用腐熟的厩肥,翻耕可适当深些。

5. 禽粪的利用

禽粪一般做饲料,也做肥料施用。

①做饲料。禽粪营养丰富。研究发现,鸡粪含有粗蛋白质 27.75%,纯蛋白质 13.1%,氨基酸 8.1%,以及大量维生素 B 和各种微量元素。鸡粪经过发酵、干燥、化学处理、糖化、青贮(与青饲料混合贮存)、热喷等方法加工成再生饲料,可喂鸡、猪、羊、牛、鸭、鱼等畜禽,其营养效果与配合饲料相接近,比大麦、玉米好的效果要好。

②做肥料。腐熟的禽粪虽然也做追肥和种肥,但多数情况下当基肥施用。由于肥源和数量较少,一般多施用于菜地或经济作物。禽粪做肥料施用须注的问题是肥效缓慢,做追肥时须提前施用;用量较少,应配合其他肥料施用;水稻旱育秧田不宜施用,因为施用后秧苗易黄化,甚至死亡。

# 第三节　秸秆肥及其施用

## 一、堆肥

堆肥是以秸秆、杂草、落叶、垃圾等有机废弃物为主要原料,掺加一定量的粪肥,经过堆积发酵而制成的肥料。一般堆肥分为普通堆肥和高温堆肥两种。普通堆肥发酵温度较低,高温堆肥在堆腐过程中产生 50℃～70℃的高温。两者的区别是普通堆肥为嫌气紧密堆积,堆内不设通气塔、沟,腐熟时间较长;高温堆肥为好气堆积,堆底、堆内设有通气沟、塔,腐熟快,肥料质量好。

**(一)高温堆肥的堆制原理**

高温堆肥是在好气性条件下进行的,堆肥材料中的有机质在微生物的作用下进行矿化分解和腐殖质的合成过程。由于堆肥中各时期所起作用的微生物类群不同,分解的物质不同,高温堆肥可分为四个阶段,分别为发热阶段、高温阶段、降温阶段和后熟保肥阶段,具体分析如下:

(1)发热阶段

在堆制初期,由常温升到50℃左右的阶段称为发热阶段。这一阶段以中温好气性微生物为主,利用堆肥中的水溶性有机物质首先迅速繁殖,继而分解蛋白质和部分半纤维素和纤维素,同时放出氨、二氧化碳和热量,使堆内温度逐步提高。这一阶段的时间视气候、水分和易溶性有机物而定,一般为6～7d。

(2)高温阶段

高温阶段是指在堆肥过程中随着堆内温度的不断升高,堆内温度达到50℃～70℃的高温的阶段。这个阶段里,中温性微生物逐渐被好热性微生物代替,其中以好热性纤维分解菌为主。这一阶段除继续分解易分解有机物外,主要分解半纤维素、纤维素等复杂物质;同时大量放出热量,使堆内温度升高,并能自动调节而且延续较长时间的高温期。高温阶段对于堆肥的腐熟和杀虫、灭菌及消灭杂草种子等意义重大。

(3)降温阶段

降温阶段是指堆肥过程中,高温过后,当堆肥温度降到50℃以下的阶段。在高温维持一定时间后大部分有机质被分解,剩余的是难分解的成分,微生物活动减弱,产热量减少,堆内温度逐渐下降。这一阶段微生物的作用主要是分解残留的半纤维素、纤维素和木质素,但以腐殖质的合成过程为主。通常要进行翻堆,一般可进行翻堆2～3次,将肥料中腐熟程度差的外层与腐熟程度高的内层交换,同时还要注意适时地补充水分。

(4)后熟保肥阶段

经过前3个阶段后,大部分有机物已被分解,堆温下降,温度仅仅略高于气温,此时就进入后熟保肥阶段。此阶段中分解腐殖质等有机物的放线菌的数量和比例显著增多,嫌气性纤维分解菌、固氮菌和反硝化细菌也逐渐增加。其主要任务是保存已形成的腐殖质和各种养分。此阶段应将肥堆压实,泥封或加土覆盖,造成嫌气条件。这样嫌气性纤维分解菌能旺盛地进行纤维素的分解,缓慢地进行后期的腐熟作用。

堆肥的腐熟程度可以从肥料的颜色、软硬程度及气味等特征来判断。半腐熟的肥料,堆肥材料组织松软易碎,分解程度差;汁液为棕色;有腐烂味,可概括为"棕、软、霉"。腐熟的肥料,材料完全变形,呈黑褐色泥状物,可捏成团,并有臭味,特征是"黑、烂、臭"。

在堆肥的半腐熟或腐熟阶段,堆内高温、干燥、缺水。通气好的情况下,有机质分解快,养分损失严重,肥堆内出现白毛或白点,并有泥土味,就是过劲的预兆,应立即捣翻、加水、压紧,防止过劲。

**(二)堆肥腐熟的条件**

(1)水分

水分是影响微生物活动和腐熟快慢的重要因素。堆肥材料只有在吸水软化后,才便于微生物的侵入和分解。

(2)通气

在堆肥腐熟初期,主要是好气微生物的活动,以好气分解为主。为使堆肥材料迅速分解,释放养分,要有良好的通气条件。

(3)温度

堆肥过程中应当注意温度的调控。肥堆内温度的升高主要是微生物在分解有机物时所释放出的热量所致。

(4)保持适宜的碳氮比和养分

微生物的繁殖活动需要一定的能量和水溶性养分,要求堆肥材料保持适宜的碳氮比。适于微生物分解有机质的碳氮比约为 25:1。

(5)酸碱度

各种微生物对酸碱度都有一定的适应范围,过酸、过碱均不利于有机物的分解。

**(三)堆制方法**

(1)普通堆肥

普通堆肥是在嫌气低温条件下堆腐而成。堆温变幅小,一般为15℃~35℃,最高不超过 50℃,腐熟时间较长。堆积方式有地面式和地下式两种,具体介绍如下:

①地面式。在夏季,常采用地面露天堆积。这种堆肥方式通常选择地势平坦,靠近水源,运输方便的田间地头或村旁作为堆肥场地。堆积时,先把地面平整夯实,为了便于吸收下渗的肥液,防止养分流失,通常要铺上一层厚约 10~15cm 的草皮土。然后均匀地铺上一层铡短的秸秆、杂草等厚约 20~30cm,再泼一些稀薄人畜粪尿,再撒少量草木灰或石灰,其上铺一层厚约 7~10cm 的干细土。按此一层一层边堆边踏紧,堆至 1.7~2m 高为止。最后用稀泥封好。1 个月左右翻捣一次,并在堆肥中补充适量的水分

或人畜粪尿。堆制的时间与季节有关,冬季3～4个月,夏季2个月左右即可腐熟。

②地下式。在田间地头或宅旁挖一土坑,或利用自然坑,将杂草、垃圾、秸秆、牲畜粪尿等倒入坑内,日积月累,层层堆积,直堆到与地面齐平为止,盖厚约7～10cm的土。堆积1～2个月后,底层物质因含有适当水分,已经大部分腐烂,就掘起翻捣,并加适量的粪水然后仍用土覆盖,以减少水分蒸发和肥分损失。这种堆制方式需要的时间也与季节有关,冬、春季需3～4个月,夏、秋季经1～2个月即可腐熟。

(2)高温堆肥

高温堆肥是在好氧条件下堆积而成。具有温度高(可达60℃以上)、腐熟快及消灭病菌、虫卵、草籽等有害物质的优点。为加速腐熟,一般采用接种高温纤维分解细菌,并设通气装置。堆制方式有地面式和半坑式。

①地面式。在夏季高温多雨季节或地下水位较高地区常用这种方式。选择场地地头近水源处,将秸秆切碎为5cm左右,摊在地面上,按

干秸秆:马粪:人粪尿:水=5:3:2:8

的比例,用2000kg堆肥材料堆成3～4m宽,1.5～2m高的堆,然后堆顶覆细土约5cm厚。一般5d内堆内温度显著升高,几天内可达70℃以上。等温度下降至常温后,破堆将材料充分翻捣,可适量加粪尿和水,重新堆积。一般翻2～3次,大约30d左右便可腐熟。

②半坑式。一般在雨量较少、气候干燥、蒸发量较大或气候寒冷的季节和地区常用该方式。选背风向阳近水源处,挖深1m的长方形或圆坑,在底部挖深、宽15cm的"十"字形通气沟与坑壁斜沟相接至地面。沟面用玉米秸纵横各盖一层,坑壁斜沟也用秸秆掩盖,保持沟沟相通而不堵塞,以便通风透气。再用整根的去叶秸秆,松松地捆成直径30cm左右的圆柱体,作为通气塔,直立于坑底"十"字沟交叉处。坑底最好铺一层老堆肥,然后按

切碎秸秆:马粪:人粪尿:水=1:0.4:0.2:(1.5～2)

的比例,分层堆积入坑,要保持塔顶高出堆顶。最后,用细土严封堆顶,地面的四个通气口不应掩盖,通气塔顶部也敞开。堆好后几天,温度急剧上升,高达70℃左右。不用翻堆,高温后的5～7d将堆顶通气塔和坑壁斜沟的四个通气口封死,以停止通气,此时堆内开始腐殖化过程。

**(四)堆肥腐熟的特征及堆肥的施用**

堆肥性质与厩肥基本相同,养分含量因堆制材料与方法不同而异,如表6-7所示,列出了堆肥的养分含量。

表 6-7　堆肥的养分含量/％

| 种类 | 水分 | 有机质 | N | P₂O₅ | K₂O | 碳氮比 |
|---|---|---|---|---|---|---|
| 高温堆肥 | — | 24～42 | 1～2.0 | 0.3～0.8 | 0.5～2.5 | 9.7～10.7 |
| 一般堆肥 | 60～75 | 15～25 | 0.4～0.5 | 0.18～0.26 | 0.45～0.70 | 16～20 |

通过上表可以看出,堆肥含丰富的有机质,养分齐全,能供给植物多种养分,又有培肥和改土作用。堆肥肥效缓慢持久,多做基肥,结合耕地施用,一般每亩用量 1500～2500kg。黏质土壤,或干旱天气,气温较低,生长期较短的植物,宜施用腐熟的堆肥;砂质土壤或施用期间高温多湿,或植物的生长期较长,如果树等宜施用半腐熟的堆肥。

## 二、沤肥与沼气发酵肥料

### (一)沤肥

与堆肥相对应,沤肥是肥料发酵的另一种方式,其材料与堆肥相似,是以植物茎秆、绿肥、山青湖草等植物性物质与泥炭、人畜粪尿、化学氮肥和石灰等材料混合堆积、经嫌气微生物分解腐熟而成的肥料。与堆肥不同的是,沤肥是在嫌气性的常温条件下进行发酵。沤肥在南方较为普遍,由于各地沤制方法不同,名称也各异。在这里,我们仅对沤肥的成分、沤制和施用方法进行简单介绍。

1. 沤肥的成分

随沤制材料及各种材料配合比例不同,沤肥的成分有所差异。在沤肥中,一般有机质含量为 2％～8％。其中,全氮(N)0.10％～0.40％,速效氮 50～248mg/kg;全磷(P₂O₅)0.14～0.26％(沤制时加骨粉或过磷酸钙的含磷量更高),速效磷 17～278mg/kg;全钾(K₂O)0.3％～0.5％,速效钾 65～185mg/kg。由于沤肥是在相对低温、嫌气条件下腐熟,分解速度慢,有机质和氮损失量少,腐殖质积累多。据测定,草塘泥在腐熟过程中,氮仅损失4.3％,速效氮占全氮量的 23.1％。

2. 沤肥沤制

沤肥种类很多,制法不一,如草塘泥、卤肥的沤制,一般是在田头、渠道边、村边和住宅边等地挖坑沤制。沤肥是在嫌气微生物作用下腐熟的,因此控制与调节好嫌气微生物的活动条件是获取优质沤肥的关键。制作沤肥时,沤肥坑不能有渗漏,表面保持 3～7cm 的浅水层,以隔绝空气和保持坑内温度。如果水分含量不稳定,生成的氨经硝化后再处于嫌气条件易引起反硝化损失。沤制前要把粗长的秸秆材料切细或轧碎,沤制时可加入少量人粪尿、旧沤粪液或适量速效性氮肥、石灰,并及时翻拌,这样可以促进微生物的繁殖活动和分解。

3. 沤肥的施用

沤肥一般用做基肥,多数施在稻田,其肥效稳定而较长,对作物有一定的增产效果。在翻耕灌水前将沤肥均匀施入土壤,然后耙地、栽秧。在旱地上施用可结合耕地做基肥,避免养分损失。每公顷用量 30000～37500kg。另外,沤肥供肥强度不大,应配合施用速效性氮、磷、钾肥。

### (二)沼气发酵肥料

沼气发酵是在嫌气密闭的环境中,保持一定的温度、水分、酸碱度等条件,以人畜粪尿、植物秸秆、青草和污水等有机废物为原料,经过多种微生物和甲烷细菌共同发酵分解的结果。其生物变化过程如下:

①各种复杂有机物经微生物作用,转化为低级脂肪酸,如丁酸、丙酸、乙酸等。

②将①的产物经甲烷细菌的作用,转化为甲烷和二氧化碳。

甲烷又名沼气,是一种可燃的气体。沼气发酵不仅可以产生能源解决农村的部分能源需求,而且沼气池粪成为一种新的农家肥料来源。据研究,沼气原料经沼气发酵过程,约有 40％～45％ 的干物质被分解为速效养分,特别是有效氮含量增加。据测定,沼气池粪的有效氮含量比原材料中有效氮含量提高了 5 倍。沼气粪肥中有效氮比一般堆肥高,一般堆肥有效氮含量仅占全氮的 10％～20％,而沼气池粪有效氮含量占全氮的 50％～70％。[1]

沼气池粪取出后,氨态氮易挥发损失,应注意覆土封存,施用时应埋入土壤内。沼气池粪可以做追肥,也可做基肥施用,是一种很好的农家肥料。

---

[1]　郝玉华.土壤肥料第 2 版.北京:高等教育出版社,2008

### 三、秸秆还田

1. 秸秆的成分与性质

作物的秸秆是植物残体,含有作物生长所需的大量元素和微量元素。作物秸秆所含的营养元素随作物种类的不同而差异很大,一般豆科作物秸秆含氮较多,禾本科作物秸秆含钾量高,油料作物秸秆氮、钾含量均较丰富。作物秸秆富含有机质,还田后可以促进土壤微生物活动,分解后可以被植物利用,改善土壤的物理性质与结构性,提高土壤养分。在这里,还需要指出的是,秸秆还田可以节约运输和堆制的费用,提高农业效益。

2. 秸秆在土壤中的转化

秸秆翻压入土后,在微生物的作用下,秸秆会进行矿质化和腐殖化。秸秆的有机组分中,纤维素、半纤维素和蛋白质等比较容易被微生物分解。在适宜的条件下,通过微生物的作用,只需几周的时间就有总量的 $60\%\sim70\%$ 被分解,残留于土壤中的多以氨基酸、氨基糖和酚等土壤腐殖质以及微生物体等形态存在。在好氧条件下,一般 4 个月后,木质素仅分解 $25\%\sim45\%$,其余部分残留在土壤中。木质素分解形成的各种酚类化合物,其游离基同蛋白质的分解产物缩合而成腐殖质类物质。秸秆的化学组成、土壤水分、气候条件、土壤质地等因素是秸秆在土壤中的分解和转化的决定因素。

3. 秸秆直接还田的作用

作物秸秆直接还田的作用主要体现在以下几方面:

(1)改善土壤的结构性

秸秆直接还田,补充了养料和能源,促进了微生物活动,增加了多糖类物质的分泌,有改善土壤结构的作用。秸秆直接还田所形成的腐殖质随即与黏粒复合,促进土壤团粒结构的形成,可以避免秸秆腐熟后施用腐殖质活性可能因干燥而变性失效的缺点。

(2)增加有机质含量

秸秆的组成中含有较多纤维素、木质素,有助于土壤腐殖质的形成,使土壤中的有机质得到更新和补偿。

(3)提高土壤的养分

秸秆分解后释放的氮素可为作物吸收利用。此外秸秆还田还能归还其他大量元素和微量元素。一般籽粒取走后,仍有 80% 左右的钾素保存在秸秆中,且有效性与钾肥相近。此外,秸秆中含有较丰富的微量元素,如油菜秆含硼多,稻草含硅约 8%,秸秆还田对部分缺硼、缺硅土壤有综合防治作用。

(4)固定和保存氮素养料

新鲜秸秆被翻压入土壤后,可以为好气或嫌气性自生固氮菌提供能源,可促进固氮作用,增加土壤氮素;它还能促进土壤微生物活动,能较多地吸收土壤中的速效氮素,合成细菌体,从而把氮素养料保存下来。这些氮素大部分较易转化为有效态,供当季作物利用。同时,秸秆在土壤中分解后,能提供各种养分供植物利用。

(5)促进土壤中养料的转化

前面已经提到,秸秆直接施入土壤,加强了微生物活动,可以加速土壤有机质的矿化。同时,由于秸秆分解过程中产生的有机酸,有助于土壤中磷、钾和微量元素养分的释放。

4.秸秆直接还田技术

(1)秸秆还田的方法

①直接翻压。这是一种十分常见的还田方式,北方平原麦、玉米区,南方平坝麦区、早稻区可结合机械收割,尽量将秸秆就地粉碎翻压入土。

②覆盖还田。这种方式在南方和北方均有采用。主要结合水土保持、少(免)耕技术,利用麦秸、玉米秸覆盖田土。常见的具体做法有:在小麦收割时适当留高桩(15.20cm),免耕播种夏季作物在麦收前提前套入,待夏播作物出苗后中耕灭茬,使残茬铺盖于土壤表面;在北方一年只种植一季,可结合机械化收割,将秸秆切碎后全部犁翻入土,也可在第二季播种前将早已腐烂的秸秆再犁翻入土;在作物生长期间,在其行间铺盖粉碎的麦秸或玉米秸。

③留高桩还田。这种方法常在南方稻区、部分冬水田区采用。一般水稻收获穗子后,残留 0~60cm 稻秆,直接翻压入土。

总之,不论采用何种方式直接还田,都应尽早翻压入土,以便秸秆吸收水分腐解,同时需保持充足的土壤水分,秸秆宜浅埋。一般 10~20cm 的耕作层,土壤水分充足,微生物活跃,能够加速腐解。

(2)加强水分管理

秸秆还田时,一定保持土壤适当的含水量,若土壤墒情太差,应及时灌水。稻区稻草还田后,水浆管理要以促进腐解、防止有害物质形成为原则。根据稻草还田数量和土壤性质等具体情况,采用浅水勤灌、干干湿湿、脱水上水、经常轻烤等方法,才有利于秸秆的腐化分解,减少有毒物质产生。

(3)秸秆还田数量

实践表明,秸秆还田的数量以 2250～3000kg/m² 为宜。在南方茬口较短的地区,秸秆还田的数量要根据当地情况而定。一般情况,旱地要在播种前 15～45d,水田要在插秧前 7～10d 将秸秆施入土壤,并配合一定量的化学氮肥施用。在气候温暖多雨的季节,可适当增加秸秆还田量。

(4)配施速效化肥

在秸秆还田的同时,应配合适量的化学氮肥或腐熟的人、畜粪尿调节 C/N,以避免出现微生物与作物争氮的矛盾,也可以促进秸秆加快腐烂和土壤微生物的活动。一般以使干物质含氮量提高至 1.5％～2.0％,C/N 降低到(25～30)：1 为宜。配合氮素化肥时不宜用硝态氮肥,以免还原脱氮。

(5)施用时期与方法

因初收获时秸秆含水量较多,及时耕埋有利于腐解,所以旱地施用时应边收、边耕埋,特别是玉米秸秆。若玉米秸秆或麦秸秆做棉田基肥,宜在晚秋耕埋。麦田高留茬在夏休闲地要尽早耕翻入土。水田宜在插秧前 7～15d 施用。用草量多的可间隔时间长些;反之宜短些。一般是将稻草切成 10～20cm 长,撒在田面,同时施用适量的石灰,浸泡 3～4d 再耕翻,5～6d 后耙平、插秧。

(6)带有病虫害的秸秆不能还田

带有病虫害的秸秆不能还田,否则易造成病虫害的蔓延。

# 第四节　绿肥及其施用

凡利用绿色植物的幼嫩茎叶直接或间接施入土中作为肥料的,都叫绿肥。专门栽培用做绿肥的作物叫绿肥作物,绿肥作物的栽培利用在我国有悠久的历史。大多数绿肥作物为豆科植物,也有少数为禾本科作物、十字花科作物。除了旱生绿肥外,还有水生绿肥。种植绿肥作物是培肥地力、促进农业生产发展的重要途径之一。翻压绿肥的措施叫"压青"或"掩青"。接下来,我们分如下几方面来对绿肥进行分析讨论。

**(一)绿肥的分类**

1. 按栽培季节分类

①夏季绿肥作物。这类作物在春夏季播种,作为秋季作物的肥料,如河北、山东等地的夏播大豆、绿豆、田菁等。

②冬季绿肥作物。一般情况下，这类作物在冬秋播种，作为次年春播或夏播作物的肥料，如油菜等。

2. 按植物学特征分类

①豆科绿肥作物。豆科作物含有根瘤菌，能固定空气中的游离氮素。肥效较高，是栽培绿肥中的主要种类。如田菁、苜蓿、毛叶苕子等。

②非豆科绿肥作物。这是除豆科以外的绿肥作物的总称。大多没有固氮能力，主要包括肥田萝卜、荞麦、青刈大麦、油菜及芝麻等。

3. 按种植条件分类

按种植条件可将绿肥作物分为旱生绿肥，如紫花苜蓿、苕子、草木樨、田菁等；水生绿肥，如水葫芦、绿萍等。

4. 按栽培年限分类

按栽培年限可将绿肥作物分为一年生绿肥作物、二年生或越年生绿肥作物、多年生绿肥作物。

### (二)绿肥在农业生产中的作用

1. 重要的有机肥源

发展绿肥作物是开辟有机肥源的重要途径。绿肥作物种类多，适应性强，种植范围比较广泛，可利用荒坡、水面、田边地角和五旁四坎等不易耕作的土地，也可以和作物轮作、间作套种等。绿肥作物产草量高，平均每亩绿肥鲜草产量 $1000\sim1500kg$，高者可达 $2000\sim2500kg$，甚至上万千克。这样，种一亩绿肥，可肥 $1\sim2$ 亩地。有的绿肥作物一年种植，多年采收。绿肥作物多为豆科，具根瘤菌能固定空气中的游离氮素。绿肥鲜草含氮量约 $0.45\%$，其中 2/3 来自根瘤菌从空气中固定的氮素，1/3 来自土壤。若以每亩鲜草 $1000\sim2000kg$ 计算，就有 $4.5\sim9kg$ 纯氮。其中由根瘤菌从空气中固氮 $3\sim6kg$，相当 $15\sim30kg$ 硫酸铵。因此，绿肥根瘤就是天然的"小氮肥厂"，在为土壤提供氮营养方面效果尤其显著。

2. 增加和更新土壤有机质

绿肥作物对提高土壤肥力、改良土壤理化性质有良好的作用，其中有机质含量在 $12\%\sim15\%$。向土壤翻压 $1000kg$ 绿肥，可提供新鲜有机质 $120\sim150kg$。因为绿肥碳氮比较小，矿化速度快，残留量少，所以，腐殖质积累量不大。不仅如此,绿肥还有促进土壤中原有有机质的分解作用,这种作用称激发效应。施用绿肥提供了新鲜有机质,但不一定明显提高土壤有机质含量,因为有机质积累量受许多因素制约。据我国北方 34 份测定资料说明,每亩翻压绿肥 800～1500kg,在 20cm 土层内有机质增加 0.076%～0.24%,平均为 0.145%。

3. 增加土壤的无机养分,提供土壤肥力

绿肥作物根系发达,能吸收下层养分和难溶性磷、钾等。翻压后,这些养分在耕层积累,供植物利用,起到富集、活化土壤养分的作用。绿肥作物含有多种养分,其中以氮最多,钾次之,磷较少。绿肥作物种类不同,养分含量亦不同。如表 6-8 所示,列出了主要绿肥作物的养分含量。

表 6-8　主要绿肥作物的养分含量/%

| 绿肥种类 | 鲜草成分(占绿色体的比例) | | | | 干草成分(占干物重的比例) | | |
| --- | --- | --- | --- | --- | --- | --- | --- |
| | 水分 | N | $P_2O_5$ | $K_2O$ | N | $P_2O_5$ | $K_2O$ |
| 油菜 | 82.8 | 0.43 | 0.26 | 0.44 | 2.52 | 1.53 | 2.57 |
| 紫云英 | 88.0 | 0.33 | 0.08 | 0.23 | 2.75 | 0.66 | 1.91 |
| 光叶紫花苕子 | 84.4 | 0.50 | 0.13 | 0.42 | 3.12 | 0.83 | 2.60 |
| 毛叶苕子 | — | 0.47 | 0.09 | 0.45 | 2.35 | 0.48 | 2.25 |
| 草木樨 | 80.0 | 0.48 | 0.13 | 0.44 | 2.82 | 0.92 | 2.40 |
| 地丁 | — | — | — | — | 2.80 | 0.22 | 2.53 |
| 紫穗槐(嫩) | 60.9 | 1.32 | 0.36 | 0.79 | 3.36 | 0.76 | 2.01 |
| 紫花苜蓿 | — | 0.56 | 0.18 | 0.31 | 2.16 | 0.53 | 1.49 |
| 绿萍 | 94.0 | 0.24 | 0.02 | 0.12 | 2.77 | 0.35 | 1.18 |

4. 绿肥作物有利于保持水土,防风固沙

大多数的绿肥作物根系发达,枝繁叶茂,覆盖度大,具有固土、固沙的能力,种植绿肥作物既能熟化土壤,又能培肥地力,还能减少水土流失。裸露的土地,经受着风沙侵蚀,雨水的冲刷,造成水土流失,生产力降低。在荒山荒坡上种植木本绿肥作物,能有效地减少地表径流,并增强抗冲刷的能力。同时,在未改造的坡耕地、盐碱地、滩涂等空闲地可以大力发展绿肥牧草作为先锋作物。

绿肥作物除地上部具有覆盖作用减少冲刷外,发达的根系还具有固沙、护坡作用。同时,有关研究发现绿肥作物还有利于调节区域内空气温度和湿度,能够吸收有害气体,对保护环境具有积极的作用。

5. 改良土壤理化性状,改良低产田

前面已经提到绿肥能提供大量新鲜有机质,同时,研究发现,绿肥还能提供大量钙素养分,加上根系有较强的穿透能力和团聚作用,有利于水稳性团粒结构的形成,改善土壤的理化性质,使土壤水、肥、气、热协调,耕性变好,因此,种植绿肥能改良盐碱地,减轻盐分上升。同时土壤穿插较深,能促进降水或淡水的淋溶作用,加速土壤脱盐。如表 6-9 所示,列出了种植田菁加速土壤脱盐的效果。

表 6-9　种植田菁加速土壤脱盐的效果

| 处理 | 土壤含盐量/% | | 脱盐率/% | 平均脱盐率/% |
| --- | --- | --- | --- | --- |
| | 雨前 | 雨后 | | |
| 种田菁 | 0.442~1.607 | 0.154~0.489 | 65.2~69.2 | 67.4 |
| 不种田菁 | 0.292~2.424 | 0.226~1.049 | 22.6~56.7 | 39.7 |

6. 绿肥可促进农牧业的结合

大部分绿肥作物还可以为家畜提供牧草,农业和牧业是互相依存、互相制约又互相促进的大农业。而绿肥又是种植业与养殖业共同发展的纽带。多年的农业生产实践证明,绿肥作物茎叶养畜,根茬还田,一举两得,效益成倍增加。做饲料时,茎叶中 30%养分被家畜吸收后转化为肉、奶等动物蛋白。另外 70%养分以粪尿排出体外,为农田提供养分。种植绿肥作物可以达到当年养畜有饲草,翌年种地有肥料的效果,比直接翻压肥田更科学合理,经济效益也更高。因此,在轮作中合理安排绿肥牧草,利用各种空隙地建立人工草场,既可增加饲料,通过过腹还田又可增强土壤肥力。

(三)绿肥作物的培养方式

大部分绿肥作物对土壤要求不高,适应性广。在农业生产中,绿肥作物的栽培方式除少部分单种外,还可因地制宜,进行间、套、混、插等种植方式。

(1)单种绿肥作物

这种种植方式是指在生长季节中,一定面积里只种绿肥作物。通常在盐碱地、风沙地或地多人少的低产区域可采用这种种植方式。

(2)间种绿肥作物

这种种植方式是指绿肥作物主作物按一定面积比例相间同时种植。例如将绿肥作物与粮、棉、油等间种,此外,在园地、林地亦可间作绿肥作物。

（3）插播绿肥作物

这种种植方式是指利用主作物换茬的短暂间隙插种一次短期速生绿肥。这样可以充分利用生长季节，提高土壤的利用率。

（4）套种绿肥作物

套种绿肥作物是指绿肥作物套种于主作物的株行之间，然后用做当季追肥或下季基肥。套种有三种方式，分别为前套、中套和后套。套种可以充分利用生长季节和土地，提高总的光能利用率。

（5）混种绿肥作物

这种种植方式是指多种绿肥作物品种同时混播在一块田地中。由于各种绿肥作物的特性不同，通过混播的方式可以形成良好的群体结构，充分利用光能和地力，还能提高绿肥作物群体的抗逆能力，从而提高绿肥作物的总产量。

至于采用何种方式栽培绿肥作物，需要考虑栽培的目的、气候、土壤的肥力、前后茬的要求以及耕作制度等。为了使绿肥作物不同品种间能协调生长，相互促进，并能获取高产，首先需要选择优良的绿肥作物品种，还要注意选择适宜的播种期及播种量。播种期的选择要兼顾绿肥作物与主作物之间的生长要求，混作的绿肥作物最好选择对彼此都有利的时间同时播种。此外，为了提高绿肥作物的产量，还要注意合理的施肥管理。

**（四）绿肥的合理利用**

1. 作饲料用

绿肥也可先作饲料，然后利用家畜、家禽、家鱼的排泄物作肥料，这种绿肥"过腹还田"的利用方式，是提高绿肥经济效益的有效途径。绿肥牧草还可用于青饲料贮存或调制成干草、干草粉。

2. 制堆沤肥

为了提高绿肥的肥效，或因贮存的需要，可把绿肥作堆沤肥材料。堆沤后绿肥肥效平稳，同时又能避免绿肥分解过程中产生有害物质的危害。

3. 直接翻耕

绿肥直接翻耕以作基肥为主。间种、套种的绿肥也可就地掩埋作为主作物的追肥。翻耕前最好将肥切短，稍加晾晒，这样有利于翻耕和促进其分解。早稻田最好用干耕，旱地翻耕要注意保墒、深埋、严埋，使土草紧密结合，以利绿肥分解。为了充分发挥绿肥的肥效。直接翻耕时应注意以下事项：

（1）翻耕适期

过早翻耕，虽然植物柔嫩多汁，容易腐烂，但鲜草产量低，肥分总量也低。过迟翻耕，植株趋于老熟，木质素、纤维素增加，腐烂分解困难。故而，应掌握在鲜草产量和肥分总含量最高时进行翻耕。研究表明，几种主要一年生或越年生绿肥作物适宜在盛花期、未木质化前翻压。

翻耕时间除考虑绿肥本身情况外，还要考虑能否保证后作物的适时栽插与播种以及施肥作物的需肥时间。一般情况下，棉田施用绿肥，可在播前10～15d翻耕。由于棉田有早播要求，存在绿肥早耕，影响鲜草产量的矛盾，可采取营养钵育苗和提高翻埋质量的办法来解决。稻田翻耕绿肥，一般要求在插秧前10d左右，若间隔时间过短，有机质分解不完全会影响幼苗生长。另外，夏、秋季绿肥的翻耕适宜期应选在土中有充足水分的时期。

（2）施用量

应当根据绿肥中养分含量、土壤性质、作物种类、品种、耐肥能力与作物计划产量等因素合理考虑绿肥用量，一般用量为15000～22500kg/hm$^2$。

（3）翻耕深度

绿肥分解主要靠微生物活动。因此耕翻深度应考虑微生物在土壤中旺盛活动的范围，一般以耕翻10～20cm较好。还应考虑气候、土壤、绿肥品种及其组织老嫩程度等因素。土壤水分较少、质地较轻、气温较低、植株较嫩时，耕翻宜深，反之则宜浅些。

（4）与无机肥料配合施用

绿肥是一种偏氮、少磷的有机肥料，翻压绿肥时配合施用磷肥，可以调整土壤N/P比值，协调土壤氮、磷供应，从而能充分发挥绿肥的肥效，提高后作物产量。不仅如此，绿肥与化学氮肥配合施用能调整两者的供肥强度，提高肥效。因为无机氮可提高绿肥的矿化率，而绿肥增加了能量物质，强烈地影响到土壤中微生物对化学氮肥的同化、固定和再矿化作用，从而影响化肥的氮素供应过程。

（5）防止毒害作用

稻田绿肥施用过多、翻耕过晚时，水稻会出现叶黄根黑、返青困难、生长停滞等中毒性"发僵"现象。因为绿肥分解时消耗了土壤中的氧，土壤氧化还原电位下降，使硫化氢、有机酸等有害物质积累，在排水不良的酸性土壤中还会有Fe$^{2+}$的积累，这些物质对根系都有毒害作用，严重地抑制根系呼吸和养分吸收，从而导致水稻出现中毒性"发僵"。故而，绿肥用量不宜过大，特别是排水不良的水稻田尤其应注意控制用量，提高翻耕质量，犁翻后精耕细耙，促使土肥相融，有利于绿肥分解。配合施用速效氮和石灰不仅可加速绿肥分解,而且提高了土壤 pH,可减少甚至避免有机酸的危害。若已出现中毒性"发僵"时,可施用过磷酸钙 $75\sim112.5kg/hm^2$ 或石膏粉 $22.5\sim37.5kg/hm^2$。

# 第五节　其他类有机肥料及其施用简述

## 一、饼肥与泥土肥

### (一)饼肥

#### 1. 饼肥的成分和性质

各种含油较多的种子,经过压榨去油后所剩的渣粕可以用作肥料,这些肥料统称饼肥。机械榨所生产的油粕多为粉状;手工榨油机所产生的油粕一般为圆饼状。

饼肥养分含量高,富含有机质和氮素,并含有相当数量的磷、钾及各种微量元素,一般约含有机质 $75\%\sim85\%$,其中含 $N 2\%\sim7\%$,含 $P_2O_5 1\%\sim3\%$,含 $K_2O 1\%\sim2\%$。饼肥中的氮、磷多呈有机态。氮以蛋白质形态为主,钾盐都是水溶性的,所以油饼是一种迟效性的有机肥,必须经过微生物发酵分解后,才能发挥肥效。

农民历来把油饼看作优质肥料,一般多施用于瓜果、花卉、棉花等价值较高的植物上。我国饼肥的种类很多,主要有大豆饼、菜子饼、芝麻饼、棉子饼、蓖麻饼、桐子饼、油茶饼等。因油饼含有大量的有机质和蛋白质,又含有脂肪和维生素等,营养价值高,因此,从经济角度考虑,凡是可做饲料的油饼,最好先做畜禽饲料,而后用畜禽粪尿肥田,这样,既发展了饲养业,增加了畜禽产品,同时又增加了肥料来源,是一举两得的好事。需要注意的是,菜子饼含有皂素,胡麻饼、杏仁饼中含有氢氰配糖物,棉子饼含有棉酚,桐子饼含有桐油酸和皂素,蓖麻饼含有蓖麻素,上述油饼所含化合物对牲畜有毒,所以不宜做饲料。但棉子饼经过处理后,可做牛饲料。此外,大麻子饼、柏子饼、苍耳子饼、椰子饼、椿树子饼均属含毒素的饼肥,都不能做饲料用,可直接做基肥施用。

#### 2. 饼肥的施用技术

饼肥是优质的有机肥料,养分全面,肥效持久,适宜于各类土壤和多种作物。尤其是对瓜果、烟草、棉花等作物,能显著提高产量并改善品质。

饼肥可作基肥、追肥,为了使饼肥尽快地发挥肥效,施用前需加处理。用作基肥时,只要将饼肥碾碎即可施用,一般宜在播种前2～3周将细碎的饼肥撒在田面,然后翻入土中,让它在土壤中有充分腐熟的时间。饼肥不宜在播种时施用,因它在土壤中分解时会产生高温和生成甲酸、乙酸、乳酸等有机酸,对种子发芽及幼苗生长均有不利影响。

饼肥用作追肥时必须经过腐熟,才利于作物根系尽快吸收利用。饼肥发酵的方式,一般采用与堆肥或厩肥同时堆积;或把粉碎的饼肥浸于尿液中经3周左右,发酵完毕后,再加捣烂,即可施用。饼肥用量不一,大致每公顷施750～1500kg,对高产优质作物棉花、甘蔗、麻类等,每公顷施1500～2250kg。

### (二)泥土肥

泥土类肥料包括泥肥和土肥。接下来,我们分别来进行简单的分析。

1. 泥肥

泥肥指的是河、塘、沟、湖里的肥沃淤泥。其养分来源主要有水生动植物的残体和排泄物;由雨水带入的养分;随雨水冲刷下来的表土及其中的养分;生活污水等。如表6-10所示,列出了不同泥肥的养分含量。泥肥具有来源广,数量大,可就地积制和就地利用的优点。另外,需要特别指出的是,在使用泥肥时要防止重金属污染,泥肥中污染物不能超出我国的农用污泥的污染物控制标准。

#### 表 6-10　不同泥肥的养分含量

| 种类 | 有机质/% | N/% | $P_2O_5$/% | $K_2O$/% | 铵态氮/(mg/kg) | 速效磷/(mg/kg) | 速效钾/(mg/kg) |
|---|---|---|---|---|---|---|---|
| 河泥 | 5.28 | 0.29 | 0.36 | 1.82 | 1.25 | 2.8 | 7.5 |
| 塘泥 | 2.45 | 0.20 | 0.16 | 1.00 | 2.73 | 97 | 245 |
| 沟泥 | 9.37 | 0.44 | 0.49 | 0.56 | 100 | 30 | — |
| 湖泥 | 4.46 | 0.40 | 0.56 | 1.83 | — | 18 | 55 |

2. 土肥

早先,土肥也是一种重要的肥料,主要包括炕土、陈墙土、熏土、地皮土等。熏土是农田表土在适宜温度和少氧条件下用枯枝、落叶、草皮、秸秆等熏制而成,故又称熏土肥,是山区、半山区及部分平原地区的一种肥源。土壤施用熏土肥后土壤的渗透率、孔隙度、阳离子交换量明显提高,速效养分也有所增加,常作基肥施用。现在随着人民生活水平的提高,炕土、陈墙土和地皮土等已日益减少,在这里不再讨论。

## 二、泥炭与腐殖酸类肥料

### (一)泥炭

泥炭是各种植物残体在水分过多、通气不良、气温较低的条件下,未能充分分解,经多年的累积,形成的一种不易分解、稳定的有机物堆积层,又叫草炭、草煤等。有时泥炭有大量泥沙掺入。在我国,泥炭分布较广,蕴藏丰富。它也是一类重要的有机肥源。

1. 泥炭的成分和性质

天然的泥炭含水量在 50% 以上。干物质中主要含纤维素、半纤维素、木质素、树脂、脂肪酸等有机物,此外还含有少量的磷、钾、钙等灰分元素。如表 6-11 所示,列出了我国部分地区泥炭的成分和性质。

表 6-11　我国部分地区泥炭的成分和性质

| 泥炭产地 | pH | 有机质/% | N/% | C/N | 灰分/% | $P_2O_5$/% | $K_2O$/% |
|---|---|---|---|---|---|---|---|
| 吉林 | 5.4 | 60.0 | 1.80 | 18.8 | 40.0 | 0.30 | 0.27 |
| 北京 | 6.3 | 57.4 | 1.94 | — | 42.6 | 0.09 | 0.24 |
| 山西忻县 | — | 49.3 | 2.01 | — | | 0.18 | — |
| 山东莱阳 | 5.6 | 44.8 | 1.46 | — | 55.2 | 0.02 | 0.50 |
| 内蒙古 | — | 67.8 | 2.09 | — | | — | — |
| 青海 | 6.3 | 68.5 | 1.25 | 19.8 | 31.5 | — | — |
| 新疆 | 6.3 | — | 0.75 | — | | 0.15 | — |
| 江苏江阴 | 3.0 | 62.0 | 3.27 | — | 38.0 | 0.08 | 0.59 |
| 浙江宁波 | 4.0 | 68.2 | 1.96 | — | 21.8 | 0.10 | 0.20 |
| 广西陆川 | 4.6 | 40.0 | 1.21 | — | 59.8 | 0.12 | 0.42 |
| 广东阳春 | 5.6 | 63.3 | 0.49 | — | 32.7 | — | — |
| 安徽 | 6.3 | 50.5 | 1.50 | 17.0 | 50.0 | 0.10 | 0.30 |
| 四川宜宾 | 4.9 | 54.1 | 1.61 | — | 45.9 | 0.34 | — |
| 云南昆明 | 5.2 | 64.1 | 2.39 | — | 35.9 | 0.18 | — |
| 贵州威宁 | — | 67.3 | 1.61 | — | | 0.24 | — |

2. 泥炭的利用

泥炭的利用价值决定于其类型与性质。在农业生产上,泥炭有很多的利用。既可直接施用,也可用做垫圈或堆肥的材料,还可用做营养钵或作为生产肥料的原料。

(1)直接施用

对于一些分解程度高、酸性小、腐殖质和养分含量丰富的低位泥炭,风干后配合氮磷钾化肥可以直接施用,可以很好地改良土壤,实现增产。

(2)做垫圈或堆肥材料

垫圈用的泥炭先风干,含水量保持在30%左右,再适当打碎后垫圈。堆肥时泥炭要配合秸秆、人畜粪尿和青草等材料一起堆制,酸性高位泥炭还需加入碱性物质以调节pH。

(3)作为肥料生产的原料

泥炭含大量腐殖酸,但速效养分含量少,与磷铵、尿素等制成混合肥料,能改善土壤理化性质,减少土壤污染,提高化肥利用率。还可作为复合肥料生产的填料、腐殖酸肥料的原料和菌肥的载体。

(4)作为营养钵无土栽培基质

分解程度中等的低位泥炭具有适当的黏结性和松散性,保水保肥,通气好,有利于幼苗根系发育,是制造育苗营养钵和无土栽培基质的理想材料。因其含速效养分少,应根据作物要求,掺入适量的腐熟人畜粪尿和化肥、草木灰或适量石灰,充分混匀后再加适量的水,压制成不同规格的营养钵或保护地无土栽培的基质等。

**(二)腐殖酸类肥料**

以泥炭、褐煤、风化煤为主要原料经酸或碱等化学处理和加入一定量的氮、磷、钾或微量元素可以制成腐殖酸类肥料,如腐殖酸铵、硝基腐殖酸铵、腐殖酸钾、腐殖酸钠、腐殖酸微量元素肥料及腐殖酸复合肥等。

1. 腐殖酸的成分及性质

所谓腐殖酸,指的是土壤和沉积物中溶于稀碱、呈暗褐色、无定形和酸性的非均质天然有机高分子化合物,腐殖酸由C、H、O、N、S等元素组成,其分子是由几个相似的结构单元所形成的一个大的复合体,每个结构单元又以芳香核聚合物为核,核外面带有羧基、酚羟基、醌基等活性功能团,并与多肽和糖类联结。也可以认为腐殖酸是由在酸性溶液中沉淀的胡敏酸和溶于酸性溶液的富里酸两类物质组成。腐殖酸是由很多极小的球形微粒聚积而成的。其内表面大,胶体表面性质良好,阳离子交换量比矿质胶体大10～20倍。腐殖酸溶于碱和有机溶剂,难溶于水,能和某些金属离子生成螯合物。在酸性条件下,或有二价或三价阳离子存在时,所形成的腐殖酸盐则难溶于水;在碱性条件下,与一价碱金属离子化合成为腐殖酸盐,易为植物吸收利用。

2. 腐殖酸类肥料的作用

腐殖酸具有良好的生理活性,其分子中含有酚、醌结构,可形成一个氧化还原体系,有活化生物体内的酶活性、加强作物的呼吸作用、促进细胞分裂和刺激作物生长等作用。腐殖酸肥料的作用主要体现在如下三个方面:

(1)营养作用

腐殖酸类肥料吸附能力强,能活化土壤中的磷、钾、钙、镁等矿质元素,具有营养增效的功能,加之本身含有一定量的无机养分可供作物吸收利用,施用腐殖酸类肥料可以使土壤中养分的有效性得以提高。

(2)改良土壤的作用

腐殖酸类肥料含有大量的有机质及有机胶体,可做黏结剂将分散无结构的土粒胶结在一起,形成水稳性团聚结构体,使土壤通气性、透水性和保墒的能力增强,耕性变好,还能增强土壤的缓冲性能,降低盐分对作物的危害,显著提高土壤的地力。

(3)刺激作用

腐殖酸分子结构中存在着酚基和醌基,这两基团可以参与作物体内氧化还原过程,可加强多酚氧化酶、过氧化氢酶和抗坏血酸氧化酶等多种酶的活性,主要表现在促进作物种子的萌发、提高种子的出苗率、促进根系的生长、提高作物吸水的能力、增加分枝和提早成熟等方面。

3. 腐殖酸类肥料及施用

(1)腐殖酸铵

腐铵的质量随其原料来源不同、生产方式各异而差异较大。一般情况下,腐殖酸质量分数30％～40％的原料,氨化完全后,产品的速效氮在2％以上,质量好的原料生产的腐铵,其速效氮可达4％左右。由于腐铵含氮量低,施用量比其他化学氮肥要大多,农业生产中应该就地生产、就地施用。通常质量中等的腐铵,用量不宜超过 $1500kg/hm^2$。质量好的腐铵,普通用量即可。腐铵的肥效稳长,一般宜作基肥,用作追肥效果较差。作基肥施用时,水田耙田时施用肥效较好,面施易造成表层浓度过高和养分流失;旱地则应采用沟施、穴施等集中施肥方式,便于根系吸收,但不宜与根系直接接触。此外,腐铵还有利于提高磷、钾肥的利用率,应注意配合磷、钾肥施用。

（2）硝基腐铵

硝基腐铵是一种质量较好的腐肥,腐殖酸质量分数高(40%～50%),大部分溶于水,除铵态氮外,还含有硝态氮,全氮可达 6%左右。生长刺激作用也比较强。此外,对减少速效磷的固定,提供微量元素营养,均有一定作用。硝基腐铵适用于各种土壤和作物。据各地试验,施用硝基腐铵较等氮量化肥多增产 10%～20%。不过这种肥料生产成本较高,必须设法降低成本,才能达到增产增收的目的。硝基腐铵的施用方法与腐铵类似。由于质量分数较高,施用量要相应减少,一般作基肥施用,施用量以 600～1125kg/hm² 为宜。

（3）腐殖酸钠

腐殖酸钠有液态和固态两种,主要用于刺激作物生长,可用于浸种、浸根、叶面喷施等。一般适宜的浸种浓度为 0.01%～0.05%,浸种时间则应根据种子的种皮厚薄、吸胀能力及地区温差而有所不同。蔬菜、小麦类种子只需浸泡 5～10h,而水稻、棉花等种子需浸泡 24h 以上。一般适宜浸根的浓度与浸种相似。经上述处理后,根系生长快,次生根增多,返青期缩短。腐钠适宜于各种作物叶面喷施,尤其是双子叶植物和一些经济作物,最好配尿素或磷酸二氢钾一起喷施,效果更显著,一般适宜的叶面喷施浓度为0.01%～0.05%。

## 三、微生物肥料

微生物肥料又称菌剂、生物肥料、菌肥（细菌肥料）等,是指一类含有活微生物的特定制品。它以微生物的生命活动过程和产物来改善植物营养条件,发挥土壤潜在能力,刺激植物生长发育,抵抗病菌危害,提高植物的产量和品质,并可以避免由化学肥料的大量施用所带来的种种弊端。在我国,微生物肥料是一种新兴的肥料,具有良好的开发和应用前景。

### 1.微生物肥料的种类

微生物肥料的分类方法有多种。按照生物制品内含有微生物种类的多少,可分为单一微生物肥料和复合微生物肥料;按照微生物的作用机理又分为根瘤菌肥料、固氮肥料、解磷细菌肥料;按照微生物制品中特定的微生物种类可分为细菌肥料（如根瘤菌肥料、固氮菌肥料等）、放线菌肥料（如抗生菌类）和真菌类肥料（如菌根真菌）。

2. 微生物肥料的作用

(1)增进土壤肥力

微生物肥料的主要功效之一就是增进土壤肥力。例如多种溶磷、溶钾的微生物,可以将土壤中的难溶性磷、钾分解出来,转变为作物能吸收利用的磷、钾化合物。又如各种自生、联合或共生的固氮微生物肥料,它们中间的微生物在频繁的生命活动中可以增加土壤的氮素。

(2)协助植物吸收营养

根瘤菌肥料是微生物肥料中重要的品种之一。施入土壤后,其中的根瘤菌可以侵染豆科植物根部,在植物根上形成根瘤,生活在根瘤里的根瘤菌类菌体利用豆科植物宿主提供的能量,将空气中的氮转化成氨,进而转化成植物能吸收利用的谷氨酸类优质氮素,满足豆科植物对氮的需求。VA菌根真菌可与多种植物根系共生,真菌丝可以吸收较多的营养供给植物吸收利用,其中对磷的吸收最明显,对活动性差、移动缓慢的锌、铜、钙等元素也有较强的吸收作用。

(3)抗病作用

有些微生物能够分泌抗生素类物质,从而抑制病原菌的生长繁殖和对作物的侵染。另一方面随着土壤中有益微生物数量的增加,病原菌数量相对减少,从而降低了病原菌的侵染几率。如"5406"菌肥能抑制32种真菌和细菌病原菌的生长,可防止水稻烂秧,减轻棉花苗期的根腐病,对小麦锈病、稻纹枯病、稻瘟病等也有一定的作用。

(4)促生作用

根瘤菌、自生固氮菌等许多微生物能够分泌植物激素,刺激作物根系的生长。如放线菌"5406"能产生4种激素类物质,可以打破马铃薯块茎的休眠,促进各种作物的生根、发芽、分蘖,增加叶绿素的含量,提高酶的活性,并能使很多作物提前成熟。

(5)对作物品质的影响

许多作物施用微生物肥料后,对其品质有良好的影响。已有研究证明,与豆科植物共生的根瘤菌固定的氮素主要输往籽粒,因此,用根瘤菌接种剂以后,豆科植物的籽粒蛋白质明显提高。有的微生物肥料施用后,可增加产品中的糖分、维生素C和氨基酸含量。另外,有报道称,微生物肥料能够提高作物的抗寒、抗旱能力。

3. 微生物肥料的使用方法

微生物肥料的效果与其施用方法密切相关,为了达到预期的施肥效果,就必须按照肥料的使用说明正确施用。一般要求集中施用,使局部土壤形成优势菌落,以利功能微生物发挥作用。否则如果撒施,肥料中的微生物分布在整个表层土壤,好像向大海里加一滴水,由于数量极少,土壤中原有的微生物很可能将肥料中微生物"吃掉",不能发挥任何作用。拌种用菌肥必须与种子均匀拌和,使菌剂附着于种子表面,并在阴凉处略加风干后再播种。另外,施用微生物肥料时,必须注意其适宜的作物和土壤。这是因为微生物肥料的作用常常与作物品种和土壤等环境条件有关,一种微生物肥料一般只在一些作物和土壤上表现出良好的效果,而在另一些作物和土壤上,效果就不明显。

# 第七章　复合、生物、新型肥料及施肥新技术

本章首先介绍了复合、生物、新型肥料,然后重点介绍施肥新技术,主要有测土配方施肥技术、精确施肥技术、轮作施肥技术、环境保全型施肥技术和养分资源综合管理技术。

# 第一节　复合肥料

## 一、复合肥料概述

### (一)复合肥料的类型

氮、磷、钾是作物营养或肥料的三要素。如果一种肥料只含有其中的一种元素,这种肥料就是单质肥料,如果含有其中的两种以上的元素,就是复合肥料。含有其中的两种营养元素就是二元复合肥料,如果含有氮、磷、钾三种元素就是三元复合肥料,如果除了氮、磷、钾外还含有其他的营养元素,就是多元复合肥料。复合肥料的有效成分,一般用 $N-P_2O_5-K_2O$ 的相对含量来表示,例如 15-15-15,表示该肥料中 N 的质量分数的 15％、$P_2O_5$ 的质量分数为 15％、$K_2O$ 的质量分数为 15％。如果含有其他营养元素,就在三要素之后标出,例如:20-15-0-B1.5,表示该复合肥料中 N 的质量分数为 20％,$P_2O_5$ 的质量分数为 15％,不含 K,有效 B 的质量分数为 1.5％。

复合肥料可以通过化学途径制造,这就是化成复合肥料,一般都称为复合肥料。也可将单质肥料或化成复合肥料按照一定的比例混合加工制造,这就是混成复合肥料,一般称为复混肥料。

### (二)复合肥料的优缺点

1. 复合肥料的优点

无论是化成复合肥料,还是混成复合肥料,具有单质肥料没有的许多优

点,但是也有其局限性。其优点主要表现在以下几个方面。

(1)养分种类多、含量高

可以根据某地区、某一土壤和某一植物的需要配制而成含有多种养分、养分配比经济合理、针对性强的复合肥料。复合肥料所含的营养元素种类较多,养分含量一般较高,能满足作物对多种营养元素的需求,并且可以发挥营养元素之间的相互促进作用,大大提高肥效。

(2)副成分少

单质肥料一般都含有相当数量的副成分,作物对它们的需要较少,大量施用一方面造成浪费,另一方面对土壤性状会产生不良的影响。例如,长期施用硫酸铵,由于硫酸根在土壤中残留,会使土壤酸化。复合肥料所含有副成分较少甚至不含副成分,所含的都是作物所需要的营养元素。例如磷酸铵,作物既吸收磷酸根,也吸收铵,对土壤没有任何不利的影响。

(3)成本低

生产养分含量相同的复合肥料比生产单质肥料成本要低得多,并且复合肥料体积要小,可以大大减少包装、运输、仓储的费用。另外复合肥料便于机械化施用,可以提高劳动生产率,降低农业生产成本。

(4)与科学施肥紧密结合

科学施肥要求根据土壤供肥能力、作物吸收养分的特点、栽培制度、耕作措施及管理水平等,确定肥料种类及其施用量和施用时期。复合肥料在生产过程中,就可以根据科学施肥的原理,确定氮、磷、钾及微量元素的含量及其比例。尤其是复混肥料,可以根据当地的实际情况,随时调整肥料中的氮、磷、钾等养分含量及其配比。

(5)理化性状好

复合肥料一般都制造成颗粒,物理性状较好,吸湿性小,不易结块,便于仓储和施用。

(6)有利于将农业科技成果转化为生产力,促进农业高效发展

复合肥料的生产和销售客观上要求与大专院校结合,依靠农业专家提供肥料养分的配方,制定销售策略,指导售后服务。从而使农业科技成果迅速得到应用,充分发挥科学的作用。同时,可使广大农民迅速接受和使用最新的农业科学技术,提高对科学技术就是生产力的认识。目前我国已有一些复合肥料生产厂家,正在建立农化服务机构,一方面为指导农民科学施肥,另一方面了解农民的需要,随时改进肥料的养分含量及其配比,更有利于肥料的销售。

2.复合肥料的缺点

复合肥料的缺点表现在以下两点。

(1)养分比例固定

化成复合肥料的养分比例是固定的,难以完全满足各类土壤和各种作物对营养的需求,往往需要配合施用单质肥料才能获得较好的施肥效果。

(2)难以满足施肥技术的要求

如氮的移动性强、肥效短,所以最适合作追肥使用;而磷肥移动性差、肥效较长,最适合作种肥或基肥使用,因此施用氮、磷复合肥料很难满足施肥技术的要求。

国内外发展复合肥料的总趋势是朝着高效化、液体化、复合化和缓效化的方向发展。

# 二、复合肥料的施用技术

## (一)化成复合肥料

根据其营养元素成分,化成复合肥料可分为:氮磷复合肥料、磷钾复合肥料、氮钾复合肥料、氮磷钾复合肥料、氮磷钾及微量元素复合肥料等等,常见的有硝酸磷肥、磷酸铵、磷酸二氢钾、硝酸钾等。

(1)硝酸磷肥

硝酸磷肥是用硝酸分解磷矿粉制成的,可采用三种方法:冷冻法、碳化法和混酸法。不同制造方法硝酸磷肥的养分含量差异很大,如表7-1所示。

表7-1　不同制造方法的硝酸磷肥养分含量

| 制造方法 | N 质量分数（%） | $P_2O_5$ 质量分数（%） | 水溶性磷占全磷（%） | $N：P_2O_5$（质量比） |
|---|---|---|---|---|
| 冷冻法 | 20 | 20 | 75 | 1：1 |
| 碳化法 | 18～19 | 12～13 | 0 | 大于 1：1 |
| 混酸法 | 12～14 | 12～14 | 30～50 | 1：1 |

硝酸磷肥的吸湿性较强,易结块,贮运和施用时应注意防潮。由于含有一定量的硝酸铵,热稳定性差,易燃、易爆,遇热分解时放出大量热量,造成火灾,并伴有红褐色有害气体放出。贮运时应防止高温,并远离火源,注意安全。

硝酸磷肥中的氮包括铵态氮和硝态氮,各占约 50%。由于硝态氮易淋失和反硝化脱氮,因此宜用于旱地,而不宜用于水田。硝酸磷肥可作基肥或追肥,因为氮磷营养数量基本相等,所以对大部分作物都有较好的增产作用。但施用于豆科作物上的效果较差,施用于甜菜上时会降低含糖量和品质。

(2)磷酸铵

磷酸铵是无水液氨与磷酸中和反应的产物,由于氨被中和的程度不同,可分别生成磷酸一铵和磷酸二铵。目前我国生产的磷酸铵主要是磷酸一铵和磷酸二铵的混合物,所以称为磷酸铵。商品肥料中氮的质量分数为 12%~18%,磷($P_2O_5$)的质量分数为 46%~52%。易溶于水,水溶液的 pH 值为 7.0~7.2,颗粒状,不吸湿结块。

磷酸铵适用于各种作物和土壤,主要用作基肥或种肥,一般不作追肥。磷酸铵肥料不能与草木灰、石灰等碱性肥料混施,否则易造成氨的挥发和磷的有效性的降低。因为其含磷量高于含氮量,所以在施用时应补充氮肥。磷酸铵适宜施在需磷较多的作物和缺磷明显的土壤上。

(3)磷酸二氢钾

氢氧化钾与磷酸中和反应即可得到磷酸二氢钾,也可用氯化钾和磷酸为原料制造。土法制造时可用草木灰淋水并熬煮浓缩,然后加磷酸中和至 pH=4.4~4.7,蒸发干燥后就可得到磷酸二氢钾的粗制品。纯净的磷酸二氢钾为白色结晶,磷($P_2O_5$)的质量分数为 52.2%,钾($K_2O$)的质量分数为 34.5%,易溶于水,水溶液呈酸性反应,pH 为 3~4,吸湿性小。

因为磷酸二氢钾价格较贵,所以多用于根外追肥和浸种。根外追肥的浓度为 1.0~3.0g/L,浸种的浓度为 2g/L。小麦在拔节至孕穗期根外追肥,棉花在开花期前后根外追肥效果较好。

(4)硝酸钾

硝酸钾是硝酸钠与氯化钾一起溶解后重新结晶而形成的产物,为白色结晶,氮的质量分数为 12%~15%,钾($K_2O$)的质量分数 45%~46%,吸湿性小,不易结块,易溶于水。在高温下易引起爆炸,在贮存和运输时应严加注意。

硝酸钾可作基肥,也可用作追肥,宜用于马铃薯、烟草、甜菜、甘薯等喜钾的作物,用于豆科作物也有良好效果。一般施用于旱地而不用于水田。

**(二)混成复合肥料**

1. 复混肥料

复混肥料除了基础肥料外,为了造粒有时在加工过程中加入一定量的助剂、填料。其基本生产工艺包括粉碎过筛、混合、造粒、烘干、包装,可分为三种:干粉状混合造粒、浆状混合造粒、熔融造粒。

干粉状混合造粒是直接将基础肥料粉碎,按照一定的比例混合造粒而成。此法比较简单、投资少,适于小型厂生产中、低浓度的多元肥料。一般都以普钙为基础,再添加尿素、硫酸铵、氯化铵或氯化钾等单质肥料。我国目前大多数复混肥料厂都采用这种方法。

浆状混合造粒是将浆状的肥料与干粉状的肥料混成后,再造粒、烘干而成。此法适用于大、中型肥料厂,生产高、中浓度的多元肥料。

熔融造粒是将基础肥料全部或部分加热熔融,喷洒在空气流或油流中骤然冷却,固化成粒。产品的颗粒较小,造粒质量高。但生产成本高,国内还没有普遍采用。

复混肥料的氮、磷、钾等养分含量及其比例,一般可根据销售地区的需要随时调整,所以可以与配方施肥紧密结合。但是由于在加工过程中发生化学反应,必须注意所用肥料的性质和相互作用,以及加工的温度等条件,否则会降低有效养分含量。我国复混肥料发展非常快,但目前大多数厂家的生产规模很小,年产量一般都在万吨左右,并且质量参差不齐,表 7-2 列出了前化工部 1987 年颁布的复混肥料标准。[①]

表 7-2　复混肥料质量标准(ZBG21002—87)

| 指标名称 | 指标 | | | |
|---|---|---|---|---|
| | 高浓度 | 中浓度 | 低浓度 | |
| | | | 三元肥料 | 二元肥料 |
| 总养分质量分数($N + P_2O_5 + K_2O$)(%) | ≥40 | ≥30 | ≥25 | ≥20 |
| 水溶性磷占全磷(%) | ≥50 | ≥50 | ≥40 | ≥40 |
| 游离的水分质量分数(%) | ≤1 | ≤2 | ≤5 | ≤5 |
| 颗粒平均抗压强度(N) | ≥12 | ≥10 | ≥8 | ≥8 |
| 1~4mm 颗粒含量(%) | ≥90 | ≥90 | ≥80 | ≥80 |

2. 液态混合肥料

美国等发达国家将液体肥料混合制造成为液态混合肥料,包括液体和

---

①　林启美. 土壤肥料学. 北京:中央广播电视大学出版社,1999

含有悬浮颗粒的悬浮液两种。典型的工艺就是将氨化磷酸或聚磷酸作为液态肥,再加入一定量的尿素和钾肥,还可加入微量元素或农药、除草剂等,制造成多功能的混合肥料。

液态肥料在加工过程中,不需要干燥,不产生粉尘和烟雾,产品无吸湿和结块等问题,可以叶面喷施,也可结合滴灌、喷灌使用,还可以作为营养液进行无土栽培。唯一不足之处就是需要特殊的运输、贮藏和施用机械,在我国等发展中国家目前还难以推广应用。

### 3. 掺混肥料

为了适应不同的土壤条件和作物对养分的需要,可在田间地头将各种肥料混合在一起,随混随施,也可以提前混合,简单包装,迅速施用。粉末状肥料掺混起来比较容易,但颗粒肥料要求所混合的肥料颗粒必须均匀,大小一样,否则易导致施肥不均匀。目前只有美国广泛地使用掺混肥料,1976年约有近一半的化肥掺混后施用,我国还很少使用掺混肥料。

# 第二节　生物肥料

生物肥料是指一类应用于农业生产中含有活微生物的特定制品,以微生物生命活动导致农作物得到特定的肥料效应,达到促进作物生长或产量增加或质量提高的一类生物制品。其有效成分可以是特定的活生物体、生物体的代谢物或基质的转化物等,这种生物体既可以是微生物,也可以是动、植物的组织和细胞。生物肥料的特点为无污染、活化土壤、低成本、降低有害积累、改善土壤供肥环境、促进作物早熟。因此,微生物肥料是绿色农业和有机农业的理想肥料,在农业可持续发展中有着广阔前景。

## 一、生物肥料的功效

生物肥料的功效是一种综合作用,主要是与营养元素的来源和有效性相关,或与作物吸收营养、水分和抗病(虫)有关。总体来说,生物肥料的作用为以下几点。

（1）提高土壤肥力

生物肥料担负着土壤有机质向腐殖质转化的重任,增加土壤团粒结构,提高保水保肥能力,活化被土壤固化了的养分,提高化肥利用率。同时微生物肥料中有益微生物向土壤分泌各种有益物质、生长刺激素、吲哚乙酸、赤霉素和各种酶,这些生长调节剂无疑对植物吸收营养和生长都起到良好的调控作用,从而有效地促进养分的转化。

（2）增强植物抗病和抗旱能力

人类当前面临的最紧迫的问题是粮食短缺、环境污染、能源枯竭,而生物肥料有助于解决这些问题。生物肥料在培肥地力、提高化肥利用率、抑制农作物对硝态氮和农药的吸收、净化和修复土壤、降低农作物病害发生、促进农作物秸秆和城市垃圾的腐熟利用、保护环境和提高农作物产品品质和食品安全等方面,已表现出了其独特的不可替代作用。有些生物肥料抑制或减少了病原微生物的繁殖机会,有的还有拮抗病原微生物的作用,减轻了土传病的发生,修复了污染的土壤。

（3）提高作物产量,改善了农产品品质

因化肥的过量施用,导致中国农产品品质下降,豆类及其制品口味下降,籽粒作物中氨基酸含量降低等。因此,减少化肥使用量,提高生物肥使用量对提高作物产量和改善农产品品质比增施化肥更加重要。

（4）逐步减少环境污染,达到无公害生产

当前,由于过量使用化学肥料导致的环境污染问题已受到人们的关注。中国江河和湖泊等水体的富营养化污染主要来自农田肥料养分流失,其作用远远超过了工业污染,特别是氮磷营养的流失最为严重。而生物肥料由于其利用率高,并通过微生物的作用,提高了化肥的利用率,减少了化肥对农田环境的污染,从而保证了农田的生态环境,对农业的可持续发展起到了积极的作用。

（5）有效地利用了大气中的氮素

根瘤菌肥是生物肥料中最重要的品种之一。根瘤菌给豆科作物制造和提供了氮素营养来源。豆科作物一生氮素营养中生物固氮约占68%,化肥只占32%。据估计,全球生物固氮作用每年所固定的氮素大约为$130\times10^9$ kg,而工业和大气每年的固氮量则少于$50\times10^9$ kg,即依靠生物所固定的氮素是工业和大气每年固氮（如雷电对氮素的固定等）量之和的2.6倍。因此,开发和利用固氮生物资源,是充分利用空气中氮素的一个重要方面。从目前的研究结果来看,虽然微生物的固氮效率因土壤条件的不同而有较大差异,但这种作用的存在无疑是氮肥工业的一个有力补充。作物对土壤中磷、钾等矿物养分的利用能力较差,且磷、钾等肥料的利用率也较低。据有关研究结果,磷肥的当季作物利用率大多不到20%,钾肥的当季作物利用率一般亦在40%以下。从我国目前情况来看,磷、钾资源严重不足,特别是钾肥大量依靠进口,所以,如何将土壤中的无效态磷、钾转化成可供作物吸收利用的有效态养分,一直为广大研究所关注,生物肥料的应用,无疑为其提供了前提条件。[①]

(6)提高磷、钾化肥的利用率,降低了生产成本

由于土壤对磷肥有较强的固定作用,磷肥当季利用率只有 20% 左右,钾肥由于淋失较严重,其利用率也只有施肥量的 40% 左右。通过微生物肥料的大量使用,使作物根际土壤微生物活性加强,有效地活化了土壤中的无效态磷肥,减少了钾流失,提高了肥料的利用率,减少了化肥的流失。

## 二、生物肥料的有效使用条件

正确地使用生物肥料是其发挥肥效作用的基本条件之一。生物肥料的有效性主要表现为两个方面。一是改善作物的营养条件。有益微生物能将某些作物不能吸收利用的物质转化为可吸收利用的营养物质,也就是生物固氮、解磷、解钾和活化微量元素,提高土壤中养分的利用率。二是刺激作物的生长。有益微生物在代谢过程中能产生植物激素和抗生素,促进作物的生长和增强作物的抗病能力。

影响生物肥料有效性的因素:一是微生物的质量。必须选用优良的菌种而且要达到足够的数量,一般每亩地应至少施入有益微生物 1000 亿～3000 亿个。在配制生物复合肥以及计算成品施用量时,一定要考虑有益微生物的引入量,数量过小,就无法表现出其有效性。二是土壤和环境。当肥料施入土壤后,土壤为休眠的微生物提供了复苏的条件,但微生物能否繁殖和旺盛代谢,取决于土壤的 pH 值、湿度、温度和通气性等条件以及养分含量(微生物与作物之间将会竞争养分)。另外,要弄清微生物和作物品种、土壤类型之间的关系,做到合理使用,如根瘤菌肥必须与相应的豆科植物种甚至品种接种才明显有效。此外,化肥品种和配比也会对微生物的生存产生影响,甚至产生负面作用。

## 三、常用的生物肥料

### (一)根瘤菌肥料

根瘤菌存在于土壤中及豆科植物的根瘤内。将豆科作物根瘤内的根瘤菌分离出来,加以选育繁殖,制成产品,即是根瘤菌剂,或称根瘤菌肥料。

---

① 李小为,高素玲.土壤肥料.北京:中国农业大学出版社,2011

1. 根瘤菌的作用和种类

根瘤菌肥料施入土壤之后，遇到相应的豆科植物，即侵入根内，形成根瘤。瘤内的细菌能固定空气中氮素，并转变为植物可利用的氮素化合物。

根瘤菌从空气中固定的氮素约有 25％用于组成菌体细胞，75％供给寄生植物。一般认为根瘤菌所供氮素 2/3 来自空气，1/3 来自土壤。例如每公顷产大豆 2250kg，其植株和根瘤能从空气中固定的氮量约为 75kg。紫云英以每公顷产 22500kg 计，可固定空中氮素约 67.5kg。研究表明，大豆、花生或紫云英，通过接种根瘤菌剂后，平均每公顷可多固定氮素 15kg。

根瘤菌有 3 个特性，即专一性、侵染力和有效性。专一性是指某种根瘤菌只能使一定种类的豆科作物形成根瘤。根瘤和豆科作物有互接种族关系，列于表 7-3。因此，用某一族的根瘤菌制造的根瘤菌肥料，只适用于相应的豆科作物。

表 7-3　几种豆科作物根瘤菌的互接种族

| 互接种族 | 根瘤菌名称 | 所属作物 |
|---|---|---|
| 苜蓿族 | Rhizobium meliloti | 苜蓿、草木樨两个属 |
| 三叶草族 | Rhizobium trifolii | 三叶草属如红三叶、白三叶、甜三叶等 |
| 豌豆族 | Rhizobium leguminosarum | 包括豌豆属、蚕豆属如蚕豆、苕子、蕉豆等，山黧豆属、刀豆属、鹰嘴豆属等属作物 |
| 四季豆族 | Rhizobium phaseoli | 包括四季豆属中部分的种，如四季豆、扁豆等作物 |
| 羽扇豆族 | Rhizobium lupini | 包括羽扇豆和乌足豆等两属植物 |
| 大豆族 | Rhizobium japonicum | 包括大豆（Glycinema.17）属，如大豆、黑豆、青豆、白豆等 |
| 豇豆族 | Rhizobium sp. | 包括豇豆属、花生属、胡枝子属、猪屎豆属和绿豆、赤豆等 |
| 紫云英族 | Rhizobium sp. | 紫云英属植物 |

根瘤菌的侵染力，是指根瘤菌侵入豆科作物根内形成根瘤的能力。根瘤菌的有效性，是指它的固氮能力。在土壤中，虽然存在着不同数量的根瘤菌，但不一定是固氮能力和侵染能力都很强的优良菌种，数量也并不一定多。因此，施用经过选育的优良菌种所制成的菌肥，就能更快地使豆科作物形成根瘤，从空气中固定大量氮素。根据浙江农业大学试验，灰色的根瘤和

分散的小瘤(一部分为白色)固氮酶的活性很弱,只有红色的瘤才是有效的根瘤。红瘤的红色是由于有大量红色的豆血红朊的存在所致。凡是红瘤多而大的植株,如花生、豌豆、紫云英等,其全株含氮量高,并与产量(包括鲜重和干重)呈正相关。

2. 根瘤菌肥料的肥效及其影响因素

(1)根瘤菌肥料的肥效

根瘤菌肥料是我国较早使用的一种细菌肥料,其中尤以大豆、花生、紫云英等根瘤菌剂的使用甚为广泛。实践证明,根瘤菌剂只要施用得当,均可有不同程度的增产效果。如大豆根瘤菌剂在华北地区的增产率达 10% 左右,在东北地区达 10%~20%;花生根瘤菌剂在苏、鲁、豫等地的增产幅度为 10%~20%;根瘤菌剂对紫云英的鲜草增产率更为明显,上海市统计为19%~154%,湖南 40%~270%。

(2)影响根瘤菌肥料肥效的因素

影响根瘤菌剂增产作用的因素,最主要的有菌剂质量、营养条件、土壤条件、施用方式和时间等。

①菌剂质量。

菌剂质量的好坏要视其有效活菌的数量,一般要求每克菌剂含活菌数在 1 亿~3 亿个以上,菌剂水分一般以 20%~30% 为宜。菌剂要求新鲜,杂菌含量不宜超过 10%。

②营养条件。

根瘤菌与豆科植物共生固氮需要一定的营养条件。在氮素贫瘠的土壤中,在豆科植物生长初期,施用少量无机氮肥,这有利于植物的生长和根瘤的形成。根瘤菌与豆科植物对磷、钾和钼、硼等营养元素的需要比较敏感。各地试验指出,在播种豆科植物时,配施磷、钾肥和钼硼肥是提高根瘤菌剂增产效果的重要措施之一。

③土壤条件。

根瘤菌属于好气而又喜湿的微生物。一般在松软通气较好的土壤上,能发挥其增产效果。对多数豆科植物根瘤菌来说,适宜的土壤水分为田间持水量的 60%~70%。

土壤反应对根瘤菌及其共生固氮作用的影响很大。豆科植物生长的pH 范围常宽于结瘤的 pH 范围。例如大豆在 pH3.9~9.6 范围内能够生长,而良好的结瘤仅在 4.6~8.0 之间。根瘤菌在 pH6.7~7.5 范围生长良好,在 pH4.0~5.3 和 pH8.0 以上生长停止。詹森(Jensen)指出,土壤中的根瘤菌比根瘤内的根瘤菌对酸碱度更敏感。因此,在土壤过酸时,利用石灰调整土壤反应,这对根瘤菌及豆科植物生长都是有益的。

④施用方式和时间。

试验证明,根瘤菌剂作种肥比追肥好,早施比晚施效果好。施用时间宜早,以拌种效果最佳。如果来不及作种肥时,早期追肥也有一定的补救效果。

3. 根瘤菌肥料的施用方法

根瘤菌肥料的最好使用方法是作拌种剂,在播种前将菌剂加少许清水或新鲜米汤,搅拌成糊状,再与豆种拌匀,置于阴凉处,稍干后拌上少量泥浆裹种,最后拌以磷钾肥,或添加少量钼、硼微量元素肥料,立即播种。磷钾肥用量一般每公顷用过磷酸钙 37.5kg,草木灰 75kg 左右。由于过磷酸钙中含有游离酸,因此要注意预先将过磷酸钙与适量草木灰拌匀,以消除游离酸的不良影响。

根瘤菌肥的施用量,根据作物种类、种子大小、施用时期与菌肥质量的不同而异。以大豆为例,在理想条件下,一般每 $667m^2$ 用菌剂需有 250 亿~1000 亿个活的根瘤菌。菌剂质量好的,每公顷用 2250g 左右。菌肥不能与杀菌农药一起使用,应在利用农药消毒种子后两星期再拌用菌肥,以免影响根瘤菌的活性。

## (二)固氮菌肥料

固氮菌肥料是指含有大量好气性自生固氮菌的细菌肥料,或称固氮菌剂。

1. 固氮菌的特性

自生固氮菌不与高等植物共生,它独立生存于土壤中,能固定空气中的分子态氮素,并将其转化成植物可利用的化合态氮素。这是它与共生固氮菌(根瘤菌)的根本区别。

固氮菌在土壤中分布很广,但不是所有土壤都有固氮菌。影响土壤固氮菌分布的主要因素是土壤有机质含量、土壤酸碱反应、土壤湿度、土壤熟化程度以及磷、钾含量等。固氮菌适宜的 pH 为 7.4~7.6。实验表明,当酸度增加,其固氮能力降低。固氮菌对土壤湿度的要求是在田间持水量的 25%~40%时,才开始生育,60%时生育最旺盛。固氮菌属于中温性细菌,一般在 25~30℃时生长最好,当低于 10℃或高于 40℃时,则生长受到抑制。

2. 固氮菌肥料的肥效

合理施用固氮菌剂,对各种作物都有一定的增产效果,它特别适用于禾本科作物和蔬菜中的叶类。固氮菌接种后,作物根系发育一般较好,这说明固氮菌对于植物根系发育有一定的良好作用。但是在南方对水稻增产效果不明显。因此,固氮菌肥料的效果不如根瘤菌肥料的肥效稳定,一般可增产10%左右;条件良好时可增产20%以上,但有时也有效果不显著的。土壤施用固氮菌肥料后,一般每年每公顷可以固定15~45kg氮素。固氮菌还可以分泌维生素一类物质,刺激作物的生长发育。

3. 固氮菌肥料的施用方法

厂制固氮菌肥料可按说明书使用。一般的使用方法如下。

①在用作基肥时,应与有机肥配合施用,沟施或穴施,施后要立即覆土;在用作追肥时,可把菌肥用水调成稀泥浆状,施于作物根部,随即覆土;在用作种肥时,在菌肥中加适量水,混匀后与种子混拌,稍干后即可播种。

对水稻、甘薯、蔬菜等移栽作物,可采用蘸根法施用固氮菌肥,每 $667m^2$ 至少接种 200 亿个固氮菌。厂制菌剂每公顷用量 7.5kg 左右。

②过酸过碱的肥料或有杀菌作用的农药,都不宜与固氮菌肥混施,以免发生抑制作用。

③固氮菌肥与有机肥,磷、钾肥及微量元素肥料配合施用,则对固氮菌的活性有促进作用,在贫瘠土壤上尤其重要。

④固氮菌适宜在中性或微碱性土壤中生长繁育,因此,在酸性土施用菌肥前要结合施用石灰调节土壤酸度。

在固氮菌肥料不足的地区,可自制菌肥。方法是选用肥沃土壤(菜园土或塘泥等)100kg、柴草灰 1~2kg、过磷酸钙 0.5kg、玉米粉 2kg 或细糠 3kg拌和在一起,再加入厂制的固氮菌剂 0.5kg 作接种剂,加水使土堆湿润而不粘手,在 25~30℃ 中培养繁殖,每天翻动一次并补加些温水,堆制 3~5d,即为简单方法制造的固氮菌肥料。自制菌肥用量 150~300kg/hm²。

**(三)磷细菌肥料**

1. 磷细菌的作用及特性

解磷微生物是指能转化土壤中作物难利用的磷化合物为作物可吸收的磷素形态。分为两种:一种是解有机磷的微生物,能使土壤中有机磷水解;另一种是解无机磷的微生物,它能利用生命活动产生的二氧化碳和各种有机酸,将土壤中一些难溶性的矿质态磷酸盐溶解成作物可利用的速效磷。

分解无机磷的微生物种类很多,土壤中的一些细菌和产酸能力较高的真菌都具有分解难溶性无机磷的作用。其中典型代表是色杆菌属。该属细菌个体短小、杆状、无芽孢,最适宜培养温度 $30℃\sim37℃$,最适宜 pH 为 $7.0\sim7.5$。硅酸盐细菌也具有分解无机磷的能力,分类上属于芽孢杆菌属中的陈冻样芽孢杆菌。在阿须贝培养基上生长,并形成很厚的荚膜。它既能分解磷,又能分解钾,是生产磷细菌和钾细菌肥料常用的菌种,但是,其作用机理尚不清楚。

土壤中分解有机磷化合物的微生物种类很多,只是不同微生物分解强度不一样。现在生产上应用的有芽孢杆菌属的种,如巨大芽孢杆菌,细胞杆状,大小 $(1.5\sim2.0)\mu m\times(2.6\sim6.0)\mu m$,有芽孢,大小为 $(1.1\sim1.2)\mu m\times(0.8\sim1.7)\mu m$。另外,还有节细菌属中的种沙雷氏菌属中的种等。

磷细菌在生命活动中除具有解磷的特性外,尚能形成维生素、异生长素和类赤霉素一类的刺激性物质,对作物的生长有刺激作用。

2. 磷细菌肥料的使用方法

①拌种。先将磷细菌肥加水调成糊状,然后加入种子拌匀,稍微阴干后,立即播种。

②作基肥。基肥施用量 $22.5\sim75kg/hm^2$,可与堆肥或其他农家肥料混合沟施或穴施,施后立即覆土。

③作追肥。在作物开花前施用为宜,菌液要施于根部。

需要注意的是:一是磷细菌肥贮存时不能曝晒,应放于阴凉干燥处,拌种时应随用随拌,暂时不播应放在阴凉处覆盖好待用;二是磷细菌肥不能与农药及生理酸性肥料(如硫酸铵)同时施用,磷细菌肥与农家肥料、固氮菌肥、"5406"抗生菌肥配合施用效果更好。

### (四)生物钾肥

生物钾肥是一种含有大量好气性的硅酸盐细菌的生物肥料。钾细菌个体大小约为 $(1.0\sim1.2)\mu m\times(4.0\sim7.0)\mu m$,长杆状,末端圆形,在细菌外面有较大的荚膜,有较大的芽孢,椭圆形,位于菌体的中央。这种细菌能够分解长石、云母等硅酸盐和磷灰石,使这些难溶性的磷、钾养料转化为有效性磷和钾,供植物吸收利用。它对环境条件适应性强,对土壤要求不太严格,即使养分贫瘠的土壤,也能进行正常的生命活动。最适宜生育的温度为 $25℃\sim30℃$,pH 值为 $7.2\sim7.4$,当 pH 值小于 5 或大于 8 时,其生命活动将会受到抑制。

1. 生物钾肥的增产作用

①活化钾、磷作用。土壤通过施生物钾肥,生物钾菌马上在土壤中活动,把矿物质中不能被植物吸收的钾素、磷、硅、铝、铁、铜等元素转化为能被植物吸收的有效元素。

②产生刺激。生物钾菌在其生命活动中产生植物生长刺激素,经测定,在其发酵液中含有大量的赤霉素和其他活性物质。赤霉素可促进植物生长发育。

③具有抗病作用。大量试验结果证明,生物钾肥对玉米斑病,大豆灰斑病,水稻稻瘟病,小麦锈病,黄瓜、西瓜、甜瓜、辣椒等作物枯萎病、白粉病、茎根腐烂病等都有明显的防治和抑制作用。同时有显著的防早衰、耐寒、防倒伏的效果。

2. 钾细菌肥料的使用方法

①作基肥。钾细菌肥料与有机肥混合作基肥施用效果好,150～300kg/hm²,液体用30～60kg菌液,沟施或条施,施用后立即覆土。

②拌种。固体菌剂加适量水制成菌悬液,液体型菌剂加适量水稀释,将上述菌悬液喷到种子上拌匀。

③蘸根。固体菌剂适当稀释或液体菌剂稍加稀释后,蘸根,蘸后立即栽秧。注意事项同固氮菌肥料。

**(五)复合微生物肥料**

复合微生物肥料是指含有两种或两种以上微生物的生物肥料,或在微生物肥料中添加一定量的有机肥料、无机肥料、微量元素和植物生长刺激素类物质,亦称为复合微生物肥料。可分为三种:液体菌剂、固体粉状菌剂和颗粒状菌剂。粉剂产品应松散,颗粒产品应无明显机械杂质,大小均匀,具有吸水性。

复合微生物肥料产品质量的关键是菌种。目前,生产上采用的菌种有以下几个类群。固氮菌类群的有固氮菌属中有效种,如圆褐固氮菌和棕色固氮菌,根瘤菌属的快生型有效菌株,布莱德根瘤菌属的慢生型大豆根瘤菌,固氮螺菌属中的有效种等。磷细菌类群中解磷巨大芽孢杆菌和假单胞细菌属中一些种。钾细菌类群是以胨冻样芽孢杆菌为主要钾的细菌。

**(六)生物有机肥**

生物有机肥即是以畜禽粪便等有机废弃物为原料,配以多功能发酵菌剂,使之快速除臭、腐熟、脱水,再添加功能性微生物菌剂,加工而成的含有一定量功能性微生物的有机肥料的统称。如多功能发酵菌剂,也称有机物料腐熟剂,是加工生物有机肥的重要原料之一。它是指采用高科技方法手段,经人工特别培养、选育、提纯、复壮等工艺而制成的一种有着特殊功能的复合型微生物菌剂。也称生物发酵剂。其中起关键性作用的主要微生物有细菌、丝状真菌、酵母菌、放线菌等菌群。细菌以芽孢杆菌为主,好氧或兼性厌氧,具有固氮、解磷、解钾作用,能转化环境中的营养物质为作物所用。丝状真菌能分泌多种代谢产物,对含有纤维素的物料具有一定的分解作用。酵母菌分解营养物质,促进物质转化。放线菌能分泌有机酸、生理活性物质和抗菌素,抑制病原菌的发生蔓延,还能参与土壤中氮磷等化合物的转化,对作物具有促生、抗病和肥效作用。

产品分为粉剂和颗粒。粉剂产品应松散,颗粒产品应无明显机械杂质,大小均匀,无腐败味。

## 四、生物肥料的生产简介

### (一)液体发酵

一般的流程为:保藏菌种→斜面菌种培养→种子培养→扩大培养→发酵培养→菌剂制备。保藏的菌种移接至试管斜面,培养活化菌种。取斜面菌种培养物(可加适量无菌水制备成菌悬液)接种三角瓶,震荡,进行种子培养。取三角瓶中培养好的种子培养液接种于种子罐进行扩大培养。将种子罐中的培养物转接到发酵罐进行发酵培养。发酵好的培养物的保存最好不要超过 24h,如果一定要保存,则必须置 4℃条件下。最后,取发酵培养好的菌液按所需的剂型制备成微生物肥料。

### (二)固体发酵

常用饼土母剂培养法:以饼粉(豆饼、棉籽饼、菜籽饼、花生饼等)或添加粮食(玉米粉、米粉、麦麸子等)和肥土为原料(一般配方为饼粉 1 份、细肥土10 份,水分 25%,也可使用其他配方),加锯末或谷壳以利通气,逐级扩大培养,获得长有大量菌体的饼土母剂。培制出来的一、二级母剂都可以直接使用或作为接种剂,接种大堆堆料,进一步扩大培制,将母剂风干或在 40℃以下烘干后,装袋密封,便于储运,可保存数月之久。

### (三)菌剂制备

菌肥制剂的剂型归纳起来主要有 8 种:琼脂菌剂、液体菌剂、滑石冻干菌剂、油干菌剂、浓缩冷冻液体菌剂、固体菌剂、颗粒接种剂和真空渗透接种剂,此外,还有植物油剂和其他形式的颗粒接种剂,如多孔石膏颗粒、聚丙烯酰胺等颗粒接种剂。[①]

# 第三节 新型肥料

什么是新型肥料? 至今还没有统一的标准。新型肥料的主要作用是能够直接或间接地为作物提供必需的营养成分,调节土壤酸碱度、改良土壤结构、改善土壤理化性质和生物学性质,调节或改善作物的生长机制,改善肥料品质和性质或能提高肥料的利用率。

新型肥料与常规肥料相比,具有如下几个方面或其中的某个方面的不同。

(1)功能拓展或功效提高

功能拓展的肥料指除了提供养分作用以外,还具有保水、抗寒、抗旱、杀虫、防病等其他功能,如所谓的保水肥料、药肥等均属于此类。功效提高的肥料指采用包衣技术、添加抑制剂等技术生产,使其养分利用率明显提高,从而增加施肥效益的一类肥料。

(2)形态更新

形态更新是指肥料的形态出现了新的变化,如除了固体肥料外,根据不同使用目的而生产的液体肥料、气体肥料、膏状肥料等,通过形态的变化,改善肥料的使用效能。

(3)应用新型材料

肥料原料、添加剂、助剂等应用了新型材料,使肥料品种呈现多样化、效能稳定化、易用化、高效化。

(4)运用方式的转变或更新

这类肥料是指针对不同作物、不同栽培方式等特殊条件下的施肥特点而专门研制的肥料,尽管从肥料形态上、品种上没有过多的变化,但其侧重于解决某些生产中急需克服的问题,具有针对性,如叶面肥等。

---

① 赵义涛,姜佰文,梁运江. 土壤肥料学. 北京:化学工业出版社,2009

（5）间接提供植物养分

如某些微生物接种剂、VA（泡囊-丛枝）菌根等。

总之，这里的新型肥料是相对于传统的肥料而言的，是指在功能、形态特征、所用原材料等有所变化或更新的，能够直接或间接地为作物提供养分的，改善土壤理化性质和生物学性质的，调节或改善作物生长的，能提高肥料利用率的广义上的肥料、制剂等。

# 一、新型水溶肥料

水溶性肥料，作为一种新型肥料，是一种可以完全溶于水的多元复合肥料。它能迅速地溶解于水中，更容易被作物吸收，其吸收利用率相对较高，更为关键的是它可以应用于喷、滴灌等设施农业，实现水肥一体化，达到省水、省肥、省工的效能，是我国目前大量推广应用的一类新型肥料。

## （一）水溶性肥料的性质与应用

为了识别各种水溶性肥料中的不同组成成分，人们一般用 $N-P_2O_5-K_2O+TE$ 或 ME，来表示水溶性肥料中的不同配比。如 20-20-20＋TE，则表示这个牌号的水溶性肥料中的总氮含量是 20％，五氧化二磷的（$P_2O_5$）含量是 20％，氧化钾（$K_2O$）的含量是 20％。TE 则表示肥料中含有微量元素。

新型水溶肥料是我国目前大量推广应用的一类新型肥料。主要分为清液型、氨基酸型、腐殖酸型和生长调节剂型等。

### 1. 水溶性肥料的性质

（1）清液型水溶肥

清液型水溶肥是多种营养元素无机盐类的水溶液。一般分为微量元素水溶肥料和大量元素水溶肥料。一般要求所含营养元素的总量不少于 10％。

（2）氨基酸型水溶肥

氨基酸型水溶肥是以氨基酸为络合剂加入各种营养元素组成。一般微生物发酵制成的氨基酸水溶肥中，氨基酸含量不低于 8％；水解法制成的氨基酸水溶肥中，氨基酸的含量不低于 10％；二者中微量元素含量均不低于 4％。

（3）腐殖酸型水溶肥

腐殖酸型水溶肥是以黄腐酸为络合剂加入各种微量元素制成。技术要求同氨基酸型水溶肥。

(4)生长调节剂水溶肥

生长调节剂水溶肥是在以上 3 种水溶肥的基础上,加入生长调节剂和叶面展着剂制成的水溶肥料。

2. 水溶性肥料的应用

水溶性肥料不但配方多样而且使用方法十分灵活,一般有 3 个方面的应用。

(1)滴灌、喷灌和无土栽培

在一些沙漠地区或极度缺水的地方、规模化种植的大农场及高品质、高附加值经济作物种植园,人们往往用滴灌、喷灌和无土栽培技术来节约灌溉水并提高劳动生产效率。这称为“水肥一体化”,即在灌溉的时候,肥料已经溶解在水中,浇水的同时也是施肥的过程。这时,植物所需要的营养可以通过水溶性肥料来获得,既节约了用水,节省了肥料,又节省了劳动力。即水溶性肥料最大的优点——节水、省肥、省工。

(2)叶面施肥

把水溶性肥料先行稀释溶解于水中进行叶面喷施,或与非碱性农药(常用大部分农药都是非碱性的)一起溶于水中进行叶面喷施,通过叶面气孔进入植株内部。对于一些幼嫩的植物或根系不太好的作物,出现缺素症状时是一个最佳纠正缺素症的选择,极大地提高了肥料吸收利用效率,缩短植物营养元素在植物内部的运输过程。

(3)土壤浇灌

通过土壤浇水或灌溉的时候,肥料先行混合在灌溉水中,这样可以让植物根部全面地接触到肥料。通过根的作用把化学营养元素运输到植株的各个组织中。

**(二)水溶性肥料的特点**

(1)营养全面

一般而言,水溶性肥料可以含有作物生长所需要的全部营养元素,如 N,P,K,Ca,Mg,S 以及微量元素等。这样一来,人们完全可以根据作物生长所需要的营养需求特点来设计配方,科学的配方不会造成肥料的浪费,使得其肥料利用率差不多是常规复合化学肥料的 2～3 倍。

(2)施用方法简便、效果好

水溶性肥料的施用方法十分简便,它可以随着灌溉水包括喷灌、滴灌等方式在进行灌溉时施肥,既节约水,又节约肥料,而且还节约劳动力。这在劳动力成本日益高涨的今天,使用水溶性肥料的效益是显而易见的。因为水溶性肥料的施用方法是随水灌溉,所以使得施肥极为均匀,这也为提高产量和品质奠定了坚实的基础。

(3)肥效快

水溶性肥料是一种速效肥料,可以让种植者较快地看到肥料的效果和表现,随时可以根据作物不同长势对肥料配方做出调整。

(4)使用安全

水溶性肥料一般杂质较少,电导率低,使用浓度十分方便调节,所以,它即使对幼嫩的幼苗也是安全的,不用担心引起烧苗等不良后果。

### (三)水溶性肥料使用方法

主要用于做叶面喷施和浸种,适用于多种作物。

(1)叶面喷施

喷施浓度一般可参考肥料包装上的推荐浓度,每公顷喷施 $600\sim$ 750kg;多数在苗期、花蕾期和生长盛期施用。

(2)浸种

一般用水稀释 100 倍,浸种 $6\sim8h$,沥水晾干后即可播种。

## 二、新型复混肥料

新型复混肥料是在无机复混肥料的基础上,添加有机物、微生物、稀土等填充物而制成的一类复混肥料。

### (一)有机-无机复混肥料

#### 1. 有机-无机复混肥的概述

有机-无机复混肥是指来源于标明养分的有机和无机物质的产品,由有机和无机肥料混合或化合制成。

有机物质大都采用加工过的有机肥料(如畜禽粪尿、城市垃圾、污泥、秸秆、木屑、食品加工废料等)及含有机质的物质(草炭、褐煤、风化煤、腐殖酸等),还有的加入微生物菌剂和刺激植物生长的物质,称其为有机活性肥料或生物缓效肥;无机营养部分主要是化学肥料。严格意义上有机-无机复混肥不属于有机肥,它是介于有机肥和无机肥之间的一种新型肥料,具备有机肥和无机肥的双重特点。

随着经济的发展,城乡的固体有机废弃物大量增加。在提供了丰富有机肥源的同时,也带来了环境污染和资源浪费问题。因此,通过对有机肥料进行工厂化加工,浓缩有效成分,减小肥料体积,方便贮运和施用,是有效利用有机肥源和减少环境污染的重要措施。添加无机肥料后又可以调控养分供应种类与数量,使有机-无机复混肥料成为资源高效利用技术的良好物化载体。对有机-无机复混肥的技术要求如表7-4所示。

表7-4　有机-无机复混肥的技术要求

| 项目 | 指标 |
| --- | --- |
| 总养分($N+P_2O_5+K_2O$)/% | ≥15.0 |
| 水分 $H_2O$/% | ≤10.0 |
| 有机质/% | ≥20 |
| 粒度(1.00~4.75mm 3.35~5.60mm)/% | ≥70 |
| 酸碱度(pH值) | 5.5~8.0 |
| 蛔虫卵死亡率/% | ≥95 |
| 大肠菌值 | ≤$10^{-1}$ |
| 氯离子($Cl^-$)/% | ≤3.0 |
| 砷及其化合物(以As计)/% | ≤0.0050 |
| 镉及其化合物(以Cd计)/% | ≤0.0010 |
| 铜及其化合物(以Cu计)/% | ≤0.0150 |
| 铬及其化合物(以Cr计)/% | ≤0.0500 |
| 汞及其化合物(以Hg计)/% | ≤0.0005 |

注:①标明的单一养分含量不低于2.0%,而且单一养分测定值与标明值负偏差的绝对值不大于1.0%;

②如产品$Cl^-$含量大于3.0%,并在包装容器上标明"含氯",该项目可不做要求。

2.有机-无机复混肥的优点

(1)提高肥料无机养分利用率,改良土壤

有机无机复混肥与无机复混肥的根本区别在于前者有一定量的有机成分,起到既营养植物又培肥土壤的双重功效。

(2)养分均衡,肥效延长

有机、无机养分的合理比例对肥效有重要的影响。这种影响主要表现在养分的供应强度和持久性上。适当的比例,可使有机-无机复混肥具有适宜的供肥强度,又能维持较长时间,能克服无机复合肥供肥大起大落和农家肥供肥强度不足、肥效慢的特点。通过调节有机、无机养分比例,使供肥过程与作物生长的各阶段的需要相适应。

（3）培肥土壤

有机-无机复混肥中的有机组分氨基酸、生长激素、卵磷脂、核酸以及酶类等具有活化作用、生理调节作用和改土培肥作用。长期使用，可在一定程度上弥补土壤有机质消耗，提高土壤肥力水平。

### 3. 有机-无机复混肥的施用

有机-无机复混肥的施用方法：一是做基肥，旱地适宜全耕层深施或条施。水田先将肥料均匀撒在耕翻前的湿润土壤表面，耕翻入土后灌水，耕细耙平；二是做种肥，可采用条施或穴施，可将肥料与 $1\sim2$ 倍细土拌匀，再与种子搅拌，随拌随播。

有机-无机复混肥的施用数量，可根据作物需要养分数量进行合理施用。不同含量的有机-无机复混肥应根据其养分含量进行核算。对于粮食作物，基肥占全生育期肥料用量一半以上。经济作物种类很多，营养特性复杂，对基肥的要求也不同，体现在确定复混肥的种类和施肥量也要因作物种类而异。但这些作物对氮素的要求是多次施入，基肥中氮只占全生育期用量的 $30\%\sim40\%$，因而在肥料品种上应选用低氮、高磷、高钾的有机-无机复混肥料。果树一般在秋后施 $1/3$，春季施 $2/3$，其他时期可适量补充一些速效化肥。总体而言，氮、磷、钾总养分在 $20\%$ 的有机-无机复混肥，一般作物亩施 $100\sim150\mathrm{kg}$，果树施 $200\sim250\mathrm{kg}$。[①]

## （二）复混专用肥

复混专用肥是指采用平衡施肥技术原理，根据植物的需肥规律和不同地区的土壤肥力，借助现代化复混肥生产设备和工艺，将植物所需养分经造粒等工艺流程而制成的一类新型肥料。

### 1. 复混专用肥种类

以肥料形态划分，包括固体专用肥和液体专用肥。目前我国主要以固体专用肥为主，液体专用肥品种少、产量低、发展慢。固体专用肥根据其制造工艺分混合（配成）专用肥和掺和（混成）专用肥。

混合专用肥是将几种单质肥料或单质肥料与化成复合肥料按工艺配方混合造粒而成。配成过程中可产生部分化学反应。

---

① 林新坚,章明清,王飞主. 新型肥料与施肥新技术. 福建:福建科学技术出版社,2011

掺和专用肥,即 BB 肥。是把颗粒化的不同类型的单质或复合肥料,按需求的养分比例进行物理混配。目前,大多采用这种方式生产专用肥,是专用肥发展的方向。

2. 复混专用肥的特点

专用肥是在考虑特定的土壤、植物需肥规律和使用地区的气候、耕作方式等因素的情况下研制而成的,具有较强的针对性和地域性;专用肥是根据需要进行配制,所以养分比例灵活配制,真正实现平衡施肥;专用肥克服了盲目施肥和过量施肥的弊端,减少化肥的流失,有利于环境保护。同时,专用肥不是一成不变的,而是随着土壤、植物、环境因素的变化而不断调整配方。

3. 复混专用肥的施用

由于土壤条件、植物种类、环境条件等不同,施肥一般根据作物目标产量和土壤肥力状况而定;一般用作基肥;如果做追肥可采用沟施、穴施等方式,一般需要早期施用。施肥深度在 10~20cm,提倡分层施用;做种肥要做到种、肥分离,间隔 5cm 以上。

## 三、配方肥

### (一)配方肥的概念

配方肥应该考虑配方、工艺和施肥技术三个环节,而配方则是其中的核心和技术关键。一个完整的专用肥配方至少应包括以下内容:①提供适应对象作物的养分形态、比例、含量和特殊养分要求(如配入何种微量元素、是否允许含有氯离子等)。②充分考虑施用地区的有机肥施用水平、土壤养分丰缺状况与平衡施肥的要求。③提供和选用的基础肥料应具有工艺加工和成型的合理性,产品具有较好的物理性,并尽可能地控制混配过程中产生不利的化学反应。④选用的配方应与同时推荐的施肥技术(施肥量、施肥期和施肥深度)相一致,如作追肥的复混肥料,一般不配入或少配入磷素等。⑤配方肥需在大田试验的肥效评价基础上投入生产。

### (二)主要作物营养特性与配方肥施用

1. 水稻

水稻对氮、磷、钾等元素需求量较大,吸收数量与比例受品种、土壤、气候及耕作方式等条件影响。一般每生产稻谷 100 千克,需吸收氮(N)1.8～2.5 千克、磷(P$_2$O$_5$)0.8～1.3 千克、钾(K$_2$O)1.8～3.2 千克,N∶P$_2$O$_5$∶K$_2$O 平均为 1∶0.6∶1.2。如果亩产双季稻谷 450 千克(为了读者使用方便,书中面积单位仍沿用亩,1 公顷=15 亩),需吸收 N-P$_2$O$_5$-K$_2$O 平均为 8-5-10(千克);亩产单季稻谷 550 千克,需吸收 N-P$_2$O$_5$-K$_2$O 约为 10-6-12(千克)。

福建不同地区不同产量水平的水稻推荐施肥量如表 7-5 所示。

表 7-5　不同产量水平的水稻推荐施肥量

| 稻作 | 区域 | 目标产量 (千克/亩) | 最高施肥量 (千克/亩) | | | 经济施肥量 (千克/亩) | | |
|---|---|---|---|---|---|---|---|---|
| | | | N | P$_2$O$_5$ | K$_2$O | N | P$_2$O$_5$ | K$_2$O |
| 早稻 | 山区 | ＞500 | 8 | 5 | 5 | — | — | — |
| | | 500～450 | 11 | 6 | 8 | 9 | 3 | 7 |
| | | ＜450 | 11 | 4 | 8 | | | |
| | 沿海 | ＞500 | 11 | 4 | 5 | 8 | 0 | 3 |
| | | 500～450 | 11 | 5 | 7 | 9 | 4 | 6 |
| | | ＜450 | 12 | 5 | 7 | 10 | 4 | 6 |
| 中稻 | 全省 | ＞530 | 13 | 5 | 10 | — | — | — |
| | | 530～450 | 14 | 6 | 11 | | | |
| | | ＜450 | 12 | 6 | 10 | | | |
| 晚稻 | 山区 | ＞520 | 13 | 4 | 7 | 11 | 3 | 5 |
| | | 520～420 | 12 | 4 | 9 | — | — | — |
| | | ＜420 | 11 | 5 | 10 | 10 | 4 | 8 |
| | 沿海 | ＞500 | 9 | 4 | 5 | 7 | 2 | 5 |
| | | 500～450 | 12 | 4 | 8 | 9 | 3 | 6 |
| | | ＜450 | 10 | 3 | 6 | 9 | 3 | 6 |

在水稻施用的化肥中,N、P$_2$O$_5$、K$_2$O 平均比例以 1∶0.35∶0.65 为宜。如果双季稻谷亩产 450 千克,N-P$_2$O$_5$-K$_2$O 的平均施肥量为 11-4-9(千克);单季稻亩产稻谷 550 千克,平均施肥量为 14-7-10(千克)。以 17-5-12 专用肥为例,亩产 500 千克稻谷,一般每亩施肥量在 70 千克左右。

据福建省各地的研究总结,早稻基肥、蘖肥、穗肥、粒肥的比例以 4∶(4～

4.5)∶(1~1.5)∶0.5为好;晚稻基肥、蘗肥、穗肥、粒肥的比例为3∶3∶3∶1;单季稻基肥、蘗肥、穗肥、粒肥的比例为3∶4∶2∶1。

2. 甘薯

甘薯是粮食作物之一,每生产1000千克鲜薯,需氮(N)3.5~4.2千克、磷($P_2O_5$)1.5~1.8千克、钾($K_2O$)5.5~6.2千克,其N、$P_2O_5$、$K_2O$平均比例为1∶0.44∶1.51,即吸收养分总的趋势是钾最多,氮次之,磷最少。施肥中氮素是关键,施氮过多易造成代谢失调,出现植株徒长、薯块生长受阻现象。

不同产量水平的甘薯推荐施肥量如表7-6所示。

**表7-6　不同产量水平的甘薯推荐施肥量**

| 目标产量 (千克/亩) | 最高施肥量(千克/亩) | | | 经济施肥量(千克/亩) | | |
|---|---|---|---|---|---|---|
| | N | $P_2O_5$ | $K_2O$ | N | $P_2O_5$ | $K_2O$ |
| >2500 | 12 | 4 | 15 | 10 | 3 | 10 |
| 2500~1500 | 14 | 6 | 17 | 11 | 4 | 14 |
| <1500 | 13 | 5 | 17 | 11 | 4 | 14 |

在南方地区,甘薯的N、$P_2O_5$、$K_2O$施肥比例平均为1∶0.4∶0.9。如果亩产鲜薯块2500千克,一般需要亩施氮肥(N)10~14千克,N-$P_2O_5$-$K_2O$平均施肥量为12-5-11(千克)。以18-8-19的配方肥为例,一般每亩施用65~70千克。

据福建农林大学作物科学学院研究,亩产甘薯2500~3000千克,一般肥力田每亩施氮肥(N)12~14千克,N∶$P_2O_5$∶$K_2O$以1∶0.6∶(1~1.5)为宜,基肥、苗肥、夹边肥之比以1∶0.33∶0.9为佳。肥力水平较高的田块,每亩施氮10~11千克,N∶$P_2O_5$∶$K_2O$以1∶0.8∶(1.5~2.1)为宜,基肥、苗肥、夹边肥之比以3.5∶1∶5.5为佳。

3. 马铃薯

马铃薯是一种以块茎为经济产品的作物,一般每生产1000千克马铃薯,需吸收氮(N)3.5~5.5千克、磷($P_2O_5$)2.0~2.2千克、钾($K_2O$)10.6~12.0千克,其比例N∶$P_2O_5$∶$K_2O$平均为1∶0.47∶2.51。

不同产量水平的马铃薯推荐施肥量如表7-7所示。

表 7-7　不同产量水平的马铃薯推荐施肥量

| 目标产量 | 最高施肥量(千克/亩) | | | 经济施肥量(千克/亩) | | |
|---|---|---|---|---|---|---|
| (千克/亩) | N | $P_2O_5$ | $K_2O$ | N | $P_2O_5$ | $K_2O$ |
| >1800 | 15 | 6 | 15 | 14 | 6 | 14 |
| 1800~1200 | 14 | 5 | 18 | 13 | 4 | 15 |
| <1200 | 15 | 6 | 18 | 14 | 4 | 13 |

在马铃薯生产中,氮、磷、钾化肥的适宜比例,南方地区平均为 1：0.3：0.9。如果亩产马铃薯 1500 千克,一般需要亩施氮肥(N)8~12 千克,N-$P_2O_5$-$K_2O$平均施肥量为 10-3-9(千克)。以 18-8-19 的专用肥为例,一般每亩施肥量在 55 千克左右。

马铃薯喜欢肥沃的沙性土壤,施肥时应以较多的农家肥配合化肥作基肥,基肥一般占总用量的 50%,其余分保苗肥与促薯肥施用,保苗肥一般占总用量的 30%。

4. 大豆

大豆属豆科植物,每生产 100 千克大豆需吸收氮(N)8.1~10.1 千克、磷($P_2O_5$)1.8~3.0 千克、钾($K_2O$)2.9~6.3 千克,其平均比例为 1：0.26：0.51。每亩地大豆根瘤能固定空气中的氮素 4~7 千克,而适当增施磷肥和钼、铁等微肥,有利于根瘤菌固氮。为了获得高产,应重视大豆开花至鼓粒期的养分供应。

在大豆生产中,N、$P_2O_5$、$K_2O$ 施用比例平均为 1：1.2：10.9。如果亩产大豆 150 千克,一般需要亩施氮肥(N)6~9 千克,N-$P_2O_5$-$K_2O$平均施肥量为 8-10-7(千克)。以 12-10-18 的配方肥为例,一般每亩施用 65~70 千克。

大豆以有机肥及磷钾肥作基肥施用为好。氮肥一半作基肥,一半在花荚期作追肥;开花结荚期喷施硼肥,增产效果明显。

5. 花生

花生为豆科作物,根瘤菌能固定空气中游离氮素,以供自身氮素营养。每生产 100 千克荚果,需吸收氮(N)5.0~6.0 千克、磷($P_2O_5$)0.9~1.1 千克、钾($K_2O$)2.0~3.3 千克,其 N：$P_2O_5$：$K_2O$平均比例为 1：0.18：0.49。结荚期是荚果大量形成、迅速膨大时期,必须要保证其营养要求。

不同产量水平的花生推荐施肥量如表 7-8 所示。

表 7-8　不同产量水平的花生推荐施肥量

| 目标产量 (千克/亩) | 最高施肥量(千克/亩) | | | 经济施肥量(千克/亩) | | |
|---|---|---|---|---|---|---|
| | N | $P_2O_5$ | $K_2O$ | N | $P_2O_5$ | $K_2O$ |
| >280 | 6 | 5 | 6 | 5 | 4 | 5 |
| 280~180 | 9 | 5 | 10 | 8 | 4 | 8 |
| <180 | 8 | 4 | 7 | 7 | 3 | 6 |

在花生生产中，N、$P_2O_5$、$K_2O$ 适宜施用比例平均为 1：0.8：1.2。如果亩产荚果 200～300 千克，一般需要亩施氮肥(N)4～7 千克，N-$P_2O_5$-$K_2O$ 平均施肥量为 7-4-8(千克)。以 12-14-16 的配方肥为例，一般每亩施用 40～45 千克。

花生施肥以基肥为主，适当追肥。一般以氮肥总量的 50%、全部的磷钾肥和农家肥作基肥，追肥在苗期施用。

6. 蔬菜

蔬菜为喜硝态氮作物，对钾、钙需求量大，且对缺硼敏感。亩产蔬菜 1000～3000 千克，地上部分携带走的氮、磷、钾养分总量分别为 N5.89～19.32 千克、$P_2O_5$1.43～6.18 千克、$K_2O$7.22～13.83 千克；亩产蔬菜 3000～6000 千克，地上部分携带走的氮、磷、钾养分总量分别为 N9.12～15.89 千克、$P_2O_5$3.68～4.88 千克、$K_2O$13.14～24.18 千克。

福建主要蔬菜的氮磷钾推荐施肥量如表 7-9 所示。

表 7-9　福建主要蔬菜的氮磷钾推荐施肥量

| 种类 | 品种 | 目标产量 (千克/亩) | 最高施肥量 (千克/亩) | | | 经济施肥量 (千克/亩) | | |
|---|---|---|---|---|---|---|---|---|
| | | | N | $P_2O_5$ | $K_2O$ | N | $P_2O_5$ | $K_2O$ |
| 叶菜类 | 大白菜 | >2500 | 14 | 5 | 14 | 13 | 4 | 14 |
| | | 2500~1500 | 18 | 6 | 14 | 17 | 6 | 14 |
| | | >1500 | 17 | 4 | 15 | 16 | 4 | 14 |
| | 洋包菜 | >3000 | 11 | 4 | 12 | 11 | 3 | 12 |
| | | 3000~2000 | 15 | 6 | 12 | 15 | 5 | 12 |
| | | <2000 | 12 | 4 | 15 | 12 | 4 | 15 |

续表

| 种类 | 品种 | 目标产量<br>（千克/亩） | 最高施肥量<br>（千克/亩） | | | 经济施肥量<br>（千克/亩） | | |
|---|---|---|---|---|---|---|---|---|
| | | | N | $P_2O_5$ | $K_2O$ | N | $P_2O_5$ | $K_2O$ |
| 叶菜类 | 芥菜 | ＞3000 | 19 | 6 | 12 | 18 | 6 | 12 |
| | | 3000～2000 | 23 | 8 | 13 | 23 | 8 | 12 |
| | | ＜2000 | 22 | 10 | 18 | 21 | 10 | 16 |
| | 结球<br>甘蓝菜 | ＞3000 | 16 | 4 | 15 | 15 | 4 | 14 |
| | | 3000～2000 | 18 | 6 | 14 | 18 | 5 | 14 |
| | | ＜2000 | 13 | 4 | 16 | 12 | 4 | 16 |
| | 空心菜 | 2000 | 15 | 3 | 7 | 15 | 3 | 6 |
| | 小白菜 | 2000 | 9 | 7 | 9 | 8 | 6 | 8 |
| | 芥蓝菜 | 2000 | 12 | 3 | 8 | 10 | 3 | 7 |
| 根茎类 | 莴苣 | ＞4000 | 28 | 10 | 28 | 25 | 10 | 25 |
| | | 4000～2000 | 16 | 10 | 16 | 15 | 10 | 16 |
| | | ＜2000 | 12 | 8 | 15 | 12 | 8 | 15 |
| | 白萝卜 | 2000 | 12 | — | 13 | 12 | 6 | 12 |
| | 胡萝卜 | 3000 | 12 | 6 | 15 | 12 | 6 | 15 |
| 花菜类 | 花椰菜 | ＞3000 | 18 | 8 | 14 | 17 | 8 | 14 |
| | | 3000～2000 | 20 | 8 | 20 | — | — | — |
| | | ＜2000 | 17 | 6 | 15 | — | — | — |
| 瓜类 | 丝瓜 | 1500 | — | — | 16 | 20* | 8* | 15 |
| | 胡瓜 | 3500 | 15 | 8 | — | 14 | 7 | 15* |
| | 苦瓜 | 3000 | 19 | 11 | — | 18 | 10 | 15* |
| 茄果类、<br>豆类 | 番茄 | 3500 | 15 | 7 | 20 | 15 | 7 | 18 |
| | 四季豆 | 1500 | 12 | 4 | — | 11 | 4 | 6* |
| | 蚕豆 | 1200 | 8 | 3 | 9 | 8 | 3 | 6 |
| 葱类 | 大葱 | 3000 | 19 | 3 | 7 | — | — | — |
| | 香葱 | 1500 | 15 | 8 | 20 | — | — | — |

注：带"＊"号的数据为田间试验时设计的施肥量。

根据生物学特性和食用器官的不同,蔬菜大致可划分为叶菜类、瓜类、根茎类等。叶菜类蔬菜如大白菜等施肥原则是"前轻后重",追肥重点在莲座末期至包心前期。南方许多地方为轻质酸性土壤,大白菜容易发生缺硼症,可用 0.2% 硼砂或硼酸溶液进行叶面喷施。以 20-6-9 的配方肥为例,叶菜类每亩施肥量一般在 50 千克左右。茄果类蔬菜(如番茄)定植前应重视基肥施用,追肥可分为催苗肥、促果肥、盛果期追肥;以 15-6-19 的配方肥为例,一般每亩施肥量在 100 千克左右。根茎类蔬菜施肥也以基肥为主,追肥分别在幼苗 2～3 片真叶期、定苗后、肉质根膨大期施用。以 15-5-16 的配方肥为例,一般每亩施肥量在 65～70 千克。

### 7. 葡萄

据研究,葡萄每生产 1000 千克果实(5 年生)需吸收氮(N)6.0 千克、磷($P_2O_5$)3.0 千克、钾($K_2O$)7.2 千克,其吸收比例为 1：0.5：1.2,即钾＞氮＞磷。整个生育期对钾的需求量较大。另外,葡萄对微量元素硼的需要量也较多,一旦缺硼,萌芽迟缓,新梢抽生困难,新叶皱缩,果粒小,称"小粒病"。

根据熊德中研究,巨峰葡萄全年每亩在施有机肥 1500～2000 千克的基础上,施氮 7～10 千克,N、$P_2O_5$、$K_2O$ 施用比例为 1：(0.15～0.3)：(0.4～0.7)。以 18-8-14 的配方肥为例,一般每亩施肥量在 55 千克左右。

葡萄施肥分基肥和追肥。基肥以秋施为好,南方一般在 9 月中下旬进行。基肥以有机肥为主。化肥氮作追肥,第一次追施氮肥在芽膨大期,第二次在落花后幼果膨大期,第三次在采果后,枝梢和根系还有一次生长旺盛期。磷肥 3/4 作基肥,1/4 作追肥(幼果膨大期)。作追肥的钾肥可在落花后幼果膨大期和着色期施用。南方葡萄园缺硼现象普遍发生,可用 0.1%～0.3% 的硼砂开花前喷施。

### 8. 柑橘

柑橘为常绿果树,一年多次抽梢,生长期长,需肥量大,一般为落叶果树的两倍。柑橘亩产 3500～4000 千克,氮(N)的吸收量为 17.7～24.0 千克、磷($P_2O_5$)2.0～4.5 千克、钾($K_2O$)12.7～15.7 千克,氮、磷、钾养分吸收比为 1：(0.11～0.18)：(0.65～0.72)。

如柑橘亩产 2500 千克,建议的施肥量如下:N 23～28 千克/亩,$P_2O_5$ 13～18 千克/亩,$K_2O$ 23～28 千克/亩。以 19-8-13 的配方肥为例,一般每亩施用 130～140 千克。

芦柑施肥原则为夏秋施重肥,冬春少施肥。芦柑春肥(发芽肥)、夏肥(保果壮果肥)、秋冬肥(采果肥)比例以 2：15：3 为宜。芦柑采前不宜施肥,尤其是氮肥,否则会严重影响果实贮藏品质。

### 9. 香蕉

香蕉是典型的喜钾作物,其需钾量高于其他任何一种果树。中秆品种每生产 1000 千克香蕉吸收氮(N)5.9 千克、磷($P_2O_5$)1.1 千克、钾($K_2O$)22 千克。矮秆香蕉吸收氮(N)4.8 千克、磷($P_2O_5$)1.0 千克、钾($K_2O$)18 千克。

香蕉一般每亩需要施用氮肥(N)40~50 千克,高产香蕉需要 50~60 千克。氮、磷、钾养分施用比例为 1:(0.3~0.6):(1~2)。以 16-4-25 的配方肥为例,一般每亩施用 130~140 千克。另外,香蕉对钙、镁的需求量也很高,应适当补充钙肥与镁肥。

香蕉苗期、旺盛生长期、花期的施肥比例以 2.5:6.0:1.5 为佳。一般南方酸性土壤易缺镁,每亩施硫酸镁或硫酸钾镁 25~30 千克。

### 10. 甘蔗

甘蔗产量高,需肥量大。每生产蔗茎 1000 千克,需吸收氮(N)1.65~2.12 千克、磷($P_2O_5$)0.36~0.54 千克、钾($K_2O$)1.97~2.67 千克,N:$P_2O_5$:$K_2O$ 平均为 1:0.24:1.23。伸长初期至末期的 2~3 个月是吸肥高峰,是影响蔗茎产量的关键。

在甘蔗生产中,N、$P_2O_5$、$K_2O$ 适宜施用比例为 1:0.4:0.9。如果亩产蔗茎 6000 千克,一般需要施氮肥(N)18~22 千克,N-$P_2O_5$-$K_2O$ 的平均施肥量为 20-8-18(千克)。以 21-6-18 的配方肥为例,一般每亩施肥量在 95 千克左右。

甘蔗施肥应掌握重施基肥,早施磷钾肥,适施壮蘖肥,以促进甘蔗分蘖齐、壮、匀,提高成茎率。

### 11. 龙眼

据研究资料报道,每生产 100 千克龙眼鲜果需氮(N)2.0 千克,磷($P_2O_5$)1 千克,钾($K_2O$)2 千克,N:$P_2O_5$:$K_2O$ 约为 1:0.5:1。

福建省农业科学院果树研究所建议每生产 1 吨龙眼,施肥量为 N16~20 千克、$P_2O_5$10~12 千克、$K_2O$15~20 千克、Ca10~11 千克、Mg2~3 千克。福建省亚热带植物研究所庄伊美等提出,亩产 1 吨的龙眼园,每年施 N20~25 千克、$P_2O_5$10~15 千克、$K_2O$20.0~27.5 千克、Ca11~14 千克、Mg5~6 千克。以 18-8-14 的配方肥为例,一般每亩施肥量在 120 千克左右。

　　龙眼全年一般分三次施用:①花前促花肥,用全年25%的氮肥和钾肥,35%的磷肥,在花芽分化期施用,以促进花芽分化,提高坐果率;②壮果肥,以钾肥为主,占全年的40%~50%,并配施一定的氮磷肥,在开花后至第二次生理落果前施用,以促进果实发育;③采果肥,在采果前后施用,氮肥占一年的40%~50%,以有机肥为主,并配施磷钾肥。

　　12. 蜜柚

　　蜜柚是福建省名优果树。柚树枝粗叶大,果大,挂果时间长,生长量大,对营养需求量大。蜜柚最适合生长在土壤肥沃、疏松,排灌方便,土壤湿润,气候温暖的地区。

　　据黄宗育研究表明:琯溪蜜柚主产区(平和县)果园土壤存在pH与有机质偏低,速效氮、磷、钾较为丰富,而交换性镁不足等现状。福建省蜜柚施肥一般为 $N:P_2O_5:K_2O:Ca:Mg=1:(0.5\sim0.6):(1.0\sim1.1):(1.3\sim1.4):(0.1\sim0.2)$,每株施氮 $1.0\sim1.1$ 千克。以18-9-18的配方肥为例,一般每株施肥量在5.5千克左右。

　　蜜柚每年一般分5次施肥,其中冬肥占30%,春梢肥占10%,定果肥占20%,果实膨大肥占15%,壮果肥占25%。

　　13. 枇杷

　　枇杷是我国南方特有的果树。每生产1000千克鲜果,需带走氮1.1千克、磷0.4千克、钾3.2千克。从开花到果实膨大期是枇杷养分吸收最多的时期,尤其是磷钾吸收增加较多。

　　枇杷施肥量的多少,要根据树龄、当年开花结果量和气候、土壤肥力等情况确定。成年树每年每亩施氮 $25\sim30$ 千克,$N$、$P_2O_5$、$K_2O$ 施用比例以 $1:(0.6\sim0.8):(0.75\sim1.0)$ 为宜。以16-10-14的配方肥为例,一般每亩施肥 $150\sim160$ 千克。幼年树每年施肥 $5\sim6$ 次,以氮肥为主,磷钾肥配合。

　　结果初期阶段的枇杷年施肥次数一般为 $3\sim4$ 次,其中春肥氮、磷、钾肥施用的比例一般为2:14:3,夏肥(采果肥)施用比例一般为3:2:12,秋肥(基肥)施用比例一般为5:4:5。

　　14. 茶树

　　茶树对营养的需求有以下特点:喜铵、嫌钙、聚铝、低氯。茶树对氮素需求量较大,其次是钾,磷的需求量最小。一般每采收鲜叶100千克,需吸收氮(N) $1.2\sim1.4$ 千克、磷($P_2O_5$) $0.20\sim0.28$ 千克、钾($K_2O$) $0.43\sim0.75$ 千克,$N$、$P_2O_5$、$K_2O$ 的吸收比例为 $1:0.16:0.45$。干茶叶与鲜茶叶之比约

1∶(4.0～4.5)。

大量试验表明,成龄茶树的 N、$P_2O_5$、$K_2O$ 适宜施用比例为 1∶(0.3～0.5)∶(0.6～0.8),平均为 1∶0.4∶0.7。如果亩产鲜叶 450 千克,一般需施氮肥(N)16～20 千克,N-$P_2O_5$-$K_2O$ 的平均施肥量为 20-7-11(千克)。以 20-7-8 的配方肥为例,一般每亩施肥量在 100 千克左右。绿茶略增氮能提高品质,但红茶要控氮,以防止发酵受抑制。

茶树的施肥方式,一般在冬季地上部生长停止时,将 30%～35% 的氮肥、全部的磷钾肥和农家肥施下。基肥大多采用沟施或全园施肥法,前者在行间树冠附近结合中耕开宽沟;后者应先将肥料撒施在地面,然后翻入土中。深度 10～20 厘米,沙土宜深,黏土宜浅。配合施用腐熟有机肥效果更好。余下的 65%～70% 的氮肥,分 3～4 次追肥。春茶追肥次数多些,夏茶和秋茶追肥次数少些。追肥施用方法与基肥相同。如果全年施用茶树配方肥,可用 1/3 作基肥,2/3 作追肥。肥源应多用磷酸铵、硫酸铵、尿素,少用过磷酸钙、硝酸钙,以适应茶树的喜铵和嫌钙的需求。

15. 笋竹

据研究,每生产 1000 千克鲜笋吸收 N5～7 千克、$P_2O_5$ 1.0～1.5 千克、$K_2O$ 2.0～2.5 千克。每生产 50 千克鲜重竹材,竹林(竹秆部分)消耗的养分数量为:N0.074 千克、$P_2O_5$ 0.054 千克、$K_2O$ 0.23 千克。早春 2 月是竹林生长新周期的开始,由于在此期间大量挖掘竹笋,吸取养分明显增加,是施肥的关键时期;9 月份竹林大量行鞭,笋芽分化,仍继续吸收肥料;到了 12 月份,竹林生长缓慢,以施用有机肥料为主,从而为来年竹笋早出、高产打下良好基础。一般笋竹年亩施氮 10～13 千克,N∶$P_2O_5$∶$K_2O$ 以 1∶(0.35～0.4)∶(0.75～0.8)为宜。以 17-8-5 的配方肥为例,一般每亩施肥量在 70 千克左右。

笋竹第一次施肥在 3 月份,称"催笋肥",占年施肥量的 10% 左右;第二次施肥在 6 月份,称"产后肥",占年施肥量的 35% 左右;第三次施肥在 9 月份,称"催笋肥",占年施肥量的 15%;第四次施肥在 12 月份,称"孕笋肥",以腐熟的有机肥料为主,占全年施肥量的 40% 左右。

16. 烤烟

烟草是喜钾作物。各个烟草品种吸收养分的多寡差别很大,一般每生产 100 千克干烟草,需吸收氮(N)2.4～3.4 千克、磷($P_2O_5$)1.2～1.6 千克、钾($K_2O$)4.8～5.8 千克,N∶$P_2O_5$∶$K_2O$ 平均为 1∶0.48∶1.83。

在烤烟生产中,N、$P_2O_5$、$K_2O$ 适宜施肥比例为 1∶0.75∶1.5。一般亩产干烟草 150 千克,亩施氮肥(N)6～9 千克,南方地区施肥量 N-$P_2O_5$-$K_2O$

施肥量为 8-6-12(千克)。以 13-8-12 的配方肥为例,一般每亩施肥量在 60 千克左右。

根据上述配方生产出烤烟配方肥,施肥方法可采用条沟施肥法或"101"施肥法。"101"施肥法的做法是:种植穴施 30%～40% 的肥料,穴间施 60%～70%肥料。穴内肥供烤烟苗期生长所需,穴间肥供烤烟旺长期所需。

17. 桉树

桉树是三大速生树种之一,根系发达,吸收力强,生长量大。如水肥供应充足,1 年可长高 1.5～5.5 米,4～5 年即可采伐利用。

桉树大多种植在坡地上,土壤肥力偏低,肥料需求量大。除施氮、磷、钾外,缺硼地块还要增施硼肥,减轻顶梢枯死。成龄树用量高于幼树。总体而言,N、$P_2O_5$、$K_2O$ 施肥比例为 1∶(0.5～0.6)∶(0.5～0.6)。每年亩施氮肥(N)15～20 千克。如果用 20-8-12 的复合肥,第一年亩用量 50～75 千克,第二年亩用量 100～125 千克。

**(三)配方肥施用原则与注意事项**

配方肥中各养分比例,必须符合当地生产已有经验和利用已有的科技成果。但农业生产上的施肥条件是复杂的,特别对一个小范围地区来说,常常缺乏科技资料,这时农技员或当地农业科技部门的经验就更为宝贵,有时它是制定配方的主要依据。当然,经验是靠长年积累的,也必然有缺陷,这就必须用每年的实践去检验和修正。经过一段时间的努力,这一地区就可制定出合理有效的配方。

某些配方肥虽然根据作物的需肥特点、土壤的供肥特性确定适宜的养分配比,但也很难完全符合不同肥力土壤作物生长的养分要求。因此,有必要根据作物的实际生长情况,配合使用一些单质肥。如在缺氮土壤上,对需氮较多的叶菜类应适量使用一些氮肥,在缺钾土壤上,对需钾较多的西瓜后期要使用一些钾肥。

配方肥中含有两种或两种以上大量元素,氮肥表施易挥发损失或雨水冲刷造成流失。磷、钾易被土壤固定,特别是磷在土壤中移动性小,施于地表不易被作物根系吸收利用,也不利于根系深扎,遇干旱情况肥料无法溶解,肥效更差。所以,复合肥的施用应尽可能地避免地表撒施,宜深施并覆土。

配方肥浓度较高,要避免在根部集中施肥,以免造成肥害;种子不能与肥料直接接触,否则会影响出苗,甚至造成烧苗、烂根。播种时,种子要与穴施、条施复混肥相距 5～10 厘米,切忌直接与种子同穴施用,以免造成肥害。

虽然现在大多数配方肥都是多元的,但仍然不能完全取代有机肥,有条件的地方应尽量增加腐熟有机肥的施用量。复混肥与有机肥配合施用,可提高肥效和养分的利用率,同时有利于改良土壤,活化土壤中的有益微生物。①

## 四、控(缓)释肥料

20 世纪 80 年代以来,控(缓)释肥料称为国内外新型肥料的研究热点。

### (一)控(缓)释肥料的概念

控(缓)释肥料是指采用物理、化学和生物化学方法制造的能使肥料中养分(主要是氮和钾)在土壤中缓慢释放,使其对作物的有效性明显延长的肥料。缓释期和缓释量无定量规定。

控释肥料是指采用聚合物包膜,可定量控制肥料中养分释放数量和释放期,使养分供应与作物各生育期需肥规律吻合的包膜复合肥和包膜尿素。

必须指出,国际上对缓释肥料与控制释肥料至今仍没有法定区分,两词常常混用。因此,我国也常以缓/控释肥料表示。但国际上一些学者遵循下列惯例,将微溶性合成化合物称为缓释肥料,将包膜,包裹与包囊的产品称为控释肥料。

### (二)控(缓)释肥料的类型

目前,国际肥料市场上所出现的控(缓)释肥料主要有以下 3 种类型。

(1)包膜(包裹)类缓控释肥料

通过包膜、包裹、包囊、涂层等物理方法,达到延长肥效的肥料。如包硫尿素、聚合物包膜肥料、肥料包膜的包裹型肥料、涂层肥料,以及将速溶性肥料与橡胶乳液、工农业废弃物混炼所形成的包囊肥料。其中,硫衣尿素(SCU)是最早诞生的无机包裹类缓控释肥料,具有以肥包肥的特点。高分子聚合物包膜缓(控)释肥料的膜耐磨损,缓释性能良好。入土后肥料的养分释放主要受温度的影响,其他的因素影响较小,能够实现作物生育期内一次性施肥,明显减少了农业劳动量,提高生产率。

(2)有机合成微溶型缓释氮肥

有机合成微溶型缓释氮肥包括醛缩尿素、草酰胺、异丁叉二脲(IBDU)

---

① 林新坚,章明清,王飞. 新型肥料与施肥新技术. 福建:福建科学技术出版社,2011

和丁烯叉二脲(CDU)等有机态氮肥。该类肥料的养分释放缓慢,可以有效地提高肥料利用率,其养分的释放速率受到土壤水分、pH、微生物等各种因素的影响,人为调控的可能性小,其商品售价很高,市场发展速度较慢。

(3)胶结型有机-无机控释肥料

这种肥料用各种具有减缓养分释放速率的有机、无机胶结剂,通过不同的化学键力与速效化肥结合,所产生的释放速率不同于缓效化的一类肥料。

此外,缓释肥料还包括加工过的天然有机肥料,如氨化腐殖酸肥料、干燥的活性污泥及含作物养分的工农业废弃物加工的肥料。缓释肥料还包括可以延长肥效的硝化抑制剂、脲酶抑制剂等。

**(三)控(缓)释肥料的优点和特点**

1. 控(缓)释肥料的优点

(1)养分释放慢,符合农作物的生长规律

这种由聚合物树脂包膜的颗粒控释肥料施用后,土壤或基质中的水分使膜内颗粒吸水膨胀,并缓慢溶解,扩散到膜外。肥料将在 2～9 个月的时间里(各类控释肥养分释放时间不一样)持续不断地释放养分。其释放速率受膜内外水汽压的控制,与土壤和基质的温度呈正相关,但在土壤或基质中水汽压达到饱和的情况下与土壤或基质的含水量无关。由于养分扩散的驱动力是温度和膜内外的浓度梯度,因此,当温度升高时,植物生长加快,包膜控释肥释放速率也随之加快;当温度降低时,植物生长变缓或休眠时,包膜控释肥也随之变慢或停止释放。另一方面,作物吸收养分多时,控释肥颗粒膜外侧浓度下降也快,造成膜内外浓度梯度增大,控释肥释放速率也就加快,从而使其养分释放模式与作物需肥规律相一致,使营养元素发挥了最大的肥效或利用率。

(2)作物营养平衡,抗病能力强,质优且增产

根据各地的土壤情况配制的控(缓)释肥科学合理,既满足作物一生营养需要,又不会造成单一养分过剩。作物营养摄入全面、均衡、充分,早期不余肥,后期不脱肥,所以抵抗能力强,品质优良,而且还增产。

(3)减少能源浪费,利于环保

常规化肥的有效利用率一般不超过 40%,但控(缓)释肥因为是缓慢释放养分,正常情况下的作物吸收率能高达 70%以上,所以浪费极少。既为社会节约能源,又不会因为施入到农田中的肥料,很大部分被地表径流或其他方式流失到环境中,导致环境的恶化。如氮素的挥发导致酸雨,可直接损害植被或酸化湖泊而使鱼类和植被铝中毒;地表水体的富营养化,使水体中

藻类大量繁殖而使鱼类窒息死亡；有的进入地下水，使地下水水质变坏，而使人类产生很多疾病，如甲状腺肿以及心脏病和胃病等。

（4）省力

控（缓）释肥料被外国人称之为智能肥或傻瓜肥。由于包膜控释肥可做种肥或基肥一次施入，可减少每 $667m^2$ 个追肥劳动用工日以上，折合人民币 $100\sim240$ 元。既可省去各种作物追肥用工，又可不延误时机，扩大耕作面积。

（5）省钱

每 $667m^2$ 只需 $20\sim25kg$，折合人民币 $60\sim70$ 元，便可满足农作物一季所需，而且达到高产。如玉米，在高产条件下，每 $667m^2$ 基施需 17.1% 的氮肥 75kg 左右，12% 磷肥 50kg 左右，追肥又需施尿素 15kg 左右，共计约 80 元。

综上所述，在目前对农业清洁生产、食品品质安全和生态环境越来越重视的情况下，控（缓）释肥的施用范围非常广泛，前景非常广阔，是当前全球化肥发展的必然走向。

2. 控（缓）释肥料的特点

（1）养分足

各种营养元素科学搭配，能满足农作物生产过程对各种营养元素的需求。含 N，P，K 及多种中量、微量元素。

（2）肥效持久

控（缓）释长效复合肥的养分释放与农作物营养需求趋于平衡状态，使作物"吃饱不浪费"，减少肥料淋溶、径流及挥发等损失，保证农作物各生长时期对营养的需求。

（3）性能优异

控（缓）释肥沃土肥田，改善土壤结构，使板结老化的土壤恢复活力，可明显促进作物生长，增强作物的抗逆性，提高产品的质量和产量。

（4）种类齐全

目前已投入市场的控（缓）释长效复合肥有适宜大豆、玉米、水稻、白瓜、甜菜等多种作物的肥料。

（5）肥效高

经实践证明，控（缓）释长效复合肥的肥效好于多种常规复合肥料。

**（四）控（缓）释肥料的施用**

由于过量施入的氮肥，大多逸散于大气中或淋失于水体；过量施入的磷肥大多固定在土壤中。因此,缓释、控释肥料主要是针对氮肥,而磷肥主要是促释。据中科院地理科学与资源研究所环境修复中心主任陈同斌博士介绍,在北方地区不论施入任何形式的磷肥(水溶性、枸溶性),不论在高产田、低产田,土壤水中磷酸根的含量仅 0.3~0.4mg/kg,甚至更低。为此,华南农业大学资环学院廖宗文教授提出缓释、控释要双向调节,对氮肥主要是控释,而对磷肥要注意促释。他开发的磷矿粉、磷铵活化方法,其目的在于促释磷素,提高磷肥利用率。

(1)化学合成控(缓)释肥的施用

常用的有脲甲醛、草酰胺等。由于养分释放慢,一般做基肥一次性放入。对生育期短的作物,配合适量的化学肥料。目前主要用于花卉、草坪、观赏植物、苗床和部分果树和蔬菜等。

(2)包膜(裹)控(缓)释肥的施用

常用肥料有硫衣尿素、钙镁磷肥包被碳酸氢铵等。可一次性施入做基肥,前期配施适量化肥。适用于各种植物,肥效优于水溶性氮肥。

## 五、长效钾肥

长效钾肥是由钾长石、石灰石、黏土矿物等组分组成,并经粉碎、混合、加热、制成直径约 3mm 的颗粒。它以天然矿物为原料,生产成本低廉,生产程序简单,对环境无污染,较化肥肥效持久,并可改良土壤,优化土质,使粮食获得高产、稳产。

目前有关长效钾肥的研究较少。美国生产的偏磷酸钾(0-60-40)、聚磷酸钾(0-57-37)是两种主要的长效钾肥,二者均不溶于水,溶于 2%柠檬酸,在土壤中不易淋失,可以逐渐水解,对植物不产生盐害。肥料与氯化钾、硫酸钾相当或略低。

另外,用不同工艺制成的熔成钾磷肥及用石英粗面岩经氢氧化钾处理的硅酸铝钾肥等都不溶于水,而溶于 2%的柠檬酸,能抑制作物早期的奢侈吸收,减轻肥料的淋失和浓度过高所造成的危害,是具有一定发展前途的缓效性钾肥。[1]

---

[1]　李小为,高素玲．土壤肥料．北京:中国农业大学出版社,2011

# 第四节　施肥新技术

## 一、测土配方施肥技术

### (一)测土配方施肥技术概述

(1)测土配方施肥的有关概念

测土配方施肥是以肥料田间试验和土壤测试为基础,根据作物需肥规律、土壤供肥性能和肥料效应,在合理施用有机肥料的基础上,提出氮、磷、钾及中、微量元素等肥料的施用品种、数量、施肥时期和施用方法。肥料效应是肥料对作物产量的效果,通常以肥料为单位养分的施用量所能获得的作物增产量和效益表示。配方肥料是以肥料田间试验和土壤测试为基础,根据作物需肥规律、土壤供肥性能和肥料效应,用各种单质肥料和(或)复混肥料为原料,配制成的适合于特定区域、特定作物的肥料。

(2)测土配方施肥技术的目标

测土配方施肥技术是一项科学性、应用性很强的农业科学技术,它有五方面的目标:一是高产目标,即通过该项技术使作物单产水平在原有水平上有所提高,能最大限度地发挥作物的生产潜能;二是优质目标,通过该项技术实施均衡作物营养,改善作物品质;三是高效目标,即养分配比平衡,分配科学,提高产投比,施肥效益明显增加;四是生态目标,即减少肥料的挥发、流失等损失,使大气、土壤和水源不受污染;五是改土目标,即通过有机肥和化肥配合施用,实现耕地用养平衡,达到培肥土壤、增加土地生产力的目的。

(3)测土配方施肥技术的增产途径

一是调肥增产,即在不增加化肥施用总量情况下,调整化肥 $N:P_2O_5:K_2O$ 的比例,获得增产效果。二是减肥增产,即对一些施肥量高或偏施肥严重的地区,采取科学计量和合理施用方法,减少某种肥料用量,获得平产或增产效果。三是增肥增产,即在生产水平不高、化肥用量很少的地区,增施化肥后作物获得增产效果。四是区域间有限肥料的合理分配,使现有肥源发挥最大增产潜力。

### (二)测土配方施肥技术的方法

我国测土配方施肥方法归纳为三大类六种方法:第一类,地力分区(级)

配方法;第二类,目标产量配方法,其中包括养分平衡法和地力差减法;第三类,田间试验配方法,其中包括养分丰缺指标法、肥料效应函数法和氮、磷、钾比例法。在确定施肥量的方法中以养分平衡法、养分丰缺指标法和肥料效应函数法应用较为广泛。

(1)养分平衡法

养分平衡法是以实现作物目标产量所需养分量与土壤供应养分量的差额作为施肥的依据,以达到养分收支平衡的目的。

(2)肥料效应函数法

肥料效应函数法是以田间试验为基础,采用先进的回归设计,将不同处理得到的产量和相应的施肥量进行数理统计,求得在供试条件下产量与施肥量之间的数量关系,即肥料效应函数或称肥料效应方程式。从肥料效应方程式中不仅可以直观地看出不同肥料的增产效应和两种肥料配合施用的交互效应,而且还可以通过它计算出最大施肥量和最佳施肥量,作为配方施肥决策的重要依据。

这一方法的优点是能客观地反映肥料等因素的单一和综合效果,施肥精确度高,符合实际情况。缺点是地区局限性强,不同土壤、气候、耕作、品种等需布置多点不同试验,积累不同年度的资料,费时较长。

(3)养分丰缺指标法

在一定区域范围内,土壤速效养分的含量与植物吸收养分的数量之间有良好的相关性,利用这种关系,可以把土壤养分的测定值按照一定的级差划分养分丰缺等级,提出每个等级的施肥量。

(4)地力分区(级)配方法

地力分区(级)配方法是根据土壤肥力高低分成若干等级或划出一个肥力相对均等的田块,作为一个配方区,利用土壤普查资料和肥料田间试验成果,结合群众的实践经验估算出这一配方区内比较适宜的肥料种类及施用量。

这一方法的优点是较为简便,提出的肥料用量和措施接近当地的经验,方法简单,群众易接受。缺点是局限性较大,每种配方只能适应于生产水平差异较小的地区,而且依赖于一般经验较多,对具体田块来说针对性不强。在推广过程中必须结合试验示范,逐步扩大科学测验手段和理论指导的比重。

(5)氮磷钾比例法

通过田间试验可确定不同地区、不同作物、不同地力水平和产量水平下氮、磷、钾三要素的最适用量,并计算三者比例。实际应用时,只要确定其中一种养分用量,然后按照比例就可确定其他养分用量。

(6)地力差减法

地力差减法就是目标产量减去地力产量,即得施肥后增加的产量,肥料需要量可按下列公式计算:

$$肥料需要量 = \frac{作物单位产量养分吸收量(目标产量-空白田产量)}{肥料中所含养分 \times 肥料当季利用率}$$

这一方法的优点是不需要进行土壤养分的化验,避免了养分平衡法的缺陷,在理论上养分的投入与利用也较为清楚,人们容易接受。但空白田产量不能预先获得,给推广带来困难。同时空白田产量是构成作物产量各种环境条件(包括气候、土壤养分、作物品种、水分管理等)的综合反映,无法找出产量的限制因素而对症下药。土壤肥力越高,作物吸自土壤的养分越多,作物对土壤的依赖性也越大。这样一来由公式所得到的肥料施用量也就越少,有可能引起地力损耗而不能觉察。所以,在使用这个公式时,应注意这方面的问题。

**(三)测土配方施肥技术的关键环节**

(1)样品采集与制备

采样前,要收集采样区域土壤图、土地利用现状图、行政区划图等资料,绘制样点分布图,制订采样工作计划。准备 GPS、采样工具、采样袋、采样标签等,按照不同分析项目,分别采集土壤样品、植物样品。

(2)土壤、植株养分测试

按照国家标准或部颁标准,土壤测试项目有:土壤质地、容重、水分、酸碱度、阳离子交换量、水溶性盐分、氧化还原电位、有机质、全氮、有效氮、全磷、有效磷、全钾、有效钾、交换性钙镁、有效硫、有效硅、有效微量元素等;植株测试项目有:全氮、全磷、全钾、水分、粗灰分、全钙、全镁、全硫、微量元素全量等。

(3)田间基本情况调查

按照测土配方施肥采样地块基本情况调查表,填写相关内容。

(4)田间试验

按照农业部《测土配方施肥技术规范》推荐采用的"3414"试验方案,根据研究目的选择完全实施或部分实施方案。

(5)基础数据库的建立

一是属性数据库,其内容包括田间试验示范数据、土壤与植株测试数据、田间基本情况及农户调查数据等,要求在 SQL 数据库中建立。二是空间数据库,内容包括土壤图、土地利用图、行政区划图、采样点位图等,利用 GIS 软件,采用数字化仪或扫描后屏幕数字化的方式录入。图样比例为

1：5万。三是施肥指导单元属性数据获取,可由土壤图和土地利用图或行政区划图叠加求交生成施肥指导单元图。

(6)施肥配方设计

一是基于田块的肥料配方设计,首先采用养分平衡法等确定氮、磷、钾养分的用量,然后确定相应的肥料组合,通过提供配方肥料或发放配肥通知单,指导农户使用。二是县域施肥分区与肥料配方设计,其步骤为:确定研究区域,GPS 定位指导下的土壤样品采集,土壤测试与土壤养分空间数据库的建立,土壤养分分区图的制作,施肥分区和肥料配方的生成,肥料配方的检验。

(7)示范及效果评价

首先,每 667hm² 测土配方施肥田设 2～3 个示范点,进行田间对比示范,设置常规施肥对照区、测土配方施肥区和不施肥的空白区。其次,按照测土配方施肥技术农户施肥调查与评价中的要求进行农户施肥调查与测土配方施肥效果评价。[①]

## 二、精确施肥技术

精确农业是在现代信息技术(RS、GIS、GPS)、植物栽培管理技术、农业工程装备技术等一系列高新技术基础上发展起来的一种重要的现代农业生产形式和管理模式,其核心思想是获取农田小区植物产量数据和影响植物生产的环境因素(如土壤结构、土壤肥力、地形、气候、病虫草害等)实际存在的空间和时间差异信息,分析影响小区产量差异的原因,采取技术上可行、经济上有效的调控措施,改变传统农业大面积、大样本平均投入的资源浪费做法,对植物栽培管理实施定位、按需变量投入,包括精确播种、精确施肥、精确灌溉和精确收获等环节。

### (一)精确施肥技术概况

精确施肥技术是将不同空间单元的产量数据与其他多层数据(土壤理化性质、病虫草害、气候等)的叠合分析为依据,以作物生长模型、作物营养专家系统为支持,以高产、优质、环保为目的的变量处方施肥理论和技术。精确施肥是信息技术(RS,GIS,GPS)、生物技术、机械技术和化工技术的优化组合。按作物生长期可分为基肥精施和追肥精施,按施肥方式可分为耕施和撒施。按精施的时间性分为实时精施和时后精施。

---

① 宋志伟. 土壤肥料. 北京:高等教育出版社,2009

为取得良好的经济效益和环境效益,适应不同地区、不同作物、不同土壤和不同作物生长环境的需要,变量处方施肥是我们未来施肥的发展方向。

### (二)精确施肥的理论及技术体系

#### 1. 土壤数据和作物营养实时数据的采集

对于长期相对稳定的土壤变量参数,如土壤质地、地形、地貌、微量元素含量等,可一次分析长期受益或多年后再对这些参数做抽样复测。在我国可引用原土壤普查数据做参考。对于中短期土壤变量参数,如 N,P,K,有机质、土壤水分等,这些参数时空变异性大,应以 GPS 定位或导航实时实地分析,也可通过遥感(RS)技术和地面分析结合获得生长期作物养分丰缺情况。这是确定基肥、追肥施用量的基础。20 世纪 90 年代以来,土壤实时采样分析的新技术、新仪器有了长足的发展进步。

#### 2. 差分全球定位系统(DGPS)

全球定位系统(GPS)为精确施肥提供了基本条件。GPS 接收机可以在地球表面的任何地方、任何时间、任何气象条件下至少获得 4 颗以上的 GPS 卫星发出的定位定时信号,而每一颗卫星的轨道信息由地面监测中心监测而精确知道。GPS 接收机根据时间和光速信号通过三角测量法确定自己的位置。但因为卫星信号受电离层和大气层的干扰,会产生定位误差,美国提供的 GPS 定位误差可达 100m,所以为满足精确施肥或精确农作需要,须给 GPS 接收机提供差分信号即差分定位系统(DGPS)。DGPS 除了接收全球定位卫星信号外,还需接收信标台或卫星转发的差分校正信号。接收差分信号后可提供分米级定位精度,完全能满足精确变量施肥的需要。这样可使定位精度大大提高。

#### 3. 决策分析系统

决策分析系统是精确施肥的核心,直接影响精确施肥的技术实践成果。决策分析系统包括地理信息系统(GIS)和模型专家系统两部分。GIS 用于描述农田空间属性的差异性;作物生长模型和作物营养专家系统用于描述作物的生长过程及养分需求。在精确施肥中,GIS 主要用于建立土壤数据、自然条件、作物苗情等空间信息数据库和进行空间属性数据的地理统计、处理、分析、图形转换和模型集成等。作物生长模型是将作物及气象和土壤等环境作为一个整体,应用系统分析的原理和方法,综合大量作物生理学、生态学、农学、土壤肥料学、农业气象学等学科的理论和研究成果,对作物的生长发育、光合作用、器官建成和产量形成等生理过程与环境和技术的关系加以理论概括和数量分析,建立相应的数学模型。它是环境信息与作物生长的量化表现。通过作物生长模型我们可以得出任意生长时期作物对土壤生长环境的要求,以便采取相关的措施。

我国 20 世纪 80 年代就开发了作物营养专家系统,但无论是作物肥料效应函数模型为基础的专家系统,还是测土施肥目标产量模型,都属于统计模型。不同的统计模型计算的施肥量相差 3 倍以上。以作物生理机理为基础的作物营养模拟模型有待于进一步发展和提高。

### 4. 控制施肥

现在有两种形式,一是实时控制施肥。即根据监测土壤养分的实时传感器信息,控制并调整肥料的投入数量。土壤养分在线实时检测技术处于研究阶段,还未应用于生产实际;或根据实时监测的作物光谱信息分析调节施肥量。卫星遥感、飞机航空遥感、田间高架遥感等影像空间分辨率和光谱分辨率比较低,测量误差比较大,遥感作业成本高,许多技术还处于研究阶段。二是处方信息控制施肥,此技术比较成熟。根据专家决策分析后的电子地图提供的处方施肥信息,对田地中肥料的撒施量进行定位调控。

### (三)我国发展精确施肥的思考

我国的化肥投入突出问题是结构不合理,利用率低。化肥投入尤其是磷肥的投入普遍偏高,造成养分投入比例失调,增加了肥料的投入成本。肥料利用率低不仅使生产成本偏高,而且是环境污染特别是水体富营养化的直接原因之一。随着人们环境意识的加强和农产品由数量型向质量型的转变,精确施肥将是提高土壤环境质量,减少水和土壤污染,提高作物产量和质量的有效途径。

精确农业是为适应集约化、规模化程度高的作物生产系统可持续发展而提出的,其边际效应与经营规模成正相关。我国农田经营规模小,农业机械化水平低,实施广域的精确施肥技术实践尚需较长的发展过程。[1]

## 三、轮作施肥技术

轮作施肥技术是指针对某个轮作周期而制订的施肥计划,包括不同茬口的肥料分配方案和植物的施肥制度。而植物施肥制度则是针对某一植物

---

[1]　李小为,高素玲. 土壤肥料. 北京:中国农业大学出版社,2011

的计划产量而确定的施肥技术。

## (一)轮作制度下肥料的分配原则

针对某一轮作周期中不同作物如何统筹分配和施用肥料,应遵循均衡增产、效益优化、用养结合、持续发展、环境友好等基本原则。而具体不同的轮作制度,应因地域、作物等而进行分配。

(1)一年一熟制肥料分配原则

以大豆→小麦→玉米三年轮作为例,总的原则是培肥地力,保证重点。有机肥重点分配在小麦上,氮肥重点分配在小麦和玉米上,磷肥重点分配在大豆和小麦上。

(2)一年两熟制肥料分配原则

以小麦—玉米→小麦—玉米复种连作为例,总的原则是养分要全,数量要足。有机肥应重点分配在小麦上,玉米利用其后效;高产麦田要控制氮肥用量,增加磷、钾肥,补施微量元素肥料;高产玉米田要稳施氮肥、增加磷肥与锌肥,中产玉米田要加强氮、磷肥的配合。

(3)两年三熟制肥料分配原则

以小麦—甘薯→春玉米为例,总的原则是保证一年多熟,兼顾一年一熟。有机肥主要考虑冬小麦和春玉米,尤其是春玉米;冬小麦和春玉米要增加氮、磷肥施用;甘薯要考虑钾肥施用,减少氮肥施用量。

(4)立体种植肥料分配原则

以小麦/玉米—大白菜→小麦—大豆为例,总的原则是多施有机肥,施好氮肥,养分协调,数量充足。有机肥重点分配在小麦和大白菜上,如果第二年夏播玉米,两茬各占50%。如果第三年夏播大豆,则大白菜占60%~70%;化肥分配要适度增加大白菜氮肥投入,同时多施磷肥、钾肥和微量元素肥料。

## (二)轮作制度下施肥计划的制订

轮作周期内施肥计划的制订包括肥料分配方案和作物的施肥技术两方面内容。其中肥料分配方案按前述的分配原则,针对具体的轮作方式而制订。这里主要就轮作周期内施肥量的确定方法与步骤做一介绍(以冬小麦—夏玉米轮作为例)。

(1)调查研究,收集有关资料

主要了解近三年的轮作方式及其产量水平、经济状况和生产条件、肥料施用现状、科技水平、气候条件、土壤肥力状况等。

（2）估算轮作周期内作物对养分的需要总量（按养分平衡法）

第一步，确定轮作周期内各种作物的计划产量；第二步，估算各作物实现计划产量的所需养分量，见表 7-10 的（1）列；第三步，估算轮作周期内作物对养分需要总量，即将表 7-10 的（1）列所有作物需要氮、磷、钾的量分别汇总即可。

表 7-10　轮作周期内作物对养分的需要量（$kg/hm^2$）

| 作物种类 | 计划产量 | 计划产量所需养分量（1） | 土壤养分供给量 | | 需要补给养分量（3） |
|---|---|---|---|---|---|
| | | | 空白产量 | 土壤养分供给量（2） | |
| 冬小麦 | 9000 | N　328.5 | 6000 | 219.0 | 109.5 |
| | | P　41.4 | | 27.6 | 13.8 |
| | | K　347.4 | | 231.6 | 115.8 |
| 夏玉米 | 9000 | N　270.0 | 5250 | 157.5 | 112.5 |
| | | P　39.6 | | 23.1 | 16.5 |
| | | K　224.1 | | 130.7 | 93.4 |
| 总计 | | N　598.5 | | 376.5 | 222.0 |
| | | P　81.0 | | 50.7 | 30.3 |
| | | K　571.5 | | 362.3 | 209.2 |

（3）估算轮作周期内土壤供给的养分总量

可以用不施肥情况下的作物产量（空白产量）乘以氮、磷、钾养分系数获得，见表 7-10（2）列，然后把各茬土壤供给氮、磷、钾养分量分别汇总。

（4）估算轮作周期中实现养分平衡时需要补给的养分量

首先，按照表 7-10 中的（1）列减去（2）列的差来估算轮作周期内各作物需要补充的养分量，然后，把各茬作物各种养分量汇总，就是轮作周期中实现养分平衡时需要补给的养分总量，见表 7-10 中（3）列。

（5）轮作周期内各作物施肥技术的确定

依据表 7-10 中的资料，考虑现有肥料的种类、品种、利用率、养分含量等，根据作物需肥规律，然后确定各作物的肥料施用量和施用时期以及配套的栽培技术（表 7-11）。[①]

----

① 李小为，高素玲. 土壤肥料. 北京：中国农业大学出版社，2011

表 7-11    轮作周期内各作物施肥技术(kg/hm²)

| 作物种类 | 补给养分量 | 肥料种类 | 施肥量和施肥方式 | | |
|---|---|---|---|---|---|
| | | | 基肥 | 种肥 | 追肥 |
| 冬小麦 | 有机肥 | 厩肥 | 30000 | 0 | 0 |
| | N  109.5 | 尿素 | 310 | 75 | 75 |
| | P  13.8 | 磷酸二氢铵 | 275 | 0 | 70 |
| | K  115.8 | 硫酸钾 | 360 | 0 | 90 |
| 夏玉米 | 有机肥 | 厩肥 | 30000 | 0 | 0 |
| | N  112.5 | 尿素 | 230 | 75 | 75 |
| | P  16.5 | 磷酸二氢铵 | 275 | 0 | 140 |
| | K  93.4 | 硫酸钾 | 342 | 0 | 0 |
| 总计 | 有机肥 | 厩肥 | 60000 | 0 | 0 |
| | N  222.0 | 尿素 | 540 | 150 | 150 |
| | P  30.3 | 磷酸二氢铵 | 550 | 0 | 210 |
| | K  209.2 | 硫酸钾 | 702 | 0 | 90 |

## 四、环境保全型施肥技术

### (一)环保型施肥的目标

化肥、农药、除草剂等化学物质的施用,大大提高了农业生产率和作物产量。但这些物质在土壤和水体中残留并富集,造成环境污染,资源、资金严重浪费。不仅如此,还通过物质循环进入食物链,影响人类的健康和安全。这一系列问题,迫使人们改变现行的施肥技术体系,建立新的环保型施肥技术,以保持全球农业的可持续发展。

环保型施肥的基本目标:一是为了营养作物,提高其产量和改善品质;二是为了改良和培肥土壤,保持土壤资源持续利用;三是不断提高肥料效益;四是不对环境和农产品造成污染。这 4 个目标同时满足,才符合可持续发展农业(包括有机农业、生态农业、生物农业和再生农业等替代农业的模式)的生产要求。

## (二)环境保全型施肥的基本要求

要实现环境保全型施肥的基本目标,必须根据作物的需肥规律和土壤的供肥性,结合肥料性质进行合理施用。合理施肥必须坚持以下原则:一是坚持持续培肥地力的原则;二是协调营养平衡原则;三是增加产量与改善品质相统一的原则;四是提高肥料利用率原则;五是减少生态环境污染原则。

## (三)减少环境污染的施肥技术

### 1.减少环境污染的氮肥施用技术

(1)深施或混施

深施特别是粒肥深施是目前各种方法中效果最大且稳定的一种。与氮肥表施相比,将氮肥混施于土壤耕层中,能减少氮素损失。深施和混施的主要作用是减少氨挥发和径流损失,也可以减少反硝化损失。

(2)水肥综合管理

我国是水稻生产大国。在推行粒肥深施的基础上,提出了稻田水肥综合管理新技术。如在有排灌条件的稻田推广"以水带氮"的氮肥深施技术,对水稻节肥增产效果显著。"以水带氮"深施技术,即在施肥前,稻田停止灌水,晾田数日,尽可能控制土壤处于水不饱和状态。氮肥表施后立即覆浅水,使肥随水下渗,深施入土,60%的表施化肥氮被带入土层,使肥效具有缓、稳、长的特点。由于深施前的控水搁田促进了水稻根系发育,有利于对氮素的吸收,施肥量比习惯施肥法减少约1/3。为了避免稻株后期贪青晚熟,追肥应在栽插后10~15d进行为宜。此外,以"水带氮深施"技术,由于控水搁田或减少复灌水量,还可节省水资源,这对缺水地区尤为重要。应用这项技术的稻株生长健壮,病虫指数下降,减少农药用量,有利于环境保护和农田生态平衡。

(3)脲酶及硝化抑制剂

脲酶抑制剂的作用是延缓脲酶对尿素的水解,使较多的尿素能扩散到土表以下的土层中,从而减少旱地表层土壤或稻田田面水中铵态氮或硝态氮的总浓度,以减少挥发损失。硝化抑制剂的作用是抑制土壤中亚硝化细菌活动,从而抑制土壤中铵态氮的硝化作用,使施入土壤中的铵态氮肥能较长时间地以铵根离子的形式被胶体吸附,防止硝态氮的淋失和反硝化作用,减少氮素非生产性损失。

（4）缓效（长效）肥料

缓效肥料的制作是将粒状氮肥表面包裹一层薄膜，使其可溶性氮逐渐释放出来，供作物吸收利用，有利于作物吸收，减少氮素损失和生物固定。施用缓效肥料能在一定程度上减少氮素损失，但由于其价格昂贵，施用对象主要是经济作物。

2. 减少环境污染的磷肥施用技术

（1）磷肥的施用方法

磷肥的施用方法，大体分为撒施和集中施用两类。水溶性磷肥，特别在酸性土壤上，应避免采用撒施的方法，防止土壤固定；对于弱酸溶性和难溶性磷肥，在酸性土壤上一般均应采用撒施的方法，以促进土壤对磷肥的溶解作用。集中施肥适合于强固定能力的酸性土壤和水溶率高的磷肥，在东北黑土上、湖南和浙江的酸性水稻土上，集中施磷或施用颗粒磷肥均获得显著的增产效果。

（2）磷肥的施用时间

对于水溶性磷肥不宜提前施用，以减少磷肥与土壤的接触时间；而对弱酸溶性磷肥，在酸性土壤则应适当提前施入。一般情况下，磷肥不做追肥，而是在播种或移栽时，一次性作为基肥施入。

（3）以轮作周期为单位施用磷肥

以轮作周期为单位统筹施用磷肥，尽可能发挥磷肥后效的作用，显著提高磷肥的利用率。Tandon 研究表明，如果把磷肥在当季和后效的增产作用设为 $100\%$，则当季占 $50\%$，第二季占 $25\%$，第三季占 $15\%$，第四季占 $10\%$，充分利用后效，可以节约磷肥，提高磷肥的利用率。

（4）水溶性磷肥与有机肥配合施用

有机肥与磷肥配合施用，有利于使磷更多、更长时间地保持有效状态，提高磷肥的利用率。

（5）氮肥和磷肥混合集中施用

氮、磷配合施用，既可平衡营养，又能促进根系下扎，为丰产打下基础。鲁如坤试验表明，铵态氮肥或尿素和水溶磷肥混合集中施用，比氮肥、磷肥分开施用有更高的肥效。

**（四）绿色食品生产的施肥技术**

2000 年，农业部颁布实施的《绿色食品肥料使用准则》（NY/T394—2000），严格规定了我国 AA 级绿色食品和 A 级绿色食品肥料使用原则，并对每类肥料进行了严格界定。

　　肥料使用的原则是:使用化肥必须满足植物对营养元素的需要,使足够数量的有机物质返回土壤,以保持或增加土壤肥力及土壤生物活性。所有有机肥料或无机肥料,尤其是富含氮的肥料,对环境和植物(营养、味道、品质和植物抗性)不产生不良后果方可施用。

　　(1)AA级绿色食品肥料施用要求

　　禁止使用任何化学合成肥料;必须施用农家肥;在以上肥料不能满足AA级绿色食品生产需要时,允许施用商品肥料;禁止使用城市垃圾和污泥、医院的粪便垃圾和含有害物质(如毒气、病原微生物、重金属等)的垃圾;采用秸秆还田、过腹还田、直接翻压还田、覆盖还田等形式,提高土壤肥力;利用覆盖、翻压、堆沤等方式合理利用绿肥。

　　(2)A级绿色食品肥料施用要求

　　AA级绿色食品生产允许施用的肥料;在以上肥料不能满足A级绿色食品生产需要的情况下,允许施用掺合肥(有机氮与无机氮之比不超过1:1);在前面两项的肥料不能满足生产需要时,允许化学肥料(氮肥、磷肥、钾肥)与有机肥料混合施用,比例要符合要求。

　　生产绿色食品的农家肥料无论采用何种原料(包括人畜禽粪尿、秸秆、杂草、泥炭等)制作堆肥,必须高温发酵,以杀灭各种寄生虫卵和病原菌、杂草种子,使之达到无害化卫生标准(表7-12、表7-12)。农家肥料原则上就地生产就地使用,商品肥料及新型肥料必须通过国家有关部门的登记认证及生产许可,质量指标应达到国家有关标准的要求。[①]

### 表 7-12　高温堆肥卫生标准

| 序号 | 项目 | 卫生标准及要求 |
|---|---|---|
| 1 | 堆肥温度 | 最高堆温达 50~55℃,持续 5~7d |
| 2 | 蛔虫卵死亡率 | 95%~100% |
| 3 | 粪大肠菌值 | 0.01~0.1 |
| 4 | 苍蝇 | 有效地控制苍蝇滋生,肥堆周围没有活的蛆、蛹或新羽化的成蝇 |

① 李小为,高素玲.土壤肥料.北京:中国农业大学出版社,2011

表 7-13　沼气发酵肥卫生标准

| 序号 | 项目 | 卫生标准及要求 |
| --- | --- | --- |
| 1 | 密封贮存期 | 30d 以上 |
| 2 | 高温沼气发酵温度 | $(53\pm2)$℃,持续 2d |
| 3 | 寄生虫卵沉降率 | 95% 以上 |
| 4 | 血吸虫卵和钩虫卵 | 在使用粪液中不得检出活的血吸虫卵和钩虫卵 |
| 5 | 粪大肠菌值 | 普通沼气发酵 0.0001,高温沼气发酵 0.0001～0.01 |
| 6 | 蚊子、苍蝇 | 有效地控制蚊蝇滋生,粪液中无孑孓,池的周围无活的蛆、蛹或新羽化的成蝇 |
| 7 | 沼气池残渣 | 经无害化处理后方可用作农肥 |

同时规定,因施肥造成土壤污染、水源污染或影响农作物生长,农产品达不到食品安全卫生标准时,要停止使用该肥料,并向专门管理机构报告。

## 五、养分资源综合管理技术

### (一)养分资源概述

养分资源是指植物生产系统中,来自土壤、肥料和环境中的各种养分的统称。植物生产所需要的养分都具有资源的属性,在各种养分来源中,土壤是植物最直接的养分资源库,植物需要的各种矿质养分都能或多或少地从土壤中得到。以各种方式进入土壤的大部分养分,都能成为土壤养分资源库的一部分。肥料是用于人工补充植物养分的物质,有机肥料主要来源于动、植物及其残体或排泄物,无机肥料主要为天然矿物、盐类或大气中通过物理或化学方法获得的能为植物提供养分的物质。另外,环境中的一些养分能通过大气干湿沉降、灌溉水、生物固氮等途径进入植物生产系统,它们也是养分资源的重要组成部分。[①]

### (二)养分资源综合管理概述

1. 养分资源综合管理产生的背景

以绿色革命为特征的现代农业中,施肥一直被认为是作物增产的重要

---

① 宋志伟. 土壤肥料. 北京:高等教育出版社,2009

手段。大量研究表明,目前作物施肥的现状是:过多依赖于化学肥料特别是氮肥的施用,在许多高产地区往往氮肥施用过量。施肥仍然靠经验,在全国各地很普遍。可避免的养分损失仍很高,特别是在肥料与产品价格比较小的大棚蔬菜生产等施肥中更是如此。不平衡施肥现象依然存在,既降低了肥效,也降低了作物的抵抗性。过高强调化肥的投入,致使化肥的不良影响愈来愈严重。

为了适应农业可持续发展的要求,不能再将施肥简单地看作是补充作物生长所需要养分的措施,要从单一地满足作物养分需求向养分资源的合理利用转变;从静态的养分平衡向养分循环的动态管理转变;更加注意预防不合理施肥导致的降低作物抵抗性、养分元素污染水源和大气等各种不良后果;从只注意当年的养分增产效应向注意肥料的残效未利用养分的去向等长期环境生态效应转变;充分利用作物对干旱、寒冷、盐碱、毒害、污染、药害等胁迫条件的适应性与抗性;充分认识一些不能或难以控制的限制因素和生产风险;强调保持和提高土壤肥力;重视对有风险或毒害元素施用的限制。

### 2. 养分资源综合管理的含义

由联合国粮农组织(FAO)、国际水稻所(IRRI)和一些西方国家于20世纪90年代提出的养分资源综合管理(IPNM 或 INM)是在农业生态系统中综合利用所有自然和化学合成的养分资源,通过合理施用有机肥和化肥等技术的综合运用,挖掘土壤和环境养分资源的潜力,协调农业生态系统中的养分投入和产出平衡,协调养分循环与利用强度,实现养分资源的高效利用,使经济效益、生态效益和社会效益相互协调的理论与技术体系。张福锁等将养分资源综合管理概括为:养分资源综合管理是从农业生态系统论的观点出发,协调农业生态系统中养分投入与产出平衡、调节养分循环与利用强度,实现养分资源高效利用,使生产、生态、环境和经济得到协调发展。

养分资源综合管理的基本含义包括:以可持续发展理论为指导,在允分挖掘自然资源潜力的基础上,高效利用人为补充的有机和无机养分。重视养分作用的双重性,兴利除弊,把养分投入量限制在生态环境可承受的范围内,避免养分盲目过量的投入。以协调养分投入与产出平衡、协调养分循环与利用强度为基本内容;以有机肥和无机肥的合理投入、土壤培肥与土壤保护、生物固氮、植物改良和农艺措施等技术的综合运用为基本手段。它是一种合理、科学的综合技术,更是一种现代可持续发展理论在资源利用上的延伸与实践的理念;合理施肥仍然是其主要手段,但不是唯一手段。以地块、农场(户)、区域和全国等不同层次的生产系统为对象,以生产单元中养分资源种类、数量以及养分平衡与循环参数等背景资料的测试和估算结果为依据，制定并实施详细的管理计划。养分资源综合管理既是养分管理的理论，也是养分管理的技术。

发达国家的养分资源综合管理策略主要是针对高投入农业带来的环境污染和农产品质量下降问题，强调减少肥料投入，增加养分再利用，减少养分损失，保护环境。发展中国家则由于肥料施用不足，管理不善使土壤肥力严重退化，粮食安全问题也面临极大挑战，因而其养分资源管理策略主要是增加养分投入，减少养分损失，提高产量和维持土壤肥力。我国不像发达国家可以在牺牲作物产量前提下强调生态环境保护，必须要走高产出的道路，必须在保证农产品数量的同时，强调资源高效利用和环境保护。

### (三)养分资源综合管理技术

#### 1. 养分资源宏观管理

养分资源的宏观管理是针对各种区域养分资源特征，以总体效益(经济效益、生态效益和社会效益)最佳为原则，制定并实施区域养分资源高效利用的管理策略。中国农田养分资源综合管理的主要目的应该是提高粮食产量的同时达到资源高效。中国粮食安全依靠单产提高，从 1949 年到 2003 年，中国粮食总产增加了 2.2 倍，其中粮食单产增加了 3.2 倍，而播种面积减少了 10%，可见粮食单产提高在中国粮食总产提高中的作用。据测算，化肥对中国粮食生产的贡献率最大，为 29.76%，灌溉次之，为 23.33%，其他措施的贡献均低于 15%。对全国 2000～2005 年 1333 个试验的结果分析表明，目前我国水稻、小麦和玉米三大作物氮、磷、钾肥料的平均利用率分别为 27.5%、11.6%和 31.5%。明显低于欧美发达国家(50%～57%，15%～20%和 20%～60%)。随着肥料利用率下降，目前我国化肥的粮食生产能力为 8～10kg/kg，而欧美发达国家可达 11～24kg/kg。由此可见，养分资源的宏观管理任务艰巨、潜力巨大。

我国的养分资源宏观管理，就是针对国际市场以及我国农产品与农业技术走向世界的迫切需要，从我国建设小康社会、营养条件改善、生活水平提高、经济发展、生态环境保护和资源高效利用的角度，围绕"能源—矿产资源—肥料生产—流通—施用"和"肥料—土壤—植物—动物—人体—环境体系营养循环"两条线，对我国养分资源的开发和利用策略，养分循环平衡及其对农产品数量、质量、人类健康和生态环境的影响等重大问题进行研究，为国家、地方政府决策和企业制定发展对策以及相关政策法规的制定提出建议，保障国家粮食和环境安全。

2. 农田养分资源综合管理

在农田层次上,强调综合利用农业生态系统中所有的养分资源,通过实时精确的养分管理、优化栽培与其他农田管理措施,采用高效品种等技术的综合运用,实现优质高产、协调系统养分投入与产出动态平衡、调节养分循环与利用强度。农田养分资源综合管理主要技术如下。

(1)综合利用各种养分资源以减少对化肥的依赖

有机肥料主要来源于动植物及其残体,城市废弃物等,目前,我国的有机肥资源,如秸秆,城市废弃物、畜牧生产的废弃物等都没有得到充分的利用。2000 年,我国秸秆资源总量达 5.5 亿吨/年,含 N、$P_2O_5$、$K_2O$ 分别为 493.9 万吨、156.7 万吨、982.5 万吨,总养分为 1633.2 万吨,其中 N 素养分还田率仅为 47.3%。2003 年,我国畜禽粪便总产生量约为 31.9 亿吨,纯养分氮量为 1390 万吨,畜禽粪便还田率不到 50%。化肥成为农田养分的主要补充者。生物固氮是我国农田养分维持的主要途径。有试验资料显示,干湿沉降和灌溉水已经成为部分地区农田生态系统重要的养分来源。如在山东寿光蔬菜栽培体系中,灌溉水带入的氮高达 $180\sim250kg/(hm^2 \cdot 年)$。

因此,针对我国化肥过量施用,而忽视了对其他养分资源的利用现状,系统地开展我国主要生态区作物生产体系坏境养分定量化评价以及各种养分资源的综合利用技术是农田养分资源综合管理的主要策略之一。

(2)发挥作物潜力,通过生物学途径提高养分资源利用效率

发挥生物自身潜力,从生物学途径来提高养分资源利用效率,是养分资源综合管理研究与应用的一个重要方面。英国洛桑实验站的研究表明:采用高产高效品种春小麦的氮肥利用率由 35% 提高到 65%,因品种差异造成的肥料利用率变异高达 24%~82%;张福锁等的研究报告也表明,小麦、玉米等作物由于品种改善可使肥料利用率提高 20%~30%。而通过基因工程等手段成功改良作物营养遗传性状有很多报道。如:黑麦铜营养效率较高的特性通过染色体工程技术转移到小麦上,形成小黑麦,从而提高了小麦的铜营养效率;基因突变休技术在作物营养性状的改良方面也已得到广泛应用,Kneen 和 Lakue 就曾用 1%甲基磺酸乙酯处理豌豆(sparkle)种子 1h 后得到一个单基因突变体 E107。其体内铁的浓度可以是 sparkle 的 50 倍以上。

生物固氮占全球固氮量的 3/4。豆科植物能够通过根瘤菌直接从大气中固定氮,所以将豆科与禾本科轮作或间作时,禾谷类作物能吸收利用豆科作物的根与根瘤释放的氮,而减少氮肥施用 30%。豆科绿肥也是重要的有机肥源。目前,已经证实生物固氮作用只限于原核类微生物;发现了共同固

氮基因（$nif$）；并且对 $nif$ 在细菌间的转移及对其位置、数目、结构和功能方面有了深入了解。今后，通过发掘新的固氮资源和建立高效固氮体系，将固氮基因和与其相关的基因或固氮生物引入非豆科植物，特别是农作物，实行自我供氮，不仅将提高养分资源的利用效率，必然对农业发展产生巨大的推动作用。

（3）综合运用减少养分损失、高产、节水等农作技术

建立养分资源综合管理体系必须要综合应用各种先进的农业生产技术。农业生产是多种因素综合作用的复杂体系，单一的某项技术很难实现高产、资源高效和环境保护的总体目标。这些先进的农业生产技术因各地区生产条件，特点各异。如免耕、梯田、覆盖、间作和生物固氮等是能够改变田块的物理环境，改善土壤性质和结构，阻止养分淋失和侵蚀损失的措施；条施、深施、肥料表施盖土、稻田以水带氮是能减少养分损失的施肥技术；高产栽培技术，旱作节水栽培技术等适合当地农业生产条件的先进技术的运用，都起到了提高养分资源利用效率，减少环境污染，提高产量和品质的作用。如成都平原水稻覆盖旱作栽培技术节约灌溉水 90% 以上，地膜覆盖提高了水稻产量 12.5% 和系统生产力（水稻＋小麦）10.6%，而在麦秸覆盖条件下，系统生产力能够维持，水稻地膜或麦秸覆盖旱作也能维持或提高土壤的肥力。总之，从单一技术走向综合集成，从单学科研究走向多学科的联合攻关是实现高产，高效和环境保护的必然选择。

3. 区域（农场）养分资源综合管理

区域（农场）养分资源综合管理作为一种宏观管理，不同于农田养分资源综合管理。在区域（农场）层次上，通过对养分资源利用和循环特点的分析，提出农田养分资源优化管理模式与新肥料产品建议，指导化肥企业进行化肥的合理布局、生产和开展农化服务，完善农业技术推广体系，实现区域养分资源的优化利用。①

---

① 赵义涛,姜佰文,梁运江. 土壤肥料学. 北京:化学工业出版社,2009

# 第八章 土壤的污染与修复

随着经济和社会的不断发展,我国土壤污染问题日益严重。近些年来,由于土壤污染而引发的农产品质量安全问题和群体性事件逐年增多。所以对土壤污染基本原理的探索及污染修复方法的研究已经迫在眉睫。

# 第一节 土壤污染概述

## 一、土壤污染和土壤自净

### (一)土壤污染

一个国家关于土壤保护和土壤环境污染防治的技术法规的制定和执行都和土壤污染的定义有着直接关系,因此它是一项十分必要又非常迫切的工作。截止到目前,对土壤污染的定义没有绝对统一。有人认为:只要人类向土壤中添加了有害物质,土壤即受到了污染,此定义的关键是存在可鉴别的人为添加污染物,可视为"绝对性"定义;另一种是以特定的参照数据——土壤背景值加二倍标准差来加以判断的,如果超过此值,则认为该土壤已被污染,视为"相对性"定义;第三种定义不但要看含量的增加,还要看后果,即当进入土壤的污染物超过土壤的自净能力,或污染物在土壤中的积累量超过土壤基准量,给生态系统造成了危害,此时才能被称为污染,这也可视为"相对性"定义。尽管上面三种定义的出发点或多或少存在一定的区别,但有一点是一样的,即认为土壤中某种成分的含量明显高于原有含量时即构成了污染,不难看出,最后一种定义更具有实际意义。

以最后一种定义为出发点,我国不同的部门按照部门职责需要对土壤污染重新进行定义。我国国家环保总局指出:当人为活动产生的污染物进入土壤并积累到一定程度,引起土壤环境质量恶化,并进而造成农作物中某些指标超过国家标准的现象,称为土壤污染。中国农业百科全书土壤卷给出的定义为：土壤污染是指人为活动将对人类本身和其他生命体有害的物质施加到土壤中，致使某种有害成分的含量明显高于土壤原有含量，而引起土壤环境质量恶化的现象。

### (二)土壤自净

土壤的自净能力就是土壤的自我清洁、净化能力，土壤本身具有的自净能力非常强大，只有当进入土壤的污染物超过土壤的自净能力，或污染物在土壤中的积累量超过土壤基准量，而给生态系统造成了危害，此时才能被称为污染。土壤的自净作用是指自然因素条件下的土壤，通过自身作用使土壤中污染物的数量、浓度或毒性、活性降低的过程。按照实现的机理的不同，土壤自净作用可分为物理净化、物理化学净化、化学净化和生物净化。

#### 1. 物理净化

土壤是一个多相的疏松多孔体，犹如天然的大过滤器，物理净化就是利用土壤多相、疏松、多孔的特点，通过吸附、挥发、稀释、扩散等物理作用使土壤污染物趋于稳定，毒性或活性减小，甚至排出土壤的过程。该过程只是将污染物分散、稀释、转移，对于污染物的总量没有任何改变，有时还会使得其他环境介质受到污染。

#### 2. 物理化学净化

污染物的阳、阴离子与土壤胶体的原来吸附的阳、阴离子之间的离子交换吸附作用称为土壤环境的物理化学净化作用，它是可逆的离子交换反应，质量作用定律在此处也是能够满足的，同时，此种净化作用也是土壤环境缓冲作用的重要机制。土壤净化能力的大小可用土壤阳离子交换量或阴离子交换量的大小来衡量。污染物的阳、阴离子被交换吸附到土壤胶体上，使得土壤溶液中这些离子的浓(活)度得以有效降低，有效地缓解了有害离子对植物生长的不利影响。由于一般土壤中带负电荷的胶体较多，因此，一般土壤对阳离子或带正电荷的污染物的净化能力较强。但物理化学净化作用也只能是土壤污染物在土壤溶液中离子浓(活)度降低，仅仅是在一定程度上减小了危害，污染物却没有从本质上被消除掉，它只是暂时性的、不稳定的。同时对于土壤本身来说，则是污染物在土壤中的累积过程，将产生更严重的潜在威胁。

#### 3. 化学净化

化学净化作用主要是通过溶解、氧化、还原和沉淀等过程使污染物转化为难溶、难解离或低毒的形式,在这一过程中土壤结构没有发生任何变化。土壤环境的化学净化作用反应机理很复杂,影响因素也较多,反应过程的不同跟污染物过程的不同有直接关系。那些性质稳定的化合物,如多氯联苯、稠环芳烃、有机氯农药,以及塑料、橡胶等合成材料,则难以在土壤中被化学净化。重金属在土壤中只能发生凝聚沉淀反应、氧化还原反应、络合—螯合反应、置换反应,而不能被降解。化学净化作用消除比较好的可以是在某些农药中产生。

### 4. 生物净化

污染物在微生物及其酶作用下通过生物降解被分解为简单的无机物而消散的过程,就是所谓的生物净化。土壤生物对污染物的吸收、降解、分解和转化过程与作物对污染物的生物性吸收、迁移和转化是土壤环境系统中两个最重要的物质与能量的迁移转化过程,也是土壤最重要的净化功能。土壤的净化作用的能力是由生物净化作用来决定的,而生物净化作用的大小又决定于土壤生物和作物的生物学特性。从净化机理看,生物化学净化是真正的净化,但不同化学结构的物质在土壤中的降解历程不同。

## 二、土壤污染的危害

土壤污染能够使得土壤的性状和质量发生变化,对农作物产品和人体健康构成影响和危害的现象。具有隐蔽性、滞后性、长期积累性、不可逆性和难治理性等特点。

当今土壤污染已经成为世界性问题,在我国这个问题也是一个亟需解决的问题。据调查,我国受污染的耕地面积约为 $1000 \times 10^4 hm^2$,污水灌溉的污染耕地面积约为 $216.7 \times 10^2 hm^2$,固体废弃物堆积占用土地及毁坏田地面积约为 $13.3 \times 10^2 hm^2$,总共占全国耕地总面积的 $10\%$ 以上。土壤生产力的下降是土壤污染的直接表现,而且也通过以土壤为起点的土壤、植物、动物、人体之间的链,使某些微量和超微量的有害污染物在农产品中富集起来,其浓度可以成千上万倍地增加,从而会对植物和人类产生严重的危害。同时,土壤污染又会成为水和大气污染的来源。

### (一)土壤污染导致农业产量品质下降

农作物生长在受污染的土壤上,通过植物的吸收作用,经过长时间的积累富集,当含量达到对农作物健康会造成一定影响的情况下,就会导致农作物的产量和品质下降。我国很多地区土壤受到不同程度的污染,农产品重

金属含量超标,土壤生产力下降明显。具体表现有以下几方面:

1. 污水灌溉土壤

生活污水和工业废水中,除了含有农作物所需的营养元素氮、磷、钾外,重金属、酚、氰化物等多种有毒有害物质也包含在内。将未经过处理的污水直接灌溉农田,会使污水中的有害物质沉积到土壤中而导致土壤污染。农作物吸收这些物质,长期累积从而影响农作物的品质,人体食用这些农产品从而会使得人体的健康受到影响。

2. 不合理施用化肥

农业上常用的增产措施就是化肥的施用。根据土壤的质量、气候状况和农作物的生长特性,化肥施用合理、科学的话能够提高土壤有机质的含量,增加土壤中农作物生长所必需的营养元素的含量,最终达到增产的目的。相反,施用化肥不合理的话,就会导致农作物产量降低和质量下降。有研究表明,长期大量施用氮肥,会造成土壤板结,导致土壤透气性变差、生物学特性恶化明显,对农作物的生长发育造成恶劣影响,直至产量降低。

3. 农药的大量喷施

农药能够防治农作物的病、虫和草害,合理喷施可以保证农作物产量,但农药中化学物质危害性很大,如喷施不当,土壤污染就会无法避免。喷施于农作物的农药,一部分被植物吸收或挥发到空气中,大部分会渗透到土壤中,农作物通过根系吸收富集这些化学物质,使得农作物的品质受到一定的影响。

## (二)土壤污染严重危害人体健康

人类的主要食物来源都直接或间接来自土壤,可见土壤对于人类生存的重要性。人体健康会受到土壤污染的影响,主要是由于受污染的土壤中容纳了过多的污染物,其中包括固体废弃物,病原体污染物,放射性物质等,这些污染物能够通过土壤迁移转化,植物吸收富集,食物链等过程影响人类的身体健康。土壤污染对于人类健康的影响是相当复杂的过程,一般是长期的累积性影响。

1. 重金属污染对人类健康的影响

铬、镉、铅等重金属污染物进入土壤中,通过长期的存留、积累、迁移其含量和种类不断增多,通过食物链进入人体,会引发多种疾病,从而对人体健康造成危害。铅、铬、铜、汞、镉等重金属污染对人体健康造成的危害巨大,低量的污染物就能够导致机体代谢紊乱,严重的话会导致人死亡。

锰中毒可以引发肺炎和相关疾病。铅对人体的神经系统、消化系统及心血管系统都的危害也可以说都是致命的,尤其是神经系统更易造成铅中毒。过量铜可以引起血红蛋白变性,对细胞膜造成一定的损伤,使得某些酶的活性受到一定的抑制,从而使得人体代谢功能受到一定的影响。镉中毒可以引发尿蛋白症和糖尿病,进入呼吸系统引发肺炎和肺气肿,作用于消化系统可以引发肠胃炎,在骨骼中镉含量过高会导致骨质软化、变形、骨折、萎缩。砷中毒可以导致皮肤疾病和肺部疾病,如硬皮病、皮肤癌、肺炎和肺癌等。

### 2. 农药化学物质污染对人类健康的影响

农药在土壤中残留,在植物中富集或者进入水体,通过消化系统进入人体,由于消化系统吸收农药能力最强,相应地,危害性也就越大。有机磷农药是一种神经性毒剂,对人体胆碱酯酶的活性有一定的抑制作用,从而使得乙酰胆碱的聚积,使含有胆碱能受体的器官功能发生障碍,导致神经功能紊乱等。急性中毒表现有恶心、呕吐、呼吸困难、瞳孔缩小、神志不清等;慢性中毒主要表现有头痛、头晕、乏力、食欲不振、恶心、气短、胸闷等。有机氯农药中毒引起损害中枢神经系统和肝、肾为主的疾病。主要症状有腰酸背痛、肝部肿大和肝功能减退等。除了以上农药对人身体有危害之外,还有其他农药会对人的身体健康造成不好的影响。近年来,由于农药中毒而死亡的人数呈增长趋势,所以农药化学物质对人体健康的危害不容小视。

### 3. 放射性物质污染对人类健康的影响

在土壤中积累时间长的放射性元素以 Cs 和 Sr 等为主。$^{90}$Sr 和 $^{137}$Cs 是核裂变产生的长半衰期放射性元素,半衰期分别为 28 年和 30 年,它们是对人体健康的损害较大且半衰期较长的放射性元素。空气中的 $^{90}$Cr 能够随着雨水渗透到土壤中,土壤表层也存在着 $^{90}$Sr,经雨水冲刷进入水体,其化学性质与 Ca 相似,参与骨组织的代谢功能。$^{137}$Cs 在土壤中存在稳定,植物通过根系吸收富集 $^{137}$Cs 随植物进入人体造成危害。长半衰期的放射性元素通过食物链或呼吸进入人体后,能够通过放射性裂变产生 α、β、γ 射线,这些射线对人体持续性照射导致部分组织细胞被破坏或变异,造成损伤,容易引起头晕、乏力、脱发、白细胞异常变化,严重的话为导致癌症的发生。

### 4. 病原体污染物对人类健康的影响

被病原体污染的土壤中含有病原体,如肠道致病菌、肠道寄生虫、钩端螺旋体、破伤风杆菌、霉菌和病毒等,主要来自医院废水、医疗用品废弃物、人畜粪便、生活垃圾和污水,这些传播疾病的非常多,如伤寒、副伤寒、痢疾、病毒性肝炎等。病原体在土壤中存活时间最高达 1 年之久,如沙门菌在土壤中能够生存 $35\sim70d$,痢疾杆菌在土壤中存活时间为 $22\sim142\ d$,结核杆菌存活时间为 1 年左右。如果用有病原体的人粪便以及衣物、器皿的洗涤污水作为肥料和灌溉水而污染土壤,再通过雨水冲刷而带走病原体进入水体,这样的话,流行疾病的爆发就非常有可能。

### (三)土壤污染造成生态环境恶化

#### 1. 土壤污染对水体的影响

受污染土壤在水力的作用下,可溶性的污染物易被带入水体中,使得地下水、湖泊和河流水质变坏及水体富营养化等生态环境问题。一些悬浮性污染物,在降水或融雪冲刷的作用下,随地表径流进入水体,造成水体污染。

农药、化肥在降水和农田灌溉时,通过地表径流迁移至水体中,导致水体污染及水体富营养化。农业面源污染是典型的土壤污染对水体影响的问题。相关专家教授等对兴凯湖沿湖地区农业面源污染调查统计资料表明,兴凯湖地区水环境的主要影响因素为 N、P 污染物,农业面源污染包括生活污水、生活垃圾、化肥污染、畜禽养殖污染等方面。化学需氧量(COD)、总氮(TN)、总磷(TP)年流入水体量分别高达 $1161.03t/a$、$2606.36t/a$ 及 $1383.53t/a$,分别占总流入水体量的 $22.54\%$、$50.60\%$ 及 $26.86\%$。从污染源来看,化肥污染是研究区农业非点源污染的主要来源。从污染物排放量来看,兴凯湖地区农业非点源污染的主要污染物是 TP,它的累计污染负荷率大于 $90\%$。兴凯湖的水体中 TP、$COD_{Mn}$、$BOD_5$、$NH_4^+$-N 浓度的年际变化没有减少反而呈逐年递增的趋势。重金属及放射性物质含量高的污染土壤,在水力的作用下进入水体中,由于其不易分解且长期积累导致水源严重污染。

#### 2. 土壤污染对空气质量的影响

土壤中的污染物如重金属、病原体、易挥发物质等,在风力的作用下使土壤表层中的污染物进入空气,随风扩散到其他区域,从而导致大气污染。在很大程度上来看,土壤污染引起了大气污染。

在土壤中汞等重金属可以直接以气态或者甲基化形态进入空气中,被人体吸入危害人体健康。如果在人口密集的城市,在风力作用下,会导致大范围人群汞中毒。除此之外,部分有机污染物在土壤中被微生物分解后,其产物会有刺激性气味,如恶臭、腥味等,也会对空气的质量造成一定的影响。

**(四)土壤污染导致严重的经济损失**

土壤污染除了给生态环境和人类带来以上恶劣影响之外,还会导致严重的经济损失。以土壤重金属污染为例,全国每年用于重金属污染而使粮食减产量为 $1000 \times 10^4$ t。此外,每年被重金属污染的粮食量也多达 $1200 \times 10^4$ t,两者加在一起,经济损失至少 200 亿元。

对于有机污染、放射性污染和病原菌污染等类型的土壤污染造成的直接或间接经济损失,目前,想要估算出一个详细的数字非常困难。我们应该对土壤污染所带来的严重危害予以重视,并采取相应保护土壤措施,修复已被污染的土壤,使得经济损失尽量减少。

# 第二节　土壤污染源与污染物

## 一、土壤环境的无机污染

土壤无机污染是指有毒有害的无机物质因人为活动或自然因素进入土壤的数量和速度超过了土壤的净化能力,使无机污染物在土壤中逐渐积累,破坏了土壤生态系统的自然动态平衡,从而导致土壤生态系统功能失调,土壤质量下降,并影响到作物的生长发育,以及产量和质量下降,最终通过食物链危害人体和动物健康。

下面介绍的是 3 类常见的无机污染物,即重金属污染、非金属污染和放射性元素污染的主要来源、污染特征、生态环境效应等。

**(一)土壤重金属污染**

1. 土壤重金属污染的来源

重金属不能为土壤微生物所分解,而易于积累、转化为毒性更大的甲基化合物,甚至有的通过食物链以有害浓度在人体内蓄积,从而对人体健康造成恶劣影响。

土壤中重金属可以通过多渠道获得,首先是成土母质本身含有一定量的重金属,即天然来源。不同的母质、成土过程所形成的土壤的重金属含量存在较大差异。其次,由于采矿、冶炼、电镀、化工、电子、制革等人类的各种工业生产活动排放大量的含重金属的废弃物,通过各种途径最终进入土壤,造成土壤重金属污染。此外,农药、化肥、垃圾、粉煤灰和城市污泥的不合理施用,以及污水灌溉等也会将重金属带入土壤,造成土壤污染,具体如表 8-1 所示。概括起来主要有以下几个方面。

表 8-1　我国土壤重金属污染的主要来源

| 来源 | 污染物 |
| --- | --- |
| 矿产开采、冶炼、加工排放的废气、废水和废渣 | Hg、Cr、As、Pb、Ni、Mo 等 |
| 煤和石油燃烧过程中排放的飘尘 | Hg、Cr、As、Pb 等 |
| 电镀工业废水 | Cr、Cd、Pb、Ni、Cu 等 |
| 塑料、电池、电子工业排放的废水 | Hg、Cd、Pb |
| 汞工业排放的废水 | Hg |
| 染料、化工制革工业排放的废水 | Cr、Cd |
| 汽车尾气 | Pb |
| 农药 | As、Cu |

（1）矿山开采

在矿山开采过程中非常容易产生重金属污染,尤其是金属矿山的开采、冶炼等产生的废弃物包括矿井排水、尾矿、废石、矿渣等,这些废弃物中均含有高浓度的有毒重金属,是造成矿区及其周围地区生态系统重金属污染的主要原因之一。这些废弃物被从地下搬运到地表后,在一系列物理、化学因素的作用下发生风化作用。废物中重金属元素被释放、迁移,对附近土壤、水体及其沉积物等表土环境产生严重的重金属污染。

（2）污水灌溉

污水按其来源可分为城市生活污水、石油化工污水、工业矿山污水和城市混合污水等。不一例外,在这些废水中含有多种重金属等有毒物质。由于我国是一个水资源紧缺的国家,一些水资源缺乏的地区尤其是北方干旱地区将这些城市、工矿业废水引入农田进行灌溉的情况是无法避免的,这就导致了重金属 Hg、Cd、Cr、As、Cu、Zn、Pb 等含量在农田土壤的积累。近年来污水灌溉已经成为农业灌溉用水的重要组成部分。

（3）土壤增肥物料

有一些固体废弃物,如城市污泥、垃圾、磷石膏、煤泥等,除含有可作为作物养料的 N、P 及有机质外,各种对作物和人类有害的重金属也包括在内,能够被直接或通过加工作为肥料施入土壤,在增加土壤肥力的同时,土壤重金属的含量在无形之中得以增加。如磷石膏属于化肥工业废物,由于其有一定量的正磷酸以及不同形态的含磷化合物,并可以改良酸性土壤,从而被大量施入土壤,造成了土壤中 Cr、Pb、Mn、As 含量的增加。此外,随着我国畜牧生产的发展,产生大量的家畜粪便及动物加工产生的废弃物,这类农业固体废弃物中含有植物所需 N、P、K 和有机质,因此作为肥料施入土壤的同时,也使得土壤重金属元素的含量得以增加。

(4)农药、化肥和地膜的使用

绝大多数的农药为有机化合物,少数为有机—无机化合物或纯矿物质,个别农药在其组成中还含有 Hg、As、Cu、Zn 等重金属,不科学、合理的使用农药将会造成土壤重金属污染。金属元素是肥料中报道最多的污染物质,N、K 肥料中重金属含量相对较低,而 P 肥中则含有较多的有害重金属。如商业磷肥中往往含有不同水平的 Cd,有些地区磷肥中 Cd 的含量达到 $70\sim150\text{mg/kg}$,长期施用这种磷肥则会导致土壤中镉的积累。除此之外,近年来,地膜的大面积推广使用,造成了土壤的白色污染,同时,由于地膜生产过程中加入了含有 Cd、Pb 的热稳定剂,也在一定程度上增加了土壤重金属污染。

(5)大气沉降

前面那 4 种来源是比较常见的重金属污染来源,随着科学技术的发展,人们意识到大气沉降也是土壤重金属来源的一个不可忽视的部分。大气中的重金属主要来源于工矿业生产、汽车尾气排放等产生的大量含重金属的有害气体和粉尘等,主要分布在工矿区的周围和公路、铁路的两侧。大气中的重金属多数是经自然沉降和雨淋沉降进入土壤的。南京某生产铬的重工业厂铬污染已超过当地背景值 4.4 倍,污染以车间烟囱为中心,范围达 $1.5\text{km}^2$,污染范围最大延伸下限 $1.38\text{km}$。公路、铁路两侧土壤中的重金属污染,主要是 Pb、Zn、Cd、Cr、Co、Cu 等的污染为主,呈条带状分布,以公路、铁路为轴向两侧重金属污染强度逐渐减弱。

2. 土壤重金属污染的特点

(1)隐蔽性和滞后性

大气、水和废弃物污染等问题一般都比较直观,通过感官就能发现。而土壤污染则不同,想要通过眼睛不借助任何器具的帮助下查看非常困难,它往往要通过对土壤样品进行分析化验和对农作物的残留检测,甚至通过研究对人畜健康状况的影响才能确定,因此,土壤重金属从产生污染到出现问题有一个很长的时间过程。因此,土壤污染问题一般都不太容易受到重视,如日本的"痛痛病"10 多年之后才被人们所认识。

（2）累积性

相对于大气和水体来说，重金属污染物在土壤中更容易迁移，这使得污染物质在土壤中并不像在大气和水体中那样容易扩散和稀释，因此，重金属很容易在土壤中不断积累而超标，同时也使土壤污染具有很强的地域性。

各种生物对重金属都有较大的富集能力，其富集系数所在范围非常大，有时可高达几十倍至几十万倍，因此，即使微量重金属的存在也可能构成污染。污染物经过食物链的放大作用，逐级到较高级的生物体内成千上万倍的富集起来，然后通过食物进入人体，在人体的某些器官中积累起来，造成慢性中毒，进而对人体健康造成一定的影响。

（3）难治理性

对于大气和水体污染，切断污染源之后通过稀释和自净化作用有可能使污染得到不断逆转，而积累在土壤中的难降解污染物则很难靠稀释作用和自净化作用来消除。土壤污染一旦发生，仅仅依靠切断污染源的方法想要恢复被污染的土壤的话几乎是不可能的，有时要靠换土、淋洗土壤等成本昂贵的方法才能得到较快解决，其他治理技术如植物修复技术虽然经济简单无二次污染，但需要的周期相对较长，需要几十年甚至上百年的时间。因此，治理污染土壤通常成本较高，或治理周期较长。

（4）不可逆转性

重金属对土壤的污染基本上是一个不可逆转的过程，想要降解有机化学物质的污染需要较长的时间才能够实现。如被某些重金属污染的土壤可能要 100～200 年才能恢复。

3. 土壤重金属污染的生态效应

土壤生态系统是土壤矿物、水分、空气等土壤的无机环境与土壤生物及其上部生长的植物通过能量流动和物质循环过程形成彼此关联、相互作用的一个开放系统。土壤不仅是地球上植物初级生产力与生物生长生存的物质基础，人类一切食物的最终来源，还是连接水、大气、岩石和生物等有机界和无机界的重要枢纽，是进行许多地球表层重要的物理、化学和生命过程的场所，对于水体和大气的化学组成产生巨大的影响。污染物一旦进入土壤，将首先通过直接影响土壤微生物群落，土壤酶活性，土壤代谢和生化过程等正常生理生态功能来降低土壤生态系统的生物多样性，造成植物生产力降低甚至死亡，最终导致生态系统平衡的破坏。更为重要的是，污染物通过食物链进入人及动物体内并在体内积累，对人与动物的生长发育、繁殖和健康造成直接危害。

从生物适应和进化的角度来看，生物长期经受污染胁迫，其反应或者发展方向只有适应污染或不适应污染。生物不能适应污染,生物物种在长期污染胁迫下会逐渐减少,种群衰退,最终导致物种消失,生物多样性无法得到有效保证。生物如能适应污染,在强大的污染条件选择下,生物将产生快速分化并形成旨在提高污染适应性的进化取向,进而使生物在形态、生理和遗传进化上发生了很大的变化,这就可能降低和制约生物在其他方面的适应性,对其他环境胁迫因素的抵抗力下降,使得生物多样性和生态系统的完整性得以降低。

　　土壤污染不仅对土壤生态系统本身造成破坏,受污染的土壤生态系统又会向环境不断输出物质和能量,引起大气、水体和生物的二次污染。

　　4. 土壤—植物系统中重金属元素的迁移和转化

　　土壤植物(农作物)系统中的重金属元素的迁移转化机制是复杂多样的。把重金属在土壤中的行为归纳为 4 个主要的物理化学过程,即溶解—沉淀作用、离子交换与吸附作用、络合—离解作用和氧化还原作用等。重金属在土壤—植物系统中的迁移转化,主要受土壤 pH、土壤质地、土壤有机质、植物种类等因素的影响。如土壤 pH 越低,以阳离子形态存在的重金属元素镉、铅、铬的迁移能力越强、活性越高;土壤 pH 值越高,以阴离子形态存在的重金属元素砷的迁移能力越强、活性越高。土壤—植物系统中金属元素迁移转化的方式主要有 3 种:

　　(1)物理迁移

　　物理迁移指重金属离子或络合物被包含于矿物颗粒或有机肢体内,随土壤水分或空气运动而被迁移转化或沉淀。在干旱半干旱地区,土壤中含重金属的矿物颗粒或土壤颗粒在风力作用下以尘土的形式而被机械搬运。

　　(2)物理化学迁移和化学迁移

　　物理化学迁移和化学迁移指重金属污染物与土壤有机—无机胶体通过吸附—解离、沉淀—溶解、氧化—还原、络合—螯合、水解等系列物理化学和化学作用而迁移转化。①重金属与无机胶体的结合通常分为 2 种类型:非专性吸附,即离子交换吸附;专性吸附,是土壤胶体表面与被吸附离子间通过共价键、配位键而产生的吸附。②重金属和有机胶体的结合。重金属可被土壤有机胶体络合或螯合,或者吸附于有机胶体的表面。虽然土壤有机胶体的含量远小于无机胶体的含量,但是其对重金属的吸附容量远远大于无机胶体。③溶解和沉淀作用。这是土壤重金属在土壤环境中迁移的重要形式。物理化学迁移和化学迁移是重金属在土壤环境中迁移的最重要形式,它决定了土壤重金属元素的存在形态、富集状况和潜在危害程度。

（3）生物迁移

生物迁移主要是指通过植物根系从土壤中吸收某些化学形态的重金属，并在植物体中累积起来的过程。此外土壤微生物和土壤动物也可吸收富集重金属。生物迁移可使重金属被某些有机体富集起来造成土壤-植物系统的污染，再通过食物链的传递对人体健康构成威胁。

**（二）土壤非重金属污染**

土壤非金属污染主要是指氟、碘、硒等非金属元素过量造成的污染。

土壤中的氟、碘、硒水平在很大程度上取决于成土母质的组成和性质。因此，不同地区由于地质过程与地质背景的差异造成了氟、碘、硒的含量水平差异较大。此外，F、I、Se 的含量还与土壤的成土过程、土壤有机质含量、大气沉降等相关环节有着直接影响。

F、I、Se 均是人体必需的微量元素，摄入过少会影响人体的正常发育和健康，然而也不是说以上微量元素摄入越多越好，同样地，摄入过量的话也会对人体健康造成不好的影响。在地球地质历史的发展过程中，由于地壳的不断运动及各种地质作用，逐渐形成了地壳表面不同地域、不同地层和类型的岩石和土壤中矿物元素分布的不均一性，使某种地球化学元素在某一地区高度富集或极度缺乏，即正异常或负异常。在一定程度上，地球化学元素的异常控制和影响着不同地区的人类、动植物的生长和发育，这些地区的人群因对个别微量元素长期的摄入过量或严重不足而直接或间接引起生物体内微量元素平衡严重欠调，导致各种生物地球化学性疾病发生，即通常所说的"地方病"。

**（三）土壤放射性元素污染**

土壤放射性元素污染是指人类活动排放出的放射性污染物，使土壤的放射性水平高于天然本底值。放射性污染物是指各种放射性核素，它的放射性不是说在某一种化学状态下就不具备的。

放射性核素造成污染的土壤是可通过多种途径完成的。放射性废水排放到地面上，放射性固体废物埋藏处置在地下，核企业发生放射性排放事故等，都会造成局部地区土壤的严重污染。大气中的放射性物质沉降，施用含有铀、镭等放射性核素的磷肥与用放射性污染的河水灌溉农田也会造成土壤放射性污染，这种污染虽然一般程度较轻，但污染的范围较大。

土壤被放射性物质污染后，通过放射性衰变，能产生射线。这些射线能穿透人体组织，损害细胞或造成外照射损伤，或通过呼吸系统或食物链进入人体，那么内照射损伤就会无法避免。

　　放射性污染是土壤污染的一个极为重要的类型,随着原子能工业的发展,核电站、核反应堆数量增加的非常快;放射性同位素在工业、农业、医学和科研等方面的应用;此外,核武器试验仍在继续,因此,控制和防止放射性物质对土壤的污染显得越来越重要。

　　土壤环境中放射性物质有天然来源和人为来源。自然界中天然放射性元素和同位素主要有 U、Th、Ra、Rn、$^{40}$K、$^{14}$C、$^{7}$B 等。地壳中 U 的含量为 $3.5 \times 10^{-4}\%$,Th 的含量为 $1.1 \times 10^{-4}\%$。土壤中 U 的含量为 $1 \times 10^{-4}\%$,Th 的含量为 $6 \times 10^{-4}\%$。通常情况下,由天然放射性元素所造成的人体内照射剂量和外照射剂量都很低,对人类的生活和健康的影响非常小有时候可以忽略不计。因此,放射性污染多指人为活动排放放射性物质造成的污染:人为放射性物质的主要来源包括:①核爆试验。在核爆炸时大约有 170 种放射性同位素带到对流层中,其中主要是 U 和 Pu 的裂变产物。核爆炸后近期内主要裂变产物是 $^{90}$Sr、$^{131}$I、$^{140}$Ba 在爆炸后较长的时期内,主要裂变产物是半衰期长、裂变额高的 $^{90}$Sr 和 $^{137}$Cs。因此,$^{90}$Sr 和 $^{137}$Cs 成了土壤环境中主要的长寿命放射性物质,它们的半衰期分别为 28 年和 30 年。②核反应堆、核电站、核原料工厂的核泄漏事故。如 1986 年切尔诺贝利核事故,释放的放射性核素达 $12 \times 10^{19}$Bq,比广岛原子弹爆炸释放的核素高 400 倍。③放射性同位素的生产和应用。主要是 $^{198}$Au、$^{131}$I、$^{32}$P、$^{60}$Co 等,在工业、农业、医学和科研等方面使用的比较多。④放射性矿物的开采和冶炼。放射性矿物在开采和冶炼过程中会排放大量放射性废物,如废水、废渣、尾矿等,经雨淋冲刷被带到土壤中。

　　放射性污染物不能自然降解或生物降解,而且在土壤中具有长期累积性,土壤一旦受到放射性污染,想要对其进行清除的话非常困难,只能靠漫长的自然衰变过程达到稳定元素时才结束。这些放射性污染物会通过食物链进入人体,危害人类健康。

## 二、土壤环境的有机污染

　　土壤有机污染是由有机物引起的土壤污染。土壤中主要有机污染物有农药、三氯乙醛、多环芳烃、多氯联苯、石油、甲烷等,在土壤的有机污染物中,农药是最主要的有机污染物。土壤中有机污染物按降解性难易分成 2 类:①易分解类,如 2,4-D、有机磷农药、酚、氰、三氯乙醛;②难分解类,如 2,4,5-T、有机氯等。在生物和非生物作用下,土壤中有机物可转化和降解成不同稳定性的产物,或最终成为无机物,土壤微生物起关键作用。土壤有机污染可造成作物减产,如用含三氯乙醛废酸制成的过磷酸钙肥料可造成小麦、水稻大面积减产；引起污染物在植物中残留，如 DDT 可转化成 DDD、DDE，并成为植物残毒。

**（一）土壤的农药污染**

1. 农药的种类及性质

农药是指各种杀菌剂、杀虫剂、杀螨剂、除草剂和植物生长调节剂等农用化学剂的总称。在现代农业生产中，农药的施用是必需的技术手段之一。农药的成分主要是有机物。农药施用之后，只有 $10\% \sim 30\%$ 对农作物起保护作用，其余部分则进入大气、水和土壤。造成土壤农药污染的类型常见的包括有机氯、有机磷、氨基甲酸酯和苯氧羧酸类。

（1）有机氯农药

在农业生产中，有机氯农药主要是用作杀虫剂，它的主要结构是含有 1 个或几个氯代衍生物。有机氯农药化学性质稳定，残留高，在环境中不易分解，而且具有高生物富集性，通过食物链危害人体的健康，因而有机氯农药污染成为一个全球环境问题。几种典型的有机氯农药性质包括 DDT、林丹、氯丹、毒杀芬。

（2）有机磷农药

有机磷农药是为取代有机氯农药而发展起来的，相比于有机氯农药而言，有机磷农药容易降解，所以对自然环境的污染及对生态系统的危害和残留没有有机氯农药那么普遍和突出。但是有机磷农药毒性较高，大部分对生物体内胆碱酯酶有抑制作用。随着有机磷农药使用量的逐年增加，其对环境的污染以及对人体健康等问题也逐渐引起了人们的重视。

有机磷农药大部分是磷酸的酯类或酰胺类化合物，按结构可分为如下几类磷酸酯：硫代磷酸酯、磷酸酯和硫代磷酸酯类、磷酰胺和硫代磷酰胺类。

2. 农药对土壤的污染

土壤是接受农药污染的主要场所。农药通过各种途径进入土壤以后，在土壤中的长期残留导致土壤环境发生改变和农业作物产品中出现农药残留。截止到目前，20 世纪 60 年代广泛使用含汞、砷的农药，在我国部分地区土壤中起着残留污染的作用仍然没有从根本上消除。

土壤中农药的主要来源有以下几个途径：

①将农药直接施入土壤或以拌种、浸种和毒谷等形式施入土壤，包括一些除草剂、防治地下害虫的杀虫剂和拌种剂。

②向农作物喷洒农药时，农药直接落到地面上或附着在作物上，经风吹

雨淋落入土壤中,按此途径进入土壤的农药百分比与农药施用期、作物生物量或叶面积系数、农药剂型有关。

③死亡动植物残体或灌溉水将农药带入土壤。

④大气中悬浮的农药颗粒或以气态形式存在,经雨水溶解和淋失,最后落到地面上。

3. 农药在土壤中的迁移转化

(1)土壤对农药的吸附

通过物理吸附、化学吸附、氢键结合和配价键结合等形式进入土壤的化学农药可以吸附在土壤颗粒表面。农药被土壤吸附后,其移动性和生理毒性也发生了一定的变化。在某种意义上,土壤对农药的净化是由土壤对农药的吸附作用来体现的。土壤胶体的种类和数量,胶体的阳离子组成,化学农药的物质成分和性质等都直接影响到土壤对农药的吸附能力,吸附能力越强,农药在土壤中的有效性越低,相应的净化效果越好。

(2)化学农药在土壤中的挥发、扩散和迁移

土壤中的农药,在被土壤同相物质吸附的同时,除了能够被土壤吸附外,还通过气体挥发和水的淋溶在土体中扩散迁移,导致大气、水和生物的污染。

大量资料证明,无论农药是不是易挥发都可以从土壤、水及植物表面大量挥发。对于低水溶性和持久性的化学农药来说,挥发是农药进入大气中的重要途径。

农药本身的溶解度和蒸汽压决定了农药在土壤中的挥发作用,也与土壤的温度、湿度等有关。

农药还能够以水为介质进行迁移,其主要方式有两种:①直接溶于水中,如敌草隆、灭草隆。②被吸附于土壤固体细粒表面上随水分移动而进行机械迁移。如难溶性农药DDT。农药在吸附性能小的砂性土壤中容易移动,而在黏粒含量高或有机质含量多的土壤中则不易移动,大多积累于土壤表层30cm土层内。因此,有的研究者指出,农药对地下水的污染不大,农药主要是通过地表径流流入地面水体造成地表水体的污染。

(3)农药在土壤中的降解

农药在土壤中的降解,包括光化学降解、微生物降解和化学降解等。

①光化学降解。光化学降解指土壤表面接受太阳辐射能和紫外线光谱等能引起农药的分解作用。由于农药分子吸收光能,使分子具有过剩的能量,从而使得农药分子进入"激发状态"。这种过剩的能量可以通过荧光或热等形式释放出来,使化合物回到原来状态,但是这些能量也可产生光化学

反应,使农药分子发生光分解、光氧化、光水解或光异构化。在这些光化学反应中,光分解反应是最重要的一种。由紫外线产生的能量足以使农药分子结构中碳—碳键和碳—氢键发生断裂,引起农药分子结构的转化,这可能是农药转化或消失的一个重要途径。尽管光化学降解在使得农药转化、消失过程中非常有效,但它的能力非常有限,这是因为紫外光难于穿透土壤,因此光化学降解对落到土壤表面与土壤结合的农药的作用,可能是相当重要的,而对土表以下的农药的作用较小。

②微生物降解。土壤中微生物(包括细菌、霉菌、放线菌等各种微生物)对有机农药的降解起着重要的作用,在国外已有文献报道,发现假单胞菌对于 4mg/kg 的对硫磷的分解只要 20h 即可全部降解。我国专家实验证明,辛硫磷在含有多种微生物的自然土壤中迅速降解,14d 后消退 75%,其全部降解仅需 38d,与此相对比的是,在无菌的土壤中 38d 后仅有 1/4 消失,同时土壤微生物也会利用这些农药和能源进行降解作用。但由于微生物的菌属不同,其破坏化学物质的速度也存在一定的差异,土壤中微生物对对有机农药的生物化学作用主要有:脱氯作用、氧化作用、还原作用、脱烷基作用、水解作用以及环裂解作用等。

③化学降解。化学降解以水解和氧化最为重要,水解是最重要的反应过程之一。有人研究了有机磷水解反应,能够影响水解反应的重要因素是土壤 pH 值和吸附,二嗪农在土壤中具有较强的水解作用,而且水解作用受到吸附催化。

土壤和农药之间的作用性质是极其复杂的,农药在土壤中的迁移转化不仅受到了土壤组成的有机质和黏粒、离子交换容量等的影响,也受到了农药本身化学性质以及微生物种类和数量等诸多因素的影响,只有土壤生态环境满足一定的条件下,土壤才能对化学农药有缓冲解毒及净化的能力,否则,土壤将遭受化学农药的残留积累及污染毒害。

4. 农药对土壤环境、生物的危害

(1)农药对土壤微生物群落的影响

研究发现,对微生物群落的影响因农药的不同而存在一定的差异,微生物类群的不同也导致了对同一种农药的影响也有一定的差异。例如,3mg/kg 的二嗪农处理 180d 后细菌和真菌数量没有改变,而放线菌数量增加了 300 倍;5mg/kg 甲拌磷处理土壤,结果细菌数量增加,而用椒菊酯处理则使细菌数量减少。

(2)农药对土壤硝化和氨化作用的影响

只有在微生物的作用下氨化作用、硝化作用才能完成。硝化作用对大多数农药敏感,某些杀虫剂当按一定浓度使用时对硝化作用影响较小或没有影响,而另一些杀虫剂则会引起长期显著抑制硝化作用。异丙基氯丙胺灵在 80mg/kg 时起安全抑制作用,而灭草隆在 40mg/kg 时硝化作用仍然比较强。杀菌剂和熏蒸剂对硝化作用影响较大,如代森锰和棉隆分别以 100mg/kg 和 150mg/kg 施入的大多数除草剂和杀虫剂对硝化作用的几乎不会造成任何影响。一般来说,除草剂和杀虫剂对氨化作用没有影响,而熏蒸剂消毒和施用杀菌剂通常会导致土壤中铵态氮的增加。在对矿化作用和硝化作用的比较研究中,Caseley 发现,10mg/kg 的壮棉丹在一个多月的时间内完全抑制了硝化作用,而在 100mg/kg 时对氨化作用却只有轻微影响。截止到目前,人们普遍认为,相对于硝化作用,氨化作用或矿化作用对化学物质的敏感性要小得多。

(3)农药对土壤呼吸作用的影响

部分农药对土壤微生物呼吸作用有明显的影响。Bartha 等的研究结果表明:高度持留的氯化烃类化合物对土壤作用的影响极小,氨甲酸酯、环戊二烯、本基脲和硫氨基甲酸酯虽然持留性小,但对呼吸作用和氨化作用的抑制作用非常强。具有这种抑制作用的农药还有杀菌剂敌克松及除草剂黄草灵、2,4-D 丙酸等。

(4)土壤中农药对农作物的影响

土壤中的农药对农作物的影响主要表现在 2 个方面,即土壤中的农药对农作物生长的影响和农作物从土壤中吸收农药而降低农产品质量。其影响因素主要体现在以下 4 种类型:①农药种类。水溶性的农药植物容易吸收,而脂溶性的被土壤强烈吸附的农药植物不易吸收。②农药用量。植物从土壤中吸收农药与土壤中的农药量有关,一般是浓度高吸收的药量也多,线性关系有时候也会形成。③作物种类。不同作物吸收的药量是不一样的,据研究表明,胡萝卜吸收农药的能力相当强,而萝卜、烟草、莴苣、菠菜、青菜等都具有较强的吸收能力。蔬菜从土壤中吸收农药的一般顺序是根菜>叶菜>果菜。④土壤性质。农作物易从砂质土中吸收农药,而从黏质土和有机质土中比较困难。

**(二)土壤的石油污染**

1. 石油污染物的组成以及危害

石油是一种液态的、以碳氢化合物为主要成分的产品,最少时仅含有 1 个碳原子,如甲烷;最多时碳链长度可超过 24 个碳原子,通常情况下,这类物质常常是固态的。从气体、液体到固体,各种组分的物理、化学性质差别非常大。同时,不同物质之间的生物可降解性差异也非常大,有的物质很难降解,进入土壤中可残留很长时间,造成一种长期污染。

石油污染中最常见的污染物质称为 BTEX,即苯、甲基苯、乙基苯和二甲苯。BTEX 是有机污染中很重要的污染物质,环境中的一部分可能是石油中的某些物质经过转化而形成的。石油浸染物中芳香烃物质对人及动物的毒性较大,特别是多环和三环为代表的芳烃。

石油的开采、冶炼、使用和运输过程的遗漏事故,以及废水的排放、污水灌溉、各种石油制品挥发、不完全燃烧物飘落等一系列活动都是引起土壤污染的重要来源。许多研究表明,一些石油烃类进入动物体内后,对哺乳动物及人类有致癌、致畸、致突变的作用。土壤的严重污染会导致石油烃的某些成分在粮食中积累,影响粮食的品质,间接地影响人体健康。

### 2. 石油在土壤中的迁移转化

石油烃类在土壤中以多种状态存在:气态、溶解态、吸附态、自由态(以单独的一相存留于毛管孔隙或非毛管孔隙)。其中被土壤吸附和存留于毛管孔隙的部分迁移性比较差,使得土壤的通透性受到一定的影响。由于石油类物质的水溶性一般很小,因而土壤颗粒吸附石油类物质后不易被水浸润,形不成有效的导水通路,透水性降低,透水量下降。能积聚在土壤中的石油烃,大部分是高分子组分,它们黏着在植物根系上形成一层黏膜,对根系的呼吸与吸收功能有一定的阻碍功能,甚至引起根系的腐烂。以气态、溶解态和单独的一相存留于非毛管孔隙的石油烃类迁移性较强,进而使得污染范围扩大。此外,石油烃类对强酸、强碱和氧化剂都有很强的稳定性,在环境中残留时间较长。

### (三)土壤的多环芳烃污染

### 1. 多环芳烃的结构和毒性

多环芳烃(Polycyclic Aromatic Hydrocarbons,PAHs)是分子中含有 2个以上苯环的碳氢化合物。多环芳烃的形成机理很复杂,一般认为多环芳烃主要是由石油、煤炭、木材、气体燃料等不完全燃烧以及还原条件下热分解而产生的,在日常生活中,人们在烧烤牛排或其他肉类时也会产生多环芳烃。多环芳烃是最早发现且数量最多的致癌物,目前已经发现的致癌性多环芳烃及其衍生物已超过 400 种。

2. 多环芳烃在土壤中的迁移转化

大多数情况下,多环芳烃都是无色或淡黄色的结晶,个别具深色,溶点及沸点较高,蒸汽压很小。由于其水溶性低,辛醇/水分配系数高,因此,该类化合物从水中分配到生物体内或沉积于河流沉积层中这一过程比较容易。土壤是多环芳烃的重要载体,多环芳烃在土壤中有较高的稳定性。当它们发生反应时,趋向保留它们的共轭环状系,一般多通过亲电取代反应形成衍生物。

多环芳烃是一类惰性较强的碳氢化合物,主要通过光氧化和生物作用而降解。低分子量的多环芳烃如萘、苊和苊烯降解的速度比较快,初始浓度为 10mg/L 的溶液 7d 内可降解 90% 以上,而大分子量的多环芳烃如荧蒽等很难被生物降解。多环芳烃在土壤中也难以发生光解。

多环芳烃在环境中的行为基本相同,但是每一种多环芳烃的理化性质差异较大。苯环的稳定性是由其自身的排列方式决定的,非线性排列比线性排列稳定。多环芳烃在水中不易溶解,但是不同种类的多环芳烃的溶解度差异很大,通常可溶性随着苯环数量呈反比关系,挥发性也是随着苯环数量的增多而降低。

多环芳烃对土壤的污染十分严重,主要在表层富集。使土壤中多环芳烃消失的因素有挥发作用、非生物降解作用和生物降解作用,其中生物降解起着主要的作用。在对两类土壤中的 14 种多环芳烃的研究发现,除了萘以及其取代物之外多环芳烃的挥发作用很低。

### (四)土壤的环境激素污染

1. 环境激素的种类和性质

环境激素是指外因性干扰生物体内分泌的化学物质,这些物质可模拟体内的天然荷尔蒙,与荷尔蒙的受体结合,使得本来身体内荷尔蒙的量受到一定的影响,以及使身体产生对体内荷尔蒙的过度作用;或直接刺激,或抑制内分泌系统,使内分泌系统失调,进而使得生殖、发育等机能受到一定的阻碍作用,甚至有引发恶性肿瘤与生物绝种的危害。

常见的环境激素包括有机锡、多溴联苯醚(PBDEs)、二恶英、双酚 A 与其衍生物、多氯联苯、氨基甲酸酯类杀虫剂(methomyl)、烷基酚聚氧乙烯醚、工基酚等。

多数环境激素属于持久性有机污染物,在环境中十分稳定且不易分解,因此可存在更长的时间,不易清除。持久性有机污染物由于具有毒性、难降解与生物累积性,加上可怕的"蚱蜢跳"效应增强其传递性。

2. 环境激素在土壤中的迁移转化

目前,多氯联苯、二恶英等是全球对环境激素对土壤污染严重的重点。

多氯联苯(PCBs)又称氯化联苯,是一类具有 2 个相连苯环结构的含氯化合物,之所以它在工业上的用途非常广,这是因为这类物质具有许多优良的物理化学性质,如高化学稳定性、高脂溶性、高度不燃性、高绝缘性和高黏性等。

土壤中的多氯联苯主要来源于颗粒沉降物,有少量的多氯联苯来源于用污泥作肥料、填埋场的渗漏以及在农药配方中的多氯联苯的使用。

在实际环境中,污染源多氯联苯进入到环境土壤中后,其组成会受自然环境的影响而发生明显的变化。首先是多氯联苯中不同化合物在常温上具有不同的挥发性。从一氯到十氯取代的多氯联苯具挥发性相差 6 个数量级,因此,这些在空气中具有较高挥发性的多氯联苯想要随着空气迁移非常困难。土壤中 PCBs 的挥发除与温度有关外,其他环境因素也会对它的挥发造成一定的影响。实验研究表明,PCBs 的挥发速率随着温度的升高而升高,但随着土壤中黏粒含量和联苯氯化程度的增加而降低。其次,各种多氯联苯的水溶解性也有一定的差异,各种多氯联苯的同族物在土壤中的吸附能力也由于其氯的取代位置的不同而相差很大。因此,进入到土壤中的多氯联苯将按其在水中溶解性的吸附性能的不同而以不同的速率随降雨、灌溉等过程随水流流失,进而使得其组成和污染源的明显不同。另外,互不干涉中不同分子质量的多氯联苯的光降解、微生物降解等速率也各不相同,这就造成了环境中的多氯联苯和污染源组成的不同。

二恶英类是对性质相似的多氯代二苯并二恶英和多氯代二苯并呋喃两组化合物的统称,此类物质的来源是焚烧和化工生产,属于全球性污染物质,存在于各种环境介质中。在 75 个 PCDDs 和 135 个 PCDFs 同系物中,侧位(2,3,7,8-TCDD)被氯取代的化合物(PCDD)对某些动物表现出特别强的毒性,有致癌、致畸、致突变作用,引起人们的广泛关注。

截止到目前,含有二恶英类化合物的农药主要存在在除草剂、杀菌剂和杀虫剂。2,4,5-T 和 2,4-D 是主要用于森林的苯氧乙酸除草剂。

此外,大气迁移与尘埃沉降也是土壤中二恶英类污染物的重要来源。

## 三、土壤环境固体废物污染

固体废物污染已成为当今世界各国所面临的一个共同的重大环境问

题,1983年联合国环境规划署将其与酸雨、气候变暖和臭氧层破坏并列为"全球性四大环境问题"。固体废物特别是有害固体废物,如露天堆放或处置不当,其中的有害成分可通过环境介质——大气、土壤、地表或地下水体等直接或间接传至人体,对人体健康造成潜在的、近期的和长期的极大危害。固体废物种类繁多,性质各异,主要来源于工业生产、日常生活、农业生产等领域。

### (一)城市生活垃圾对土壤环境的污染

**1. 城市生活垃圾的产生与分类**

(1)垃圾的产生

随着全球工业的发展,城市规模的不断扩大,城市生活垃圾数量剧增。全世界垃圾年均增长速度为8.42%,而中国垃圾增长率达到10%以上。城市生活垃圾产生量的影响因素有:城市产业结构、消费结构、消费水平以及城市的市政管理水平等。

(2)城市垃圾分类

根据不同的分类方法及分类目的,生活垃圾有不同的分类。

①按化学组成分类。按化学组成可将城市垃圾分为有机垃圾(厨余垃圾、果皮等)、无机垃圾(废纸、灰渣等)、有毒有害垃圾(电池、油漆、过期药品等)。

②按产生来源或收集来源分类。家庭垃圾:主要包括厨余垃圾与普通垃圾;建设垃圾:指城市建筑物建设、拆迁、维修的施工现场产生的垃圾,主要包括砂子、泥土、石块、废管道等;清扫垃圾:包括公共垃圾箱中的废物、公共场所清扫物、路面损坏后的废品等;商业垃圾:指城市中进行各种商业活动所产生的垃圾,包括废塑料、废纸等;危险垃圾:包括电池、日光灯管、医院垃圾和核实验室排放的垃圾等。危险垃圾一般不能混入普通垃圾中,这些垃圾需要特殊安全处置。

**2. 生活垃圾对土壤环境的影响**

(1)堆放对土壤环境的影响

①侵占土地。自20世纪80年代以来,我国城市化进程加快,城市数量不断增多,规模不断扩大,城市非农业人口和市区面积急速增长,进而导致城市垃圾产量大幅度增加。而长期以来我国绝大部分城市采用露天堆放、填埋等简单方式处理垃圾,全国约有300多个城市陷入垃圾包围之中,也就产生了人地矛盾。

②渗滤液对土壤环境污染。垃圾渗滤液主要来源于大气降雨与径流、垃圾中的原有水分、垃圾填埋物在微生物作用下产生的液体。高浓度有机物、大量的植物营养物、大量微生物以及多种重金属等存在于垃圾渗滤液中,且浓度变化较大。垃圾成分、气候条件、水文地质、填埋时间及填埋方式等因素决定了渗滤液的水质。

垃圾渗滤液进入土壤后,有一部分污染物经过一系列的物理、化学、生物作用被降解,但仍有一部分滞留在土壤中,对土壤带来严重后果。一方面,由于渗滤液是一种偏酸性的水体,它进入土壤后会使土壤 pH 值下降,土壤酸化就无法避免。土壤酸化不仅会使土壤中不溶性的盐类、重金属化合物等溶解,同时土壤酸化会导致土壤阳离子交换量降低而阴离子交换量升高,造成土壤保持养分离子能力的降低,尤其是在交换性阳离子组成中,$Al^{3+}$ 的比例增加,而 $Ca^{2+}$ 和 $Mg^{2+}$ 减少,造成毒害作用。另一方面,垃圾渗滤液自身含有大量的重金属,因此渗滤液进入土壤就将大量重金属带入土壤,通过前面内容的介绍可以知道重金属会对土壤的肥力、土壤微生物及酶活性等造成负面影响。

(2)垃圾施肥对土壤环境的影响

①垃圾直接施用。由于我国城镇垃圾中干物质主要是无机成分,其中煤渣、尘土等占主要优势,将这些生活垃圾直接施用农田,对于黏质土壤可以改善其物理性质、水气运动以及减轻耕作阻力,同时由于垃圾中含有大量有机物,长期直接施用垃圾,土壤养分含量将会不断得到补充,提高土壤的生产力。在一定程度上施用垃圾肥料还是有一定作用的,然而垃圾中的日光灯管、温度计等含有 Hg、Ag 等重金属还是无法避免的,直接施用势必会使土壤中重金属含量增加,而且直接施用还会将垃圾中含有的大量细菌、病原菌、寄生虫卵带入土壤,危害土壤的同时还会威胁农作物。

②堆肥施用。垃圾通过堆肥化处理,可以将其中的有机可腐物转化为腐殖质,自 20 世纪 70 年代起,垃圾堆肥不断地被应用到农田,通过施用垃圾堆肥可以补充土壤营养元素、提高土壤肥力,为作物生长发育提供必要的养分。随垃圾堆肥施入量的增加,过氧化氢酶和碱性磷酸酶活性升高,表明垃圾堆肥对有机碳能够进行有效地补充,对酶活性有较强的刺激作用。使用堆肥可促使土壤微生物活跃,使土壤微生物总量及放线菌所占比例增加,提高土壤的代谢强度。

**(二)污泥对土壤环境的污染**

1. 污泥的分类及基本特性

在"十一五"期间,我国城镇污水处理设施建设和运营工作取得了积极进展,截至 2010 年年底,全国已建成投运城镇污水处理厂 2832 座,处理能力 $1.25 \times 10^8 \, m^3/d$,伴随产生的污泥数量也是惊人的,再加上污染河湖疏浚污泥和城市下水道污泥,每年产生的污泥量非常巨大,而且每年还以 10%～15% 的速度增加。大量污泥的产生,在占用土地的同时,且污泥中含有重金属、病原菌、寄生虫卵、有机污染物等,所以处理处置污泥是一个刻不容缓的问题。

(1)污泥分类

按来源可以分为:给水污泥、生活污水污泥、工业废水污泥。

按分离过程可分为:沉淀污泥(包括初沉污泥、混凝沉淀污泥、化学沉淀污泥)、生物处理污泥(包括腐殖污泥、剩余活性污泥)。

按污泥成分可分为:有机污泥、无机污泥。

按污泥性质可分为:亲水性污泥、疏水性污泥。

按不同处理阶段可分为:生污泥、浓缩污泥、消化污泥、脱水干化污泥、干燥污泥以及污泥焚烧灰等。

(2)污泥基本特性

• 含水率较高,固形物含量较低。不同的处理工艺、污泥类型,含水率有一定的变化。

• 有机物及各种营养元素含量丰富。通过对 29 个城市污泥组成的统计分析发现,中国城市污泥(不包括工业污泥)有机物平均含量达 384g/kg,全氮、全磷和全钾分别为 27.0g/kg、14.3g/kg 和 7.0g/kg;有机质、全氮、全磷均比猪粪高出 1/3～2/3,但全钾比猪粪低 1/3。

• 污泥的碳氨比(C/N)较为适宜(通常为 6～8),研究发现污泥有机物中易消化或能消化的部分占有机物总量的比例高达 60%,因此污泥可以作为一种很好的有机肥源。

• 污泥浓缩含有各种重金属。污泥中重金属有多方面来源渠道,在污水处理过程中,污水中的重金属通过细菌吸收、细菌和矿物颗粒表面吸附,以及和一些无机盐(如磷酸盐、硫酸盐等)共沉淀作用,使部分重金属元素浓缩到污泥中。

• 污泥含微生物数量、种类多。由于污泥来源于各种工业和生活污水,从而使污泥中可感染微生物数量较多。致病性粪大肠菌、沙门菌、蛔虫卵和绦虫卵等在污泥中比较容易检测出来。

2. 污泥土地施用风险

(1)重金属污染

污泥中存在着各种重金属,其含量通常高于土壤背景值的 20～40 倍,化学活性比自然土壤高7～70倍。重金属元素主要通过吸附作用及沉淀转移到污泥中,进而直接或间接进入动植物及其人类体内,污泥土地利用可能会造成土壤—植物系统重金属污染,这是污泥土地利用中最核心的问题。

(2)氮、磷污染

城市污泥中富含氮、磷等养分,污泥土地施用后使土壤积累大量氮和磷。在降雨量较大且土质疏松地区,当有机物的分解速度大于植物对氮、磷的吸收速度时,氮、磷等养分就有可能随水流失进入地表水体造成水体富营养化,而进入地下则引起地下水污染。

(3)有毒有害有机物

目前污泥中可确定的有机有害物质主要是多环芳香烃化合物、多氯代联苯、氯化二苯并二噁英、氯化二苯并呋喃、有机卤化物等,这些有害物质对环境、动物、人体的危害在前面已经介绍过。

(4)病原菌污染

生活及生产污水中含有的病原体(病原微生物及寄生虫)经过污水处理厂处理后依旧会进入污泥,这些病原微生物会通过污泥土地施用进入土壤、农作物、地下水等,造成人、畜、动物的流行病害。

(5)高盐分污染

污泥中盐分较高,城市污泥尤为明显。当污泥中的盐分进入土壤环境时,对于土壤的电导率由明显的提高作用,有效养分的流失加速得益于盐分中离子的颉颃作用,不仅破坏植物的养分平衡,而且抑制植物对养分的吸收,甚至对植物根系造成直接伤害。

## (三)农业固体废物对土壤环境的污染

### 1. 农业固体废物来源及分类

农业固体废物是指种植业、养殖业和农副产品加工业等生产过程中产生的固体废物。农业固体废物来源广、范围大,伴随农业生产而产生,农业生产活动进行一天,就会有农业固体废物的产生。

农业固体废物按其成分可分为:植物纤维性废物,包括农作物秸秆、谷壳、果皮等,以及禽畜粪便两大类。

农业固体废物按来源可分为:第一性生产废弃物,第二性生产废弃物,农副产品加工后的剩余物,农村居民生活废弃物(包括人畜粪便与农村生活垃圾)。

第一性生产废弃物主要是指农田和果园残留物,如作物秸秆、枯枝落叶等,是农业废弃物中最主要的废弃物。

第二性生产废弃物主要是指畜禽粪便和栏圈垫物等。第二性生产废弃物大多富含有机质和 N、P、K 等元素。

农副产品加工后的废物，主要来源于作物残体、畜产废弃物、林产废弃物、渔业废弃物和食品加工废弃物。

农村居民生活废弃物（包括人畜粪便与农村生活垃圾），农村生活垃圾在组成与性质上与城市生活垃圾相似，只是组成比例上存在一定的差异。农村生活垃圾有机物含量多、水分大，同时掺杂化肥、农药等，相比于城市生活垃圾危害性更大。

此外，农业覆膜也是土壤中主要的固体废物污染物。

### 2. 农业固体废物的环境危害

#### (1)污染土壤

农业固体废物种类繁多，无法得到妥善、科学、合理的处理，只能堆积在农田中，不仅占用大量耕地，更严重的是部分农业固体废物会导致土壤的污染与破坏。地膜覆盖可以提高农作物产量，但由于地膜回收不利，造成了白色污染，致使土壤中 $CO_2$ 含量过高，对土壤微生物的活动造成一定的影响。禽畜粪便含有部分重金属、激素类物质，农田施用后会导致土壤重金属污染。

#### (2)污染水体

农业固体废物随天然降水或地表径流进入河流、湖泊，或随风飘散落入河流、湖泊污染水体，甚至渗入土壤，污染地下水。进入水体后不仅直接污染水体，还会通过水体导致人类疾病的传播。

#### (3)污染大气

禽畜排泄出的粪便含有 $NH_3$、$H_2S$ 等气体，另外粪尿中含有的大量未被消化的有机物，在无氧条件下分解为氨、乙烯醇、二甲基硫醚、硫化氢、甲胺、三甲胺等恶臭气体，污染大气环境。除此之外，牛、羊等反刍动物，生活过程中会产生大量的 $CH_4$、$CO_2$ 等温室气体，有资料显示，反刍动物产生的甲烷气体占大气甲烷气体的 1/5。农民为方便田间耕作，到麦收和秋收时节大范围焚烧秸秆，产生大量烟雾，污染空气质量，对飞机飞行安全也造成了一定的威胁。

# 第三节　土壤环境污染监测与评价

## 一、土壤环境监测概述

对土壤中各种金属、有机污染物、农药与病原菌的来源、污染水平及积累、转移或降解途径进行的监测活动就是所谓的土壤环境监测。土壤污染监测的主要内容是对人群健康和维持生态平衡有重要影响的物质，如 Hg、Cd、Pb、As、Cu、Al、Ni、Zn、Se、Cr、V、Mn、硫酸盐、硝酸盐、卤化物、碳酸盐等元素或无机污染物；石油、有机磷和有机氯农药、多环芳烃、多氯联苯、三氯乙醛及其他生物活性物质；由粪便、垃圾和生活污水引入的传染性细菌和病毒等。

### 1. 土壤监测的目的和意义

环境问题是当今世界各国研究的热点和难点，仅有水和空气的监测已不足以全面反映整个环境的真实状况，这时，就需要开展土壤监测的工作，实现对污染的全方位的检测。土壤环境监测的主要目的是了解土壤是否受到污染或受到污染的程度，分析土壤污染与粮食污染、地下水污染及对地上生物的影响，尤其是对人体的危害关系。具体包括土壤环境质量的现状调查、区域土壤环境背景值的调查、土壤污染事故调查以及污染物土地处理的动态观测 4 个方面。依据得到的土壤污染监测结果能够对土壤质量状况有一个整体的把握，实施土壤污染控制防治途径和质量管理具有重要意义。

### 2. 我国土壤环境监测的主要任务与工作目标

（1）主要任务
- 了解重点区域背景值情况；
- 了解农田土壤质量；
- 掌握重点污染源周边土壤污染状况；
- 定期监测污水灌溉或污泥处理土地污染状况；
- 掌握有害废物堆放场周边土壤污染状况；
- 调查城市工业遗弃地污染情况。

（2）工作目标
10 年内，将农田土壤监测纳入例行监测，对典型的污染区域进行跟踪监视性监测,建立全国土壤环境监测标准体系和质量评价体系,完善全国土壤环境监测网络。

## 二、土壤环境质量评价

所谓土壤质量就是指土壤的好坏程度,土壤学研究针对土壤质量的研究主要集中在土壤肥力的高低的研究上,而环境科学研究中的土壤质量一般侧重于土壤环境对人类健康的适宜程度。因此,土壤环境质量应该包括土壤生产质量和土壤环境质量两个同等重要的方面。

土壤环境质量评价是指在全面掌握土壤及其环境特征、主要污染源、主要污染物和土壤背景值等基础资料,按照实现预定好的原则和方法,对土壤环境质量的高低和优劣做出定性或定量的评判。它是环境质量评价的重要组成部分,是土壤质量研究的基础和重要内容之一,在研究土壤质量变化和定向培育土壤中,土壤环境质量的评价都是这些工作顺利开展的第一步。

土壤环境质量评价没有确定的标准和固定的评价方法。因为在宏观的范围上空气和水都可以看作单相或少相体,但土壤本身的复杂性决定了土壤是多相体。因此,土壤环境质量评价有自己的评价原则。

(1)土壤环境质量评价的标准是相对的而不是绝对的

首先,由于土壤是个多相体,进入土壤中的物质作用的复杂性又决定了土壤质量评价不能采用绝对的标准。当一种物质进入土壤后,它可能对土壤的某种功能产生了危害,同时对其他功能可能会有促进和增加的作用。

其次,不可能找到一块绝对纯净的土壤(而水和空气确有可能)。

(2)由于地带性和非地带性差异,不同土壤的质量评价不能采用同一种标准

土壤在世界上各个地区,或者同一地区不同位置的成分都是不完全一样的,甚至在某一地区不同的时候也会存在一定的差异,土壤的这种特殊的特性决定了土壤环境质量评价不应该采用同一种标准。

## 三、土壤环境影响评价

1. 评价等级的划分依据

截止到目前,由于土壤本身的复杂性,我国尚无统一推荐的土壤环境影响评价技术导则。可以根据以下几个方面来确定土壤环境影响评价工作的等级:

（1）污染物排放特点

污染物种类、性质、排放量、排放方式、排放去向和排放浓度等都可能对土壤和植物的毒性、在土壤环境中的降解难易程度以及受影响的土壤面积产生不同的影响。

（2）建设项目的工程特点

工程性质，工程规模，能源、水及其他资源的使用量及类型都会对项目所在地的植物种类、面积以及对当地生态系统产生不同程度的影响。

（3）建设项目所在地区的环境特征

土壤环境条件、特点、敏感程度和土壤环境质量现状不同对土壤环境产生的各异的影响。

（4）相关法律法规、标准及规划

环境和资源保护法规及其法定的保护对象，环境质量标准和污染物排放标准，环境保护规划、生态保护规划、环境功能区规划以及保护区规划等。

2. 评价内容

土壤环境影响评价的主要工作内容集中在以下几个方面：

①评价范围内土壤类型及其分布、成土母质、土壤剖面结构、土壤理化性质、土地利用现状与规划等基本情况的调查以及区域土壤背景值的调查与测定。

②评价范围内土壤环境质量现状监测。

③污染物进入土壤途径及在土壤中迁移转化规律的分析。

④污染物在土壤中衰减与积累模式的研究与确定。

⑤判定建设项目是否带来了新增污染源和新增污染源对土壤环境污染的程度。

⑥建设项目对土壤环境质量影响的预测与评价。

⑦防止土壤污染与土壤退化措施的分析等。

3. 评价范围

拟建项目的占地面积比土壤环境影响评价的范围要小，同时应考虑拟建项目通过大气、地表水和固体废弃物排放等对土壤环境所产生的直接影响和间接影响，适当调整评价范围。

## 四、土壤环境风险评价与管理

在当前环境保护工作中，环境风险评价是一个新兴领域。通常意义上来看,事故风险评价就是人们常说的环境风险评价,它主要考虑与项目在一起的突发性灾难事故。广义上讲,环境风险评价是指对人类的各种社会经济活动所引发或面临的危害(包括自然灾害)对人体健康、社会经济、生态系统等造成的可能损失进行评估,并进行管理和决策的过程。狭义地讲,是指对有毒化学物质危害人体健康的影响程度进行概率估计,并提出减小环境风险的方案和对策。通常情况下,这些危害发生的概率虽然非常有限,但是影响程度往往是巨大的。

环境风险评价的一个重要组成部分就是土壤风险评价。由于方法和技术的限制,国际上和我国关于土壤环境风险评价的方法和理论均不是很成熟。近些年来,随着土壤污染的加剧和理论的发展,土壤环境风险评价已经成为许多国家在建设项目、区域开发和政策制定的环境影响评价过程中关键环节,根据承受环境风险的对象不同,土壤风险评价可以分为土壤健康风险评价和土壤生态风险评价。

### (一)土壤健康风险评价

土壤污染对人体健康造成的影响是土壤健康风险评价的重点。由于植物体的富集作用,人类活动对土壤的污染会通过食物链富集到生物体内,进而对生物体的健康造成危害。由于土壤是一个多相体,在土壤内部发生的生物化学反应比较复杂,对其进行治理比较困难。同时污染土壤的物质大多为致癌或者致突变物质,它们对人类的影响巨大,所以对土壤进行健康风险评价至关重要。

截止到目前,应用比较广泛的土壤健康风险评价模式是由 NAS-NRC 发展来的,主要用于评价化学物质暴露下的致癌风险或是其他健康风险。该模式包括风险识别、危害判定、剂量效应评价、暴露评价和风险表征 5 个部分。

### (二)土壤生态风险评价

土壤生态风险评价是指对土壤因暴露于单一或多个污染因子而可能出现或已经出现的有害生态影响的可能性进行评估的过程,涉及多个学科领域。它主要研究人类活动对土壤生态环境、生物种群和生态系统所产生的生态效应进行评估。近年来,国外一些机构由于管理等方面的需要,制定和开发了污染土壤生态风险的相关标准、方法和评价模型,而我国在这方面需要做的工作空间还非常大。

截止到目前,被国际上普遍认可的污染土壤生态风险评价标准主要有 4 个:美国环境保护署制定的生态土壤筛选值;美国能源部橡树岭实验室制

定的土壤生态受体毒性标准；美国俄勒冈州生态风险评估筛选值；荷兰土壤
环境标准。

生态风险评估的开展需要经历以下 3 个主要阶段。

①问题的提出阶段，需要选择评估终点并对最终目标做出评价，概念模
型和分析计划需要明确地制定出来。

②分析阶段，需评估对污染因子的暴露，以及污染水平和生态影响之间
的关系。主要包括 2 个内容，暴露水平描述和生态影响描述，暴露水平描述
揭示了污染物的来源及其在环境中的分布和它们与生物受体的联系。

③风险描述，通过对污染暴露和污染—响应情况的综合评估来估计风
险，通过讨论一系列证据来描述风险，确定生态危害性。最后编写生态风险
评估报告。

# 第四节　如何控制和治理污染土壤

2007 年 5 月，国土资源部公布我国受污染的耕地面积约为 0.1 亿公
顷，土壤污染的总体形势严峻，并且我国土壤污染的类型多样，污染途径多，
原因复杂，控制难度大。我国应不断地完善法律法规，增强全社会的防范治
理意识，杜绝"先污染后治理"的思想，从源头抓起，并采用合理的耕作制度，
控制土壤污染的产生，同时，不断加大科研投资力度，对已经造成污染的土
壤采取有效地修复措施，恢复其使用功能。

## 一、相关制度的建立

目前我国土壤修复治理面临的主要问题是：土壤环境监督管理体系不
健全、土壤污染防治投入不足和全社会防治意识不强等。

为了防治土壤环境污染，我同相继颁布了一系列环境保护相关的法律
法规。我国注重加强土壤污染的调查和监测工作，在调查摸清土壤污染总
体状况的基础上，逐渐研究和建立起土壤环境质量评价和监测标准，制定出
适合我国国情的土壤污染防止和治理的战略、对策。

过去对土壤污染问题虽然进行了许多理论研究，但由于经费投入和管
理政策等多方面的限制，使得在土壤污染的控制和治理技术所做的工作非
常有限。今后应该增加有关的科研和治理投入，重点开发治理土壤污染的
修复技术。相信随着研究的不断拓展和新技术成果的不断推广应用，各种
修复技术能够在我国未来的污染土壤修复工作中发挥越来越重要的作用。

全国各级部门应加大对土壤污染的监督和管理力度,同时加强宣传工作,增强公众的环保和健康意识,促进土壤环境保护工作的不断深入开展,建立和完善土壤污染防治、控制和治理的有关法规和政策措施。

为了做好环境污染的防治工作,每一个公民的环境意识必须努力增强:一方面要清醒地认识到人类在开发和利用自然资源的过程中,往往对生态环境造成污染和破坏;另一方面要把这种认识转变为自己的实际行动,以"保护环境,人人有责"的态度积极参加各项环境保护活动。

## 二、土壤污染的控制

对于土壤污染,相比于土壤污染的治理而言其控制更具现实意义,土壤对污染物所具有的净化能力相当于一定的处理能力,控制土壤污染源和采取合适的防治措施,即控制进入土壤中的污染物的数量和速度,使得土壤能够利用其自然净化作用而不致引起污染。

### (一)控制和消除土壤污染源

为了防止土壤的污染,控制和消除土壤污染源是根本措施,主要包括以下几个方面。

(1)加强灌溉区的监测和管理

污水灌溉的推广要积极慎重,对采用污水进行灌溉的污灌区,灌溉污水的水质监测工作要加强,对水中污染物质的成分、含量及其动态有一个全面深入地了解,控制污水灌溉量,避免带有不易降解的高残留的污染物随水进入土壤,引起土壤污染。

(2)合理施用农药与化肥

鉴于化肥农药是主要的土壤污染源,因而控制化学农药和化肥的施用是十分必要的。对残留量高、毒性大的农药应其使用范围、使用量和使用次数都需要得到有效地控制;积极研发高效、低毒和低残留的新农药,推广生物防治作物病虫害的途径,尽可能减少有毒农药的使用;对硝酸盐和磷酸盐类化肥,要合理施肥,尽可能地避免对土壤造成污染。

(3)控制和消除工业"三废"排放,使之符合排放标准

在生产过程中,闭路循环流程需要重点推广,采用无毒生产工艺,尽可能地减少或消除污染物的排放;对产生的工业"三废"应尽可能的进行回收利用,化害为利;对所排放的"三废"要进行净化处理,使得污染物的排放量和排放浓度得到严格控制,使之符合排放标准。

### (二)防治土壤污染的措施

(1)控制氧化还原条件

土体内的水气比决定了土壤的氧化还原电位,因此可以通过调节土壤水分管理和耕作措施改变土壤的氧化还原电位,使某些重金属污染物转化为难溶态沉淀物,其迁移和转化作用就会减弱,相应地其危害程度也会有所降低。例如,当调节水稻田处于还原条件时,$S^{2-}$ 与 $Cd^{2+}$ 形成难溶解的沉淀,$Cd^{2+}$ 对水稻的不利影响就会得到有效消除,故对土壤进行灌水可以抑制植物对镉的吸收,而干后的土壤是氧化状态,$S^{2-}$ 一被氧化成 $SO_4^{2-}$,土壤pH 值降低,镉可溶入土壤转化为植物易吸收的形态,而促进了对镉的吸收。铜、锌、铅等重金属元素均能与土壤中的 $H_2S$ 产生硫化物沉淀,都可进行上述反应变化。从以上内容可以得出,稻田的灌水管理的加强,能够有效地减少重金属的危害。

(2)改变耕作制度、换土和深翻

改变耕作制度、换土和深翻能够改变土壤环境条件,使得某些污染物的毒害得以有效消除。例如 DDT 和六六六在旱田中的降解速度慢、积累明显、残留量大,改水田后 DDT 降解速度加快,仅 10 年左右土壤中残留的DDT 已基本消失。所以实行水旱轮作,对于消除土壤污染非常有效。

被重金属与难分解的农药严重污染的土壤,在面积不大的情况下,换土不失为理想办法,换土就是将污染土壤中的污染挖走,替换为无污染的土壤,或将污染土壤深翻到土壤底层,或在污染土壤上覆盖新土。该方法简单、易行,但是工程量大,费用高,对换出的污染土壤还必须经过妥善处理,否则次生污染的情况就无法避免。

(3)施用化学改良剂,采取生物改良措施

向轻度污染的土壤施加某些改良剂,对于有机物的分解能够有效加速,污染物在土壤中的迁移转化方向得到改变,促进某些有毒物质的移动、淋洗或转化为难溶物质,而减少作物吸收。常用的改良剂有石灰、碱性磷酸盐、碳酸盐和硫化物等。

生物改良措施即通过生物降解或吸收而净化土壤。美国已分离出能降解三氯丙酸或三氯丁酸的小球状反硝化菌种,意大利从土壤中分离出的某些菌种,可抽取出酶复合体,对于 2.4-D 丁酯除草剂能够有效降解。此外,某些动物和植物也有一定的改良作用,如某些鼠类和虹蝴对一些农药有降解作用;羊齿类铁角蕨属的一种植物,有较强的吸收土壤中重金属的能力,对土壤中镉的吸收率可达 10%,连种多年,对土壤含镉量的降低非常有帮助。我国应用微生物和其他生物降解各种污染物的处理技术还有很大的提升空间。

(4)增施有机肥,改良砂性土壤

通过施用有机肥(堆肥、厩肥、植物秸秆等有机肥)对于土壤有机质的增加非常有效,使得土壤结构得到有效改良,土壤胶体对重金属的吸附能力得以有效增加,为土壤提供络合、螯合剂,而且有机质也是良好的还原剂。因此,增施有机质,改良砂性土壤,能促进土壤对有毒物质吸附作用,是增加土壤环境容量,提高土壤自净能力的有效措施。

# 第五节　污染土壤的修复

## 一、土壤污染修复概述

土壤污染修复指通过多门学科的综合应用,并采用人工调控措施,使土壤污染物浓(活)度降低,实现污染物无害化和稳定化,以达到人们期望的解毒效果的技术措施。土壤污染物的控制、缓解、消除、净化并恢复土壤功能是土壤污染修复工作的重点。其机理是将局部集中的污染物通过适当的途径扩散到广阔的环境之中(污染物含量均在高端阈值之下),或通过各种物理化学手段同化或净化土壤中的污染物,以减轻污染物对生物的危害。

土壤污染修复技术是指借助多种学科的技术与方法以降低土壤中污染物的浓度、固定土壤污染物、将土壤污染物转化成为低毒或无毒物质、阻断土壤污染物在生态系统中的转移途径的总称。

土壤污染修复以生态建设、环境保护和循环经济思想作指导,其主要研究内容体现在以下几个方面:

①土壤污染监测与诊断,污染土壤中污染物时空分布、环境行为及形态效应。

②研究污染物容纳、抑制、消减、净化方法及其过程和机理。

③研究污染土壤生态健康风险和环境质量指标。

④土壤修复的安全性、稳定性和标准。

⑤研究修复后土壤保育、管理和生物资源的利用等,其出发点是为了找到土壤污染规律,提供污染土壤及其修复过程的风险评估方法和标准,创建土壤污染控制和修复理论、方法和技术及其工程应用与管理规范,为土壤资源可持续利用、农产品安全、环境保护、人类健康提供理论、方法、技术及工程示范。

土壤中污染物的浓度的降低是土壤污染修复的目的,固定土壤污染物,将污染物转化为毒性较低或无毒的物质,减少土壤污染物在生态系统中的转移途径,从而降低土壤污染物对环境、人体或其他生物体的危害。

截止到目前,常用的土壤修复技术可分为物理修复技术、化学修复技术和生物修复技术。

## 二、土壤修复技术选择的原则

不同的土壤修复技术有着自己独特的适用性和优缺点,修复技术的选择要针对场地的特征条件和健康风险,综合考虑污染场地修复目标、修复技术的应用效果、修复时间、修复成本、修复工程的环境影响等因素。在选择修复技术和制定修复方案可参照以下几个原则:

①保护耕地资源,我国地少人多,用地资源短缺,在修复技术的选择过程中,对土壤肥力负面影响小的技术为第一优选,尽可能地避免对土地产生二次污染,保护我国的耕地资源。

②对土壤本身和周边环境产生的不利影响要尽量避免,在修复技术的选择应用时,该技术是否会造成二次污染要重点考虑,在周围环境较敏感的地区,能够造成二次污染严重的修复技术尽量避免。

③技术的可行性也需要考虑在内,技术的可行性主要体现在经济和效率两个方面:成本不能过高,在我国现阶段恐怕难以实施。效率要快,一些需要很长使用期的修复技术,必须在土地能够长期闲置的情况下才能应用,而我国用地紧张,修复周期过长的修复技术的选用要慎之又慎;

④绝对不能简单地搬用国外、或者国内不同条件下同类污染处理的方式,在确定修复方案之前,对污染土壤做详细的调查研究的工作非常有必要,明确污染物种类、污染程度、污染范围、土壤性质、地下水位、气候条件等,这些准备工作做完之后才可以制定初步方案。

## 三、物理修复技术

在物理修复技术常用的包括蒸气浸提修复技术、玻璃化技术、固化/稳定化修复技术、电动力学修复技术和热处理技术等。

1. 蒸气浸提修复技术

蒸气浸提修复技术,即在污染土壤内引入清洁空气产生驱动力,利用土壤固相、液相和气相之间的浓度梯度,在气压降低的情况下,将其转化为气态的污染物排出土壤外的过程。在这一修复技术中,利用真空泵产生负压,驱使空气流过污染的土壤孔隙而解吸,并夹带有机组分流向抽取井,最终于地上进行处理,具体实现过程如图 8-1 所示①。

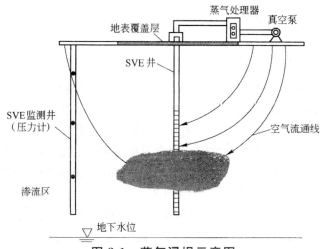

图 8-1　蒸气浸提示意图

高挥发性化学污染土壤的修复采用该技术比较合适。该修复技术具有以下显著特点:可操作性强、处理污染物的范围宽、可由标准设备操作、土壤结构以及对回收利用废物有潜在价值等不具有破坏性。此项技术在应用过程中也有一些限制因素,例如在原位土壤蒸气浸提技术的应用中,下层土壤的异质性、低渗透性的土壤、地下水位高等都成为其限制因素。

2. 玻璃化技术

玻璃化技术是对土壤固体组分(或土壤及其污染物)进行 1600～2000℃的高温处理,使有机物和一部分无机化合物如硝酸盐、磷酸盐和碳酸盐等得以挥发或热解从而从土壤中去除的过程。玻璃化技术包括原位和异位玻璃化两个方面。

含水量低、污染物深度不超过 6m 的土壤适合采用原位玻璃化技术。它对污染土壤的修复时间较长,一般为 6～24 个月。但是如埋设的导体通路(管状、堆状)中含砾石的质量分数超过 20%,土壤加热引起的污染物会向清洁土壤中迁移,以至于易燃易爆物质在土壤中积累。该技术很大程度上会受到土壤或污泥中可燃有机物的质量分数的影响。

---

① 孙英杰,宋菁,赵由才. 土壤污染退化与防治:粮食安全. 北京:冶金工业出版社,2011

异位玻璃化技术可以破坏、去除污染土壤、污泥等泥土类物质中的有机污染物和大部分无机污染物，对于降低土壤介质中污染物的活性效果显著，此外，玻璃化物质的防渗漏能力也非常强大。异位玻璃化技术的应用需要控制尾气中的有机污染物以及一些挥发的重金属蒸气，玻璃化后的残渣需要对其进行处理，且存在成本太高的问题。

### 3. 固化/稳定化修复技术

固化/稳定化技术包含了两个概念，固化是指利用水泥一类的物质与土壤相混合将污染物包被起来，使之呈颗粒状或大块状存在，进而使污染物处于相对稳定的状态，固化物或固化的污染物之间的化学反应不会涉及；稳定化是利用磷酸盐、硫化物和碳酸盐等作为污染物稳定化处理的反应剂，将有害化学物质转化成毒性较低或迁移性较低的物质，在这个过程中，污染物及其污染土壤的物理化学性质不一定发生任何变化。

对于多种类型的土壤污染该修复技术比较适用。其优点是：多种复杂金属废物能够进行有效的处理，费用低廉，加工设备容易转移，所形成的固体毒性降低，稳定性增强，凝结在固体中的微生物很难生长，使得结块结构不致被破坏掉。但该技术在应用过程中的影响因素也较多，例如土壤中水分及有机污染物的含量、亲水有机物的存在、土壤的性质等都会影响到技术的有效性，并且该技术对于土壤的毒性的降低仅仅是暂时的，其污染物无法从根本上去除。

当外界条件改变时，这些污染物质还有可能释放出来污染环境。

### 4. 电动力学修复技术

电动力学修复的基本原理和电池的基本原理比较相似，利用插入土壤的两个电极在污染土壤两端加上低压直流电场，在低强度直流电的作用下，水溶的或者吸附在土壤颗粒表层的污染物根据各自所带电荷的不同而向不同的电极方向运动，阳极附近的酸开始向土壤毛隙孔移动，使得污染物与土壤的结合键得以打破，此时，大量的水以电渗透方式在土壤中流动，土壤毛隙孔中的液体被带到阳极附近，通过这个过程，污染物就会被吸收至土壤表层得以去除，如图8-2所示。污染物去除过程主要涉及电迁移、电渗析、电泳和酸性迁移带4种电动力学现象。

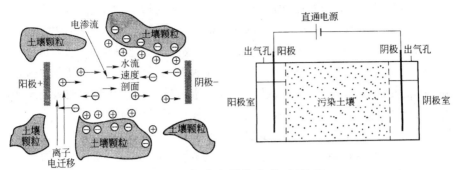

**图 8-2　电动力学修复技术原理**

电动力学技术对现有景观、建筑和结构等的影响非常小,该技术的应用会使得土壤中原有成分的 pH 值得以改变,使金属离子活化,这样土壤本身的结构不会遭到破坏,土壤低渗透性对该过程也不会造成任何影响,金属离子从根本上完全被驱除。但该技术的应用也存在一些限制因素:污染物的溶解性和污染物从土壤胶体表面的脱附性能对技术的成功应用有重要影响;需要电导性的孔隙流体来活化污染物;处理效率会受到埋藏的地基、碎石、大块金属氧化物、大石块等的影响;在土壤含水量低于 10% 的场合,处理效果也会大打折扣。

5. 热处理技术

热处理是通过加热已经隔离或未隔离的污染土壤,使污染物热分解,从而达到修复的目的。该技术工艺简单,技术成熟,适用于有机物污染和易挥发的重金属污染,但是能耗大,费用高,实际应用非常具有局限性。

## 四、化学修复技术

化学修复技术是运用化学制剂使土壤中污染物发生酸碱反应(或土壤 pH 值调节)、氧化、还原、裂解、中和、沉淀、聚合、固化、玻璃质化等反应,使污染物从土壤中分离、降解转化成低毒或无毒的化学形态的技术。污染土壤化学修复典型方法包括化学淋浴技术、化学氧化/还原修复技术、溶剂提取技术以及土壤性能改良技术。

1. 化学淋洗技术

如前所述,化学淋洗技术也需要借助化学制剂的帮助,这些化学制剂可以是能够促进土壤环境中污染物溶解/迁移的液体或其他流体(如水或含有冲洗助剂的水溶液、酸/碱溶液、络合剂或表面活性剂),通过这些化学制剂来淋洗土壤污染物,使吸附或固定在土壤颗粒上的污染物脱附、溶解而去除的技术。这些化学制剂之所以能够实现清洁土壤是因为它具有土壤中的污染物结合,并通过淋洗液的解吸、螯合、溶解或固定等化学作用,达到修复污染土壤的目的。污染物的去除可通过以下两种方式来实现:①以淋洗液溶解液相、吸附相或气相污染物;②利用冲洗水力带走土壤孔隙中或吸附于土壤中的污染物。淋洗剂不局限于液体的气体也可以作为淋洗剂。

化学淋洗技术还可以进一步划分为原位淋洗技术和异位淋洗技术。从字面层次上也不难理解,原位淋洗技术是指直接向污染土壤中加入淋洗剂混合,使土壤污染物进入淋洗溶液,然后使淋洗溶液通过下渗或平行排出土壤,并对排出的淋洗溶液收集、再处理的过程。该技术对于无机污染物、有机污染物的淋洗效果比较好,最为理想的是对粗质地、渗透性较强的土壤污染修复。该技术具有长效性、易操作性、高渗透性、费用合理以及适宜治理的污染物范围广等特点。

异位淋洗技术还可称之为土壤清洗技术,该技术的实现需要先将污染土壤挖掘出来,用水或化学溶液清洗土壤、去除污染物,再对含有污染物的清洗废水或废液进行处理,洁净土可以回填或运到其他地点回用。这种方法适用于放射性物质、有机物(如石油类碳氢化合物、易挥发有机物、PCBs、PAHs)或混合有机物、重金属或其他无机物污染土壤的处理或前处理。该技术对于大粒径级别污染土壤的修复效果更佳,砂砾、砂、细砂以及类似土壤中的污染物更容易被清洗出来。

无论是原位淋洗技术还是异位淋洗技术对粘土中的污染物的清理都非常困难,不推荐使用该技术。

2. 化学氧化/还原修复技术

化学氧化/还原修复技术主要是通过掺进土壤中的化学氧化剂/还原剂与污染物所产生的氧化/还原反应,使污染物降解或转化为低毒、低移动性产物的一项修复技术,该技术还可进一步划分为原位化学氧化/还原技术和异位化学还原技术。类似于原位淋洗技术,原位氧化/还原技术只是在污染区的不同深度钻井,将氧化剂/还原剂注入土壤中,通过氧化剂/还原剂与污染物的混合、反应,使污染物降解或形态发生改变。类似于异位淋洗技术,异位氧化/还原技术则需要挖掘污染土壤,然后将氧化/还原剂与土壤混合反应,处理难度低,但需要的投入人力、物力、财力非常大,使得土壤结构被破坏比较严重。

被油类、有机溶剂、多环芳烃(如萘)、PCP、农药以及非水溶态氯化物(如 TCE)等污染物污染的土壤的修复可通过化学氧化技术来实现,通常这些污染物在污染土壤中存在的实践比较长,通过氧化修复技术可以降解脱毒,而且反应产生的热量能够使土壤中的一些污染物和反应产物挥发或变成气态溢出,方便了后期处理。该技术缺点是加入氧化剂后可能生成有毒副产物,使土壤生物量减少或影响重金属存在形态。最常用的氧化剂是$K_2MnO_7$、$H_2O_2$和臭氧气体($O_3$)等。

　　一个可往土壤中充以化学还原剂、可渗透的反应区或反应墙的构建是化学还原技术的关键,常用于修复如铀、铬酸盐和一些氯代试剂。当这些污染物迁移到反应区时被降解、吸附,或者转化成固定态,从而降低污染物在土壤环境中的迁移性和生物可利用性。通常该反应区设在污染源附近的含水土层中或受污染土壤的下方,常用还原剂有$SO_2$、$H_2S$气体和$Fe^0$胶体等,其具体参数如表8-2所示。

表 8-2　还原化学还原技术特征参数[①]

| 化学还原技术 | 注入的还原剂 | | |
|---|---|---|---|
| | $SO_2$ | $H_2S$ | $Fe^0$ 胶体 |
| 适用的污染物 | 对还原敏感的元素(如Cr、U、Th 等)以及散布范围比较大的氯化溶剂 | 对还原敏感的元素如 Cr 等 | 对还原敏感的元素如 Cr、U、Th 等 |
| 修复对象 | | 通常为地下水 | |
| 影响因素 — pH 值 | 碱性 | 不需要调节pH 值 | 高 pH 值导致铁的表面形成覆盖膜,降低还原效率 |
| 影响因素 — 天然有机质 | 未知 | | 有可能促进铁的表面形成覆盖膜的可能 |
| 影响因素 — 土壤可渗性 | 高渗土壤 | 高渗和低渗土壤 | 依赖于胶体铁的分散技术 |
| 其他因素 | 在水饱和区域较有效 | 以 $N_2$ 作载体 | 要求高的土壤水含量和低氧量 |
| 潜在不利因素 | 有可能产生有毒气体,系统运行较难控制 | | 有可能产生中间有毒中间产物 |

①　张颖,伍钧.土壤污染与防治.北京:中国林业出版社,2012

### 3. 化学脱卤技术

化学脱卤技术还可以称之为气相还原技术,指向受卤代有机物污染的土壤中加入试剂,以置换取代污染物中的卤素或使其分解或部分挥发而得以去除,属于异位化学修复技术之一。挥发或半挥发有机污染物、卤化有机污染物、多氯联苯、二恶英、呋喃等是该技术适合处理的物质,半金属卤化有机污染物和重金属、多环芳烃、除草剂、农药、炸药、石棉、氰化物、腐蚀性物质、非卤化有机污染物等这些物质无法通过该技术进行处理。还原过程包括使用特殊还原剂,有时需使用高温和还原条件使卤化有机污染物还原,该技术无法在大范围进行推广的原因是一些脱卤剂能与水起化学反应,高黏土含量及高含水率会增加处理成本,且当卤代有机物浓度超过5%时需要大量的反应试剂。正常情况下,该技术所需的修复周期较短,一般为6~12个月。

### 4. 溶剂浸提技术

溶剂提取技术又称为化学浸提技术,将有害化学物质从污染土壤中提取或去除需要借助溶剂来实现的技术。土壤中PCBs、油脂类等化学物质不溶于水,而吸附或粘贴在土壤、沉积物或污泥上,处理起来难度较大。在该技术中,土壤处理、污染物迁移、过程调节等技术难题可以一一被克服,使土壤中PCBs、油脂类等污染物的处理成为现实。挥发和半挥发有机污染物、卤化或非卤化有机污染物、多氯联苯、二恶英、呋喃、多环芳烃、除草剂、农药、炸药等可通过该技术进行处理,不适用于非金属和重金属、石棉、氰化物、腐蚀性物质等无法通过该技术实现处理,该技术对于黏土和泥炭土也不适用。

基本原理是将污染土壤取出置于一个可以密闭的提取箱内,在其中进行溶剂与污染物的离子交换等化学反应过程,污染物的化学结构和土壤特性决定了浸提溶剂的类型,一些专利有机溶剂,如三乙基胺等是比较典型的化学浸提剂。溶剂必须缓慢浸入土壤介质,并保证土壤中污染物与浸提剂全面接触,当土壤中污染物基本完全溶解于浸提溶剂时,借助泵的力量将其中的浸提液排出提取箱,并将浸提剂收集回用。难以从土壤中去除的污染物可以通过该技术进行处理,这也是该技术的闪光点,浸提技术方便快捷,浸提溶剂可循环再利用。

### 5. 土壤性能改良技术

土壤性能改良技术指有针对性地采取施用改良剂或人为改变土壤氧

化一还原电位的工程技术。土壤性能改良技术主要是针对重金属污染土壤,有机污染土壤改良也可以使用该技术。该技术属于原位修复技术,是比较经济有效的污染土壤修复途径之一。

通常情况下,向土壤中施加的改良剂有石灰、磷酸盐、堆肥、硫黄、高炉渣、铁盐等。其中,土壤 pH 值的提高可通过石灰来实现,进而促进重金属(如 Cd、Cu、Zn)形成氢氧化物沉淀,从而减少植物对重金属离子的吸收;硫磺及某些还原性有机化合物可以促使重金属形成硫化物沉淀,磷酸盐类物质则可与重金属反应生成难溶性磷酸盐沉淀。想要缓解污染物对农作物的生理毒害可通过向土壤中投加吸附剂来实现,如针对有机污染物,可通过投加吸附性能大的沸石、斑脱石、其他天然黏土矿或改性黏土矿等增加对有机、无机污染物的吸附。

尽管施加改良剂对土壤污染修复具有很好的效果,且具有技术简单,取材容易,实用性强等优点,然而该技术的不足之处主要体现在:部分吸附剂花费太高,处理不当会造成二次污染,大面积的推广使用不适合;沉淀法可在一定程度上降低土壤溶液重金属含量,但同时也可造成部分营养元素可溶性降低,导致微量元素缺乏;可一定时期内一定程度地固定污染物,控制其危害,但不能去除污染物。

## 五、生物修复技术

### (一)微生物修复技术

微生物降解有机污染物的技术对我们来说并不陌生,它在废水处理中的应用已有几十年的历史,人们熟悉的好氧生物处理和厌氧生物处理技术用于治理工业废水和生活污水已应用得十分普遍,而将微生物降解技术有意识地、大规模地应用于受污染的土壤治理时间则不长,进一步研究、发展的空间非常大。一些发达国家对微生物修复技术进行研究,并完成了一些实际的处理工程,结果表明这种技术是有效的、可行的。

在微生物修复技术中,采用的微生物按照其来源可分为土著微生物、外来微生物和基因工程菌,在生物系统中,可以说天然土著微生物的生物降解能力决定了污染物的降解,因此常作为首选菌种。从微生物种类类型可分为细菌和真菌,细菌因为其种类繁多,且大部分具有很大的生物代谢多样性,因此细菌在微生物修复中占重要地位;真菌虽然数量少,不利的环境也能够轻易适应,在氮、磷和水分不足的情况下,对有机污染物的降解效果也非常好。

微生物修复技术处理费用低,处理效果好,对环境的影响低,不会造成二次污染,操作简单,使得人们对该技术越来越青睐。然而,美中不足的是该技术还具有一定的局限性:要采用微生物修复的土壤必须具备两个条件,其一是在土壤中存在能够降解或转化污染物的微生物;其二是土壤中的污染物可生物降解,也就是说在微生物作用下有由大分子化合物转化为小分子的可能性。在实际应用中,当污染物难降解、不溶于水、和土壤腐殖质或泥土结合牢固时,微生物可发挥的空间非常有限有时甚至可以忽略不计,特别是对重金属及其化合物,微生物常常无能为力;另外,该技术在低渗土壤中不宜采用,因为这类土壤或在这类土壤中的注水井会由于细菌生长过多而阻塞;除此之外,有些情况下生物修复无法将污染物彻底清除,当污染物浓度太低,不足以维持降解细菌的群落时,残余的污染物就会留在土壤中;该技术受环境因素的影响较大,如温度、氧气、水分、pH 等,且修复所耗费的周期也比较长。

到目前为止,微生物修复技术还可进一步划分为原位修复技术和异位修复技术。原位微生物修复技术相对简单,费用较低,生态风险小,对周围环境影响小,当不可能挖取污染土壤时或泥浆生物反应器的费用太昂贵时,该方法是不错的选择,该法包括生物通气法、原位土地耕作法等,原位生物修复工艺如图 8-3 所示。异位微生物修复是将污染土壤挖掘出来,然后转移到其他地点或反应器内进行修复,修复过程控制起来相对要容易些,技术难度较低,但实现起来耗费比较多,主要包括泥浆相生物降解技术、土地耕作、堆肥法和翻动条垛法等。

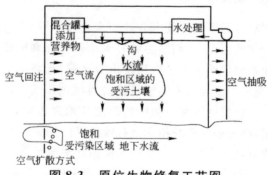

**图 8-3　原位生物修复工艺图**

①生物通气法。在受污染土壤中强制通入空气,抽出易挥发的有机物,再对其进行后续处理或直接排入到大气中,地下水层上部透气性较好而被挥发性有机物污染土壤的修复可通过该技术来实现,结构疏松多孔的土壤也比较适用,微生物的生长繁殖比较有利。一般在用通气法处理土壤前,首先是需要在受污染的土壤上打两口以上的井,先加入一定量的氮气作为降

解菌生长的氮源之后再通入空气,这来一来处理效果就更加理想。该方法对于各种土壤的生物修复治理非常有效,这些被称为"生物通风堆"的生物处理工艺主要是通过真空或加压进行土壤曝气,使土壤中的气体成分发生变化。

③原位土地耕作处理法。该法是指通过拼翻污染土壤(但不挖掘和搬运土壤),在受污染土壤上进行耕耙、施肥、灌溉等活动,微生物的活性的提高可通过氧和营养物质的补充来实现,为微生物代谢提供一个良好环境,保证生物降解发生,从而使受污染土壤得到修复的一种方法。该方法简单易行,成本也不高,主要适用于土壤渗滤性较差、土层较浅、污染物又较易降解的污染土壤,美中不足的是该技术易造成污染物的转移。海湾战争期间,科威特被破坏的油田流出的原油造成 500 多公顷油污染土壤,日本大林组公司 1994 年与科威特科研人员一起进行生物净化修复的应用实验,向含油2%~40%的土壤中添加氮、磷等微生物营养要素及木屑等添加物,通过土地耕耘、大面积强制通风等方法,并对土壤的水分和氧气进行控制,15 个月后土壤中所含油分分解 85%。

③泥浆相生物降解技术。将污染土壤制成浆状对于污染物的生物降解更加有利,因为污染物溶解在水相中容易被微生物利用,而吸附在固体颗粒表面的污染物被利用起来难度非常大。泥浆相生物处理是在泥浆反应器中进行,该泥浆反应器可以使专用的。也可以是一般的经过防渗处理的池塘,将挖出的土壤加水制成泥浆,在反应器中,降解微生物和营养物质混合反应,想要促进污染物的解离的话可通过添加适当的表面活性剂或分散剂来实现,进而使得降解速度加快,然后将处理后的泥浆脱水,想要循环使用脱出的水的话,需要对其进行处理。该技术可促进污染物的溶解、增加微生物与污染物的接触、加快生物降解速度,适宜处理挥发和半挥发有机污染物、卤化或非卤化有机污染物等。但是该法能耗较大、过程较复杂,成本较高,在处理时土壤结构非常容易遭到破坏,对土壤肥力的提高比较明显。

④异位土地耕作法。异位土地耕作法是指将污染土壤挖掘搬运到另一个地点,并均匀撒到土地表面,通过耕作方式使污染土壤与表层土壤混合,从而促进污染物生物降解,对于污染深度较大的土壤的处理比较适用,有时需要根据土壤的通气状况反复进行耕翻,想要使效果更佳显著的话可加入营养物质。采用该法修复的土壤要求土质均匀、土面平整、有排水沟或其他控制渗漏和地表径流的方式。

⑤堆肥法。这种方法一种比较传统的农家积肥方式,利用农业废弃物、污泥和垃圾等,经堆积发酵后变为有机肥料,其产品即称为堆肥。近年来,国内外在处理受污染的土壤过程中也采用了该技术,通过将污染土壤与有

机废物(木屑、秸秆、树叶等)、粪便等混合起来,土壤中难降解的污染物的降解可依靠堆肥过程中微生物的作用来实现,这是一种利用微生物将可降解的污染物转化为稳定无害的物质的生物化学过程。该方法不是对所有的土壤污染修复都是有效的仅仅是对去除含高浓度不稳定固体的有机复合物很有效,处理周期短。重金属污染物的吸收、沉淀、氧化和还原都可通过堆肥中的某些微生物来实现,使得土壤中重金属的毒性得以有效降低。

⑥翻动条垛法。翻动条垛法是将污染土壤与膨松剂混合后堆成条垛,使得土壤结构和通气状况得以改善。条垛地面要铺设防渗底垫以防止渗漏液对土壤的污染,通常往土垛中添加一些物质,如木片、树皮或堆肥,以改善垛内的排水和孔隙状况,渗透水的收集并控制垛内土壤达最佳含水量可通过排水管道的设置来实现。用机械进行翻堆,均匀性可通过翻堆来实现,为微生物活动提供新鲜表面,促进排水,改善通气状况,对于生物降解能够有效促进。挥发性、半挥发性、卤化和非卤化有机污染物、多环芳烃等污染土壤的处理该技术比较适用。

**(二)植物修复技术**

植物忍耐和超量积累某种或某些化学元素是植物修复技术应用的基础,该治理技术利用了植物及其共存微生物体系来有效清除环境中的污染物。广义的植物修复技术包括利用植物修复重金属污染的土壤、利用植物净化空气、利用植物清除放射性核素以及利用植物及其根际微生物共存体系净化土壤中有机污染物四个方面;狭义的植物修复技术主要指利用植物清洁污染土壤中的重金属。植物修复技术中常用的技术包括植物提取技术、根际过滤技术和植物同化技术。

①植物提取技术。植物提取就是指通过植物根系吸收污染物并将污染物富集于植物体内,而后将植物体收获、集中处置的过程。使用该技术能够处理的污染物包括:金属(银、铬、镉、铜、铅、镍、锌、砷、锶)、放射性核素($^{90}$Sr、$^{137}$Cs、$^{239}$Pu、$^{238}$U、$^{234}$U)、非金属(B)等。有机污染物的处理可能通过该技术也可以实现,只不过对它还没有一个行之有效的检验。

虽然对于土壤中的重金属的吸收可能各种植物都可以在一定程度上做到,但作为植物提取修复用的植物必须对土壤中的一种或几种重金属具有特别强的吸收能力,即所谓超富集植物。目前已被人们认识到的这类重金属超富集植物已多达400多种,例如我国湖南、广西等地大面积分布的蕨类植物蜈蚣草对砷有超富集功能;羽叶鬼针草和酸模能够富集铅,可以做先锋植物去修复被铅污染的土壤;香蒲植物、绿肥植物如狼把草、龙葵等对重金属镉、锌等都具有超强的富集作用。

将植物提取修复与物理-化学技术配合使用,能够有效缩短修复周期且对于修复过程对土壤的负面影响也非常有效。

②根际过滤技术。植物根际是由植物根系和土壤微生物之间相互作用而形成的独特的、距离根仅几毫米到几厘米的圈带。根际中聚集了大量的细菌、真菌等微生物和土壤动物,与非根际土壤比起来数量非常可观。根际土壤中微生物的生命活动也明显强于非根际土壤。根际中既有好氧环境,也有厌氧环境。植物在其生长过程中会产生根系分泌物根际微生物群落的增加且微生物活性的促进都可以通过这些分泌物来实现,从而促进有机污染物的降解。根系分泌物的降解的同时也会使得根际有机污染物的共同代谢。植物根系会通过增加土壤通气性和调节土壤水分条件而对土壤条件产生一定的影响,从而创造更有利于本地微生物的生物降解作用的环境。利用植物根系的吸收和吸附作用从污水等流动介质中去除污染物,此处去除的污染物主要是重金属离子。

③植物固化技术。污染物的抑制可通过植物改变土壤的化学、生物、物理条件来实现,使其发生沉淀或被束缚在腐殖质上,使其危害尽可能地被削弱。植物稳定化作用通过根际微生物活动、化学反应、土壤性质或污染物的化学变化而起作用。土壤pH值的改变是通过根系分泌物或活动产生的酶来实现的,这样一来就会改变金属的溶解度和移动性或影响金属与有机化合物的结合。在严重污染的土壤上种植抗性强的植物以减少土壤被侵蚀,防止污染物向下淋溶或往四周迁移。废弃矿山的植被重建和复垦可通过该技术来实现。质地较重的或有机质含量高的土壤使用该技术比较有效。利用一些植物促进重金属转变为低毒性形态,土壤的重金属含量并不是减少,只是形态上发生了变化。

# 参考文献

[1]章春,朱义龙．土壤肥料应用与管理．合肥:合肥工业大学出版社, 2013.

[2]李小为,高素玲．土壤肥料．北京:中国农业大学出版社,2011.

[3]赵义涛,姜佰文,梁运江．土壤肥料学．北京:化学工业出版社, 2009.

[4]宋志伟．土壤肥料．北京:高等教育出版社,2009.

[5]林启美．土壤肥料学．北京:中央广播电视大学出版社,1999.

[6]林新坚,章明清,王飞．新型肥料与施肥新技术．福建:福建科学技术出版社,2011.

[7]侯振华．科学施肥新技术．沈阳:沈阳出版社,2010.

[8]于立芝,由宝昌,孙治军．测土配方施肥技术．北京:化学工业出版社,2011.

[9]陆欣,谢英菏．土壤肥料学．2版．北京:中国农业大学出版社, 2011.

[10]徐秀华．土壤肥料．北京:中国农业大学出版社,2007.

[11]张慎举,卓开荣．土壤肥料．北京:化学工业出版社,2009.

[12]吴礼树．土壤肥料学．2版．北京:中国农业大学出版社,2011.

[13]刘春生．土壤肥料学．北京:中国农业大学出版社,2006.

[14]郝玉华．土壤肥料．2版．北京:高等教育出版社,2008.

[15]谢德体．土壤肥料学．北京:中国农业大学出版社,2003.

[16]陆欣．土壤肥料学．北京:中国农业大学出版社,2005.

[17]夏冬明．土壤肥料学．上海:上海交通大学出版社,2007.

[18]沈其荣．土壤肥料学通论．北京:高等教育出版社,2003.

[19]关连珠．土壤肥料学．北京:中国农业大学出版社,2001.

[20]金为民．土壤肥料．北京:中国农业大学出版社,2001.

[21]郑宝仁,赵静夫．土壤与肥料．北京:北京大学出版社,2007.